黄土地区地铁车站深基坑试验研究及工程实践

朱武卫　刘义　李哲　席宇　杨焜　索军森　编著

中国建筑工业出版社

图书在版编目（CIP）数据

黄土地区地铁车站深基坑试验研究及工程实践 / 朱武卫等编著. -- 北京 ：中国建筑工业出版社，2024. 10. -- ISBN 978-7-112-30233-8

Ⅰ. U231.3

中国国家版本馆 CIP 数据核字第 2024J4B086 号

本书紧密依托西安火车站北广场改扩建工程，深入探讨黄土地区地铁车站深基坑工程所面临的复杂难题，全书共 7 章，包括：绪论；黄土力学特性试验及理论研究；黄土基坑围护结构变形及内力研究；钢筋混凝土灌注桩抗拔特性研究；近接运营地铁黄土基坑施工控制技术研究；超大黄土基坑降水技术研究；超大黄土基坑施工关键技术研究。可供从事岩土工程专业人员阅读使用。

责任编辑：沈文帅　张伯熙

责任校对：张　颖

黄土地区地铁车站深基坑试验研究及工程实践

朱武卫　刘义　李哲　席宇　杨焜　索军森　编著

*

中国建筑工业出版社出版、发行（北京海淀三里河路 9 号）

各地新华书店、建筑书店经销

北京科地亚盟排版公司制版

北京君升印刷有限公司印刷

*

开本：787 毫米×1092 毫米　1/16　印张：17½　字数：434 千字

2024 年 11 月第一版　　2024 年 11 月第一次印刷

定价：**65.00** 元

ISBN 978-7-112-30233-8

(43632)

如有内容及印装质量问题，请与本社读者服务中心联系

电话：(010) 58337283　QQ：2885381756

（地址：北京海淀三里河路 9 号中国建筑工业出版社 604 室　邮政编码：100037）

编写委员会

编写人员：朱武卫　刘　义　刘明生　李　哲　席　宇　杨　焜
索军森　侯　威　刘鹏慧　李　浩　韩大富　董　阳
时　炜　杨　晓　刘博涛　薛　力　王宝玉　张晓辰
王　昭　祁超贤　柳明亮　李又云　余　杰　何　坤
李　旭　张显飞　刘　伟　姚　毅　李　静

参编单位：陕西建工控股集团有限公司
陕西建工第六建设集团有限公司
陕西建工机施施工集团有限公司
长安大学
陕西建科岩土工程有限公司
陕西省建筑科学研究院有限公司

前　言

黄土是典型的第四纪沉积物，具有大孔隙、垂直节理发育等特点，在世界范围内广泛分布，其中我国的黄土高原是全世界黄土分布最广泛、最深厚的地区。近年来，随着我国城市化步伐的不断迈进，大量基础设施建设逐步向黄土塬、黄土高阶地延伸发展，不计其数的深大黄土基坑工程涌现，伴随而来的基坑坍塌、支护结构的失效、边坡失稳及周边环境的污染等问题层出不穷。黄土地区深大基坑工程的安全问题面临严峻的挑战，同时，未考虑低碳环保的基坑施工技术亟待革新。

本书依托西安火车站北广场综合改造项目，围绕黄土力学特性、黄土基坑变形机理、黄土基坑支护结构工程特性、黄土基坑近接地铁隧道施工关键技术、黄土基坑降水、新型施工技术等方面开展系统性研究，在基坑设计理论和施工关键技术两方面取得了重要创新。通过室内试验、理论分析、数值模拟和工程实例分析，揭示了黄土地区深基坑开挖全过程桩侧土压力分布及围护结构变形规律，基于单侧卸荷试验，构建了考虑土体位移的主动土压力计算方法；自研全动化卧式抗拉仪，阐明重塑黄土抗拉强度、破坏变形特征及影响因素，揭示基坑边坡开裂机理；针对循环荷载作用下抗浮桩的抗拔承载性能，通过现场试验提出了桩身承载力修正预测模型；结合既有城市密集区近接运营地铁的基坑工程建设项目，给出了上跨和侧邻运营地铁基坑工程的变形机理，同时提出了相应的施工关键技术，解决了地下空间发展的一大难点；通过技术革新，提出了一系列超大黄土基坑的降水、排水措施和新型施工技术，完善了深大黄土基坑的施工技术体系。

作者长期致力于解决黄土地区工程建设中各类重大难题，具有深厚的理论水平与卓越的工程实践能力。本书主要介绍作者及其团队在西安火车站北广场综合改造项目中取得的研究成果与宝贵的工程经验。

全书共 7 章，章节主要内容为：绪论、黄土力学特性试验及理论研究、黄土基坑围护结构变形及内力研究、钢筋混凝土灌注桩抗拔特性研究、近接运营地铁黄土基坑施工控制技术研究、超大黄土基坑降水技术研究、超大黄土基坑施工关键技术研究。书中物理量单位统一使用国际单位。本书可供相关领域的科研人员、工程技术人员、大专院校的教师、研究生和高年级本科生参考使用。

特别感谢陕西建工控股集团有限公司刘明生、时炜，陕西建工控股集团有限公司火车站项目指挥部刘鹏慧、薛力，陕西建工控股集团有限公司工程二部刘博涛、王昭，陕西建工第六建设集团有限公司余杰、何坤，陕西建工机械施工集团有限公司张晓辰、祁超贤、王宝生、井文奇，长安大学李哲、李又云、谢乐乐、刘彤、官宸慧，陕西建科岩土工程有限公司索军森、董阳、侯威为本书研究成果的工程应用提供项目支持。笔者谨向本书研究工作提供帮助的单位和专家表示衷心的感谢。

限于作者的水平，书中欠妥之处在所难免，恳请读者批评指正。

目 录

第1章 绪论

1.1 概　　述

地下空间资源的开发利用是解决城市人口、资源、环境等危机的重要举措，同时也是医治“城市综合征”，实现城市可持续发展和集约化发展的重要途径。

发达国家从19世纪中叶开始大规模开发利用地下空间，积累了丰富的经验，多数发展中国家于20世纪80年代先后开始了地下空间的开发利用。1982年联合国自然资源委员会正式将地下空间列为“潜在而丰富的自然资源”。1991年有关城市地下空间利用的“东京宣言”提出21世纪是人类地下空间开发利用的世纪。据统计，截至2014年底，13个省（直辖市、特别行政区）的17个城市出台了多个与城市地下空间开发利用有关的地方法规、政府规章、规范性文件。地下空间的开发利用已成为世界性的发展趋势，甚至成为衡量城市现代化的重要标志。

近年来，我国城市地下空间的开发数量快速增长，水平不断提高，体系越发完善，开发规模和开发质量逐渐达到世界先进水平。武汉光谷中心城中轴线区域地下公共交通走廊及配套工程项目，总建筑面积51.6万m^2，基坑最大开挖深度27m，建设内容涵盖地下商业、地铁、综合管廊及道路配套等工程，被誉为“超级地下城”。南京青奥轴地下交通枢纽作为国内最复杂的地下立交系统之一，结构体系复杂，工法转换频繁，施工难度极高。基坑最大开挖深度28.3m，地下连续墙混凝土浇筑深度达到了53.5m，开挖期间单日涌水量最高达25万m^3，整个施工周期内抽水量达到6000万m^3。北京CBD核心区总体规模为410万m^2，其中地上建筑规模为270万m^2，地下建筑规模为140万m^2，基坑最大开挖深度27.25m，已完工部分开挖土方量300万m^3。西安幸福林带建设工程，全长5.85km，宽140m，地下共三层，是全球最大的地下空间利用工程之一，也是全国最大的城市林带工程，享有“世纪工程”的美誉。以上地下空间开发项目所涉及的深大基坑工程均位于城市繁华区域，地下管网密布，水文地质条件复杂，周边建筑物道路交错，人员车辆密集，给施工带来诸多难题。由此可见，如何在日益繁华的城市核心区域高效、高质量地开发和利用地下空间已成为亟待解决的难题。

2019年，西安市人民政府办公厅为响应城市改造提升的需求，印发了《关于进一步加强西安市城市地下空间规划建设管理工作的实施意见》和《西安市城市地下空间规划建设利用行动方案》，旨在加快城市地下空间的规划。西安火车站北广场综合改造及周边市政配套工程建设运营项目，作为国家级中心城市改造提升的重点项目，在地下空间结构的建设过程中面临诸多挑战。

首当其冲的是黄土及围护结构的变形控制问题。特别是在关中地区广泛分布的 Q_3 黄土地质条件下，土壤因大孔隙结构导致的高压缩性和低抗剪强度，可能造成围护结构变形过大；与此同时，土方开挖易造成基坑边缘大量张拉裂缝的形成，对基坑的整体稳定性造成极大威胁。因此研究应着眼于黄土本质，进一步探索黄土的基本物理力学特性，特别是结构性黄土的抗拉特性，揭示黄土在受力、变形及破坏过程中的规律。在此基础上，提出适用于黄土基坑的设计理论，从而优化基坑开挖方式、围护结构选型、基坑加固措施等设计，指导施工实践。

其次是既有地铁线路及地下设施对工程的影响。该工程所涉及的基坑邻近地铁 4 号线，基坑侧壁距地铁 4 号线的最近距离仅为 7m，这意味着在施工过程中必须采取严格的安全措施和技术手段，以确保既有地铁线路的正常运营和基坑施工的安全稳定。为解决该难题，须从基坑开挖诱发地铁隧道的变形机理出发，优化开挖卸载方式，结合隔离桩、抗拔桩等加固技术，制定科学合理的基坑施工方案。

最后是局部饱和软黄土的不良影响。饱和软黄土是黄土地区特有的一种地质体，受水浸湿后黄土结构并未彻底破坏，为欠压密状态的饱和黄土，多呈现软塑或流塑状态，具有含水率高、强度低、压缩性大、透水性差和灵敏度高等不良的工程性质。其受到压力作用时，体积会发生显著变化，可能导致基坑侧壁的位移陡增，严重威胁既有地铁线路和基坑的安全；此外，饱和软黄土的透水性差可能导致施工中的排水困难，增加基坑内积水的风险，对围护结构的施工造成影响。针对饱和软黄土的工程特性，不仅需要采用适当的支护结构来约束黄土的变形，同时还需采用先进的施工技术和设备来减少对黄土的扰动等。

城市地下空间的发展与基坑的建设紧密相连，而基坑的建设深植于设计与施工两大重要环节。依托国家“一带一路”和“西部大开发”战略的深入推进，黄土地区在建筑和交通行业领域蓬勃发展，涌现了大量深大基坑工程，带动了地下空间、建工及材料等行业的高速发展。在黄土坑基围护设计领域，目前普遍采用土钉墙、复合土钉墙、混凝土排桩加锚索锚杆或内支撑、地下连续墙加内支撑的围护结构形式，已形成较为成熟的设计体系，且经实践证明能达到良好的支护效果。而在黄土基坑的施工方面，大量新技术、新工艺、新材料、新设备已一定程度上先于相关理论被作为试点，并逐步推广，为新兴产业注入活力的同时，对黄土基坑及地下空间领域的设计理论提出了更高的要求。因此，立足于黄土本身，进一步发掘黄土强度以及基坑设计的相关理论，推动创新黄土地下空间技术的发展与应用，做到与时俱进，不仅能更好地指导工程实践，同时能够促进社会良性发展，为我国基础设施的建设做出应有的贡献。

1.2 黄土的强度特性

1.2.1 黄土的抗剪强度

黄土的抗剪强度由内摩擦角和黏聚力决定。其中，黏聚力由土颗粒间分子引力形成的原始黏聚力和颗粒间胶结物质（石膏、碳酸盐类）形成的加固黏聚力共同构成，在外界与内部条件发生改变时（如压力或增湿减湿），加固黏聚力会发生较为明显的变化，从而影响黄土的抗剪强度。作为一种特殊土，黄土具有竖向节理发育的特性，因此表现出显著的各向异性，抗剪强度随剪切面与竖向节理夹角的减小而减小，此外，结合含水率的影响可知，黄土的竖向节理特性在含水率较低的情况下更为显著，当含水率较大时，黄土的各向异性减弱。从工程实际中来看，黄土的各向异性强度相差不大，因此一般忽略强度各向异性的影响，主要关注土体密度和湿度对黄土抗剪强度的影响。对于密度较大的 Q_1 和 Q_2 黄土，因其湿度变化较小，主要关注其强度指标与含水率的关系；对于 Q_3 和 Q_4 黄土，其整体密度较小，具有湿陷性与水敏性，因此应着重关注强度指标与湿度、密度及粒度的关系。

根据不同湿度、密度、应力状态下黄土试样的三轴试验研究结果可知，黄土的应力-应变曲线表现为塑性软化型与塑性硬化型两种类型。其中 Q_1 和 Q_2 黄土表现为明显的软化型，为典型的脆性破坏，Q_3 和 Q_4 黄土受含水率和固结压力的影响，可能表现为软化型和弱硬化型两种状态。此外，如果固结压力大于黄土本身的结构强度时，在剪切过程中还可能出现减缩现象。黄土的应力-应变状态，从根本上反映了水在外力作用下不同地质沉积时代原生结构土是否产生结构屈服和破坏，以及次生结构形成剪切性状变化各种不同作用的综合力学效应。

结合工程实际来看，我国西北地区（以西安为例），地表浅层广泛分布 Q_3 黄土，表现出明显的湿陷性，但在地下空间工程中，除黄土的湿陷性问题外，还需关注饱和黄土、击实黄土以及挤密黄土的一系列工程特性问题。饱和黄土类似于黏土，具有高含水率、高压缩性和低强度特性，固结变形发展迅速，可溶盐含量高，饱和黄土的绝大部分压缩变形由原来的湿陷性变形转变而来，其压缩模量与现场测得的变形模量之比明显较大。虽然饱和黄土的湿陷变形已经大体消除，但饱和黄土仍带有湿陷性黄土的特殊性质，因此在研究其力学性质时，不能以软土来对待。饱和黄土的应力-应变关系受应力路径的影响显著，常规三轴应力路径下的固结排水应力-应变曲线为硬化型，等平均主应力路径下的固结排水剪应力-应变曲线为硬化型，等应力比路径下的固结排水剪切过程会出现不同程度的塑性流动。

击实和挤密黄土普遍不存在原状黄土所具有的特殊性质，综合其击实挤密状态、所受应力的大小，先表现出小应变和应力的增长，随着应变的进一步增大，结构发生破坏，出现应变流动。当处于击实挤密后的密度较大或围压较大的状态时，也可能出现软化型破坏，类似于一般性土。

1.2.2　黄土的抗拉特性

土体抗拉特性研究始自 20 世纪 50 年代，最早测定土体抗拉强度的方法是间接试验法，其基本思想是假设土体为理想的弹性体或弹塑性体，利用土体破坏时的压力或弯矩等参数，结合理论模型来推导土体的抗拉强度。常规的间接拉伸试验有土梁弯曲试验、径向压裂试验和轴向拉裂试验三种，但间接试验法的不足是所测得的抗拉强度仅为理论计算值，无法完全反映土体的实际情况。因此研究中更倾向于采用直接试验法确定土体的抗拉强度。常用的直接试验法包括：

1. 单轴拉伸试验

单轴拉伸试验是水利部行业标准中指定的测定土体拉伸特性的方法，被认为是测定抗

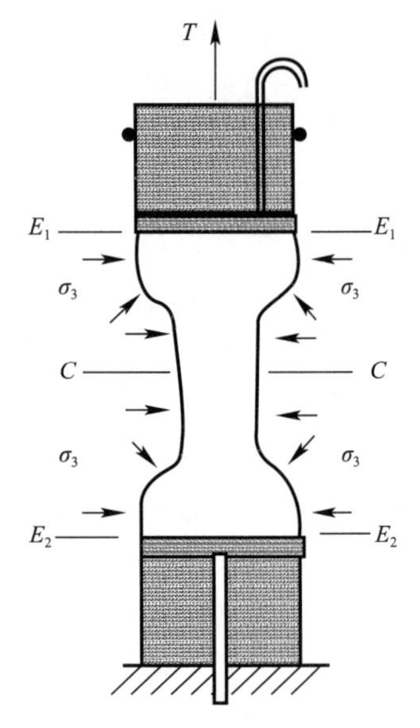

图 1.2-1　三轴拉伸试验示意图

拉强度的最有效手段。试验中需要使用夹具或胶结来固定土样的两端，然后在无侧限的情况下施加轴向拉力，以测量土样的抗拉强度。不同于针对其他材料的拉伸试验，由于土的抗拉强度值偏低，对试验仪器的精度及稳定性要求较高，因此针对土体的单轴拉伸试验尚无相应规范及标准试验仪器。

2. 三轴拉伸试验

三轴拉伸试验基本原理是将试样置于压力室内，施加不同的围压及轴向拉力，测量土体在不同围压作用下的拉伸强度。试样破坏时的轴向拉力（小主应力 σ_3）即为该周围压力下的断裂强度。不同于三轴剪切试验，三轴拉伸试验中的轴向力为拉力，而非剪切力。因此可根据剪应力-应变曲线计算出相应的屈服强度或抗拉强度值。区别于单轴拉伸试验，三轴拉伸试验的试样在施加围压的条件下进行拉伸，三轴拉伸试验示意图如图 1.2-1 所示。

三轴拉伸试验存在围压固结阶段，故按固结后的高度和面积代入式（1.2-1）和式（1.2-2）分别计算应变和应力。

$$\varepsilon = \frac{\Delta L}{L} \times 100 \tag{1.2-1}$$

式中，ε——轴向应变；

ΔL——试验过程中试样的轴向伸长量；

L——试样的初始高度。

$$\sigma = \frac{T - mg}{A_0} \times 10^4 \tag{1.2-2}$$

式中，σ——轴向应力；

T——轴向拉力；

m——断裂面上部试样及试样帽质量；

g——重力加速度（9.81m/s^2），

A_0——试样初始面积。

抗拉强度的测量需要完备的试验条件与良好的测试设备，因此在工程领域常被忽略。但是随着城市黄土重塑新区的出现，重塑黄土被广泛应用于基坑、边坡和公路路基等工程的建设。根据岩土工程的实际需要，非饱和黄土的抗拉强度、拉伸变形越来越受到重视，在西部大开发的主战场上，重塑黄土的抗拉强度与抗剪强度、抗压强度作为强度理论的各个分支，地位同等重要。

目前，土体抗拉特性研究中涉及的影响因素主要包括：含水率、干密度、前期固结压力、基质吸力、固化剂、击实功、黏粒含量等，变量繁多且试验结果难以量化。在黄土的相关抗拉特性研究中，除上述因素外，还应考虑试样尺寸、加载速率及试验方法的影响。胡海军等就不同制样方法对试样单轴抗拉强度的影响进行试验研究，结果表明，相比一次成型法，分层制样法会对重塑黄土的抗拉强度产生负面影响。李春清等采用轴向压裂法，分析了不同制样方法对抗拉强度的影响，发现静压制样的抗拉强度明显大于击实制样，其强度更接近于土体实际抗拉强度。孙纬宇等采用三轴仪进行轴向压裂试验，发现黄土抗拉强度与加载柱直径之间呈线性增长关系。吴旭阳等研究发现，兰州九州重塑黄土的抗拉强度为3～12kPa，并且抗拉强度与含水率呈二次多项式递减关系，与无侧限抗压强度及黏聚力之间均呈线性关系。

因黄土的抗拉强度对边坡、地基回填等工程安全有一定影响，学者们针对如何提高黄土的抗拉强度进行了改良试验研究，为黄土基坑裂缝的处治提供了新的思路。改良材料大多为化学纤维、水泥、水玻璃等。贺智强等通过在黄土中加入木质素进行单轴拉伸试验，发现木质素磺酸钙掺量为10g/kg时，黄土抗拉强度的提高最为明显。杨博瀚等采用改性聚丙烯纤维和水泥加固黄土，发现土体劈裂抗拉强度随水泥掺量增大近似呈线性增长，随纤维掺量增大而先增大后减小，在纤维掺量为4.5g/kg时达到最大。房军等研究了水泥改良黄土的强度特性，发现改良后黄土试样的抗拉强度提高了12倍。尹倩在黄土中添加了玄武岩纤维，发现纤维掺量为3g/kg，纤维长度为1.2cm时，黄土试样具有最高抗拉强度。综合以上研究可以发现，掺入一些改良材料能有效改良黄土的抗拉强度，但同时也存在取材困难、费用高昂、污染环境等问题。

基坑黄土开裂是反映基坑破坏的重要指标，研究基坑黄土开裂防治技术对于保证基坑结构稳定性具有重要的现实意义。因此揭示黄土地层在各种基坑施工作用下的开裂机理，并从定量的角度表征影响黄土开裂程度，提出基坑坑壁及坑上缘开裂防治措施，成为目前亟待解决的问题。

1.3 黄土基坑围护结构设计方法

目前，有关黄土地区基坑的研究主要聚焦于围护结构的变形受力机理以及稳定性评价方面。基坑围护结构设计计算时，通常采用经典的朗肯土压力理论来考虑作用于围护结构的土压力，然而，对于结构性强的黄土，实测土压力与理论值常存在差异，鉴于工程中曾出现的围护结构受力变形过大或稳定性不满足设计要求的问题，有必要对黄土土压力理论及支护设计方法进行更深入的研究。

黄土地区基坑围护结构变形受力研究包括三部分内容，一是基坑围护结构本身的内力变形分析，二是卸载土体的强度特性研究，三是作用于围护结构上的土压力研究。

1.3.1 基坑围护结构内力与变形

目前基坑围护结构内力状态分析常采用以下三种方法：

（1）弹性地基梁法：弹性地基梁法假定地下连续墙等支护结构与地面垂直，地下连续墙围护结构主要承受土体的侧向力。弹性地基梁法可以计算得到基坑支撑的轴力、地下连续墙墙身的弯矩等，应用较为广泛。

（2）古典法：古典法围护结构计算需要已知围护结构的水土压力，支护结构本身的变形不会影响水土压力的变化。古典法简化了围护结构受力的边界条件，因此计算出的围护结构的内力结果常与工程实际不符。

（3）有限元法：有限元法能够较为真实地模拟基坑工程复杂多样的施工过程，设置操作比较灵活，便于研究各种工况下围护结构受力变形模式，因此得到了广泛应用。

1.3.2 卸载土体的强度特性

卸载土体的强度特性研究方面，李加贵等通过应力控制式CT-三轴仪，以控制吸力、等压固结、分级卸载围压的方式，发现侧向卸荷应力路径下得到的原状 Q_3 黄土强度相关参数比常规三轴压缩的参数低。叶朝良等对原状黄土进行了卸载变形特征的试验研究，其中卸载采用了等压固结、分级卸载围压的方案，研究发现卸荷变形与主应力差存在线性变化规律。张玉和邵生俊采用真三轴仪及等压固结后控制侧向卸载的方案，对不同含水率的原状 Q_3 黄土进行了平面应变试验，发现该应力路径下大、小主应力差与侧向应变服从双曲线关系；张玉等又基于同种土体和同种试验进行再研究，发现不同固结围压条件下，不同含水率原状黄土的侧向卸载应力-应变曲线接近理想塑性型。李宝平等使用改造后的应变控制式三轴仪，研究了侧向卸荷条件下原状黄土的变形特性，发现试样在侧向卸荷下存在不规则的破坏特征，表现出一条剪切带向多条发展的趋势，且出现应变软化现象，造成强度迅速衰减。

从现有研究成果的数量来看，针对侧向卸荷强度指标的研究多以软土为研究对象，黄土自身大孔隙结构的特殊性使得黄土基坑的变形性状与黏性土和软土基坑有较大差异，因此关于软土的研究成果并不能给黄土地区基坑建设提供参考，已有研究可以服务于工程的成果较为有限。

1.3.3 围护结构的侧向土压力

侧向土压力研究方面，Terzaghi 等首先通过模型试验指出，当挡土结构绕墙底转动时，主动土压力为三角形分布。为了确定土压力的分布形式，以及不同变位模式下土压力合力及合力作用点，众多学者进行了大量研究，杨晓军等提出了考虑地下水之后，墙体背后土压力计算方法；李广信讨论了水土压力分算及合算的取值问题；俞建霖等进一步研究了空间土压力的大小及分布；张有桔基于无锡软土基坑实测土压力，分析了不同工况下水土压力的变化规律。李雪等基于改进的三次样条插值法反演地下连续墙弯矩及墙背后土压力来分析围护结构的受力；张国茂基于反算法，得出基坑土压力模式呈“R”形分布，实测土压力值只比经典理论值小约17%。

近年来以有限元方法为代表的数值模拟方法被广泛地应用于支挡结构与土体相互作用机理研究中。通过选择合适的本构模型来较好地描述土的力学特性，对土体与支挡结构进行整体模拟，能够较好地模拟土的力学特性和土与结构相互作用。通过对方法加以改进，可以近似模拟土体的破坏过程。Clough 采用二维有限元的方法来研究两种不同支护形式下开挖的变形行为，并对墙体的刚度和锚杆等参数进行研究；Blackburn 等学者利用 Plaxis 3D 软件补充了支撑体系参数这一影响因素。Nakai 采用弹塑性的接触单元来模拟挡墙与土体间的摩擦特性，对刚性挡墙上的土压力进行弹塑性有限元分析，指出作用于刚性挡墙上的土压力分布规律与挡墙变位模式有关，土压力大小和墙体位移间呈非线性关系。

通过不同的本构模型，学者们也有各自的研究成果。Guan S 等采用双线性的接触面本构模型模拟挡土墙与土体间的摩擦特性，得到了主动土压力的经验公式。宋修广等为了研究压力分散型挡土墙的受力特性，结合实体工程，设计了室内模型试验，采用 FLAC3D 软件对室内模型进行模拟验证、模型试验及数值模拟发现侧向土压力增量曲线呈非线性曲线分布。陈页开用有限元法对刚性挡土墙上的土压力进行了分析研究，对不同墙面参数对土压力的影响进行了研究。

总的来看，有限元法得出的结果准确程度取决于本构模型及参数的选择，并依赖网格划分等因素的影响，土体接近破坏时精度无法令人满意，因而在实际工程中，尤其是在黄土地区的应用还比较有限，有待深入研究。

现行规范中，围护结构上的土压力普遍采用朗肯土压力理论进行计算，同时结合围护结构变形的实际情况，对土体侧压力系数进行修正，并针对不同土类提出了水土合算或分算的要求。实际工程中，墙后土体往往既不处于主动极限平衡状态，也不处于被动极限平衡状态，即使对土体的侧压力系数选取进行了修正，相关土压力计算方法仍无法达到大规模推广应用的目的。这一问题在黄土上表现得尤为明显，从而导致黄土地区基坑设计与施工体系仍存在不少问题，主要表现为工程实践经验领先于黄土基础理论。

黄土基坑与地下工程围护结构设计的根本在于如何充分发挥黄土的潜力，并为防止黄土在不利条件下造成危害提供妥善的处治措施。在“如何充分发挥黄土潜力”这一难题上，仍有大量工作需要开展。

另外，黄土与围护结构之间的相互作用到黄土边坡失稳是一个渐进破坏的过程，长期以来，相关研究将分析重点放在极限平衡状态下，黄土与围护结构之间的作用机制，忽略了黄土这一关键因素在渐进破坏过程中的表现。在研究手段与理论基础不断完善的背景下，更应重视黄土地区工程问题的发生机理、发展规律，在黄土滑坡、崩塌的渐进过程中，明确黄土的强度是如何逐渐发挥作用这一问题，对于黄土土压力理论及围护结构的设计与优化十分重要。

因此，开展基坑围护结构受力变形理论研究、形式优化设计等研究有助于从根本上提高对黄土及基坑基础理论的认识，完善黄土地区基坑设计体系，对黄土地区地下空间发展具有建设性指导意义。

1.4 黄土地下空间加固技术

随着城市化进程的不断加快，黄土地区地下空间与深基坑工程确实面临着一系列新的挑战和问题，除黄土地区特殊的地质特性外，最为突出的便是周边环境的影响。黄土地区的深基坑工程往往紧邻既有建筑物、地下管线、地铁隧道等重要设施。这些设施的存在不仅增加了施工难度，还可能对基坑的稳定性造成不利影响。因此，加强施工质量控制的同时，更应关注技术创新方面的工作，推动黄土地区地下空间技术的不断进步。以下是地下空间领域基坑与周边设施加固的常用措施。

（1）抗拔桩加固技术

抗拔桩是依靠桩身与土层摩擦力来抵抗轴向拉力的一种加固措施，在基坑开挖和地铁隧道保护方面的作用非常关键。在基坑开挖卸荷诱发下卧土层隆起的过程中，桩土摩擦力作用可约束土层隆起变形，进而起到削弱下卧地铁隧道隆起变形的作用。其作用效果主要与抗拔桩的桩长有直接关系，桩长越长，桩土作用面越大，二者之间的摩擦作用越显著。针对黄土地区特有的地质条件和工程要求，工程实践中常采用注浆＋抗拔桩联合加固和“结构底板＋抗拔桩”护箍整体法加固两种控制措施。注浆技术可以有效改善黄土的物理力学性质，提高其强度和稳定性，与抗拔桩联合使用可以进一步增强加固效果。而“结构底板+抗拔桩”护箍整体法则是通过结构底板与抗拔桩的协同作用，形成一个整体的支护结构，对基坑进行全方位的保护。

（2）多轴搅拌桩、高压旋喷桩技术

多轴搅拌桩是将水泥浆或水泥砂浆作为固化剂，通过在地基深处将软土和水泥强制搅拌，使软土与水泥产生一系列物理和化学反应，从而使软土固结改性，提高复合地基承载力的加固措施，具有对周围地层影响小、抗渗性好、工期短、适用土质范围广、技术经济指标好等优点，广泛应用于公路、桥梁、隧道、建筑工程领域。在基坑工程领域，多轴搅拌桩常用于围护结构工法桩、截水帷幕建设等，根据轴数的区别，通常可分为单轴、双轴及三轴搅拌桩。

高压旋喷桩，也称高压喷射注浆法，起源于20世纪70年代的日本，引入我国后得到了广泛发展和应用。其原理是通过高压旋转的喷嘴将水泥喷射入土层中，高压射流不断冲击和切削土体，与土体混合形成连续搭接的水泥加固体。随着技术的改进以及应用要求的提高，高压旋喷桩常用于堤坝防渗、深基坑开挖支护与止水等领域。

高压旋喷桩的加固体形状可以是圆柱状、扇形、块状、壁状和板状，根据工艺类型可分为单管法、二重管法、三重管法和多重管法，其中，三重管法（三管法）可同时喷射水泥浆、压缩空气和水三种介质，这种方法通常用于基岩和碎石土中的卵石、块石、漂石等地层，或者地下水流速过大和已涌水的地基工程。

（3）屏蔽法旋喷锚索

屏蔽法旋喷锚索是通过高速气流将混凝土液、混凝土膏、水玻璃等外加剂一起喷射到锚杆周围的地层中，并形成旋涡状结构，提高锚杆与地层的摩擦力，从而达到加固地层和加强锚杆承载力的加固措施。相比传统的旋喷锚索技术，屏蔽法旋喷锚索具有更高的承载力和更好的耐久性，能更好地传递和分散锚杆所受的拉力。

黄土地层中，由于降水的影响，导致坑内和坑外形成较大的水头差，靠近基坑底部的旋喷锚索施工过程中会遇到坑外的高水压，传统旋喷锚索施工的方法会存在水泥浆液来不及凝固便被高压水流冲走的问题。屏蔽法旋喷锚索中添加的水玻璃等水泥速凝剂可有效解决水泥凝固问题，同时辅以物理封堵措施以及预留孔洞卸水压的方式，完成高水压下锚索的施工。

（4）大直径隔离桩技术

隔离桩是一种用于土木工程中的基础设施，主要用于隔离和加固地层，提高地层的稳定性和承载力。与一般的隔离桩相比，大直径隔离桩具有更大的直径和截面积，因此具有更高的承载能力和更强的稳定性。大直径隔离桩广泛应用于各种基础设施施工中，如桥梁、高速公路、地铁、隧道等。

在黄土地下空间邻近地铁或其他重要设施的基坑开挖过程中，隔离桩一方面可起到分隔区域的作用，另一方面通过与其他加固形式的组合使用，可起到对地层的加固作用。如在侧邻地铁的基坑施工时，为保证地铁安全运营和基坑稳定开挖，可采用隔离排桩+截水帷幕+土体搅拌桩加固的措施。近年来，随着新型施工工艺和施工装配的不断发展，采用全套管全回转钻机施工大直径隔离桩、围护桩，在饱和软黄土地区的基坑中取得了良好的效果。

（5）型钢水泥土搅拌墙（SMW 工法桩）施工技术

型钢水泥土搅拌墙是一种新型的水泥土搅拌桩墙，它是在水泥土桩内插入 H 型钢等型材，将承受荷载与防渗挡水结合起来，形成一道具有一定强度和刚度的、连续完整的、无接缝的地下墙体。SMW 工法桩在施工过程中基本无噪声和振动，特别适用于城市繁华地带和对环境要求较高的地区，同时，SMW 工法桩适用条件较为广泛，适用于多种地质条件，包括黏性土、砂土、粉土以及砂砾土等。除良好的支护效果外，SMW 工法桩在施工结束后可以将 H 型钢等型材拔出回收再利用，降低了工程造价，具有良好的经济效益。为解决 SMW 工法桩深度受限的问题，国际上已开发出可接钻杆的 SMW 设备，最大加固深度可达 60m 左右。

（6）“跳仓法”开挖技术

地下空间以及基坑工程中的“跳仓法”开挖是一种分区卸载的措施。为确保基坑下部设施（如地铁隧道等）变形符合安全要求，施工中往往不能一次性将上覆土体全部挖除，而是充分发挥土体自重作用，保留一部分土体的同时跨区开挖，并对未开挖部分进行临时支护。通过合理制定开挖卸载的范围和路径，能够更好地抑制土体扰动，在敏感环境中尤为适用。

1.5 黄土基坑的降水技术

黄土特殊的竖向节理发育特性对基坑的稳定性和降水止水工作有重要的影响。由于黄土中粉粒的吸水性较差，故而黄土在竖向具有较好的渗透性，地表水可通过竖向通道迅速下渗，但在水平方向上，黄土的渗透性较差，导致水无法从水平方向排出土体外部。因此，在基坑开挖过程中需要采取降水措施。目前，从指导思想上可将基坑降水措施分为两大类，一是封闭式降水，即采用“截水帷幕＋坑内疏干井”降水方案。该方案对周围环境影响较小，由于截水帷幕的存在，可以有效地阻止地下水流向基坑外部，但截水帷幕工程造价较高，施工周期较长，而且坑内外形成的附加水土压力差，增加了支护体系的侧向受力，需要考虑支护结构的设计强度；二是敞开式降水，即管井群降水，优点是工程造价较小，施工短，坑内、外水位同时下降，附加的水土压力差小，有利于基坑稳定，节省支护工程费用，但管井群降水可能会导致基坑周围的地表下沉，对周围环境产生一定影响。选择基坑降水措施时，需要综合考虑工程造价、施工周期、基坑稳定性、周围环境影响等多方面因素，选择最合适的降水方案。同时，在实际工程中，还需要根据地质勘察报告、工程设计要求等具体情况进行详细的方案设计和优化。

1.5.1 基坑工程降水技术

从具体降水技术来讲，基坑排水措施包括：

（1）集水明排。即用排水沟、集水井、泄水管、输水管等组成的排水系统将地表水、渗漏水排泄至基坑外的方法。

（2）真空井点。将井点管沉入深于坑底的含水层内，井点管上部与总管连接，总管与上部抽水主机连接。利用抽水主机产生的真空作用，将地下水从井点管内不断抽出，引到地面并排往施工区以外。真空井点间距小，可有效拦截地下水流入基坑内，此外，真空井点降水止水不仅降低了渗流水力梯度，还改变了渗流方向，使基坑内土体的渗流方向向下并流向真空井点，从而增加了边坡土体的有效应力，提高边坡支护的有效性能。

(3) 喷射井点。利用高压水泵或空气压缩机，通过井点管中的内管向喷射器输入高压水（喷水井点）或压缩空气（喷气井点），形成水汽射流，将地下水经井点外管与内管之间的缝隙抽出并排走。特别适用于基坑开挖较深、降水深度较大的情况。然而，由于其复杂性和成本较高，需要在实际工程中根据具体情况进行选择和应用。

(4) 管井。原理是在基坑四周埋置深于基底的井管，通过设置在井管内的潜水泵将地下水抽出，使地下水降至低于开挖基底标高 0.5m 以下，保证基坑内土方开挖和基础施工在较干燥的环境中进行作业。适用于基坑开挖较深、渗透系数较大、地下水丰富的土层、砂层，以及含水层厚度较大的情况。管井降水由滤水井管、吸水管和抽水机械等组成，具有设备较简单、排水量大、降水较深、降水效果好等优点。

(5) 渗井。一种立式地下排水设施，主要用于将地面水和上层地下水引入更深的地下层，以降低上层地下水位或者全部排出。在井内，由中心向四周按层次填入，由粗而细的砂石材料，粗料渗水，细料反滤，以保证渗井的排水效果。渗井的优点在于可以充分利用地下水资源，减少排水对环境的影响，同时渗井的排水量较大，可以满足一些工程的排水需求。然而，渗井的缺点在于施工难度较大，需要专业的施工技术和设备。

(6) 辐射井。一种特殊的井型，其特点是在井底或井壁按辐射方向打进滤水管，以增大井的出水量。辐射井由一口大直径的钢筋混凝土管竖井和竖井内沿含水层水平方向布设的多根辐射管组成。这些辐射管呈辐射状分布，因此得名辐射井。辐射井的出水量大，通常相当于同深度同含水层管井出水量的 8～10 倍，因此特别适用于从黄土层等渗透性强的地层中取水。同时，辐射井可以大范围控制地下水位，相当于同深度管井的 10～15 倍，且寿命长久，因为辐射井水平管周围在运行中很快形成天然反滤层，使得井的出水量随着时间延长，不但不会衰减，还有增加趋势。此外，辐射井的管理运行费用低，维护方便，适用于各种土质情况，包括细粉砂层地质条件。

(7) 电渗井。利用井点管本身作为阴极，沿基坑外围布置，以钢管或钢筋作为阳极，垂直埋设在井点内侧，阴阳极分别用电线连接成通路，并对阳极施加强直流电电流，使土层中的水在电场作用下加速向阴极方向移动，从而达到降低地下水位的目的。电渗井点降水的优点在于可以加速细粒土中的水分移动，提高降水效果，缩短降水周期。但是电渗井点降水需要消耗大量的电能，因此成本较高。其次，电渗井点降水过程中需要对电压、电流密度、耗电量等进行测量和必要的调整，操作比较复杂。此外，由于电渗井点降水主要适用于渗透系数小的细粒土，对于渗透系数大的土层，降水效果可能不太理想。

1.5.2 基坑截水帷幕

地下工程中，将某些结构同时用作基坑围护结构和截水帷幕的技术是一种常用的方法，旨在提高工程效率和节约成本，其中适用条件最广的技术为地下连续墙。

地下连续墙是一种在地下挖槽，通过泥浆护壁，浇筑混凝土而建成的墙体。这种墙体具有良好的止水性能，能够有效地阻挡地下水的渗透。同时，地下连续墙还具有较高的强度和刚度，可以作为建筑物的围护结构，承受侧向土压力和水压力。此外，地下连续墙还可以作为建筑物的永久围护结构，与主体结构相结合，提高整体结构的稳定性和安全性。

除地下连续墙外，旋喷桩、搅拌桩也兼具围护和止水功能，目前，我国常规单轴和双轴搅拌机施工的水泥土搅拌桩截水帷幕的深度大致可达 15～18m，三轴搅拌机施工截水帷幕的深度可达 35m 左右。

TRD 工法是将满足设计深度的附有切割链条以及刀头的切割箱插入地下，在进行纵向切割横向推进的同时，向地基内部注入水泥浆以达到与原状地基的充分混合搅拌，在地下形成等厚度连续墙的一种施工工艺，适用于各类土层和砂砾石层中连续成墙需求。目前，TRD 工法的最大深度可达到 60m，但 TRD 法需要有适合其施工的设备作业场地条件。

重力式挡墙主要适用于地基土承载力不超过 150kPa，满足水泥土墙宽的施工宽度，且对周围变形要求不严格的工程；土钉墙＋搅拌桩截水帷幕适用于基坑周围有充分的放坡条件，基坑周围建筑物对位移控制不严格的工地；另外，可采用注浆法和冷冻墙技术，在地下工程的水平方向做隔水帷幕。

第2章 黄土力学特性试验及理论研究

2.1 概　　述

西安地区主要分布 Q_3 马兰黄土，其具有沉积厚度大、结构疏松的特点，是典型的风积黄土。该地区的基坑和边坡设计受复杂环境影响，施工难度高、风险较大，且基坑和填土边坡开裂坍塌的机理尚未明确，导致工程事故频发。这些工程事故的发生与黄土的抗拉强度息息相关，但考虑到黄土的抗拉强度相较于其他强度值低且测试难度较大，因此常被忽略。

重塑黄土的抗拉强度与抗剪强度、抗压强度作为强度理论的各个分支，地位同等重要。如在重塑黄土基坑外侧边缘回填土和边坡坡体中，在拉伸应力的影响下，土的张拉破坏和张拉裂纹的形成、黄土地区经常发生的滑坡、地裂缝等地质灾害，都与黄土抗拉强度密切相关。

开展重塑黄土拉伸断裂特性研究，有利于黄土地区重塑黄土基坑工程、重塑边坡工程和重塑路基路面工程设计与施工的优化，可以合理解决重塑黄土工程施工安全问题，不仅为西安地区城市地下空间工程建设提供理论参考，也填补了我国重塑黄土单轴抗拉强度特性的试验研究空白，也是践行国家“一带一路”建设与区域中心城市发展战略的必然体现，具有较好的理论与实践意义。

因此，依托西安火车站北广场综合改造及周边市政配套工程建设运营项目，通过室内试验、理论分析、现场试验和数值模拟等方法，开展了针对 Q_3 重塑黄土抗拉强度的相关研究工作，提出了不同含水率和不同干密度下土的抗拉强度计算公式，运用 ANSYS 有限元模拟分析了基坑开挖过程中拉应力和水平位移的分布规律，并结合电镜扫描试验分析重塑黄土拉伸断裂破坏机理。开展重塑黄土单轴拉伸断裂特性试验研究，有利于黄土地区重塑黄土基坑工程、重塑边坡工程和重塑路基路面工程设计与施工的优化，给出解决重塑黄土工程施工安全问题的合理方案。

2.2 黄土力学特性试验方案

为探究 Q_3 黄土深基坑边缘及黄土边坡的开裂现象与黄土抗拉强度的关系，本研究采用单轴拉伸试验、直剪试验、扫描电镜试验、X 射线衍射试验及 X 射线荧光光谱分析，对 Q_3 黄土的物理力学特性进行了全面的研究。

2.2.1 试样的物理化学性质

1. 土样来源

西安市辖区总体地势南高北低，辖区内海拔 360～750m，外围东是低山丘陵、山岭、梁地；南为秦岭，中高山；北接渭河，是相对的侵蚀基准面。根据地貌形态、成因类型，可将辖区地貌划分为冲洪积平原、山前洪积扇、黄土塬、黄土残塬及黄土梁洼。试验土样来源于西安火车站北广场东区基坑中的 Q_3 原状黄土，取土场地所属区域位于渭河断陷盆地（图 2.2-1）中段南部，西安凹陷的东南隅。

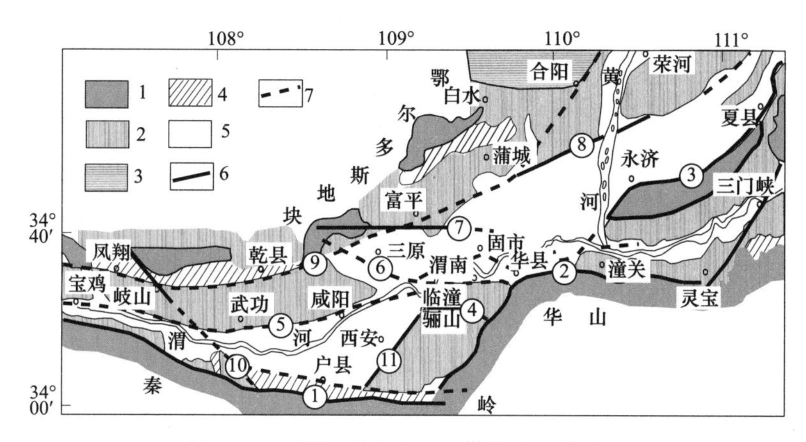

图 2.2-1　渭河断陷盆地地带构造地貌略图

1-断块山地；2-平缓黄土台塬；3-波状黄土台塬；4-洪积台地、洪积扇群；5-渭河阶地；6-断层；7-推断断裂

2. 土样物理性质

为获得土样的基本参数，为后续试验提供分析依据和分类，根据《土工试验方法标准》GB/T 50123—2019 对试验土样各项物理性质指标进行测定，得到的试验土样基本物理指标见表 2-2-1。

试验土样基本物理指标　　表 2-2-1

指标	天然密度 ρ	干密度 ρ_d	含水率 w	比重 G_s	孔隙比 e	塑限 ω_P	液限 ω_L
	(g/cm^3)	(g/cm^3)	(%)			(%)	(%)
测值	2.132	1.83	14.65	2.71	0.82	19.5	34.2

3. 土样的矿物成分

（1）试验步骤及流程

试样的化学成分分析采用 X 射线衍射定量分析方法，试验仪器为：日本理学 D/M-2500 型（18kW）X 射线衍射仪，铜靶，石墨单色器。设定固定的 X 射线衍射仪器参数，扫描速度为 1(°)/min，扫描角度为 10°～80°，每个样品分别检测 3 次，获取 3 组数据。

备样：压片时要保证将试样铺满整个载玻片凹槽，用盖玻片轻轻刮平后压实，并保持上表面的平整，更换样品时要使用无水乙醇将载玻片与盖玻片擦洗干净并晾干，再进行下一个样品压片。

操作步骤：打开软件后等待测角仪的初始化，将样品放入卡槽，样品和卡槽中加入少量橡皮泥，设定参数，选择要测试的样品，开始扫描，保存数据，自动巡峰结束后导出 txt 格式的数据。

（2）矿物成分

试验用黄土的 XRD 衍射图如图 2.2-2 所示。XRD 分析表明，黄土中主要矿物为石英、钠长石、云母、方解石、正长石和高岭石、伊利石和绿泥石。

图 2.2-2 试验黄土 XRD 衍射图

物质分析图如图 2.2-3 所示，黄土颗粒内部矿物成分具有多样性，不同类型的矿物对土体强度有一定影响，而这些物质又都以其本身所具有的特征来表现出来。这些原生矿物大部分是石英、长石、云母等，颗粒粗大，形态多呈块状或板状；次生矿物以高岭石等黏土矿物、蒙脱石与伊利石为主，颗粒很细，大多成片；可溶性次生矿物主要有岩盐，钾盐和石膏、方解石与硫酸盐等，有较佳的水溶性；生物可利用元素为钾离子，其含量与有机碳有关。有机质则为动植物分解而成的遗骸，其中的腐殖质颗粒很细，并以凝胶形式存在，有很强的吸附性。

4. 土样的化学成分

(1) 试验仪器

对试验的土样进行 XRF (X-Ray Fluorescence) 衍射分析，仪器采用 X 射线荧光光谱仪，测出所含单质和氧化物双模式，从而得出主要元素占比结果。XRF 衍射测试采用 M4 TORNADO 微 X 射线荧光分析仪，可对多种不同形貌的试样进行测量，由此产生成分与元素的信息。

(2) 化学成分

利用 XRF 定性，定量地分析被测表面的组成，图 2.2-4 是试样的主要元素占比图，由图可知，试样元素均质地分布在扫描面上，O、Si、Ca、Al 和 Fe 所占比例较高，5%以上为 K，Mg、Na、Ti 和 Mn 所占比例小于 3%，除此之外，还有 P、Zr、Sr、Cl、S、Rb 和 Zn 等低于 0.1%的微量元素。由此可知研究区的土样，矿物组成主要为造岩矿物——石英，其次含有碳酸盐矿物方解石及少量黏土矿物，由其元素可推断出主要含有高岭石 (Si、Al)，伊利石 (Si、Al、K) 及绿泥石 (Fe、Mg) 等，与矿物成分分析的结果相符合。

2.2.2 单轴拉伸试验方案

1. 试验目的及内容

为了研究土体在单轴拉伸作用下抗拉强度的变化规律，可通过对 Q_3 圆柱体黄土试样

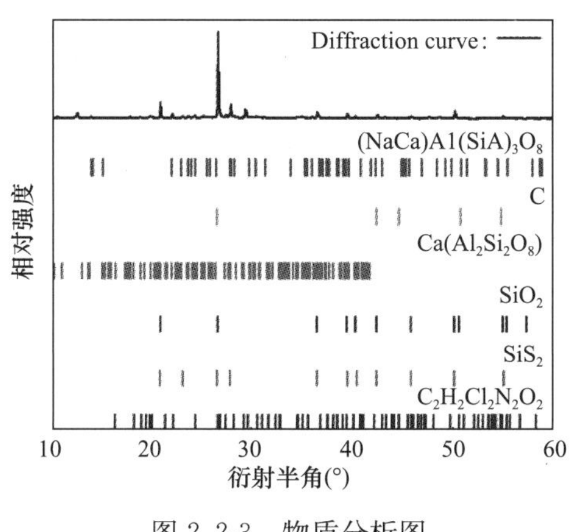

图 2.2-3　物质分析图

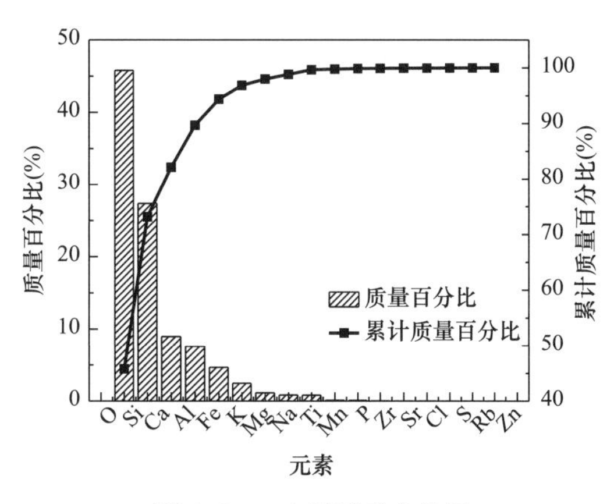

图 2.2-4　主要元素占比图

进行不同含水率、不同初始干密度和拉伸速率的单轴抗拉强度室内试验，得到相应的应力-应变关系曲线，研究不同的重塑黄土在不同加载条件下的受力变形规律及不同速率下抗拉强度的变化规律，并基于这些信息提出理论模型，探讨不同含水率、干密度和拉伸速率条件下，重塑黄土的破坏特性。通过比较不同条件下的断裂破坏特征，可以找出造成这些差异的原因，从而更深入地了解重塑黄土的力学性质。

本试验的主要内容为：1）设计并制作土体单轴拉伸仪器；2）不同含水率和干密度条件下，土样受位移控制的单轴拉伸应力-应变的变化规律试验；3）恒定速率下不同拉伸速率和变速率下位移控制的单轴拉伸抗拉强度变化规律试验。

2. 试验方案

以 Q_3 重塑黄土为研究对象，采用自研单轴拉伸仪器，进行以含水率、干密度和拉伸速率为变量的一系列试验，试验方案见表 2-2-2，表中拉伸速率的正值表示拉伸方向，负值表示受压方向。

试验方案　　　　**表 2-2-2**

试验类型	干密度 (g/cm³)	含水率 (%)	拉伸速率 (mm/min)	应变控制 (%)
恒定速率	1.4	11.00	0.01、0.1、0.2、0.5、1	—
		13.00		
		14.70		
		17.00		
		19.50		
	1.5	11.00	0.01、0.1、0.2、0.5、1	—
		13.00		
		14.70		
		17.00		
		19.50		
	1.6	11.00	0.01、0.1、0.2、0.5、1	—
		13.00		
		14.70		

续表

试验类型	干密度 (g/cm³)	含水率 (%)	拉伸速率 (mm/min)	应变控制 (%)
恒定速率	1.6	17.00	0.01、0.1、0.2、0.5、1	—
		19.50		
	1.7	11.00	0.01、0.1、0.2、0.5、1	—
		13.00		
		14.70		
		17.00		
		19.50		
变速率	1.7	14.70	0.01～0.02	0.05
			0.01～0.05	0.05
			0.01～0.10	0.05
			0.01～0.50	0.05
			0.01～1.00	0.05

3. 试样制备

试验所需仪器设备：2mm 不锈钢网筛、自研取土器、击实装置、烘箱、橡皮锤、保鲜膜、塑封袋、标签纸、电子天平、喷壶、保湿缸等。

制样准备：首先将所取西安市 Q_3 黄土放入 105℃烘箱烘 8h，使其土体内部水分蒸发充分，取出烘干后的土体，用橡皮锤进行碾碎，过 2mm 不锈钢网筛，按照目标含水率(11.0%、13.0%、14.7%、17.0%、19.5%) 计算称量的蒸馏水，使蒸馏水与土体均匀接触，充分拌和，避免出现团聚体影响制样过程。将不同含水率的土样放入密封袋中，并放置在恒温恒湿箱内静置 3 天，以确保土样内部水分的均匀分布，之后重新测量含水率，然后制备实际含水率的试样。

抗拉试样制备：在电子天平上准确称量试样需要的土体质量。然后，涂抹一层试验室专用的白凡士林，以防止试样和制样器中的刚性衬垫粘结。为了进一步避免粘结，将同样尺寸的滤纸剪成适当的大小，放置在试样和刚性衬垫之间。接下来，将土体倒入制样器中，并在套筒底部放置一个短衬垫，然后盖上一个长衬垫。将制样器放在液压千斤顶架上，并用手托住底部，进行一次压实。经过三次压实后的试样更加均匀。压实完成后，用自研取土器取得直径 50mm，高度 130mm 的试样，使用保鲜膜密封试样，并贴上标签以标记。为确保试样的稳定性，在保湿缸中静置 24h。计划土样的干密度和含水率与实际土样制得的干密度和含水率如表 2-2-3 所示，实际土样制得干密度和含水率与计划误差范围为 0～1.2%，满足试验的需要。

计划土样和实际土样差异 **表 2-2-3**

实际含水率 (%)	计划干密度 (g/cm³)	湿密度 (g/cm³)	总质量 (g)	湿土质量 (g)	实际体积 (cm³)	实际干密度 (g/cm³)	干密度差值
19.54	1.4	1.67	426.28	419.46	255	1.38	−0.02
	1.5	1.79	456.73	439.68	250	1.48	−0.02
	1.6	1.91	487.18	452.94	236	1.60	0
	1.7	2.03	517.63	461.65	236	1.69	−0.01

续表

实际含水率 (%)	计划干密度 (g/cm³)	湿密度 (g/cm³)	总质量 (g)	湿土质量 (g)	实际体积 (cm³)	实际干密度 (g/cm³)	干密度差值
10.93	1.4	1.55	395.58	394.05	250	1.42	0.02
	1.5	1.66	423.83	418.51	250	1.51	0.01
	1.6	1.77	452.09	450	258	1.59	−0.01
	1.7	1.89	480.34	474.99	265	1.69	−0.01
13.02	1.4	1.58	403.03	399.41	250	1.41	0.01
	1.5	1.69	431.82	421.59	250	1.49	−0.01
	1.6	1.80	460.61	435	240	1.60	0
	1.7	1.92	489.40	473.3	255	1.70	0
14.69	1.4	1.60	408.99	407.55	247	1.42	0.02
	1.5	1.72	438.20	434.95	250	1.52	0.02
	1.6	1.83	467.41	459.95	250	1.60	0
	1.7	1.94	496.63	487.23	250	1.70	0
16.96	1.4	1.63	416.73	411.37	252	1.40	0
	1.5	1.75	446.49	445.47	254	1.50	0
	1.6	1.86	476.26	475.29	254	1.60	0
	1.7	1.98	506.03	496.76	250	1.70	0

2.2.3　直剪试验方案

1. 试验目的

单轴拉伸试验和直剪试验都可以获得土体的黏聚力指标，为了对比土样在单轴拉伸试验和直剪试验中获得的黏聚力数值大小，进一步探究试验方法和试验仪器对测得土体黏聚力的差异。

2. 试验内容

为了研究剪切试验与拉伸试验参数之间的关系，在试验结果分析中找到指标对应关系，在试验中保持直剪试验和拉伸试验的试样具有相同的含水率和干密度。制备了 4 组不同干密度和 5 个不同含水率的剪切试样。含水率分别为：11.00%、3.00%、14.70%、17.00%、19.50%；干密度分别为：1.4g/cm³、1.5g/cm³、1.6g/cm³、1.7g/cm³。

对恒定速度下单轴拉伸试验所对应的四种干密度和五种含水率的二十种土样采用环刀取样，共计 34 组试验，其中每组各制备 4 个相同初始状态的试样，采用南土仪器厂所制造的 ZJ 型应变控制式直剪仪进行快剪试验方法，分别在 25kPa、50kPa、100kPa 和 200kPa 的竖向压力下以 0.8mm/min 的剪切速率做剪切试验，剪切位移为 4～6mm，剪切时间为 5～8min。

2.2.4　扫描电镜试验

1. 试验仪器

扫描电镜（Scanning Electron Microscope），其全称为扫描电子显微镜，是一种大型、高精密的仪器，它可以对样品表面微小区域进行形貌观测。本研究扫描电镜试验是在西安市科学指南针的 SEM 室进行的，试验采用蔡司公司的 Sigma300 场发射扫描电镜对恒定速率拉伸断裂面土的微观样貌进行观测，其采用成熟的 GEMINI 光学系统设计和适宜的探针电流范围，降低了 50%的信噪比，从而提升了 85%的衬度信息，放大倍率：10～1000000 倍；连续可调加速电压：0.2～30kV；样品台：五轴优中心全自动。

2. 试样制备及试验步骤

在重塑黄土试件经单轴拉伸破坏后的断裂面取样，切取小于（长×宽×高）1cm×1cm×1cm 的试样，试验前再精修土样形状，用碳导电胶液固定试样并在烘箱烘干，确保试样无松动后放入 SC7620 镀膜仪中镀金，镀金完成后放入 Sigma300 场发射扫描电镜样品台上，等到系统真空达到 e-05mbar 时开始试验，SEM 试样制备及试验流程图如图 2.2-5 所示。

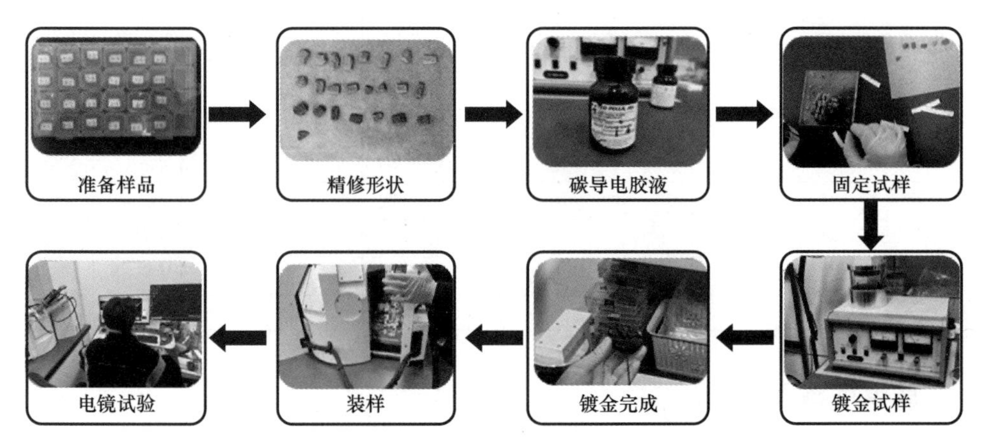

图 2.2-5 SEM 试样制备及试验流程图

2.3 黄土抗拉强度试验设备及土压力测试装置研发

2.3.1 单轴拉伸试验仪器

1. 直接拉伸仪器设计背景

目前土体的抗压强度和抗剪强度的分析足够充分，但有关土体受到拉拔作用时的强度的研究仍显不足，原因之一是测试抗拉强度的仪器精度要求非常高，价格昂贵，且目前没有统一的测试设备，从土样制作到试验过程均需要大量人力和财力。所以，研究和开发一种能更精确地测量黄土体抗拉拔强度的测量仪器和方法是目前研究工作的重点。

大量现场土体开裂的破坏形态充分说明土体抗拉强度较低是发生拉裂缝的主要原因。由于黄土的特殊物理和力学特性，使得其在地质灾害及工程事故中具有重要的影响，如：基坑边缘开裂、黄土滑坡、地裂缝、边坡剥落。因此研究黄土的抗拉强度对于减少地质灾害和工程事故具有重要意义。此外，黄土抗拉特性研究对于深入理解土体的力学行为和改进工程设计具有重要的意义。

2. 单轴拉伸仪器研发

（1）单轴拉伸仪器设计方案

由抗拉强度的确定方法可知，间接测定法通常假定黄土的拉伸变形为弹性或弹塑性，可能与实际情况存在较大差异。直接测定法是一种通过施加拉力直接准确测定试件抗拉强度的方法，更能够提供直接的数据支持。因此，选用直接拉伸试验法来测定试件的抗拉强度更为合理。单轴拉伸试验由于具有快速准确的优点而被广泛采用。试验时将试样置于零围压状态，通过粘贴式、预埋拉环（杆件）、外夹锚固式、楔形夹具等方法将试验两端进行固定。不同方法的适用范围各不相同，但其共同特点是能获得较高的精度。其优缺点比较如表 2-3-1 所示。

单轴拉伸试验中试样两端固定方式的优缺点对比　　表 2-3-1

固定方式	优点	缺点
粘贴式	试件制作过程简单	(1) 在试件两端涂胶，为增强胶结效果，需先将两端磨至光滑，过程费力易失败； (2) 断面位置是不确定的或是唯一的，如果破裂发生在试样的两端，将导致抗拉试验的结果偏大
预埋拉环（杆件）式	试验过程中不拆卸钢板，避免拆模对试样造成损伤	(1) 很难使拉环（拉杆）处于同一水平轴线； (2) 端部易出现应力集中以及拉杆（拉环）在试验材料中提供稳定力不足； (3) 制样时，预埋杆（环）在振捣过程中易发生移位错动
外夹锚固式	试验操作简便	当夹头和试件贴合不紧密时，容易在拉伸过程中形成偏心荷载而影响试验结果
楔形夹具式	(1) 不易形成偏心荷载； (2) 断裂面位置易控制	对于形状复杂的模具，制样过程较烦琐，脱模易损伤试件

从表 2-3-1 中可以看出，外夹锚固式试验操作简单，但对试样的尺寸精度有较高要求，如果试样形状不够与夹具契合就容易产生偏心荷载，因此在外夹具的选择和制样上应尤其注意，此法试样形状规则，制样方式较楔形夹具式简单。

随着土体开裂研究的不断发展，土体抗拉强度越来越受到学者们的重视，现有的测定土体抗拉强度的仪器和理论还不够成熟。基于现有理论的基础认识和前人对抗拉仪器的改装、开发与设计，团队自主研发设计了单轴抗拉仪器。本研究拟采用单轴拉伸的方法进行土体的拉伸强度试验，目前此装置可分为立式和卧式两种方法，单轴拉伸的两种试验方法装置示意图如图 2. 3-1 所示。

为了避免土体自身重力对试验结果的影响，以及弥补以往各种改装仪器的不足，本次试验采用了卧式拉伸法。试验使用高精度的传感器进行自动化采集，最大限度地减小人为因素的误差。

(2) 单轴拉伸仪器的组成及功能

自主设计的单轴拉压扭转试验仪器如图 2. 3-2 和图 2. 3-3 所示，仪器包括三大部分：试样单元、动力单元和底座。试验仪器委托西安力创材料检测技术有限公司制作，型号名称为 WDLN-10/100 拉压扭转试验仪，主要进行土的静态拉压扭转等力学性能测试及破坏性试验。本仪器可以设置不同试样方案，并可进行以下试验：1) 单纯拉（压）试验；2) 单纯扭转试验；3) 拉（压）扭转复合试验。

本仪器的单拉或单压试验的原理是：通过左边的夹具固定不动，右边夹具在电动缸的作用下水平移动，进而拉伸或挤压夹具中间的土样，直至土体破坏，同时拉力传感器和直线导轨上的位移传感器能记录下实时试样的拉力和位移，并最终得到土体的强度。

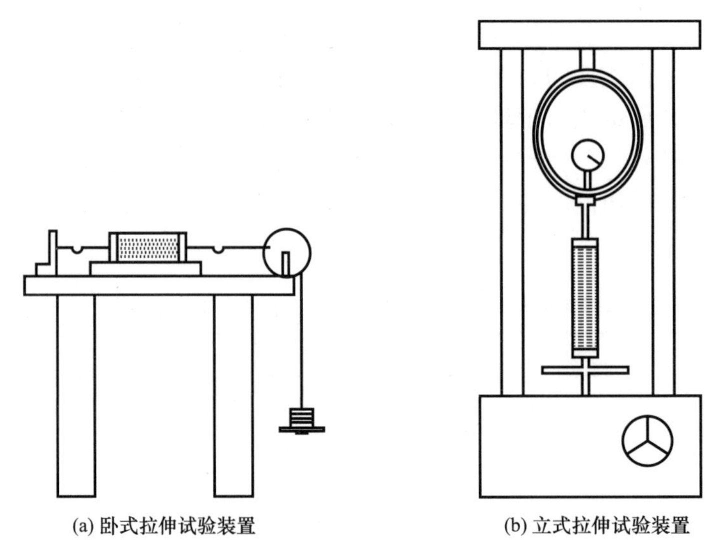

(a) 卧式拉伸试验装置　　(b) 立式拉伸试验装置

图 2.3-1　单轴拉伸的两种试验方法装置示意图

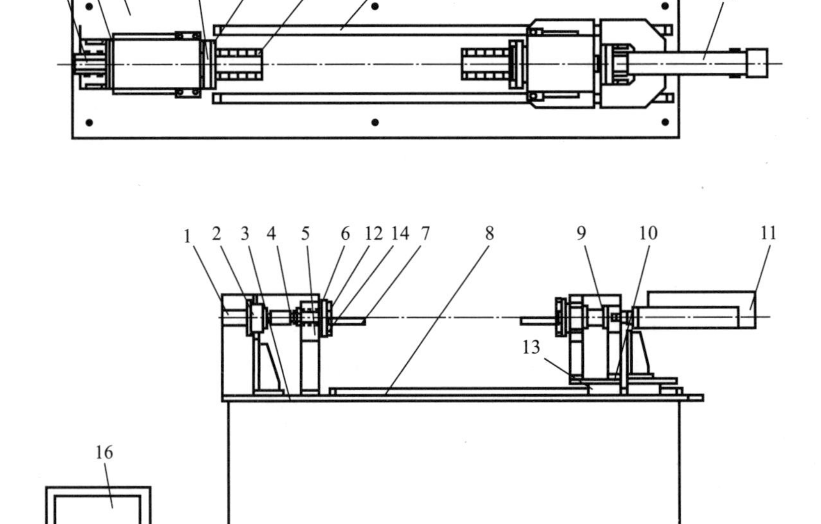

图 2.3-2　新型单轴拉压扭转测试仪器侧视图及俯视图

1-伺服电机；2-速机；3-主机柜；4-联轴器；5-轴座；6-轴承；7-夹具；8-直线导轨；9-拉力传感器；10-底板；11-电动缸；12-小转盘；13-滑块；14-支架；15-角度刻度标识；16-计算机控制系统

单轴拉压扭转仪器主要部件的功能见表 2-3-2，仪器的主要性能指标见表 2-3-3。

3. 单轴拉伸仪器调试

(1) 拉力和位移传感器准确性及标定调试

在初试调试时，打开操作程序后，发现转角和位移始终默认 100mm 处超载保护，只有在打开程序后分别进入各通道试验方案，在最后试验前退出，各通道保护参数才能以默认试验方案的保护参数进行；且负荷在没有装载试样的情况下，捕捉实时区间为 10N，

图 2.3-3　新型单轴拉压扭转测试仪器实物图

仪器主要部件的功能　　表 2-3-2

部件名称	功能
伺服电机	提供扭矩动力源
减速机	匹配转速及传递扭矩
主机柜	放置驱动器及电路系统
联轴器	连接两轴传递动力
轴座	支撑轴承
轴承	支撑机械旋转
夹具	装夹试样
直线导轨	调整试验空间
拉力传感器	收集试样轴向力
底板	固定电动缸
电动缸	施加轴向力作用试样

仪器主要性能指标　　表 2-3-3

指标	范围
最大扭矩	±100Nm
最大拉压试验力	±10kN
电动缸位移行程	200mm
有效试验空间	0～600mm
试验中心高	300mm
试验力有效测量范围	0.2～10kN
位移测量分辨率	1μm
扭矩测量范围	2～100Nm
角度分辨率	0.1°
移动梁位移速度调节范围	0.01～100mm/min
夹具扭转速度调节范围	0.01°～180°/min
试验平台尺寸	1800mm×430mm×1100mm

为土所能承受拉力误差的 1.57%～11.78%，误差较大，负荷跳变量调试前程序界面示意图见图 2.3-4。课题组认为初始传感器的精度不够，第一次升级措施为：更改仪器控制箱并升级单通道程序，更改量程和单位后接入仪器的负荷插头，设置增益电阻 $R=175\Omega$，更

换世铨 CELTRON 传感器，负荷捕捉实时区间为 0.24N，误差为 0.04%～0.28%，负荷跳变量调试后程序界面示意图见图 2.3-5。

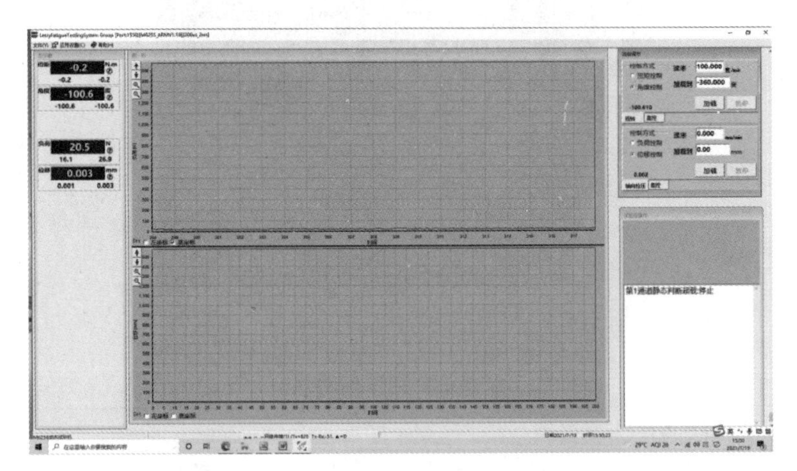

图 2.3-4　负荷跳变量调试前程序界面示意图

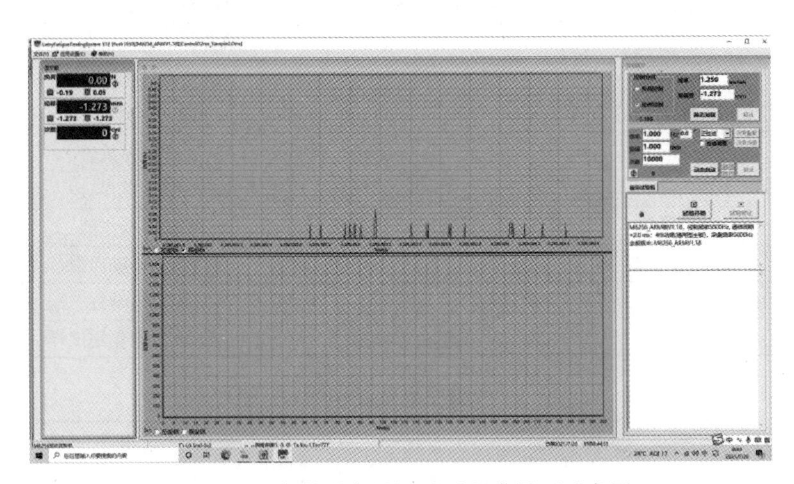

图 2.3-5　负荷跳变量调试后程序界面示意图

处理好数据跳动过大的问题后，拉力传感器和位移光栅的准确性至关重要。为了确保试验结果的准确性，需要进行传感器和光栅的标定。

本试验选取动态标定的方法，标定流程图如图 2.3-6 所示。

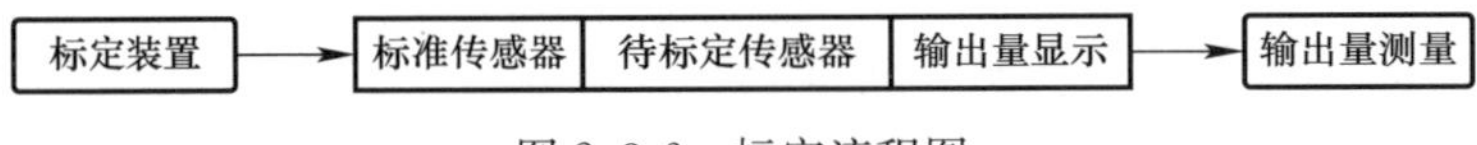

图 2.3-6　标定流程图

拉力传感器满程 10000N，驱动器接 15V，灵敏度 0.607mV/V，放大后电压为 6.165V。相对误差计算式见式（2.3-1）。

$$\delta=\frac{\overline{F}}{F_1}\times 100\% \tag{2.3-1}$$

式中，$\overline{F}$——仪器负荷测量平均值；

F_1——仪器负荷实际值；

δ——相对误差。

变动性误差的计算式见式（2.3-2）。

$$\zeta = \frac{F_{max} - F_{min}}{F_1} \times 100\% \tag{2.3-2}$$

式中，F_{max}——仪器负荷测量最大值；

F_{min}——仪器负荷测量最小值；

F_1——仪器负荷实际值；

ζ——变动性误差。

传感器调试准确后，使用胶木棒做满程加载，胶木棒满程加载示意图如图 2.3-7 所示。负荷与位移和时间的关系呈一次函数关系，标定效果好。

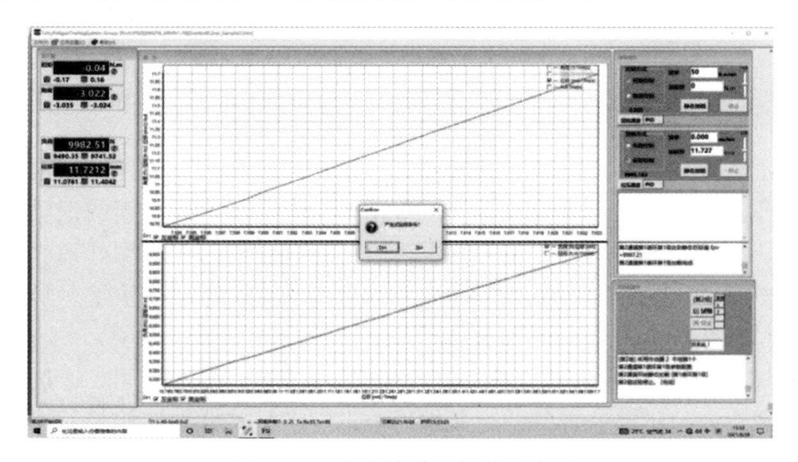

图 2.3-7　胶木棒满程加载示意图

（2）仪器参数设置

传感器标定后，根据标定试验结果对传感器种类及所属通道、通道配置、传感器参数、位移计数器参数及限位手控器进行设置，经测试仪器输出稳定，满足试验所需。

（3）夹具问题及处理

对本仪器试验结果的准确性来说，位移和轴力的获得已足够精确，夹具误差的控制是非常重要的。一开始仪器夹具的材料使用的是粗糙的生铁，在试验过程中，发现出现位移增加而轴力几乎为零的现象，测试抗拉强度试验结果如图 2.3-8 所示。经考察讨论，判断是夹具内壁摩擦力不够的原因，选择在夹具内部设置套丝，增加夹具和土样的摩擦力，测试抗拉强度试验结果见图 2.3-9。

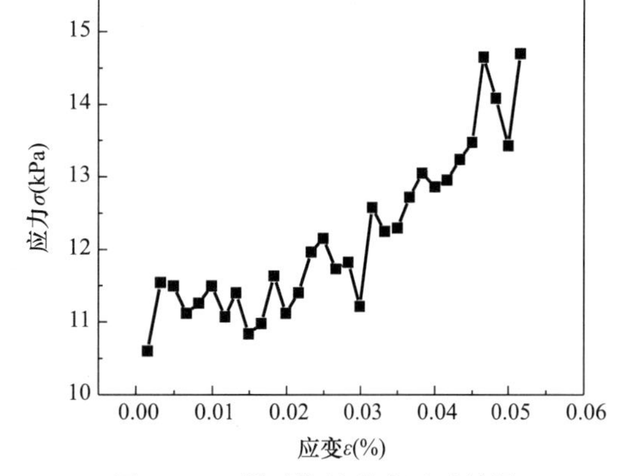

图 2.3-8　测试抗拉强度试验结果
（夹具无套丝）

从图 2.3-8 和图 2.3-9 中可以看出，没有套丝时，应力-应变曲线呈波动状态，设置套丝后，应力-应变试验结果大幅度稳定，可以满足试验要求，为后期试验数据的稳定性和准确性提供保证。

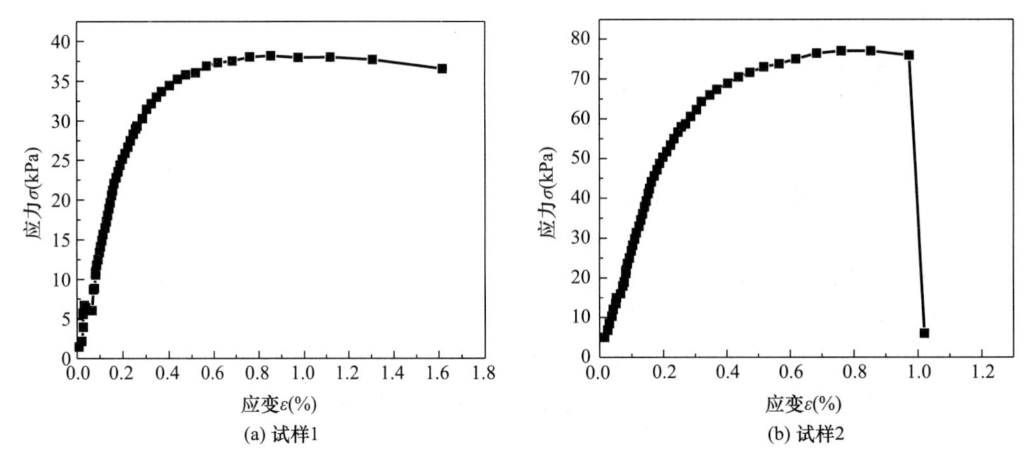

图 2.3-9 测试抗拉强度试验结果（夹具有套丝）

4. 单轴拉伸仪器工作过程

（1）试验准备工作：打开电脑上的软件测控系统和试验机电源，在试验前，需要通过试验机横向拉压运行的方式来检验各系统是否正常工作。还需建立新的记录表格，记录下试验开始时间、编号、试样尺寸等相关数据，以便后续数据的分析和处理。在确定以上信息无误后，正式开始试验。根据试验土样长度通过直线导轨滑动滑块Ⅰ、滑块Ⅱ以调整试验空间并调试试验装置。

（2）装载试样：将试验土样固定在试验装置的两个夹具组件之间，通过调节平行式电动缸及伺服电机以复位试验装置的拉力及扭矩，设定平行式电动缸的位移速度和伺服电机扭转速度以及试验终止参数。

（3）试验加载环节：在安装试样后，需要将试验机的试验力、变形、位移进行清零操作。这是为了确保试验数据的准确性，避免试验结果因试验机内部初始值不为零而造成的误差；设定每一段的试验速度，设置试验结束的条件，点“试验开始”按钮开始试验，对试验土样施加扭矩和轴向力以及通过拉力传感器采集的数据对拉压扭转过程中的水平轴力与水平位移之间的关系、扭矩和扭转角度进行实时记录；达到试验方案所设定的试验结束节点后仪器自动结束试验，也可以依据试验中实时图像在合适的地点手动结束试验，结束后保存当前试验条件（温度、湿度等）的试验报告，保存试验数据，点开表格或报告可以查看相应的试验结果；保存数据后，可以导出时间扭矩角度和时间负荷位移的关系试验数据。

（4）试验结束：关掉电机，保存试验数据和试验报告，对土样破坏状态进行拍照，称取土样的重量测试土样含水率，根据试验结果处理试验数据，绘制出曲线坐标图，将数据汇总。

（5）单轴拉伸仪器的优点

1）研发的土体单轴拉伸设备，其加载方式有两种可以选择，既可以为传统的应力控制式，也可以为应变控制式，本研究试验方法选择可以测得完整的黄土拉伸应力-应变关系曲线的应变控制式。

2）研发的土体单轴拉伸设备，采用两个对称的圆柱体夹具对试样进行拉伸，通过试件与夹具内部套丝接触，摩擦力均匀传输到试件两端实现对试样施加拉应力，变截面模具其优势在于试件拉伸过程中试样的变化速率同步，拉力分散更均匀，试验结果能直接反映土的抗拉强度。

3）研发的土体单轴拉伸设备，仪器具有高精度的特性，消除了试验过程中仪器的人为影响。

4）研究开发的土体单轴拉伸仪器，既适合对拉伸强度要求不高的黄土测定，也适合测定抗拉强度很高的水泥改性土等高强度土，为后续研究提供设备技术支持，完备土的抗拉强度理论。

5）所研发的土体单轴拉伸设备，具有高度的精密度和操作简易性，并且在试验结果的可重复性方面表现优异，因此获得的数据具有高度可靠性。

2.3.2　制样装置

1. 取土器的研制

由于土体拉伸仪器所需的试样长径比大，直接在模具内用静压的方式制样，会使土样压实非常不均匀。选择用模型筒内用万能压力机一次压实后，再用自研取土器来取土样，最大优势在于其简单便捷的操作方法，可节省时间并减少影响因素的影响。该技术通过使用整体模型筒来消除因制样不整体而产生的影响，并采用千斤顶匀速加压的方法，使土体一次性成样，消除了分层的不利影响。此外，在匀速压力下，试样能够一次整体脱模，从而避免了脱模对试样造成的破坏，保证了试样的完整性。取土器的结构图如图 2.3-10 所示。

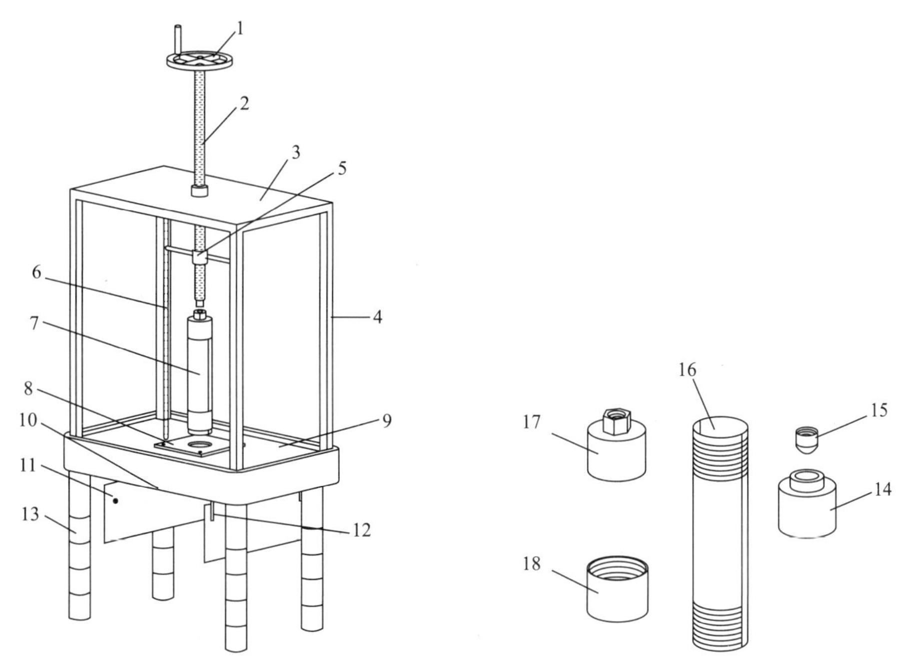

图 2.3-10　取土器的结构图

1-手轮；2-丝杆；3-顶板；4-支撑柱；5-导向螺纹管；6-摩擦杆；7-取土筒；8-限位通孔板；9-底板；10-细丝杆；11-土块限位板；12-连接杆；13-桌腿；14-封盖 1；15-圆帽；16-两瓣筒；17-封盖 2；18-圆环

通过对比使用自研取土器取样和分层击实两种制样方式测得的抗拉强度，可见用静压制作大土块后用自研取土器取得试样强度比击实制样所测得的强度更高，故本研究选择自研取土器的制样方式。

2. 压实装置

试样制备过程中使用的筒为正方体钢筒，内径尺寸为160mm×160mm×160mm，由5块20mm厚的正方形钢板拼接而成。拼接采用可旋转的插销扣将钢板与底部钢板连接，四周钢板则相互固定。这种制备筒具有取样方便、易于拆卸和使用的优点。在静压完成后，取下四周的螺丝钉并平铺钢板，试样便与钢筒脱离。为了增加盛土空间，制作了一个高度为50mm的方形护筒，可放置于筒体上方，与其形成一个整体。压实装置采用万能压力机，制作土块方式为一次静压制样，一个静压制作的土块能用自主研制的取土器制作三个平行土样，压实效果好。

2.3.3 土压力测试装置研究

1. 主要结构及组成

本研究在对前述已有的土压力测试方法进行归纳、总结后，设计了一款基于土压力盒的“注浆带法”原位测试装置，如图2.3-11所示。并将其应用到西安火车站北广场深基坑工程中，其结构简单、设备成活率高、数据采集稳定准确，具有较好的应用前景。

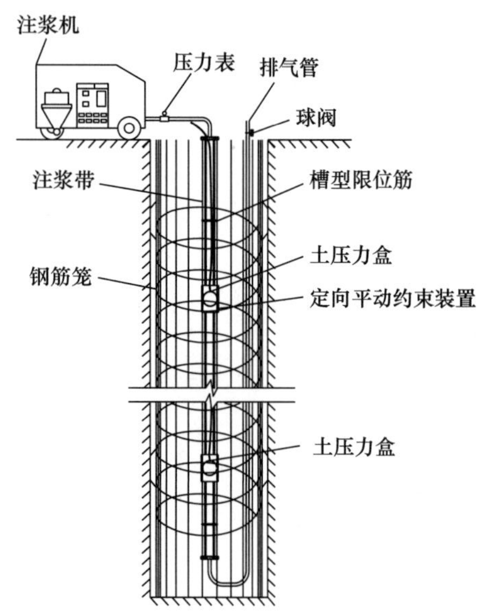

图2.3-11 “注浆带法”土压力测试装置

该装置主要包括以下部件：

（1）土压力盒，即埋入式土压力传感器。双膜式，厚度为2cm，工作温度为－25～60℃，灵敏度为0.01MPa，标准量程为0.26MPa。

（2）注浆带，用来固定和布置土压力盒的部件，为确保注浆带饱满状态下土压力盒与土体紧密接触但又不会引起较大的土体扰动，对注浆带尺寸有一定要求，按照“注浆带外径－混凝土保护层厚度≥1cm”及“注浆带外径＋土压力盒厚度－混凝土保护层厚度≤4cm”的原则选取。此外，还要求注浆带厚度均匀，表面光滑清洁，无褶皱，不渗水，在设定注浆压力下不变形或变形很小。

（3）槽型限位筋，将注浆带固定在钢筋笼上的装置，其尺寸根据注浆带压平宽度确定。

（4）定向平动约束装置，包括定向筋、侧板、背板和桩体钢筋笼，土压力盒定向平动约束装置如图2.3-12所示。在布设土压力盒的位置焊接定向筋，两侧焊接侧板，背侧焊接背板，从而实现土压力盒的平动约束，解决了混凝土浇筑过程中引起的土压力盒上浮、扭转问题。

（5）注浆机额定电压为220/380V，额定功率为3kW，出料口外径为32mm，输送流量为$2m^3/h$，通过粒径≤3mm。

（6）排气管，与注浆带连接，注浆时排出空气，确保注浆饱满，因与注浆带组成U形结构，故要求其外径小于注浆带内径，同时具备热弯性能，且不破损。

（7）球阀，直通式，安装在注浆口及排气管口。

（8）压力表，表盘直径为 100mm，测量范围为 0～1.6MPa，精度为 1.6 级，环境温度为−5～60℃。

2. 操作流程

本研究在西安火车站北广场的基坑工程中选择了几根支护桩作为试验桩，进行了上述装置的实际布置和量测。

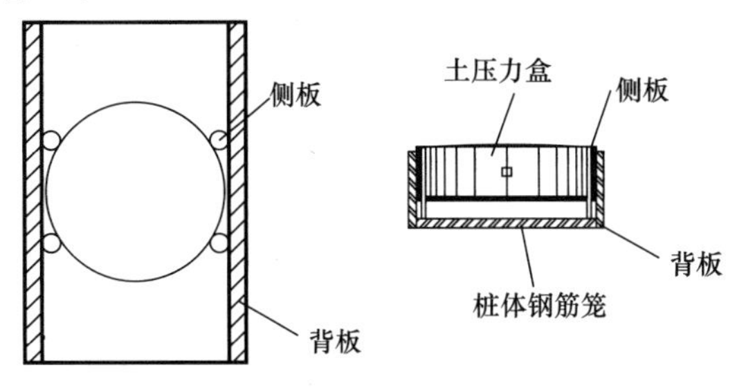

图 2.3-12　土压力盒定向平动约束装置

整套装置需要固定在钢筋笼上使用，截取比钢筋笼长度略短的注浆带，将注浆带末端与排气管连接在一起，其作用主要用来排除注浆带中的空气，保证注浆料填充密实，要求接口处不得渗漏；排气管加热弯曲后，与注浆带按照 U 形结构排布在绑扎好的钢筋笼上，通过槽型限位筋加以固定，在装置两端安装球阀。

根据设计的土压力盒位置，焊接定向平动约束装置，焊接时不得损伤注浆带。将土压力盒放入约束装置内，并用防水胶粘贴在该位置的注浆带上，确保土压力盒承压面垂直面向钢筋笼外侧，电缆线沿钢筋笼主筋排设并用扎丝固定。

将安装好的装置同钢筋笼一起放入钻设好的桩孔内。将注浆机输出口与注浆带接口连接，通过注浆机将微膨胀注浆料灌入注浆带内，注浆料要符合流动性、凝结时间等要求。

浆液迅速充满注浆带并挤压空气，使其从排气管排出，当排气管端开始稳定排出注浆料时关闭末端球阀，继续注浆至压力表达到指定压力后，关闭注浆口球阀，注浆结束。此时注浆带充满浆液，挤压土压力盒使其与灌注桩孔壁的土体紧密接触。注浆的同时进行数据采集，观察土压力变化。

注浆料经凝结硬化达到一定强度后，开始进行混凝土浇筑，同时认真做好电缆线保护。待混凝土凝结硬化后，进行初始数据采集和施工过程中的实时量测。

3. 特点

本装置是在综合现有土压力测试装置的优缺点后研发的一种新型测试装置，经实际应用，证明其实用性及可靠性较好。该装置的主要特点如下：

（1）装置连接简单、施工方便。

（2）注浆带通过槽型限位筋贴合在钢筋笼上；土压力盒与注浆带粘结在一起，再通过定向平动约束装置将其牢固约束在钢筋笼上指定位置，可以确保装置在钢筋笼吊装及混凝土浇筑过程中不会错位。土压力盒位置准确，在与土体接触后，承压面与桩身表面相切。

（3）按设计要求选择的注浆带尺寸合适，当其充满注浆料后，可使土压力盒与土体接触紧密，保护土压力盒不被混凝土包裹，确保土压力盒有效；注浆带饱满后侵桩外土体的体积小，周边土体的挤压变形小。

2.4　重塑黄土的抗拉强度特性

2.4.1　黄土单轴抗拉强度特性研究

本研究采用自研的单轴拉伸仪器对西安市 Q_3 重塑黄土进行单轴拉伸试验，研究恒定速率下不同含水率、干密度和拉伸速率对黄土抗拉强度的影响，并进一步探讨了变速率对重塑黄土抗拉强度的影响，分析了单轴拉伸试验得到的应力-应变曲线、极限拉应变、应力峰值和土体的破坏形态。

1. 试验准备过程

（1）试样长径比

单轴拉伸仪器的夹具和取土器筒的尺寸是按照所需试样长径比配套定制的，研究单轴拉伸试验中，受拉伸的土样尺寸对试验结果有影响，因此需要确定合适的长径比。

尹倩使用改装的拉伸仪研究长径比对黄土抗拉强度的影响规律，在土体最优含水率最大干密度的条件下选取四种长径比，分别为 2.00、2.25、2.50、2.75，考虑到试样自重和端部集中应力对试验抗拉强度值结果的影响，得出最佳的长径比参考值为 2.5，可以消除单轴拉伸仪器自身重力和夹具处集中应力的双因素影响。因此本试验确定直径为 5cm，长径比为 2.5 的试样。

（2）试验准备

检查仪器后，将制备好的试样从保湿缸中取出，小心地放置在夹具下半部的中间，盖上夹具盖，分三次拧紧螺丝。打开计算机程序，将位移和轴力归零，输入该次试验参数，点击开始试验。

（3）数据处理方法

本研究将重塑黄土在抗拉强度测试中所对应的应变作为重塑黄土的峰值应变，同时将重塑黄土在拉伸过程中完全丧失抗拉承载能力所对应的位移或应变称为压实黏土的极限拉伸位移或极限拉应变。通过试验自动采集的数据得到拉伸破裂作用力 F 和拉伸位移 ΔL，拉伸破裂面的横截面积 A_0 计算见式（2.4-1）：

$$A_0 = \pi r^2 \tag{2.4-1}$$

式中，A_0——拉伸破坏面的横截面积，为 19.625cm^2。

按照式（2.4-2），计算试样破裂时的拉伸应力：

$$\sigma_t = \frac{T}{A_0} \times 10^4 \tag{2.4-2}$$

式中，σ_t——拉伸破坏应力值；

T——拉伸破坏作用力值。

应变计算见式（2.4-3）：

$$\varepsilon = \frac{\Delta l}{l_0} \times 100\% \tag{2.4-3}$$

式中，ε——拉伸破坏应变值；

Δl——拉伸破坏位移；

l_0——第一和第二拉伸模具连接部分土体长度，此处为 20mm。

2. 恒定速率下重塑黄土的拉伸应力-应变特性分析

（1）应力-应变曲线分析

由前人的研究可知，黄土的抗拉强度是很小的，因此土体不做抗拉材料，土在受到很小的拉应力下发生的细微变形，可能就会使土丧失抗拉能力，从而土体发生垮塌，因此本研究以 0.01mm/min 的恒速拉伸对黄土展开深入研究，此速率下，重塑黄土在同一个干密度下，试样在不同干密度条件下的应力-应变曲线如图 2.4-1 所示，试样在不同含水率条件下的应力-应变曲线如图 2.4-2 所示。

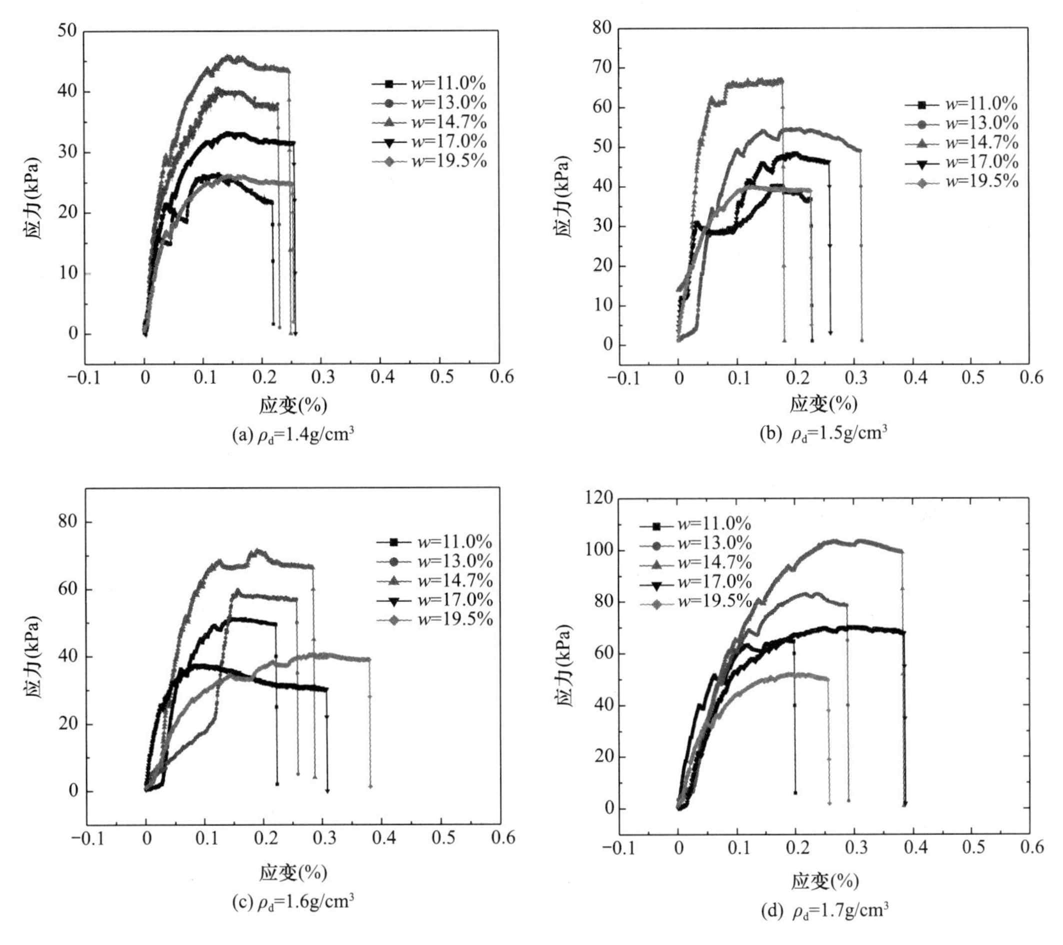

(a) ρ_d=1.4g/cm³　(b) ρ_d=1.5g/cm³

(c) ρ_d=1.6g/cm³　(d) ρ_d=1.7g/cm³

图 2.4-1　试样在不同干密度条件下的应力-应变曲线

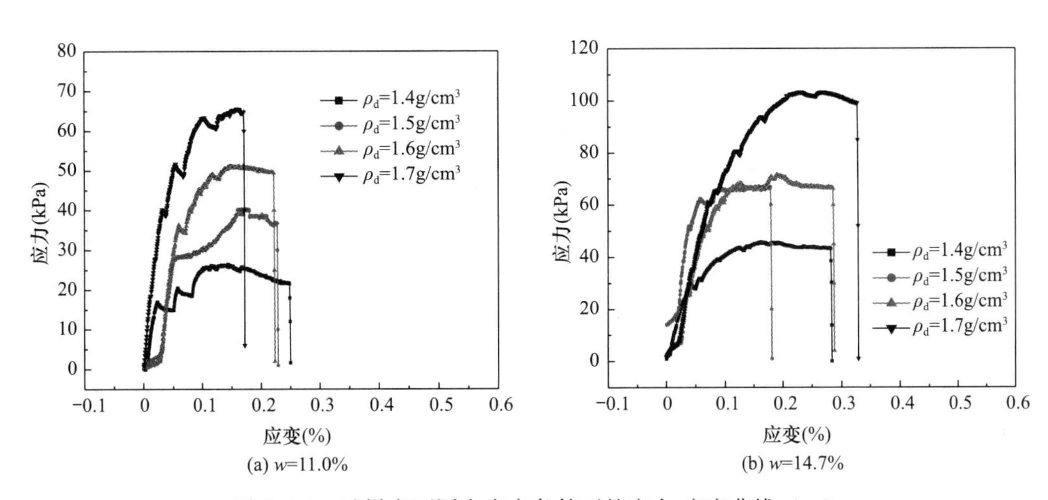

(a) w=11.0%　(b) w=14.7%

图 2.4-2　试样在不同含水率条件下的应力-应变曲线（一）

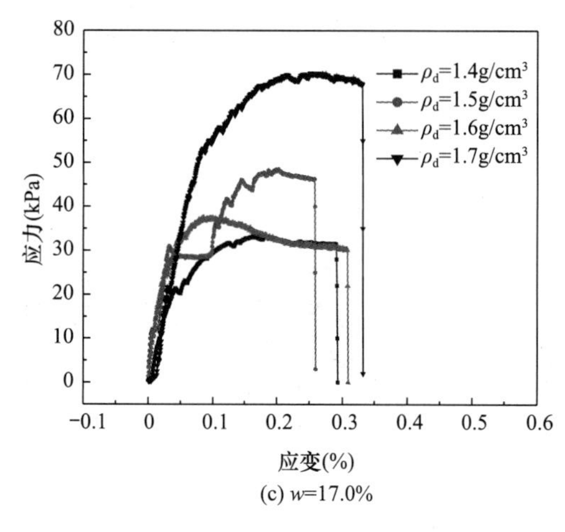

(c) w=17.0%

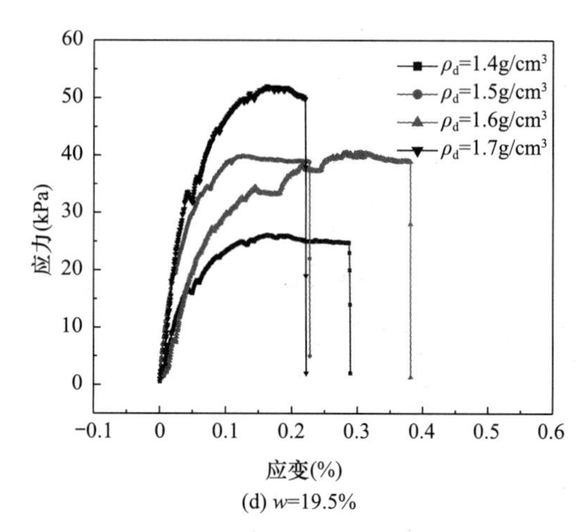

(d) w=19.5%

图 2.4-2　试样在不同含水率条件下的应力-应变曲线（二）

从图 2.4-1 和图 2.4-2 中黄土的应力-应变曲线中可以看出，不同含水率和不同干密度条件下黄土的应力-应变曲线变化规律一致。在施加拉伸轴力的过程中，黄土的应力-应变曲线大部分为直线，在此直线阶段做卸载试验，应力-应变曲线基本按原路径返回，没有参与变形，也就认为形变的主体是弹性变化，应变随着拉应力的增大呈近似线性增长趋势。但在接近极限拉应变时，拉伸应力展现出一定的“屈服”现象，当应力超过弹性极限后继续加载，应力先是下降，然后做微小的波动，此时，应变持续增加而应力基本保持不变，本试验发现重塑黄土在拉伸破坏过程中有微塑形变形。

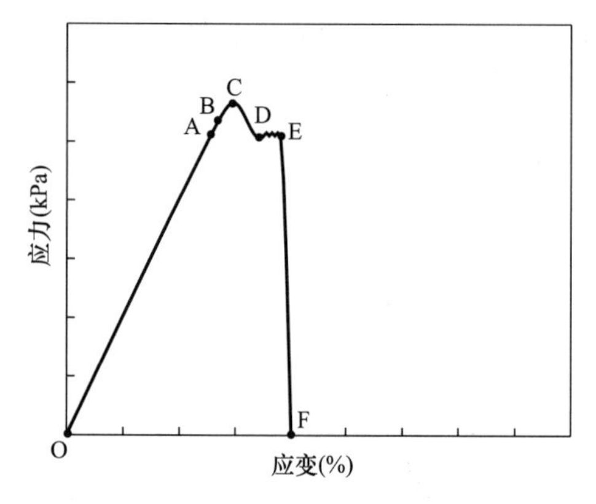

图 2.4-3　恒定速率下重塑黄土应力-应变趋势图

由图 2.4-1 和图 2.4-2 可以总结重塑黄土单轴拉伸应力-应变的变化模型，分为弹性变形阶段（O～A）、滞弹性阶段（A～B）、微塑性应变阶段（B～C）、屈服阶段（C～D～E）、破坏阶段（E～F），恒定速率下重塑黄土应力-应变趋势图如图 2.4-3 所示。

1）弹性变形阶段（O～A）

此阶段是黄土拉伸变形的主体阶段，在此阶段，重塑黄土试件的应力随着应变的增加呈现近似线性的增长，这种关系也被称为线弹性行为。在这种情况下，应力的增长速度比应变的增长速度更快。弹性应变与应力大小成正比，与试样标距长度成反比，同时与材料的弹性模量成正比，与试样横截面积成反比。此阶段也是承受拉应力主要变形的阶段，弹性变形后土体很快产生裂缝。该土样的弹性模量是 OA 段的斜率，见式（2.4-4）。这个阶段，施加的力引起物体的形变，但在去除力后，物体完全恢复到原来的形状。这种可逆性是由于物质的分子和原子之间的相互作用力被打破，物体的分子和原子重新排列以达到新的平衡状态，以使外部力量和相互作用力之间保持平衡。当外部力量消失时，分子和原子重新排列，物体恢复到原来的形状，这种形变被称为弹性变形。在弹性范围内，物体的形变与施加的力成正比，与物质的弹性模量成反比。

$$E=\frac{\sigma}{\varepsilon} \tag{2.4-4}$$

式中，E——弹性模量；

σ——应力；

ε——应变。

2）滞弹性阶段（A～B）

此阶段是弹性范围内出现的非弹性现象，此时应变不只与应力有关，而且与时间有关，表现为弹性后效，弹性模量随时间延长而降低，当力加到此阶段时，试样发生了可逆性变形，即弹性变形，当卸去力后，试样的应变可恢复到最初的状态，但是与原始的应变曲线轨迹可能存在不同程度的滞后。这种加力和卸力所表现的特性仍然被称为弹性行为。此阶段对应的应变非常小。

3）微塑性应变阶段（B～C）

在材料加力前屈服的微塑性变形发生在多晶体材料的晶粒内部，这些晶粒处于应力集中的位置，其中低能量易动位错会运动并发生滑移，导致晶格的变形，而这种变形是不可逆的。在这个阶段中，塑性变形量非常小，其大小取决于仪器的分辨率。

4）屈服阶段（C～D～E）

在此阶段，当试验力加至C点时，试样开始产生塑性变形，然而由于试样变形速度较快，试验机夹头的拉伸速度跟不上试样的变形速度，导致试验力不能完全有效地施加于试样上。因此，在应力-应变曲线上，应力不稳定地上下浮动，整体呈下降趋势，同时试样的塑性变形急剧增加，直到曲线到达E点才结束。在此期间，应力稳定，但对于黄土体，此阶段非常短暂，可以说是无明显形变，因此黄土在拉伸阶段中仍认为是脆性破坏。

5）破坏阶段（E～F）

当外力超过重塑黄土的抗拉强度时，黄土中的土颗粒间的粘结力被瞬间破坏，土体的结构性被彻底破坏，此时重塑黄土失去了抵抗外力的能力，强度迅速降为0，导致重塑黄土出现了突然的脆性破坏。对于重塑黄土而言，不论干密度和含水率范围的高低，应力-应变关系都是同一趋势，并且A～E的过程非常短暂，强度在短应变内迅速增加，到达峰值后又急剧消失。

（2）极限拉应变的变化规律

干密度和含水率是影响黄土特性的重要因素，不同条件下的极限拉应变都是不同的，在0.01mm/min的速率下，不同含水率和干密度的重塑黄土的极限拉应变变化图见图2.4-4。

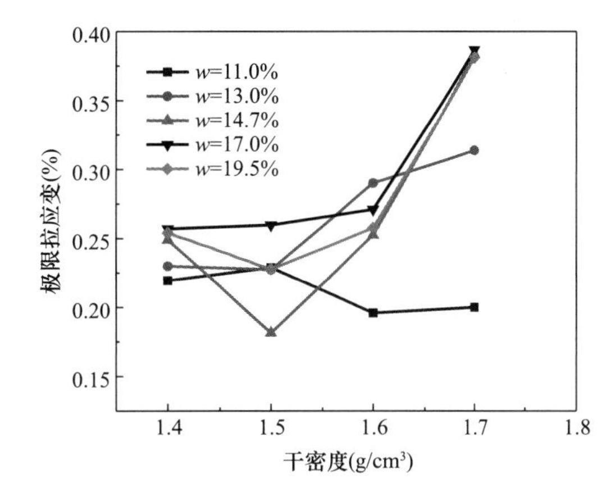

图2.4-4　不同含水率和干密度的重塑黄土的极限拉应变变化图

从图2.4-4中可以看出重塑黄土的极限拉应变都较小，在控制含水率的情况下，极限拉应变随着干密度增大而有增加趋势，干密度增加会减小土颗粒之间的孔隙，让土颗粒更加密实，能承受更大的应变。拉应变随初始含水量的增加呈起伏状，没有明显的变大或变小趋势，总体趋势平缓；本研究土样的含水率范围有限，在该范围内，认为含水率和极限拉应变没有直接影响。

（3）拉伸模量的变化规律

土体的拉伸模量反映土抵抗受拉变形的指标，是沿中心轴方向拉长单位长度所需要的力与其横截面积的比，拉伸模量的计算式见式（2.4-5）。在重塑黄土的拉伸过程中，弹性变形阶段不完全是直线，土体内部的结构发生了变化，因此拉伸模量也随之改变，根据式（2.4-5）、图 2.4-1、图 2.4-2 可以计算拉伸模量，不同含水率和不同干密度的重塑黄土抗拉模量-应变关系如图 2.4-5 所示。

$$E_t = \frac{\Delta p}{\Delta \varepsilon} \tag{2.4-5}$$

式中，E_t——拉伸模量；

Δp——轴力变化量；

$\Delta \varepsilon$——应变变化量。

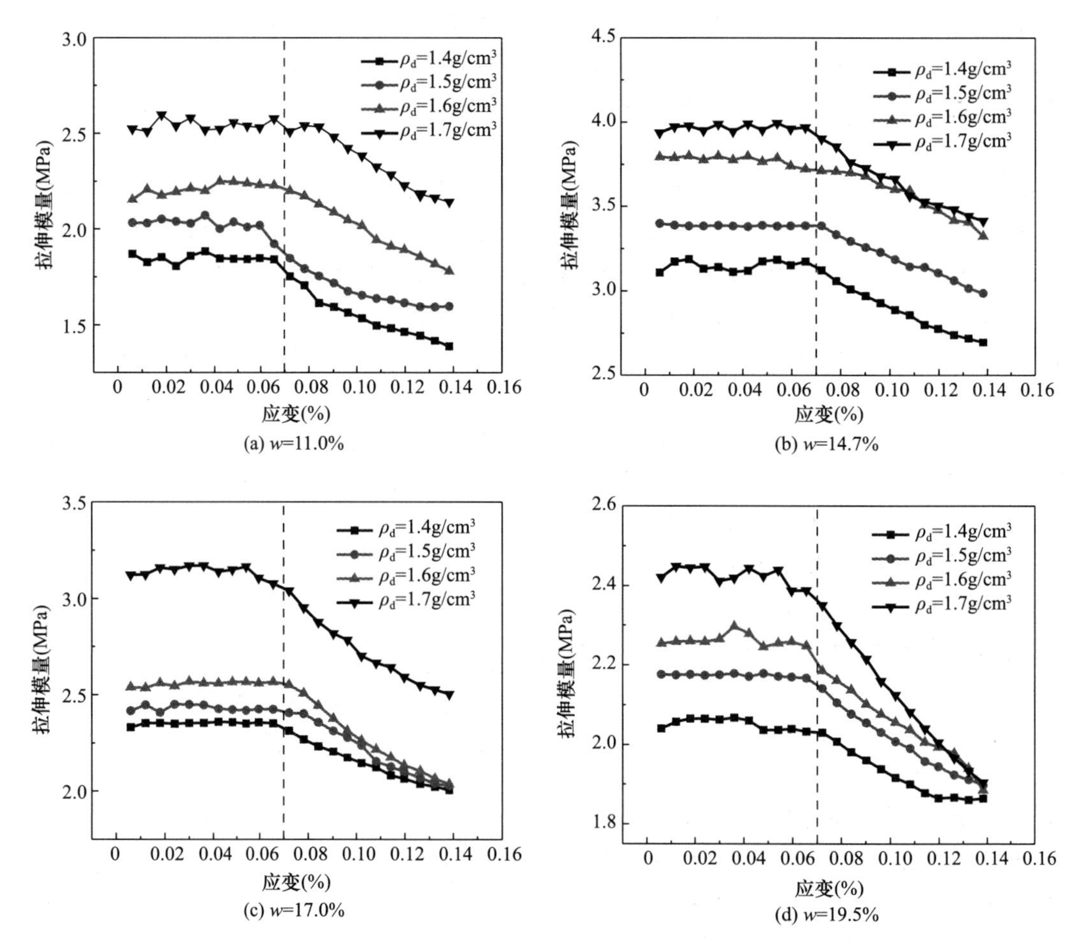

图 2.4-5　不同含水率和不同干密度的重塑黄土抗拉模量-应变关系

由图 2.4-5 可知，所有土样的抗拉模量和应变的关系呈现同一趋势，以 0.07%的应变为分界点，前期抗拉模量保持稳定，在小范围内上下波动，在后半部分抗拉模量随着应变的增大逐渐减小。图 2.4-5 反映出的抗拉模量和应变的关系与应力-应变曲线的变化具有一致性，在拉伸初期，是弹性变形，应力-应变曲线接近直线，随应变增加，应力随应变的增长变化量逐渐降低，这造成抗拉模量的减小。

抗拉模量是评价黄土结构发生改变的重要依据，不同条件的黄土抗拉模量都不一致，从图2.4-5可以明显看出，随着干密度的增加，拉伸模量也增加，为进一步探究含水率与拉伸模量关系及横向对比各个干密度对应的拉伸模量，重塑黄土初始抗拉模量和含水率的关系见图2.4-6。对于重塑黄土，随着含水率的增加，抗拉模量先增加后减小，峰值在最优含水率附近。

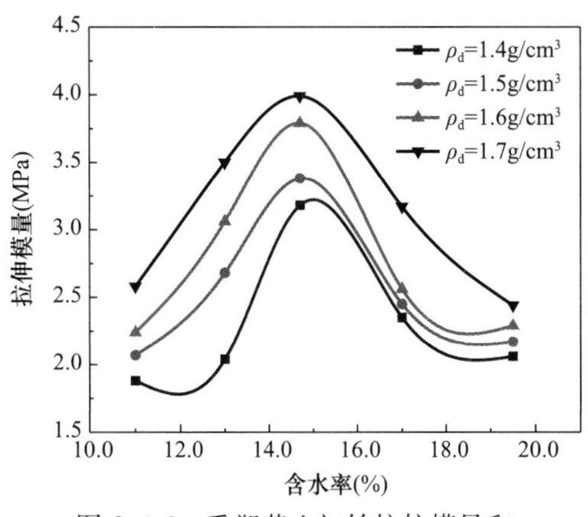

图2.4-6　重塑黄土初始抗拉模量和含水率的关系

3. 恒定速率下重塑黄土的单轴抗拉强度特性

黄土的特性使得其强度表现出一些独特的性质。土的强度主要受颗粒间相互作用力的影响。这种强度表现为土颗粒之间的黏聚力。其次，黄土由三种物质组成，即固体颗粒、液相和气相，三相之间的相互作用对于黄土的强度具有重要影响。最后，黄土的地质历史造成其强度的多样性、结构性和各向异性。因此，黄土强度的研究需要考虑许多外部和内部、微观和宏观因素的影响。

土颗粒之间的粘结作用某种程度上决定了土体抗拉强度，它是影响抗拉强度的主导因素。这种粘结作用由三种黏聚力组成，分别为土体固有的黏聚力、加固黏聚力和吸附黏聚力，这三种力的组成及影响因素见表2-4-1。固有的黏聚力主要受干密度影响，加固黏聚力会随含水量的增大，胶结物逐渐溶解而减小，吸附黏聚力会随土的饱和度的增大逐渐减小，土体达到饱和时消失。

土体抗拉强度的黏聚力的组成及影响因素　　表2-4-1

项目	组成力	力的组成	力的影响因素
抗拉强度	固有的黏聚力	黏土矿物颗粒间的分子引力，颗粒的粘结力和水化膜的物理化学作用	颗粒成分、含量和土体固结情况
	加固黏聚力	矿物颗粒之间的无机盐的胶结作用	无机盐的组分、胶结能力和土的含水率
	吸附黏聚力	毛细压力和基质吸力	土的含水率

为研究恒定速率下重塑黄土的单轴抗拉强度特性，为了符合大多数实际情况：土体的开裂是从微小的扰动开始的，含水率和干密度对抗拉强度影响研究是以本仪器的最慢速率为例的，0.01mm/min恒定速率下抗拉强度如表2-4-2所示。

0.01mm/min恒定速率下抗拉强度　　表2-4-2

σ_t（kPa）	ρ_d=1.4g/cm³	ρ_d=1.5g/cm³	ρ_d=1.6g/cm³	ρ_d=1.7g/cm³
w=11.0%	30.23	45.12	55.32	75.28
w=13.0%	40.10	54.19	65.14	88.19
w=14.7%	45.64	66.87	80.48	103.30
w=17.0%	33.06	48.55	60.01	70.66
w=19.5%	26.14	35.52	45.36	51.17

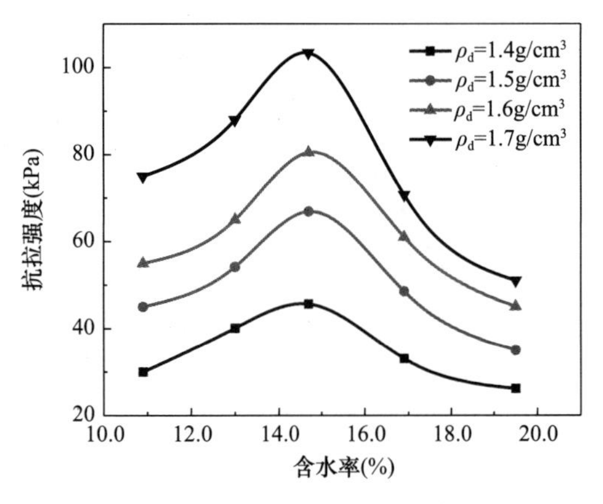

图 2.4-7 不同干密度试样抗拉强度和含水率关系

（1）含水率对抗拉强度的影响

图 2.4-7 表示不同干密度试样抗拉强度与含水率的关系。含水率对抗拉强度的影响本质上是土颗粒水膜厚度的问题，从图可知：

1）在试样测试含水率范围（11.0%至19.5%）内，重塑黄土土样的抗拉强度均随着含水率先增大后减小，在含水率为最优含水率时的抗拉强度达到最大值。

2）不同干密度的试样在含水率变化时呈现出类似的趋势，即当含水率逐渐增加时，试样的抗拉强度也逐渐提高，直到达到最优含水率附近时抗拉强度达到峰值，继而随着含水率的继续增加，试样的抗拉强度会较快速下降。

下面对 0.01mm/min 速率下抗拉强度和含水率的关系进行分析，由前面的黏聚力的组成分析可知，固有黏聚力只和干密度有关系，在相同干密度下，固有黏聚力对抗拉强度的影响系数为常数 k，固有黏聚力数值大小为 0，由固有黏聚力引起的抗拉强度为 σ_{t1}，则抗拉强度为 $\sigma_{t1}=kO$；对同种类的土，土颗粒之间的无机盐种类为 n，则每种无机盐产生的加固黏聚力为 σ_{j1}，σ_{j2}，σ_{j3}，…，σ_{jn}，由前面的分析知，含水率越高，胶结作用越小，加固黏聚力逐渐减小直至消失，在温度相同的条件下，胶结作用和含水率呈线性关系，因此加固黏聚力和含水率也是线性关系，见式（2.4-6）。

$$\sigma_{ji}=a_i w+b_i \tag{2.4-6}$$

式中，E——$i=1$，2，3，…，n；

a_i——加固黏聚力和含水率线性系数；

b_i——常数。

则加固黏聚力 σ_{t2} 产生的抗拉强度见式（2.4-7）。

$$\sigma_{t2}=\sum_{i=1}^{n}\sigma_{ji}=\sum_{i=1}^{n}(a_i w+b_i)=\sum_{i=1}^{n}a_i w+\sum_{i=1}^{n}b_i=Aw+B \tag{2.4-7}$$

吸附黏聚力是由基质吸力形成吸附强度 σ_{t3}，基质吸力和含水率是非线性的，故吸附黏聚力和含水率的关系见式（2.4-8）。

$$\sigma_{t3}=c\cdot S=c\cdot f(\omega) \tag{2.4-8}$$

式中，c——基质吸力对抗拉强度的影响系数；

S——基质吸力；

$f(\omega)$——ω 的非线性函数。

基于以上黏聚力的三种分力与含水率关系分析，可以得到含水率和抗拉强度的关系，见式（2.4-9）。

$$\sigma_t=\sigma_{t1}+\sigma_{t2}+\sigma_{t3}=kO+Aw+B+c\cdot f(\omega)=g(\omega) \tag{2.4-9}$$

可以看出，$g(\omega)$ 是非线性函数，这和图 2.4-7 反映的规律一致，为进一步探究含水率对 Q_3 重塑黄土抗拉强度的影响，对单轴抗拉试验数据点采用 MATLAB 数据拟合分析软件对进行拟合，得出相关系数高的函数关系式，为含水率对抗拉强度的影响预测提供理论参考。根据图 2.4-8 的特点，采取三次多项式函数方程拟合，拟合而出的方程见式（2.4-10）。

$$Y_\sigma = B_3X_w^3 + B_2X_w^2 + B_1X_w + C \tag{2.4-10}$$

式中，　Y_σ——重塑黄土抗拉强度；

X_w——土体质量含水率；

B_1、B_2、B_3——系数；

C——截距。

0.01mm/min 拉伸速率下，相同干密度条件下含水率和单轴抗拉强度拟合关系式见表 2-4-3，拟合曲线见图 2.4-8。

含水率和重塑黄土抗拉强度关系式　　表 2-4-3

干密度 (g/cm³)	拟合方程	相关系数 R^2
1.4	$Y_\sigma=0.090X_w^3-5.028X_w^2+87.528X_w-443.972$	0.95810
1.5	$Y_\sigma=0.089X_w^3-5.132X_w^2+91.789X_w-461.726$	0.93690
1.6	$Y_\sigma=0.0216X_w^3-11.399X_w^2+190.243X_w-925.468$	0.92188
1.7	$Y_\sigma=0.070X_w^3-4.441X_w^2+84.118X_w-426.078$	0.94909

从表 2-4-3 可以看出，用三次关系式拟合的方程相关系数都在 0.9 以上，说明拟合相关良好，上述拟合方程可以为相关密实度的重塑黄土的含水率和抗拉强度的预测和定性分析理论支撑提供参考价值。

由图 2.4-8 可知，当干密度保持一定时，重塑黄土的抗拉强度随着含水率的增加，呈现出先上升后下降的趋势。在最优含水率附近，抗拉强度达到峰值，此时重塑黄土的抗拉能力最强。当含水率高于最优含水率后，抗拉强度降低趋势相比较含水率低于最优含水率为增加，也就是说，含水率应控制在最优含水率附近且不应大于最优含水率。

（2）干密度对抗拉强度的影响

在实际工程中，干密度被用来衡量重塑黄土工程的施工质量，控制干密度这一因素本质上是控制土颗粒距离问题，因此，研究不同干密度对抗拉强度的关系对施工指导有重要意义，为更接近实际工程，仍选取 0.01mm/min 的拉伸速率下抗拉强度和干密度的关系，关系曲线如图 2.4-9 所示，随着干密度增大，抗拉强度也增大，且抗拉强度和干密度大致呈等比例的正相关关系。

从图 2.4-9 中可以看出，随着干密度增大，抗拉强度也增大，抗拉强度的增幅为 20～60kPa，最小增幅是含水率为 19.5%的土样，最大增幅是含水率为 14.7%的土样，由此可见，干密度也是影响抗拉强度一个重要因素。

从曲线横坐标的变化来看，含水率为 19.5%的土体的抗拉强度增幅相较其他含水率的抗拉强度的增幅小，由此可推断出，含水率增加到塑限的时候，含水率对抗拉强度几乎没有影响，此时干密度是施工设计中应重点考虑的因素。

抗拉强度随干密度的变化关系通过 Matlab 数值分析软件拟合，并得出拟合关系式，从图 2.4-9 中可以看出曲线具有较高的线性相关性，因此拟合方程采用一元一次方程，见式（2.4-11）。

$$Y_\sigma = AX_\rho + B \tag{2.4-11}$$

式中，Y_σ——重塑黄土抗拉强度；

X_ρ——土体干密度；

A——截距；

B——系数。

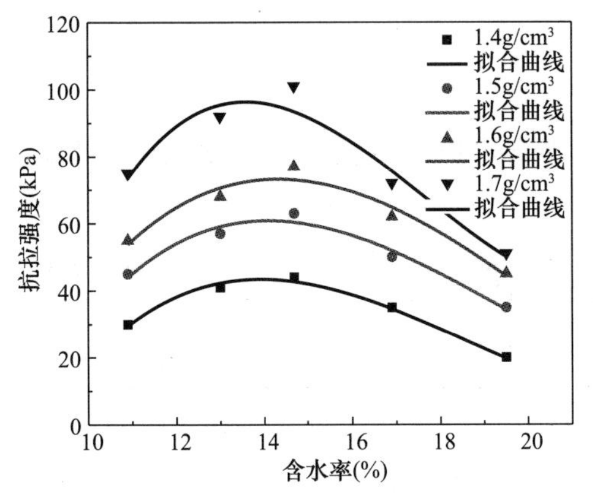

图 2.4-8 含水率和抗拉强度拟合曲线

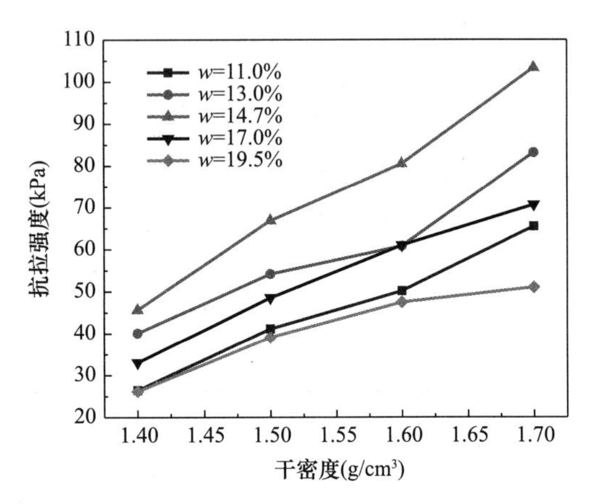

图 2.4-9 抗拉强度和干密度关系

0.01mm/min 拉伸速率下同含水率的干密度和单轴抗拉强度拟合关系式见表 2-4-4，拟合曲线见图 2.4-10。

干密度和重塑黄土抗拉强度关系式 表 2-4-4

含水率（%）	拟合方程	相关系数 R^2
11.0	$Y_\sigma=126.112X_\rho-149.665$	0.99087
13.0	$Y_\sigma=135.791X_\rho-150.912$	0.95456
14.7	$Y_\sigma=186.583X_\rho-215.132$	0.99155
17.0	$Y_\sigma=125.244X_\rho-140.812$	0.98929
19.5	$Y_\sigma=82.918X_\rho-87.593$	0.93954

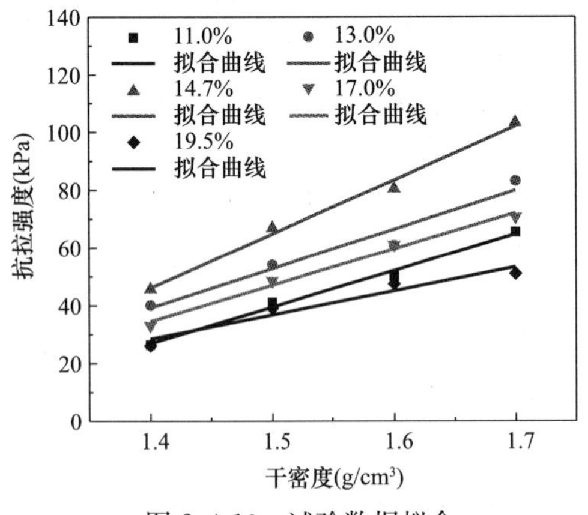

图 2.4-10 试验数据拟合

从表 2-10 可以看出，80%的拟合方程的相关系数（R^2）都大于 0.95，在本研究的范围内用一元一次函数拟合的效果极好，说明干密度和抗拉强度之间有高度线性关系，且只有含水率为 19.5%时的相关系数较低，为 0.93954，这说明含水率到塑限时，含水率和抗拉强度的线性相关性降低，此时干密度不再是影响抗拉强度的主导因素，这和前面的结论相同。

从图 2.4-10 可以看出，随着干密度增大含水率也增大，且不同含水率下呈现相同规律，含水率 14.7%的斜率最大，含水率 19.5%的斜率最小，从另一个角度说明含水率增大时干密度对抗拉强度的影响减小。

（3）拉伸速率对抗拉强度的影响

因目前还没有一个严格的标准说明针对不同实际工况下重塑黄土的单轴拉伸试验应如

何设置拉伸速率，而拉伸速率也是影响单轴抗拉强度特性的重要指标，且控制拉伸速率这一影响因素本质上是控制外荷载加载速率的问题，故研究拉伸速率对抗拉强度的影响是十分必要的，同时拉伸速率对抗拉强度的影响研究对仪器的精度有较高的要求，本试验仪器的精度高且速率可以达到 0.01mm/min，为探究拉伸速率对非饱和马兰黄土抗拉强度的影响，本次试验选取 0.01mm/min、0.1mm/min、0.2mm/min、0.5mm/min、1mm/min 五种拉伸速率进行研究，按照含水率的不同绘制拉伸速率与抗拉强度关系曲线（图 2.4-11）。

从图 2.4-11 可以看出随着拉伸速率增加，抗拉强度是增加的，拉伸速率由 0.01mm/min 变化至 0.1mm/min 时，抗拉强度大幅度增加，随着拉伸速率的增加，抗拉强度的增速逐渐减缓，说明在拉伸速率增加过程中，对抗拉强度影响在逐渐减缓。拉伸速率主要影响着吸附黏聚力的基质吸力，当拉伸速率慢时，在试样断裂时基质吸力消散很快，则抵抗拉伸轴力的应力很小，当拉伸速率快时，基质吸力消散较慢，抗拉强度就越大。

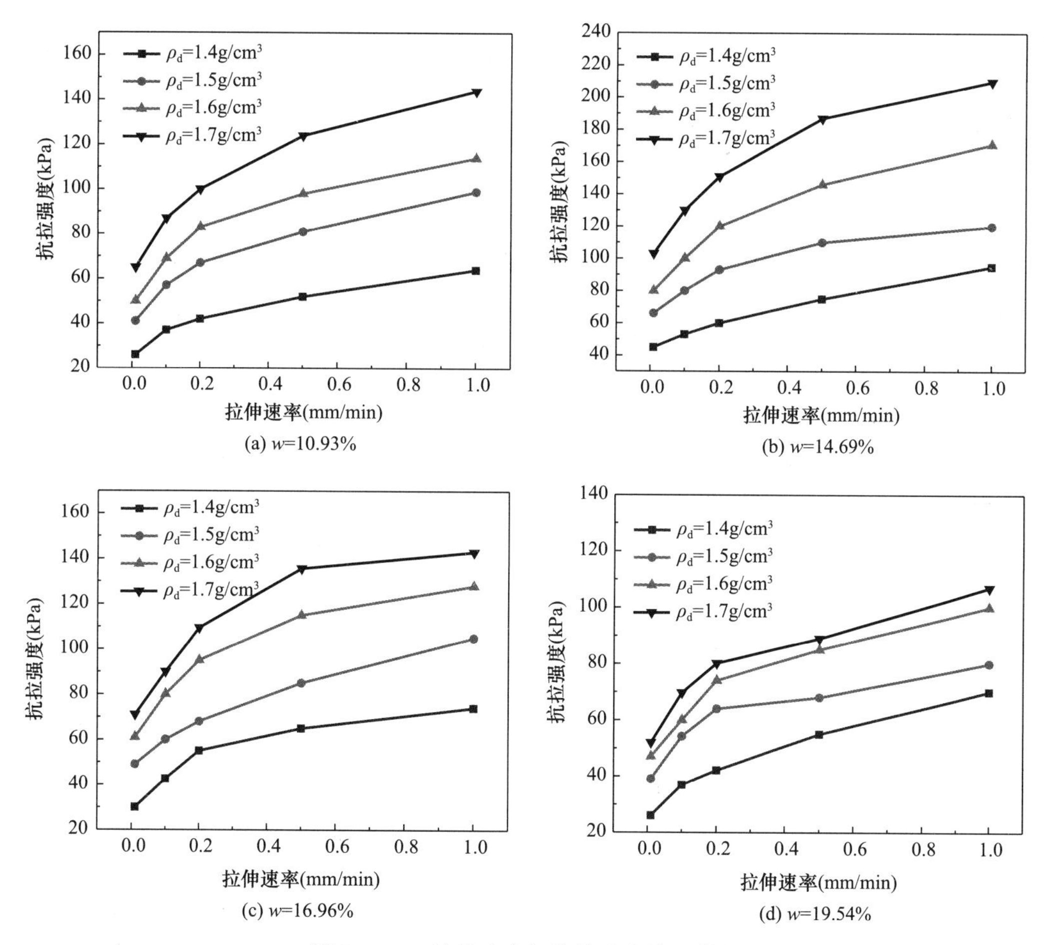

图 2.4-11　拉伸速率与抗拉强度关系曲线

恒定速率下，不同含水率和不同干密度的重塑黄土单轴拉伸断裂的应力-应变曲线具有一致性，曲线模型都有五个阶段，因此本研究以 $w=14.7\%$，$\rho_d=1.7g/cm^3$ 的土样为例，研究恒定速率下不同拉伸速率试验的应力-应变曲线关系，如图 2.4-12 所示。

从图 2.4-12 中可以看出，抗拉强度随拉伸速率增大而增大，包括 0.01mm/min 的五种速率下土样的极限拉应变均在0.4%附近，这表明拉伸速率会改变抗拉强度但和极限拉应变没有直接关系。

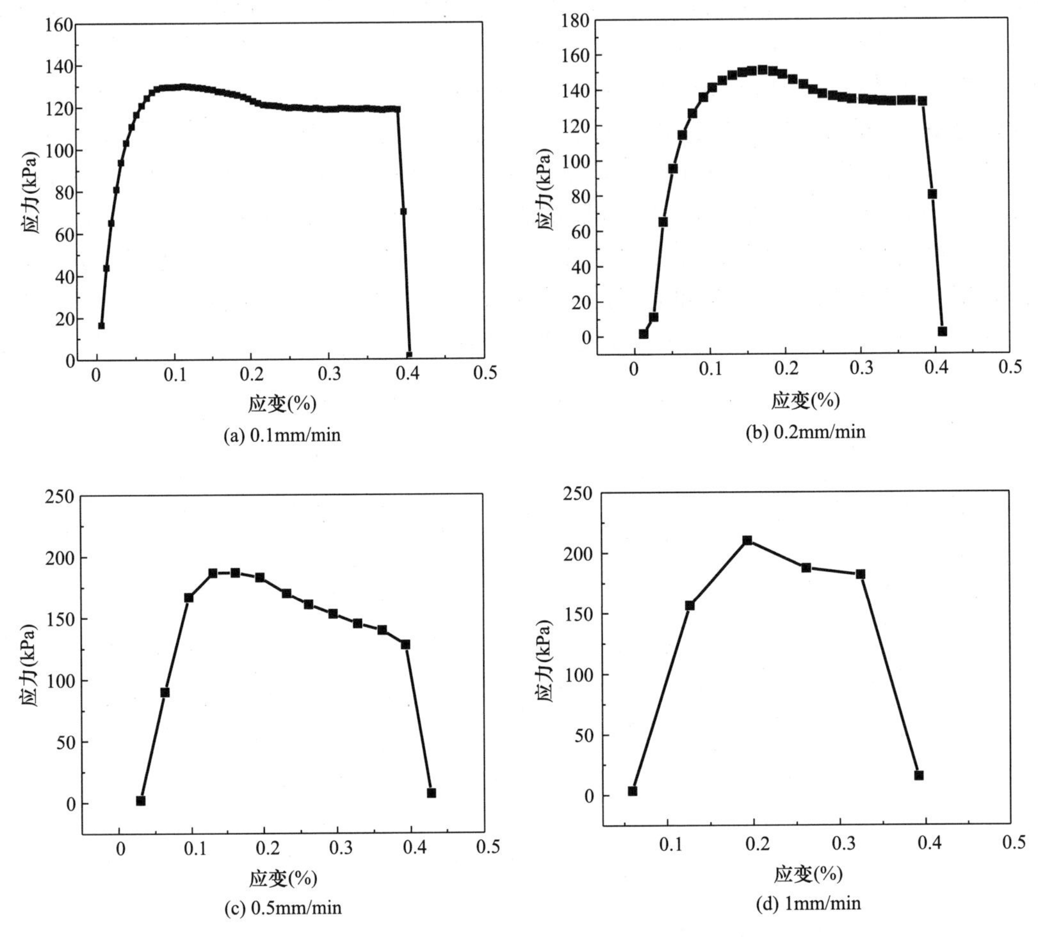

图 2.4-12　试样不同拉伸速率条件下的应力-应变曲线

4. 不同速率对重塑黄土单轴抗拉强度的影响

(1) 黄土体产生拉裂缝的影响因素

在实际工程中，导致土体开裂的因素有很多，土体开裂的情况也是复杂多样的。下面简单讨论土体可能受到力而开裂的原因。

1) 土体性质和地层岩性

黄土因其特有的孔隙结构而被称为“大孔隙土”。这类土壤具有管状孔隙结构，呈竖直或斜向展布，上下通透。由于在不同土层中形成了各种形状和大小的管状孔，因此可使水分通过它们而进行运移。在这些管状孔隙的内壁上附着着白色胶结物，一般为碳酸钙，可对土壤进行加固。黄土的孔隙可分为三类：①直径0.5～1.0mm的大孔隙，可肉眼识别；②细孔隙为大颗粒间的粒间孔隙，放大镜下可见；③毛细孔隙也就是指大颗粒和黏附于其上的小颗粒所组成的粒间孔隙，肉眼看不见。这种高孔隙化结构，使黄土表现出某些特殊性能。孔隙存在有利于降雨入渗，软化土体、湿陷与崩解加快边坡与基坑土体风化，促进拉裂缝出现。

2）水的影响

由于黄土是一种高孔隙性的土壤，所以水分对其性质的影响非常大。水分的渗入会改变黄土的结构，从而影响其宏观力学性质，抗拉强度也是其中的一个重要表现形式。因此，黄土对水分的变化十分敏感，是水敏性强的土体。对于在重塑区的黄土而言，密度基本保持不变，水是研究土体开裂的重要因素，水对黄土体开裂稳定性的影响见表 2-4-5。

水对黄土体开裂稳定性的影响　　表 2-4-5

水的类型	对黄土体开裂稳定性的影响
大气降水	雨滴落在土体上时，由于雨滴本身的重力和降落时的加速度，会对土体产生撞击，进而击起土颗粒，形成面蚀。随着降雨量的增加，地表会产生径流，被溅起的土颗粒随着径流逐渐流失，形成冲沟。土颗粒逐渐汇聚到坡脚区域，雨水的渗透和排泄使滑坡体饱和，土体的密度增大，黏聚力减小
地表水	河流等地表流水主要表现在长期侧蚀后，降低土体抗拉强度，从而诱发开裂、滑坡及坍塌等地质灾害
地下水	地下水通过以下几个方面发挥作用：首先，潜蚀软化岩土体，降低其抗拉强度；其次，地下水所产生的动、静水压力会促进岩土体的破坏；另外，增加滑体重度，增大滑坡下滑力，从而使得滑坡易于发生。因此，地下水的活动会降低土体的强度，改变坡体内部的应力状态，从而引发开裂、滑坡及基坑坍塌等灾害

（2）不同速率对重塑黄土单轴抗拉强度的影响

根据前文的分析，土体在自重应力、外加荷载的条件下，获得了各个因素给予的不同加速度，从而在受到拉伸作用时有不同的速率，这种情况下，土体最先受到的扰动的速率应是极低的，在这种假设下，分析拉伸速率对抗拉强度的影响，本节选取最优含水率和塑限两种含水率，密度选取为 1.7g/cm^3，设置黄土所受拉伸变速率为 0.01～0.02mm/min、0.01～0.05mm/min、0.01～0.1mm/min、0.01～0.2mm/min、0.01～0.5mm/min、0.01～1mm/min，取 0.01mm/min 速率下应力-应变曲线的弹性变形阶段的最大应变的一半为改变速率节点，即在 $\varepsilon_1=\frac{\varepsilon_{max弹}}{2}$ 时改变速率，改变前后速率方向仍为拉方向，不同速率下的拉伸试验应变控制见表 2-4-6。

不同速率下的拉伸试验应变控制　　表 2-4-6

干密度	含水率	$\varepsilon_{max弹}$	ε_1
1.7g/cm^3	14.7%	0.1	0.05
	17.5%	0.046	0.023

不同速率下重塑黄土的应力-应变曲线见图 2.4-13，在五种组合的速率拉伸变形下，图 2.4-13（a）和图 2.4-13（b）不论是从数据点的疏密程度还是拉伸模量的变化来说，和 0.01mm/min 恒定速率的应力-应变曲线图相似，曲线较平滑，突变点不明显。图 2.4-13（c）、图 2.4-13（d）和图 2.4-13（e）均表现出明显的突变点，在速率改变时，拉伸模量增大，当应变达到 0.05%时，应力大幅度地激增，随着速率增快，应力增加的幅度越大。图 2.4-13 所有试验土样的抗拉强度为 100～105kPa 范围内，这也说明速率的加快并不能引起抗拉强度的增加，在前期，土样中的基质吸力消散得很快，此时提升速率对基质吸力影响不大。

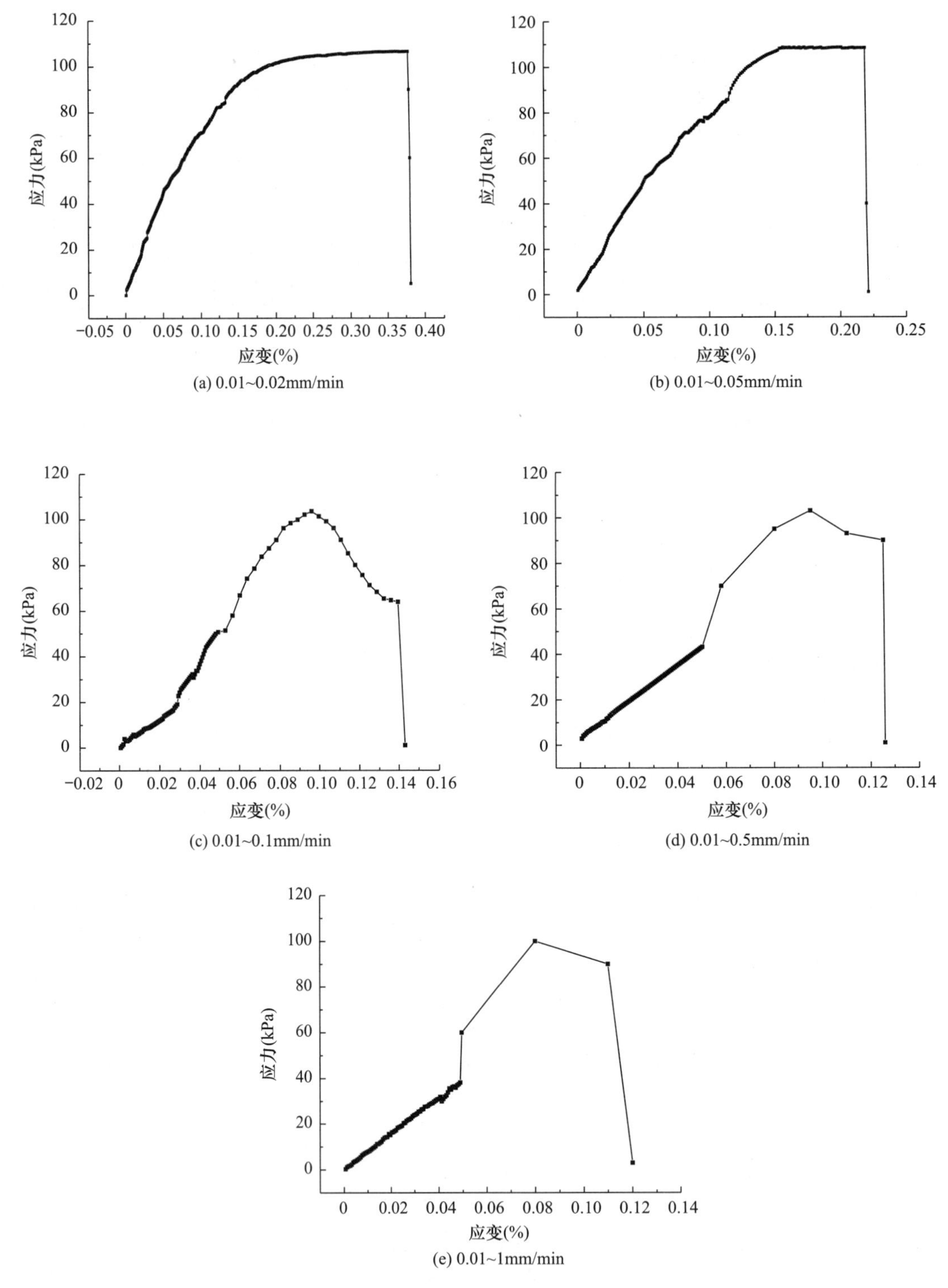

(a) 0.01~0.02mm/min

(b) 0.01~0.05mm/min

(c) 0.01~0.1mm/min

(d) 0.01~0.5mm/min

(e) 0.01~1mm/min

图 2.4-13　不同速率下重塑黄土的应力-应变曲线

恒定速率 0.01mm/min 时的极限拉应变为 0.48%，速率的增加使土样的极限拉应变大幅度减小，速率变化到 0.02mm/min 时，虽然应力没有明显变化，但应变减小很多，降低了 0.12%，从 0.02mm/min 到 0.05mm/min 的极限拉应变降低了 0.14%，从 0.05mm/min

到 0.1mm/min 的极限拉应变只降低了 0.075%，然而，从 0.1mm/min 到 0.5mm/min 的极限拉应变降低 0.021%，从 0.5mm/min 到 1mm/min 的极限拉应变降低 0.004%。

综上所述，随着速率的增长，极限拉应变先是急剧降低，速率到 0.5mm/min 后，随着速率增长，极限拉应变几乎没有变化，这说明第二段速率过大时，对极限拉应变的变化很小。

2.4.2 重塑黄土拉伸断裂破坏机理研究

为研究西安地区 Q_3 重塑黄土抗拉强度特性，需要进一步对单轴拉伸断裂破坏的试样的破坏机理进行分析。本研究对试验过程中和试验结束后试样的拉裂缝和断裂面形态进行宏观分析，结合 SEM 试验结果和试验土体的化学、矿物成分进行微观分析。讨论不同试验方法获得的土体黏聚力的差异性，总结相关抗拉强度模型并解释土体拉伸断裂机理。

1. 重塑黄土拉伸过程中的宏微观分析

（1）宏观分析

由前文重塑黄土的单轴拉伸应力-应变曲线可以看出，重塑黄土单轴拉伸的抗拉强度破坏形式均表现为脆性断裂，0.01mm/min 恒定拉伸速率下重塑黄土单轴抗拉破坏形态如表 2-4-7 所示，试样所受拉力大于极限强度后，试样在试样中间将发生瞬时脆性断裂失效，这种损害毫无征兆，也没有出现其他细小裂缝。另外，当应力水平较大时，土体内部产生了更多的拉应变或剪应变。试件一旦断裂，试件抗拉能力全部损失。

0.01mm/min 恒定拉伸速率下重塑黄土单轴抗拉破坏形态　　表 2-4-7

含水率 w (%)	干密度 ρ_d (g/cm^3)	断裂形态	横断面整体图	横断面局部图
11.0	1.4			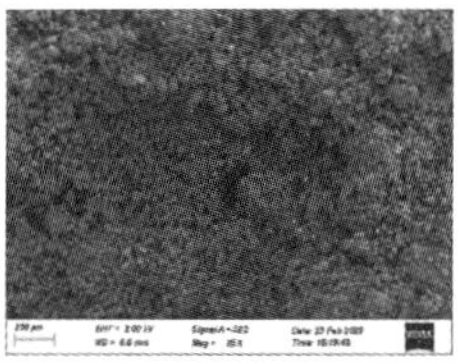
	1.5			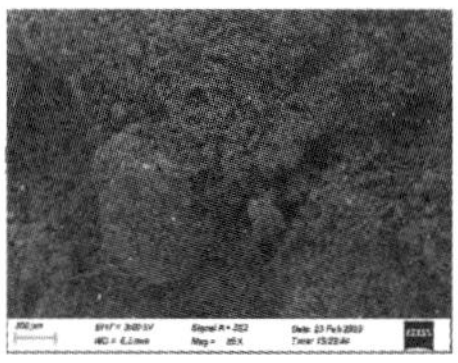
	1.6			

续表

含水率 w (%)	干密度 ρ_d (g/cm^3)	断裂形态	横断面整体图	横断面局部图
11.0	1.7			
13.0	1.4			
	1.5			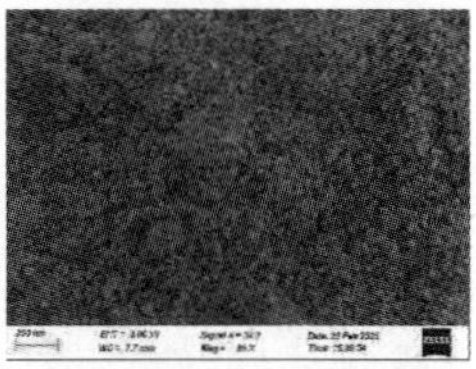
	1.6			
	1.7			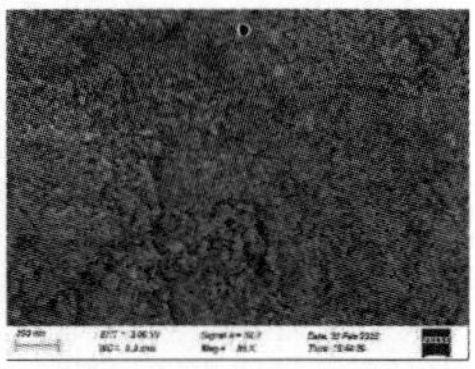
14.7	1.4			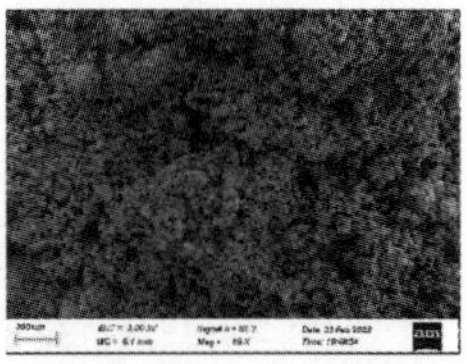
	1.5			

续表

含水率 w（%）	干密度 ρ_d（g/cm^3）	断裂形态	横断面整体图	横断面局部图
14.7	1.6			
	1.7			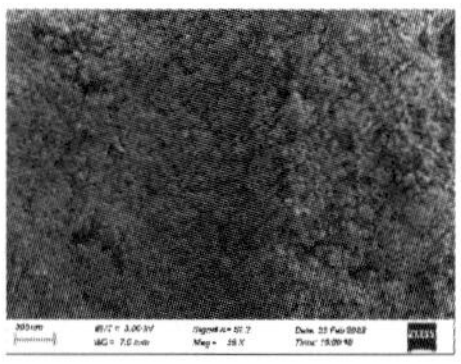
17.0	1.4			
	1.5			
	1.6	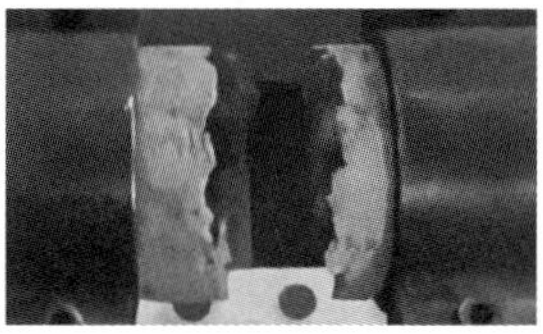		
	1.7		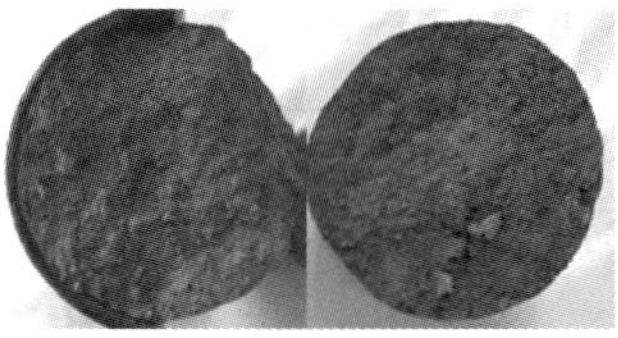	
19.5	1.4			

续表

含水率 w（%）	干密度 ρ_d（g/cm³）	断裂形态	横断面整体图	横断面局部图
19.5	1.5			
	1.6			
	1.7			

含水率和干密度两因素不仅对土体的单轴抗拉强度有重要影响，也对断裂形态有直接影响，从表 2-4-7 重塑黄土单轴拉伸破坏的断裂形态可知，当含水率较低时，土颗粒之间的粘结力较差，土样是直接拉断的，断裂后试样侧面形态的断裂边缘是较整齐的，如含水率为 11.0%和 13.0%的土样，简化模型见图 2.4-14（a）。当含水率较高时，断裂边缘的侧面形态分为两种，一种是“波浪”形，这种断裂边缘弧度很大，呈上下波动，如含水率为 14.7%，干密度为 1.6g/cm³ 的土样，当波动弧度过大只有一个弯时，形态类似剪切破坏的断面，如含水率为 19.5%，干密度为 1.6g/cm³ 的土样，这种波浪形的简化模型见图 2.4-14（b）；另一种是“锯齿”形，断裂边缘类似锯齿形状，上下浮动但幅度小，比“波浪”形的波动幅度小得多，如含水率为 17.0%，干密度为 1.6g/cm³ 的土样，这种“锯齿”形的简化模型见图 2.4-14（c）。

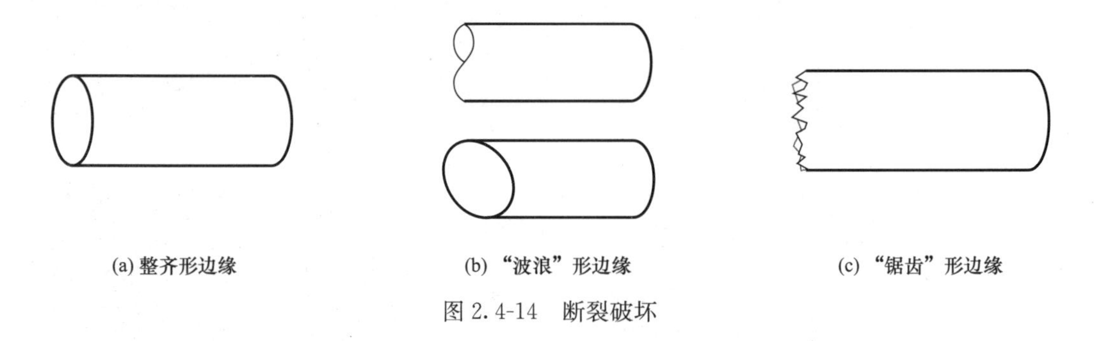

图 2.4-14　断裂破坏

由表 2-4-7 各个断裂面可以看出，土体在受到纯拔作用力下断裂破坏的断裂面并不平整，而是在一定范围内高低错落，不完全与加载面垂直，甚至会出现平行于加载方向的断裂面，如含水率为 11.0%，干密度为 1.7g/cm^3 的土样，断裂面土颗粒呈现被拉出的形态。除此之外，使用 SEM 电子显微镜观察放大 35 倍的断裂面，可以看出，当含水率较小时，土颗粒较分散，而含水率达到极限时，土颗粒呈现团聚现象，有许多大孔隙，这也进一步地解释含水率较低或较高时，抗拉强度较低的原因。

（2）微观分析

对于单轴拉伸断裂土体的研究，通常会采用宏观和微观两个不同的层次进行分析。在宏观层次，主要是对重塑黄土的抗拉性能进行分析，但是该层次只能观察到重塑黄土的力学特性和表面破坏形态，而无法了解其断裂面结构的内部特征。相比之下，微观层次则是决定重塑黄土宏观力学特性和状态表征的关键，因为它可以揭示土体内部的微观结构和性质。本研究通过将微观与宏观二者相结合的方式，能更确切地分析重塑黄土单轴拉伸断裂破坏的机理。

将第 4 章恒定速率下不同含水率和不同干密度土样的断裂面取边长不大于 1cm 的试样，可以将经过电镀金处理的试样，放置于 Sigma300 场发射电子扫描显微镜的样品室中进行高倍率放大观察，如图 2.4-15～图 2.4-24 所示。

(a) 200×　　(b) 1000×

图 2.4-15　w=11.0%，ρ_d=1.4g/cm^3 的试样高倍放大图

(a) 200×　　(b) 1000×

图 2.4-16　w=11.0%，ρ_d=1.6g/cm^3 的试样高倍放大图

(a) 200× (b) 1000×

图 2.4-17 $w=13.0\%$，$\rho_d=1.4\mathrm{g/cm^3}$ 的高倍放大图

(a) 200× (b) 1000×

图 2.4-18 $w=13.0\%$，$\rho_d=1.6\mathrm{g/cm^3}$ 的高倍放大图

(a) 200× (b) 1000×

图 2.4-19 $w=14.7\%$，$\rho_d=1.4\mathrm{g/cm^3}$ 的高倍放大图

所有拉拔破坏的土颗粒都是呈拉拔状，颗粒和颗粒之间的裂缝是纵深的，干密度增大，土的密实程度增加，将使孔隙比降低，这就说明土颗粒间的作用更密切，包括胶结作用及双电层吸力作用。随着拉应变增大，土样内部微裂隙不断增多，效应减小，抗拉强度

进一步降低。试样破坏后一般出现在土体中颗粒比较集中的部位，尤其对干密度小的样品更明显。小颗粒被大颗粒紧紧地贴合在一起，生成细小团聚体，这些团聚体的尺寸各不相同，形成了凸凹不平的破裂表面。由于干密度较大时黏粒含量较少，其对水的吸附性较弱，使土壤中水分不易散失。故同一含水率时，增加干密度能有效改善重塑黄土抗拉性能。

(a) 200×　　(b) 1000×

图 2.4-20　$w=14.7\%$，$\rho_d=1.6\text{g/cm}^3$ 的高倍放大图

(a) 200×　　(b) 1000×

图 2.4-21　$w=17.0\%$，$\rho_d=1.4\text{g/cm}^3$ 的高倍放大图

(a) 200×　　(b) 1000×

图 2.4-22　$w=17.0\%$，$\rho_d=1.6\text{g/cm}^3$ 的高倍放大图

(a) 200×

(b) 1000×

图 2.4-23　w=19.5%，ρ_d=1.4g/cm^3 的高倍放大图

(a) 200×

(b) 1000×

图 2.4-24　w=19.5%，ρ_d=1.6g/cm^3 的高倍放大图

含水率为 14.7%的情况下，土体内孔隙分布相对平衡，所以土样也较稳定，破坏面一般分布在中间。微观分析得出，在这个含水率范围内，土体内部颗粒间胶结作用及双电层吸力作用最强烈，构成更严密的构造。此外，由于黏粒与土骨架间存在较好的界面效应，同时也说明在一定干密度范围内重塑的黄土，随含水率增大，其抗拉强度值呈先增大再减小的变化趋势。

含水率为 13.0%时，重塑黄土的孔隙直径普遍较小，主要分布在 50μm 以下，且数量不多。重塑黄土颗粒呈块状，颗粒之间主要采用点-面接触、线-面接触等方式接触。当含水率为 17.0%时，重塑黄土的孔隙直径增加至 50～100μm，个别孔隙直径超过 100μm，但总体孔隙数量下降。此时颗粒间的团聚现象明显，颗粒之间的接触方式主要为面-面接触。含水率为 14.7%时，重塑黄土内部孔隙分布较为均匀，孔隙直径一般小于 50μm，整体呈块状，颗粒间接触方式主要为面-面接触，土体结构较为牢固。而含水率为 19.5%时，重塑黄土内部孔隙数量增加，孔隙直径一般大于 100μm，颗粒呈团聚状态，颗粒间接触方式主要为点-面接触。

本试验还选取最优含水率和最大干密度的土样断裂面放大至 10000 倍，观察发现黄土中成片状的黏土矿物，性质相对活泼，有较强的吸水能力，黏土矿物颗粒提供分子引力、粘结力和水化膜的物理化学作用力，这些都为重塑黄土的抗拉强度提供固有粘结力，还可以看到矿物颗粒之间的无机盐，为黏聚力提供胶结作用。

2. 拉伸断裂机理分析

从 Q_3 重塑黄土的抗拉强度的变化规律看本试验研究的三种因素与土体抗拉特性有明显的相关性，均是影响重塑黄土抗拉强度的重要指标。重塑黄土抗拉强度三维曲面图如图 2.4-25 所示。

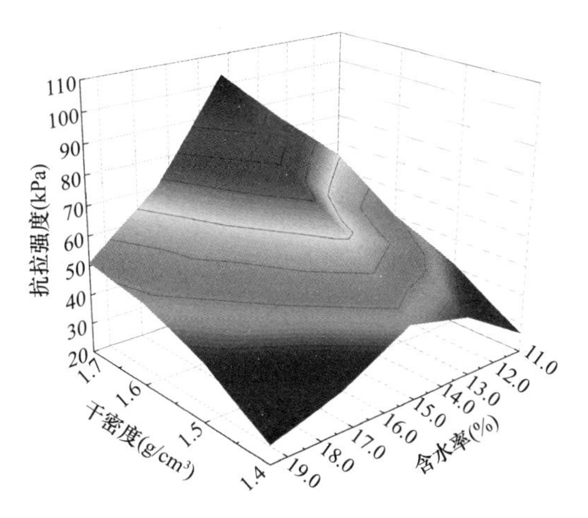

图 2.4-25　重塑黄土抗拉强度三维曲面图

当土体含水量较低时，土颗粒之间的作用力主要来自于颗粒间的静电力和范德华力，因此单位面积上土颗粒间的孔隙越小，颗粒间的接触点越多，颗粒间作用力越强，抗拉强度也越大。当含水率较高时，土颗粒之间的水化膜较厚，颗粒间通过水化膜和自由水间接触，粒间作用力被大大削弱，导致土体的抗拉强度减小。

当试样的含水率和颗粒孔隙相同时，增大试样的变形速率会导致颗粒间距离增加，结合水膜变薄，而颗粒间的作用力会增强。此外，在水分子内部氢键的作用下，水分子的内聚力增强，因此试样的吸附性也增强了。这些因素共同作用，导致试样的抗拉强度增加。

黄土微结构特征决定着黄土的力学性质。影响黄土体黏聚力的组成有固有的黏聚力、加固黏聚力和吸附黏聚力。黄土结构体系以粗粉粒作为主要骨架，具有空隙结构，粗粉粒之间的接点有微小颗粒生成、腐殖质胶体与可溶盐和其他物质胶结联结。

划分了骨架颗粒形貌为棱角状和次棱角状、次圆状和圆状。如颗粒棱角分明，表面扭曲等，进而容易形成失稳亚稳态结构和大孔隙，黄土较易变形，如果颗粒磨圆度大，彼此紧密排列，一般无湿陷性，也不易变形。骨架颗粒接触方式可分为：点接触，接触面积比较少，另一种是面接触。上述 2 种形式按骨架颗粒间胶结物数量不同，也有直接接触与间接接触之分，骨架颗粒接触方式见图 2.4-26。点接触在形式上是很不稳的，不管是直接联

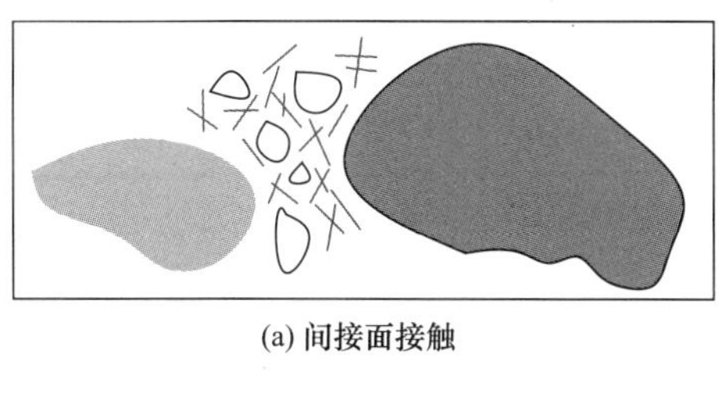

(a) 间接面接触

(b) 直接面接触

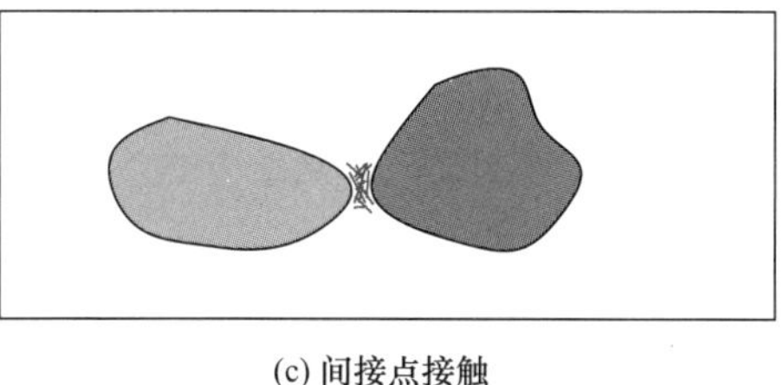

(c) 间接点接触

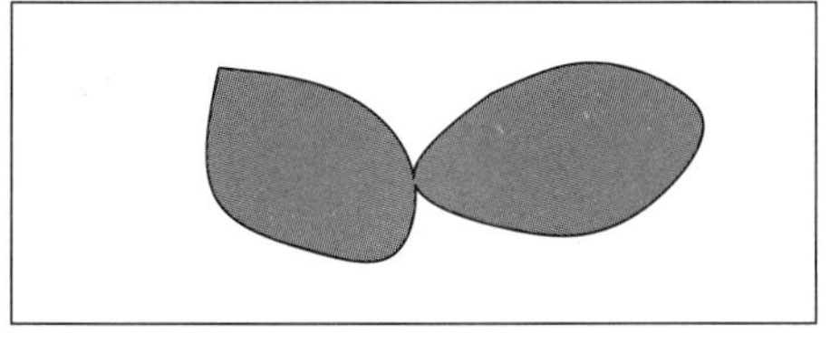

(d) 直接点接触

图 2.4-26　骨架颗粒接触方式

系，还是间接联系，在很小的荷载作用下会出现错动和结构失稳。面接触形式比较平稳，但是具体还是存在差异的。直接接触面的接触形式由于其接触面积较大，可以承受部分载荷，间接接触这种面接触形式，对水浸入比较灵敏。

结合图 2.4-26 可知，骨架颗粒的接触方式与电镜扫描试验结果一致。

黄土受拉变形过程可理解为加载过程中，黄土相对稳定构造逐渐解体失稳，这一现象主要是由土体中 3 个内部因素综合作用而成，即孔隙、颗粒与胶结物。其中，细观层次上的土骨架是决定其强度及稳定性的关键因素。在前文分析基础上，提出一个在微观上阐述黄土拉伸变形机制的概念模型。微观层面黄土的拉伸变形过程见图 2.4-27。

黄土受拉发生形变时，外部荷载大于颗粒之间粘结强度后，颗粒间胶结物破坏，颗粒有运动或转动的，颗粒间从原来的面-面接触方式变为点-面接触方式，并且迅速转化为点-点接触模式。重塑黄土内部细小的孔隙极大地影响了颗粒间的相互移动，黏附于其他粒子周围的微小黏胶颗粒，受拉于贯穿的裂缝面，造成小孔隙面积减小，数量增多，大孔隙明显增多，连通性指数增加，直到贯通。

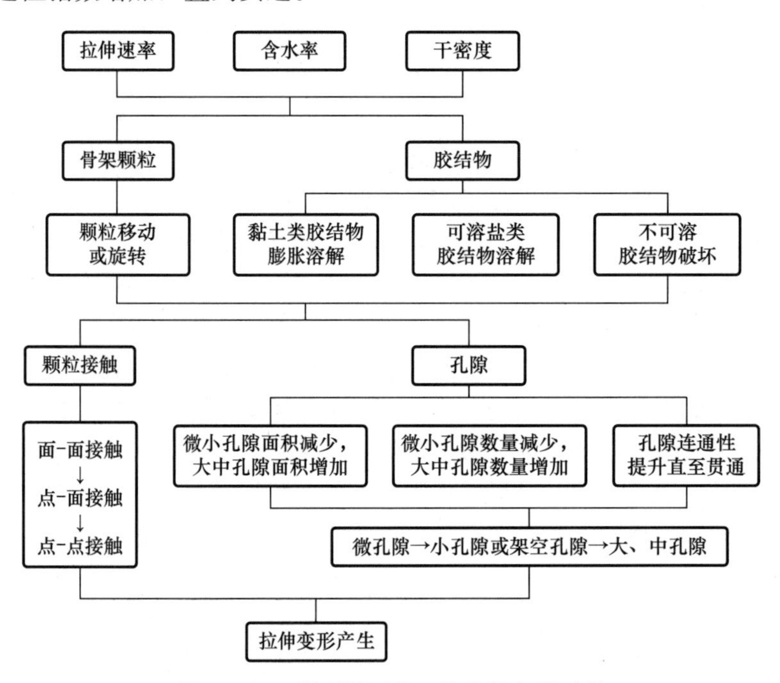

图 2.4-27　微观层面黄土的拉伸变形过程

3. 拉伸试验和直剪试验对黏聚力测定的影响

黏聚力和内摩擦角是土抗剪强度的两个力学指标，这两个指标不仅与土的性质有关，还与试验方法和试验条件有关，因此在谈及强度指标时，应注明它的试验条件。由前文分析可知，单轴拉伸试验测定的抗拉强度就是黏聚力，为了对比土样在单轴拉伸试验和直剪试验中获得的黏聚力数值大小，本研究还进一步探究试验方法和试验仪器对测得土体黏聚力的差异。

（1）直剪试验结果

与直剪试验结果相近，水能引起黄土强度明显变化，并且在含水量高的情况下，土颗粒间接触面吸附力变弱，土体的整体结构变疏松，抗剪强度降低。

同时，当非饱和土体受到外力作用时，基质吸力的存在也会对土体的力学性质产生影响，使得土颗粒之间的接触面上的作用力增强，土体整体抗剪强度增大。根据不同干密度和不同含水量的直剪试验结果，得出各含水率下抗剪强度取值，见表 2-4-8。

重塑黄土直剪试验结果　　**表 2-4-8**

干密度	含水率	P=25kPa	P=50kPa	P=100kPa	P=200kPa
ρ_d	w	τ	τ	τ	τ
(g/cm^3)	(%)	(kPa)	(kPa)	(kPa)	(kPa)
1.4	11.0	24.24	40.44	64.34	101.07
	13.0	23.76	37.23	64.34	106.69
	14.7	24.23	36.43	60.81	110.86
	17.0	24.24	37.23	60.97	108.29
	19.5	22.48	31.62	59.53	104.60
1.5	11.0	43.49	63.54	95.46	152.40
	13.0	42.53	51.51	101.07	141.49
	14.7	38.68	48.13	83.59	142.78
	17.0	42.53	48.30	86.32	139.25
	19.5	27.61	36.11	70.60	129.78
1.6	11.0	68.86	83.11	124.81	203.89
	13.0	46.14	63.74	102.73	176.27
	14.7	33.31	61.77	100.19	158.66
	17.0	36.16	50.73	81.49	156.45
	19.5	34.89	44.45	66.43	154.32
1.7	11.0	70.92	101.71	136.36	221.85
	13.0	68.67	78.62	117.27	190.25
	14.7	47.82	74.93	108.29	188.97
	17.0	40.92	55.04	95.94	166.68
	19.5	30.18	46.70	77.33	139.73

(2) 两种试验测定黏聚力之间的关系研究

整理试验结果，本试验重塑黄土抗剪强度取值如表 2-4-9 所示。绘制出黏聚力与含水率之间的关系曲线，如图 2.4-28 所示。

重塑黄土抗剪强度取值　　**表 2-4-9**

干密度	含水率	黏聚力	内摩擦角
ρ_d	w	C_1	φ
(g/cm^3)	(%)	(kPa)	(°)
1.4	11.0	42.38	23.27
	13.0	36.79	25.19
	14.7	36.79	26.59
	17.0	27.82	25.66
	19.5	24.83	25.66
1.5	11.0	64.52	31.54
	13.0	55.14	30.29
	14.7	48.99	31.32

续表

干密度	含水率	黏聚力	内摩擦角
ρ_d	w	C_1	φ
(g/cm³)	(%)	(kPa)	(°)
1.5	17.0	38.92	29.84
	19.5	33.66	30.92
1.6	11.0	85.716	38.09
	13.0	70.152	36.75
	14.7	67.98	34.83
	17.0	50.832	34.69
	19.5	43.104	34.78
1.7	11.0	149.24	40.06
	13.0	130.55	35.17
	14.7	96.684	38.58
	17.0	81.032	36.09
	19.5	69.524	37.02

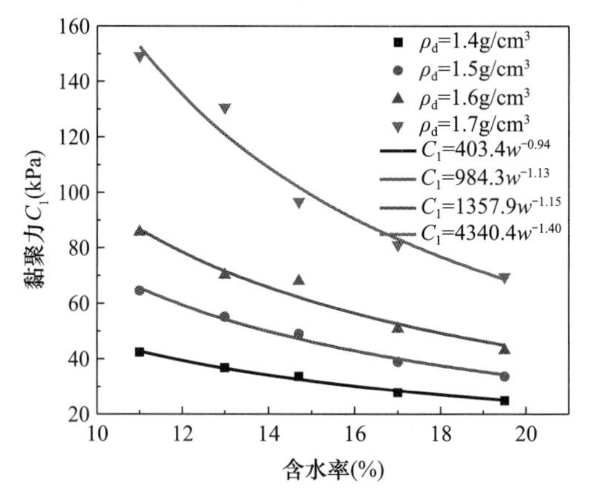

图 2.4-28　黏聚力与含水率之间的关系曲线

由图 2.4-28 可知，四种干密度的黄土含水率与黏聚力的变化特征类似，均表现为幂函数的形式，图中给出了二者关系数据点，并对试验数据进行拟合，结合本次直剪试验结果拟合出干密度一定时，土体黏聚力与含水率之间的关系表达式，见式（2.4-12）～式（2.4-15）。

$$1.4\text{g/cm}^3\text{：}C_1=403.4w^{-0.94} \tag{2.4-12}$$

$$1.5\text{g/cm}^3\text{：}C_1=983.3w^{-1.13} \tag{2.4-13}$$

$$1.6\text{g/cm}^3\text{：}C_1=1357.9w^{-1.15} \tag{2.4-14}$$

$$1.7\text{g/cm}^3\text{：}C_1=4340.4w^{-1.40} \tag{2.4-15}$$

拉伸试验的黏聚力 C_1 和直剪试验的黏聚力 C_2 的关系如图 2.4-29 所示，可以看出，在干密度和含水率一定的情况下，总体上看，重塑黄土的单轴拉伸黏聚力和直剪试验获得土体的黏聚力呈正相关关系。为了更加清晰地了解重塑黄土的单轴拉伸与直剪试验获得土体的黏聚力之间的关系，用定量的方法来分析二者之间的关系。根据两种试验所得的试验数据，对重塑黄土的单轴拉伸黏聚力和直剪试验获得土体的黏聚力进行了非线性曲线拟合，采用线性函数模型，得到了式（2.4-16）的拟合结果，相关系数为0.8416。

$$C_1 = 1.36 \times C_2 - 13.99 \tag{2.4-16}$$

图2.4-30为抗拉强度和内摩擦角关系，从图中可以看出，抗拉强度和内摩擦角的试验数据点分散，因此进一步印证抗拉强度本质是土颗粒之间的电磁力。

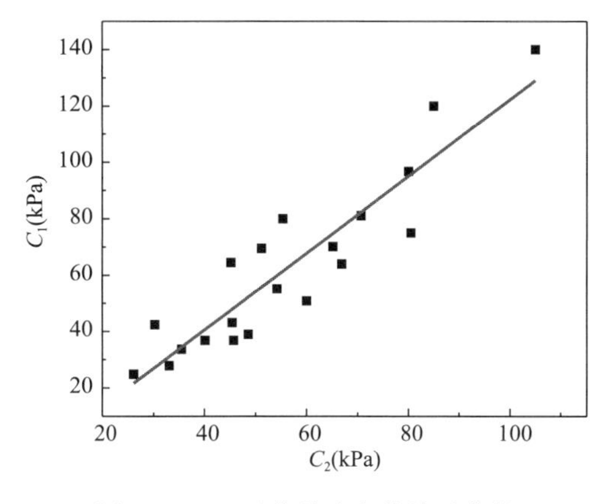

图2.4-29　两种黏聚力的关系曲线

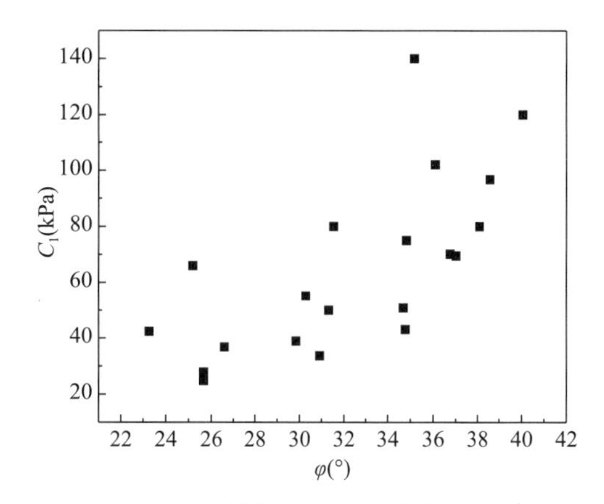

图2.4-30　抗拉强度和内摩擦角关系

2.5　黄土基坑单侧卸荷性质

2.5.1　单侧卸荷下侧向土压力规律分析

为研究土单元试样在单侧控制位移量下的侧向土压力变化规律，设计了控制位移量的单侧卸载土单元体试样试验。

试验过程中记录各状态下的侧土压力数据，剔除试验数据中前后误差超过5%的离散点，删除偶然误差数据点后，绘制卸荷面的侧土压力曲线，如图2.5-1所示。

由图2.5-1可见，土单元体试样在初始应力时，各面都有相应的静止土压力值，当其中一侧加载板开始逐级离开土体卸载时，土单元体试样在该侧的侧向土压力由静止土压力逐渐向主动土压力发展变化。由图2.5-1（a）～图2.5-1（d）可以看出，侧向土压力与位移控制曲线可分为两个阶段，分别为衰减显著段和衰减稳态段。相同含水率下，不同模拟深度的土单元侧向土压力呈现出的衰减速率基本一致，均是先增大，而后逐渐减小。

由图2.5-1（a）可看出，当含水率为22%时，模拟深度为5m的土单元体在单侧为0.5mm的控制位移内，侧土压力有明显衰减，此后侧土压力基本稳定，总体衰减量较小，仅为20kPa；模拟深度为10m、15m、20m、25m的土单元体侧土压力分别在1.0mm、1.6mm、2.0mm和3.0mm的控制位移内显著衰减，之后土压力衰减速率逐渐变缓，最终趋于稳定；模拟深度25m土单元较其他较浅的试样衰减速率较大，总体侧压力衰减了125kPa。由图2.5-1（b）可看出，当含水率为26%时，不同模拟深度的土单元侧土压力衰减基本一致，但是前期衰减显著段的控制位移较含水率22%试样减小，说明其侧土压力衰减速率大于含水率22%试样。由图2.5-1（c）和图2.5-1（d）可看出，随着含水率的增加，侧土压力的衰减速度逐渐增加，前期衰减段控制位移较含水率低的试样显著减小，且后期衰减曲线呈直线下降形态。

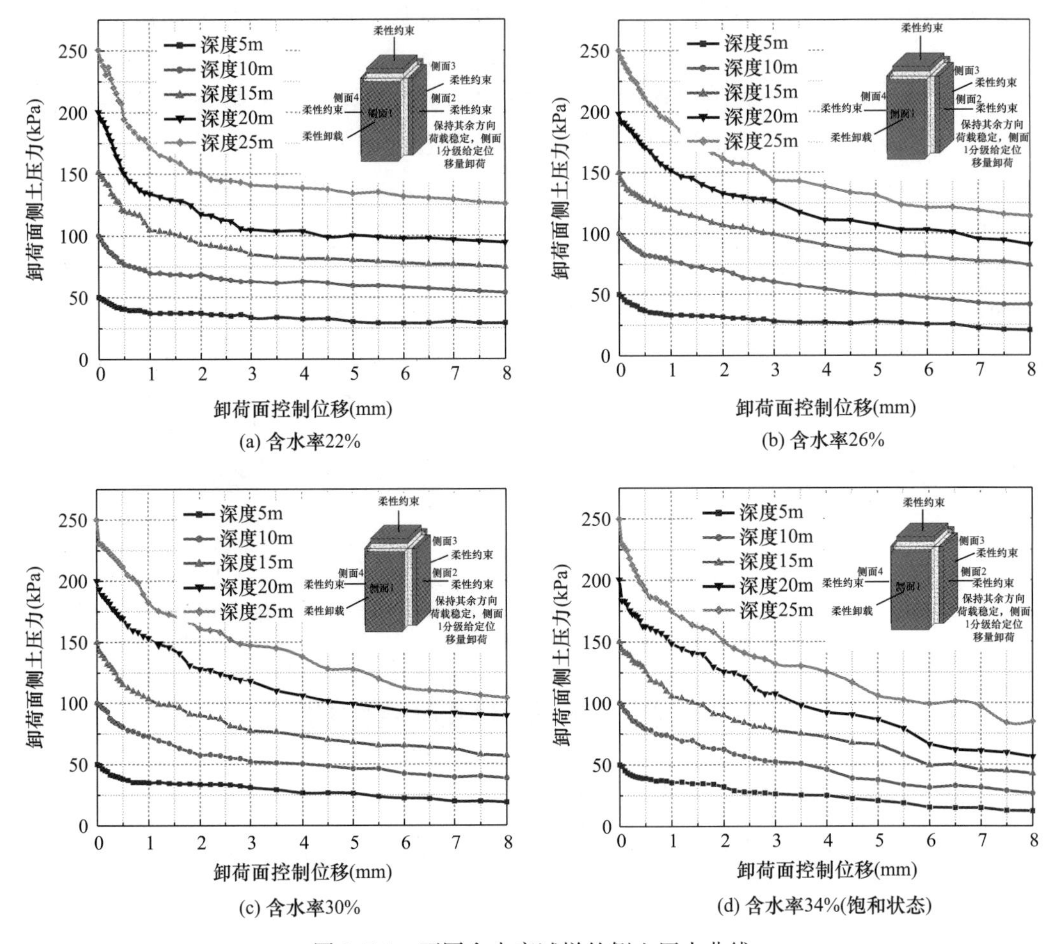

图 2.5-1　不同含水率试样的侧土压力曲线

以侧土压力曲线呈明显直线变化的起始点，作为侧土压力与位移关系曲线上衰减显著段与衰减稳态段的分界点，定义侧向土压力衰减率为初始与终止侧向土压力差值与初始侧向土压力的数值比值，计算式见式（2.5-1）。

$$R_s=\frac{I_s-F_s}{I_s} \tag{2.5-1}$$

式中：R_s 为侧向土压力衰减率；I_s 为侧向土压力初始值，F_s 为侧向土压力终值。

计算各曲线侧向土压力的最终衰减率，得各位置点数据与最终衰减率如表 2-5-1 所示。将各土单元体在各模拟深度位置处的最终衰减率作图，如图 2.5-2 所示。

侧土压力衰减率　　**表 2-5-1**

关键位置点		含水率 22%		含水率 26%		含水率 30%		含水率 34%	
		位移(mm)	侧土压力(kPa)	位移(mm)	侧土压力(kPa)	位移(mm)	侧土压力(kPa)	位移(mm)	侧土压力(kPa)
5m	分界点	0.5	40.78	0.5	36.76	0.6	37.15	0.25	41.29
	终值	8	29.13	8	20.60	8	18.78	8	12.12
	衰减率	0.42		0.59		0.62		0.76	

续表

关键位置点		含水率 22%		含水率 26%		含水率 30%		含水率 34%	
		位移（mm）	侧土压力（kPa）	位移（mm）	侧土压力（kPa）	位移（mm）	侧土压力（kPa）	位移（mm）	侧土压力（kPa）
10m	分界点	0.9	72.25	0.8	78.30	0.5	80.52	0.6	78.09
	终值	8	53.60	8	39.80	8	38.45	8	26.45
	衰减率	0.44		0.60		0.62		0.74	
15m	分界点	1.6	100.21	1.0	119.51	1.0	103.35	0.8	115.78
	终值	8	74.58	8	74.24	8	56.77	8	42.61
	衰减率	0.50		0.51		0.62		0.72	
20m	分界点	1.8	124.68	1.4	145.59	1.4	145.85	0.6	161.09
	终值	8	94.39	8	90.94	8	89.43	8	56.09
	衰减率	0.53		0.55		0.55		0.73	
25m	分界点	2.8	143.32	2.8	149.73	1.8	166.88	1.8	158.02
	终值	8	125.85	8	114.15	8	104.16	8	84.78
	衰减率	0.50		0.54		0.58		0.66	

由图 2.5-1 和图 2.5-2 还可以看出，不同含水率条件下，侧土压力衰减速度有明显差异。以模拟深度为 25m 的试样为例，随着含水率的增加，曲线斜率逐渐增大，前期衰减显著段控制位移逐渐减小，最后随着含水率的增加，土体卸荷导致侧土压力减小量值增大。

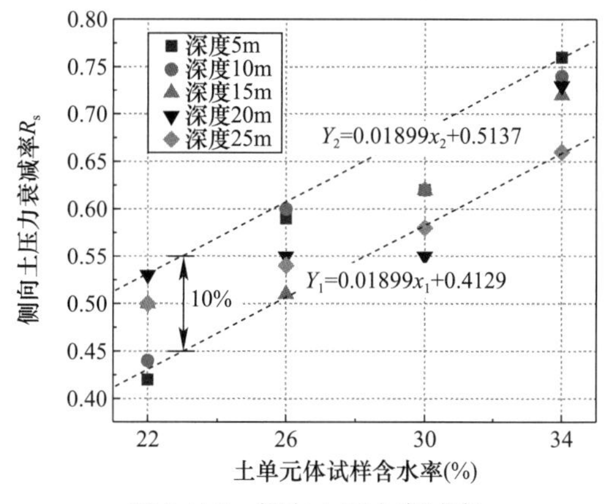

图 2.5-2　侧向土压力衰减率

由图 2.5-2 显示出的不同含水率试样的侧土压力衰减率分布点图表明，相同含水率的土单元体试样在不同模拟深度下的侧土压力衰减程度相近，且衰减率最大值与最小值差值基本上集中在 10%左右；相同深度不同含水率的土单元试样的侧土压力变化随含水率的增加，其衰减速度显著提高，但大部分含水率及深度的土单元体试样的衰减率集中在图上所示两条直线范围内，仅产生极小差异。

值得提及的是，相同含水率的土单元体与试样在 5m 深度和 10m 深度处的侧向土压力衰减率非常接近，一定程度上说明基坑在开挖 0～10m 之内对于土压力的影响规律相似；而 15m、20m、25m 深度处的土单元体衰减率显然受含水率的影响较大，含水率为 22%和 26%时，其衰减率较接近，但 30%及 34%时却差异很大，一定程度上说明基坑开挖 15m 左右及以下深度时，含水率对于土压力的影响很大。

此外，上述图表还说明，基坑开挖浅层时侧土压力变化较深层基坑不明显，产生上述现象的主要原因是原状黄土有其垂直节理的特点，粗粉粒和砂粒在黄土结构中起骨架作用，细粉粒通常依附在较大颗粒表面，特别是集聚在较大颗粒的接触点处与胶体物质一起作为填充材料；粘粒以及土体中所含的各种化学物质如铝、铁物质和一些无定型的盐类等，多集聚在较大颗粒的接触点起胶结和半胶结作用，作为黄土骨架的砂粒和粗粉粒，在天然状态下，由于上述胶结物的凝聚结晶作用被牢固地粘结，故使黄土具有较高的强度；

而黄土遇水或在一定程度上受水浸湿后，结合水联系减弱，水使得各种胶结物有软化趋势，内部结构平衡被打破，结构强度降低，黄土的骨架强度也降低，土体在卸荷作用下，比起低含水率土体，结构更易破坏，因而侧土压力衰减量更大。

2.5.2 土单元试样在单侧控制位移量下的孔隙压力分析

在基坑工程中，势必需要先降低水位再开挖，因此开挖土层的含水率较原状含水率已有一定程度的下降。对于土单元试样而言，在侧向卸荷过程中，原状黄土的孔隙压力是不可忽视的变化量。考虑到同深度土层的含水率存在多种情况，因此对比不同含水率在相同模拟深度下的试样孔隙压力，用以确定某范围土体在基坑开挖时孔隙压力的变化情况。

1. 非饱和土单元试样的孔隙气压力分析

对于非饱和土单元试样而言，其受到压力时，土体内部三相都会受到不同程度的压力，因此为了研究非饱和土体在单侧控制位移量下孔隙压力变化规律，设计了非饱和土孔隙气压力试验，该试验中土单元体试样含水率为 22%、26%和 30%非饱和含水率，模拟开挖深度分别为 5m、10m、15m、20m 和 25m。

试验过程中记录各状态下的非饱和土单元试样的孔隙气压力数据，剔除试验数据中前后误差超过 5%的离散点，删除偶然误差数据点后，绘制非饱和土单元体在不同含水率下的孔隙气压力曲线，如图 2.5-3 所示。

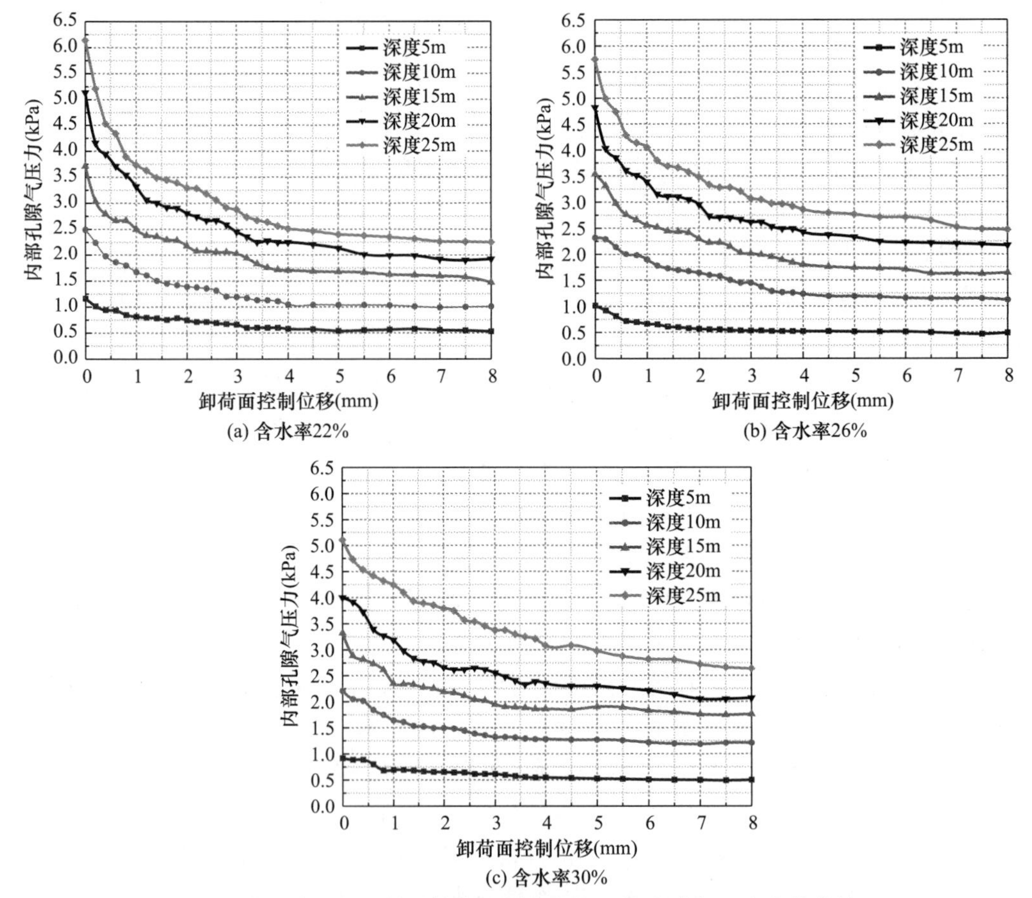

(a) 含水率22%

(b) 含水率26%

(c) 含水率30%

图 2.5-3 非饱和土单元体在不同含水率下的孔隙气压力变化曲线

由图 2.5-4 可以看出，非饱和土单元体在不同含水率下的孔隙气压力变化曲线随着含水率的增加，其孔隙气压力缓慢下降，未呈现明显的突变形态，曲线下降趋势缓慢、一致，最终趋于稳定。

以孔隙气压力曲线呈明显直线变化的起始点作为孔隙气压力与位移关系曲线上衰减显著段与衰减稳态段的分界点，定义孔隙气压力衰减率为初始与终止孔隙气压力差值与初始孔隙气压力的数值比值，计算式见式（2.5-2）。

$$R_a=\frac{I_a-F_a}{I_a} \tag{2.5-2}$$

式中，R_a——孔隙气压力衰减率；

I_a——孔隙气压力初始值；

F_a——孔隙气压力终值。

同时计算各曲线孔隙气压力的最终衰减率，得到各控制点数据与最终衰减率如表 2-5-2 所示。

非饱和土单元试样的孔隙气压力衰减率　　表 2-5-2

关键位置点		含水率 22%		含水率 26%		含水率 30%	
		初值	终值	初值	终值	初值	终值
5m	孔隙气压力（kPa）	1.16	0.53	1.01	0.49	0.91	0.50
	衰减率	0.54		0.51		0.45	
10m	孔隙气压力（kPa）	2.49	1.01	2.32	1.12	2.2	1.21
	衰减率	0.59		0.52		0.45	
15m	孔隙气压力（kPa）	3.71	1.47	3.54	1.64	3.32	1.76
	衰减率	0.6		0.54		0.47	
20m	孔隙气压力（kPa）	5.13	1.92	4.82	2.17	4	2.07
	衰减率	0.63		0.55		0.48	
25m	孔隙气压力（kPa）	6.14	2.25	5.75	2.47	5.1	2.64
	衰减率	0.63		0.57		0.48	

图 2.5-4 为非饱和单元体孔隙气压力衰减率。由图 2.5-4 可以看出，衰减率随着模拟深度的增大而增大，随着含水率的增大而减小，含水率为 22%、26%和 30%时，衰减极差分别为 10%、5%和 3%，说明含水率越高，不同深度下土单元体的衰减率越接近。这是因为在同体积大小土单元体中，含水率越高，土体中气体越少，孔隙气压力初值相对低含水率土体小；不仅如此，由于气体的自身性质，衰减更为迅速，因此在相同体积土单元体中，含水率越低，孔隙气含量越大，在单侧卸荷下的孔隙气衰减量越大。而相同含水率，不同模拟深度条件下孔隙气压力衰减率随着深度而增大。

2. 饱和土单元试样的孔隙水压力分析

一般认为饱和土的孔隙被水充满，因此饱和土体在受压时，内部固、液两相受到压力，因此为了研究饱和土体在单侧控制位移量下孔隙水压力变化规律，设计了饱和土单元试样的孔隙水压力试验，模拟开挖深度为 5m、10m、15m、20m、25m 下，饱和土单元孔隙水压力。试验过程中记录饱和土单元体的孔隙水压力数据，剔除试验数据中前后误差超过 5%的离散点，删除偶然误差数据点后，绘制饱和土单元试样的孔隙水压力曲线，如图 2.5-5 所示。

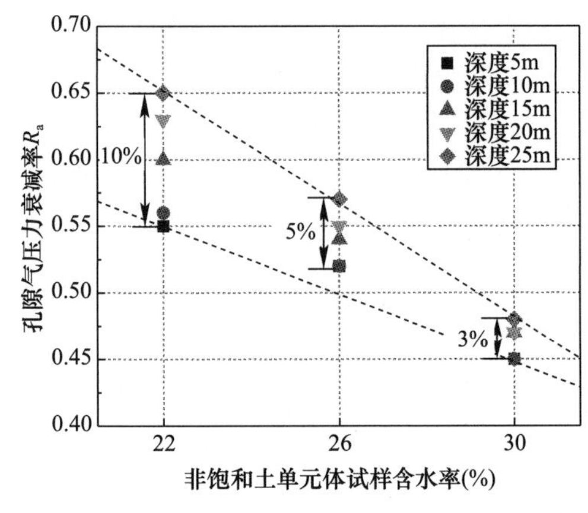

图 2.5-4　非饱和土单元体孔隙气压力衰减率

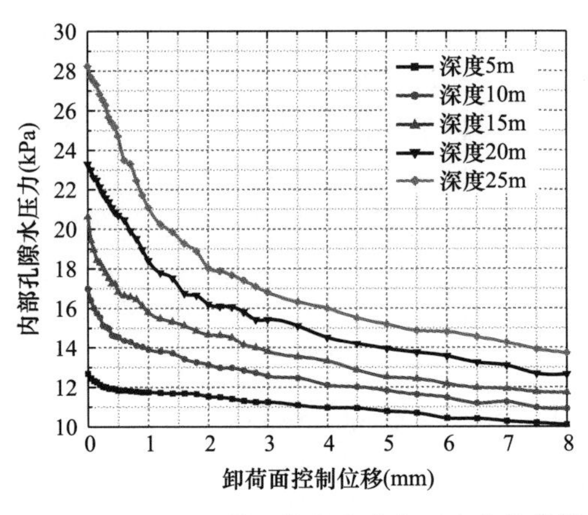

图 2.5-5　饱和土单元体的孔隙水压力变化曲线

由图 2.5-5 可以看出，饱和土单元体的孔隙水压力变化曲线，随着卸载位移的逐渐增加，孔隙水压力逐渐降低，下降速率总体呈现先增大后减缓的趋势。其中模拟深度 10～25m 的土单元体在卸载控制位移 2mm 前，内部孔隙水压力急剧减小，2mm 之后逐渐放缓，呈缓慢的线性下降；深度 5m 土体单元试样在卸荷位移 0.5mm 后呈规律性的线性下降。

以孔隙水压力曲线呈明显直线变化的起始点，作为孔隙水压力与位移关系曲线上，衰减显著段与衰减稳态段的分界点，定义孔隙水压力衰减率为初始与终止孔隙水压力差值，与初始孔隙水压力的数值比值，计算如式（2.5-3）所示。

$$R_w = \frac{I_w - F_w}{I_w} \tag{2.5-3}$$

式中，R_w——孔隙水压力衰减率；

I_w——孔隙水压力初始值；

F_w——孔隙水压力终值。

同时计算各曲线孔隙水压力的最终衰减率，得到各控制点数据与最终衰减率如表 2-5-3 所示，孔隙水压力衰减率曲线如图 2.5-6 所示。

饱和土单元试样的孔隙水压力衰减率　　**表 2-5-3**

关键位置点		含水率 34%	
		初值	终值
5m	孔隙水压力（kPa）	12.7	10.1
	衰减率	0.2	
10m	孔隙水压力（kPa）	17.0	10.9
	衰减率	0.36	
15m	孔隙水压力（kPa）	20.6	11.7
	衰减率	0.43	
20m	孔隙水压力（kPa）	23.3	12.6
	衰减率	0.46	
25m	孔隙水压力（kPa）	28.2	13.7
	衰减率	0.51	

由图 2.5-6 可以看出，饱和土体单元随土体深度增加，其孔隙水压力衰减率逐渐增大，最终模拟深度 25m 土体单元孔隙水压力衰减率为 0.51，产生此现象的主要原因是随着深度的增加，在稳定的土体内部，其孔隙水压力逐渐增大，当卸载时土体内部受力平衡被打破，导致深层土体较大的孔隙水压力得到释放，从而使得深度越深，孔隙水压力衰减越大。

2.5.3 土单元试样在单侧控制位移量下的变形特点分析

土单元试样在单侧控制位移量下的变形特点可由各非卸载面的变形量反映，为了研究单侧卸载时土体单元各面变形规律，试验记录了不同含水率土单元体试样在不同初始应力状态下单侧卸荷的其他各面变形量。试验以静止侧向土压力系数 $K_0=0.5$ 来作为初始应力条件，因此在竖向荷载为 100kPa、200kPa、300kPa、400kPa、500kPa 时，对应的水平荷载为 50kPa、100kPa、150kPa、200kPa、250kPa，下文不再赘述该初始应力条件。

1. 竖向变形分析

将不同含水率的土单元体在单侧位移量卸载时的竖向变形曲线绘于图 2.5-7，不同含水率土单元试样的竖向变形量如表 2-5-4 所示。

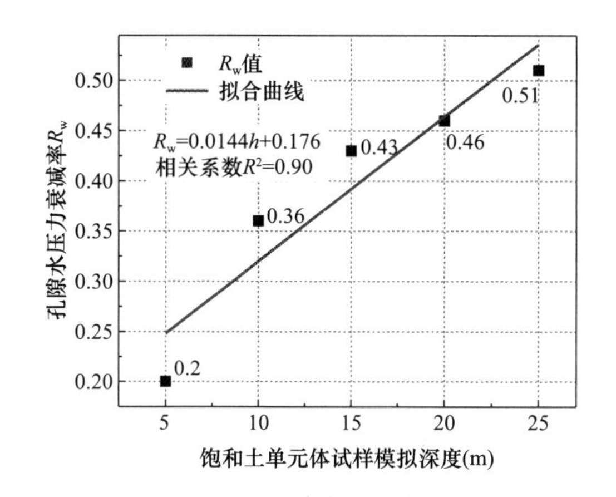

图 2.5-6　孔隙水压力衰减率

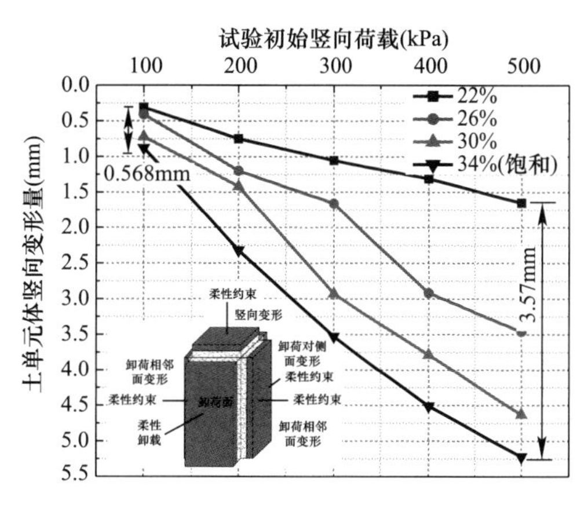

图 2.5-7　不同含水率土单元试样的竖向变形曲线

不同含水率土单元试样的竖向变形量　　**表 2-5-4**

竖向荷载（kPa）	不同含水率土单元体竖向变形量（mm）			
	22%	26%	30%	34%
100	0.312	0.410	0.720	0.880
200	0.750	1.200	1.420	2.320
300	1.055	1.660	2.929	3.530
400	1.310	2.920	3.787	4.510
500	1.650	3.460	4.630	5.220

由图 2.5-7 可知，对于不同含水率的土单元体，卸载时的累计竖向变形量随着初始荷载增大也逐渐增大，当试验在最小约束荷载下，四个含水率的竖向变形为 0.312～0.88mm，而当试验中在最大约束荷载下，竖向变形为 1.65～5.22mm。由图 2.5-7 还可以看出，在 500kPa 约束作用下，含水率为 22%的试样累计竖向变形量比饱和含水率试样

小，含水率越大、初始荷载越大，卸载后试样的累计竖向变形量也越大。

同时可以明显看出，在每个含水率下，累计竖向变形量的最大值与最小值的差值增幅并非均匀增加，而是随着含水率的增大而增大，这个现象和黄土本身的结构有很大关系，含水率对于黄土的结构强度一定程度上有决定性作用，当初始应力较小时，这种土体由于结构强度而产生的竖向变形差异并不明显，但会随着初始应力的增大，差异越来越大，特别地，对于高含水率土体，这种更大的变形来源更多地集中在土体内部孔隙水的排出；而对于低含水率黄土土体，其结构强度较大，骨架强度尚且较好，因此在单侧卸载时，更倾向于维持小幅度的变形。

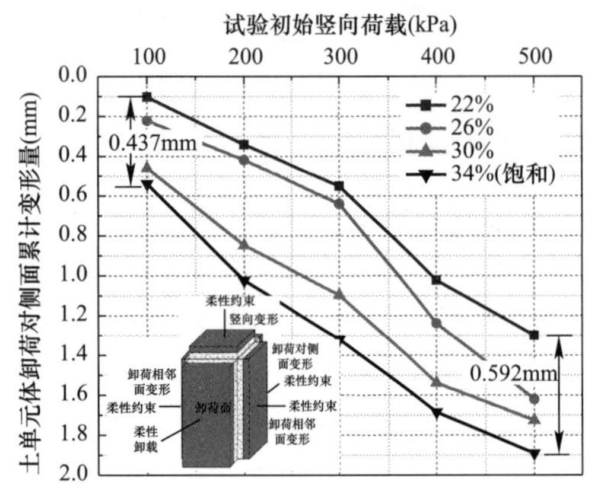

图 2.5-8　不同含水率土单元试样的卸荷对侧面变形曲线

2. 卸荷对侧面变形分析

不同含水率土单元试样的卸荷对侧面变形曲线见图 2.5-8，土体单元卸荷对侧面累计变形量如表 2-5-5 所示。

不同竖向荷载下不同含水率土单元体对侧面累计变形量　　表 2-5-5

竖向荷载（kPa）	不同含水率土单元体对侧面累计变形量（mm）			
	22%	26%	30%	34%
100	0.103	0.221	0.460	0.540
200	0.341	0.419	0.848	1.024
300	0.551	0.640	1.097	1.320
400	1.022	1.238	1.539	1.685
500	1.300	1.620	1.726	1.892

由图 2.5-8 和表 2-5-5 可以看出，对于不同含水率的土单元体，卸载时的累计侧面变形量随着初始荷载增大也逐渐提高，与累计竖向变形规律不同，该四条曲线呈规律性的线性趋势，且在不同初始荷载情况下，极差也相差不多，含水率的增加导致的卸荷对侧面变形增大的幅度也基本一致，这说明土体在单侧卸荷时，对各深度处的土单元体，含水率对侧面变形的影响规律相近，为规律的线性增大趋势。

3. 卸荷相邻面变形分析

不同含水率的土单元体在单侧位移量卸载时的相邻面累计变形曲线如图 2.5-9 所示，土体单元卸荷相邻面累计变形量如表 2-5-6 所示。

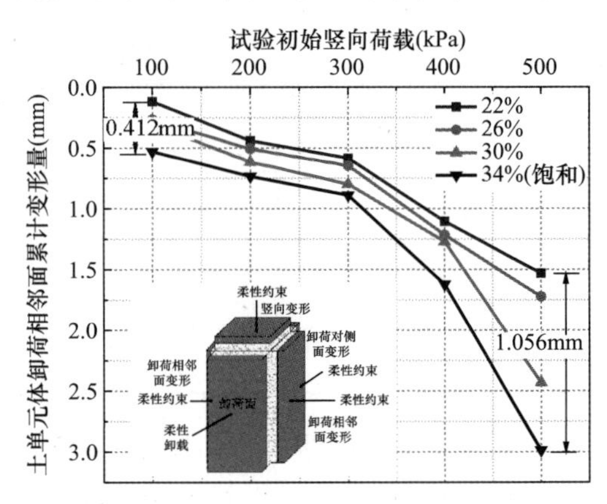

图 2.5-9　不同含水率的土单元体在单侧位移量卸载时的相邻面累计变形曲线

由图 2.5-9 和表 2-5-6 可以看出，对于不同含水率的土单元体，卸载时的相邻面累计变形量随着初始荷载的增大而增加，总体差值由最小初始荷载下的 0.412mm 变为最大初始荷载下的 1.056mm。

土体单元卸荷相邻面累计变形量 表 2-5-6

竖向荷载（kPa）	不同含水率土单元体累计相邻面变形量（mm）			
	22%	26%	30%	34%
100	0.118	0.265	0.305	0.530
200	0.440	0.508	0.616	0.736
300	0.585	0.648	0.799	0.891
400	1.105	1.216	1.271	1.623
500	1.532	1.723	2.433	2.988

与竖向变形和卸荷对侧面变形规律不同的是，相邻面变形在含水率较小时，变形存在稳定的线性规律，当含水率增加至一定程度时，更接近抛物线，即量幅存在突变现象。

综上所述，相同初始荷载条件下，含水率越大，土体单元的变形越大，含水率的提高会引起土体单元变形量的突增；相同含水率条件下，初始荷载越大土体单元变形越大。因此，在实际基坑开挖卸载过程中，应根据开挖深度的不同，控制基坑土的含水率为 22%～30%，以减小基坑开挖过程中的土体变形。

2.5.4 原状黄土单元体试样破坏状态分析

试验过程中发现，原状土单元体在单侧卸荷下的破坏模式与加载和全侧向卸荷下的破坏模式有很大差异，为了观察到明显的破坏规律，记录本研究试验中不同含水率土单元体试验最大初始应力下单侧卸荷下的破坏状态，如图 2.5-10 所示。需要简单说明的是，为了与传统三轴全侧向卸荷时土体的破坏状态做对比，本研究同时也完成了传统三轴试验中的同初始应力下全侧向分级卸荷试验，其破坏状态如图 2.5-11 所示。

(a) 含水率22%

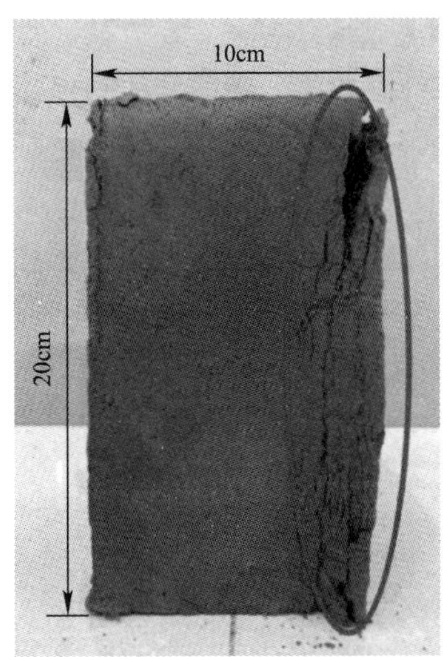

(b) 含水率26%

图 2.5-10 不同含水率土单元体试验最大初始应力单侧卸荷下的破坏状态（单侧卸荷试验）（一）

(c) 含水率30%

(d) 含水率34%(饱和)

图 2.5-10　不同含水率土单元体试验最大初始应力单侧卸荷下的破坏状态（单侧卸荷试验）（二）

对比四个含水率下土单元体破坏状态，可以看到含水率越大，破坏越显著，并且显著破坏面并非传统三轴全侧向卸荷时的整体上下部剪切破坏，而是在卸荷侧产生“月牙”形状的破坏线。

由图 2.5-10 可以看出，本试验设置的最低含水率即 22％含水率的土单元体，在试验设置的最大初始应力下，破坏线较少，并且并非贯穿的破坏线；26％含水率的土单元体则显示出明显的破坏线，且存在剥落趋势；30％含水率的土单元体已产生非常明显的剥落线，且土体其他位置也有细小裂痕；34％含水率的土单元体虽一样有明显剥落线，但土体其他位置并未产生明显裂痕。

对比图 2.5-11 的传统三轴试验下不同含水率土单元体在试验设置的最大初始应力单侧卸荷下的鼓胀破坏状态，发现三轴试验破坏线大致为土样上下部分的斜向破坏线，然而 34％含水率的土样没有较多的破坏线，其破坏更多表现为土体被大幅度压缩，其原因在于

(a) 含水率22%

(b) 含水率26%

图 2.5-11　不同含水率土单元体试验最大初始应力单侧卸荷下的破坏状态（传统三轴试验）（一）

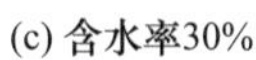
(c) 含水率30%

(d) 含水率34%(饱和)

图 2.5-11　不同含水率土单元体试验最大初始应力单侧卸荷下的破坏状态（传统三轴试验）（二）

饱和土体孔隙被水充满，侧向卸荷时，土体中孔隙水被压缩甚至挤出，较孔隙水较少的非饱和土，其土骨架破坏延迟，因此裂隙并不明显，这一点与本研究主要描述的试验现象有共同之处，如图 2.5-11（c）、图 2.5-11（d）所示的土体破坏差异是土体其他部位的小裂隙，到图 2.5-11（d）的无其他裂隙，也说明了饱和土自身卸荷破坏更多为孔隙水的压缩。

2.6　考虑土体位移的黄土深基坑侧向主动土压力计算

目前侧向主动土压力的计算方法大多采用朗肯土压力理论，但朗肯理论得到的土压力值都是针对达到极限状态时的土压力值，而基坑开挖是分步进行的，作用在围护结构上的土压力不可能一下子达到极限状态，而是随着开挖的进行，土压力逐步减小，相应的围护结构产生变形。土压力的计算由于涉及因素很多，因此考虑所有因素的土压力计算很难实现，本研究考虑开挖过程中土体位移与侧向主动土压力的关系，提出考虑土体位移的侧向主动土压力计算方法，同时探讨了土体位移与内部孔隙压力的具体关系。

2.6.1　考虑土体位移的侧向土压力计算

1. 土体位移对侧向土压力的影响机理

土压力是挡土结构与土体相互作用的结果，土压力的大小不仅和挡土结构本身的性质有关，还和土本身的性质、挡土结构位移模式、位移量等有密切关系。

在基坑开挖之前，土体处于弹性平衡状态，同时挡土结构不产生任何位移，此时的土压力称为静止土压力；在基坑开挖时，基坑侧土体被移除，导致作用在挡土结构上的静止土压力消失，挡土结构前移，迎土侧原本作用于挡土结构上的土压力随之减小，从静止土压力逐渐向主动土压力变化，进而过渡至主动过程土压力状态。现有研究与实测数据均表明，土压力与位移关系如图 2.6-1 所示。

由图 2.6-1 及众多测试结果可知，土压力在主动极限状态时需要的位移量比被动极限状态时小很多，不仅如此，基坑的变形往往对被动土压力的影响比对主动土压力的影响小很多，因此，本研究旨在分析基坑开挖时的侧向主动土压力和土体位移之间的关系。

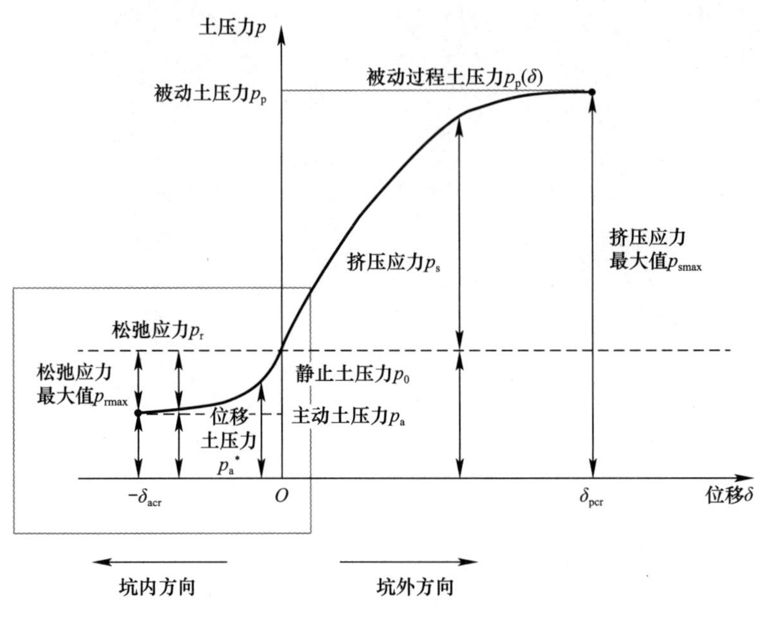

图 2.6-1　土压力与位移关系

如图 2.6-1 所示，随着位移的不断增大，未开挖侧土压力逐渐减小，当土体位移达到极限平衡状态所需位移，土压力达到主动土压力。将围护结构不发生移动时的土压力称作静止土压力，用 p_0 表示，远离土体移动时，围护结构上的土压力衰减，结束于主动极限状态，对应衰减的土压力称为松弛应力，用 p_r 表示，而主动极限状态时的土压力，即土压力的最小值，用 p_a 表示。

2. 位移侧向主动土压力的计算原理

对照图 2.6-1 解释土压力与位移的关系：当土体处于静止状态时，则由于基坑开挖或其他原因使土体产生偏离，土体的相应位移，水平向应力发生衰减，当土体达到主动状态时，水平向应力则停止继续衰减。由于偏离土体移动产生的水平应力衰减为松弛应力，记为 p_r，由此可见，主动土压力与位移的关系取决于松弛应力与位移的关系，把考虑位移的主动土压力用式（2.6-1）表示：

$$p_a^* = p_0 - p_r \tag{2.6-1}$$

式中，p_a^*——挡土结构产生某位移时的主动土压力（kPa）；

p_0——静止土压力；

p_r——松弛应力。

当达到主动极限平衡时，$p_a^* = p_{acr}$，松弛应力达到最大，由式（2.6-2）得：

$$p_{rmax} = p_0 - p_{acr} \tag{2.6-2}$$

式中，p_{rmax}——松弛应力最大值；

p_0——静止土压力；

p_{acr}——达到极限平衡时的主动土压力。

引入位移函数 F_a，记 $p_r = F_a \cdot p_{rmax}$，则有：

$$p_a^* = p_0 - F_a(p_0 - p_{acr}) \quad (2.6\text{-}3)$$

式中，p_a^*——挡土结构产生某位移时的主动土压力；

p_0——静止土压力；

p_{acr}——达到极限平衡时的主动土压力。

考虑松弛应力使土体产生位移，土体的位移通过与之相接触的挡土结构的位移来反映，两者变形协调。因此，本研究使用试验所得出的土体位移与松弛应力的关系，得出侧向主动土压力的计算公式，提高其对黄土地区主动土压力计算的准确性。

2.6.2　考虑土体位移和孔隙压力的侧向主动土压力计算

为得到侧向主动土压力计算依据，本节在土单元体单侧卸荷室内试验结果的基础上，探讨非极限侧向主动土压力与土体位移的相关关系，并同时给出土体位移和内部孔隙压力的相关关系。

1. 考虑土体位移的侧向土压力计算

使用多种函数对侧土压力与土体位移的曲线进行拟合，并对拟合结果进行对比，选用了效果较好的指数函数拟合卸荷面控制位移和卸荷面侧向主动土压力之间的关系，得出了不同深度土单元体试样试验结果的拟合结果。

对含水率为22%的土单元体试验的拟合结果见图2.6-2，含水率为26%、30%及34%的土单元体试验的拟合结果见图2.6-7、图2.6-8和图2.6-9，具体拟合参数见表2-6-7～表2-6-9。

由图2.6-2的拟合结果可知，对于黄土单元体，单侧侧向卸荷过程中，松弛应力p_r与位移的关系满足指数函数关系，建立对应的指数函数拟合表达式，见式（2.6-4）：

$$p_r = A_1 e^{-\delta_i / t_1}, \quad 0 \leqslant \delta_i \leqslant \delta_{acr} \quad (2.6\text{-}4)$$

式中，p_r——土体位移产生的松弛应力；

δ_i——土体位移量；

δ_{acr}——达到主动极限平衡状态时的位移量，一般采用实测的方法得到。

结合试验设置的初始侧向应力和位移主动土压力发展机理可得式（2.6-5）：

$$p_a^* = p_0 - p_r = p_0 - A_1 e^{-\delta_i / t_1}, \quad 0 \leqslant \delta_i \leqslant \delta_{acr} \quad (2.6\text{-}5)$$

式中，p_a^*——挡土结构产生某位移时的主动土压力；

p_0——静止土压力，即土体的初始侧向土压力；

p_r——土体位移产生的松弛应力；

δ_i——土体位移量；

δ_{acr}——达到主动极限平衡状态时的位移量，一般采用实测的方法得到。其中A_1、t_1均为待定参数，与土压力点所处深度有关。

根据拟合结果确定待定参数的取值，对于22%含水率的土体，参数A_1、t_1的取值列于表2-6-1。

由于参数A_1、t_1均与深度有关，因此可以进一步将参数与土体所处深度建立起具体关系，如图2.6-3所示。

根据图2.6-3的线性结果，建立参数与土体所处深度的关系。将A_1与深度（h）的关

系以及 t_1 与深度（h）的关系分别采用式（2.6-6）和式（2.6-7）来表达：

$$A_1 = a_1 + b_1 h \tag{2.6-6}$$

$$t_1 = a_2 + b_2 h \tag{2.6-7}$$

式中， h——土体所处深度；

a_1、a_2、b_1、b_2——参数的系数。

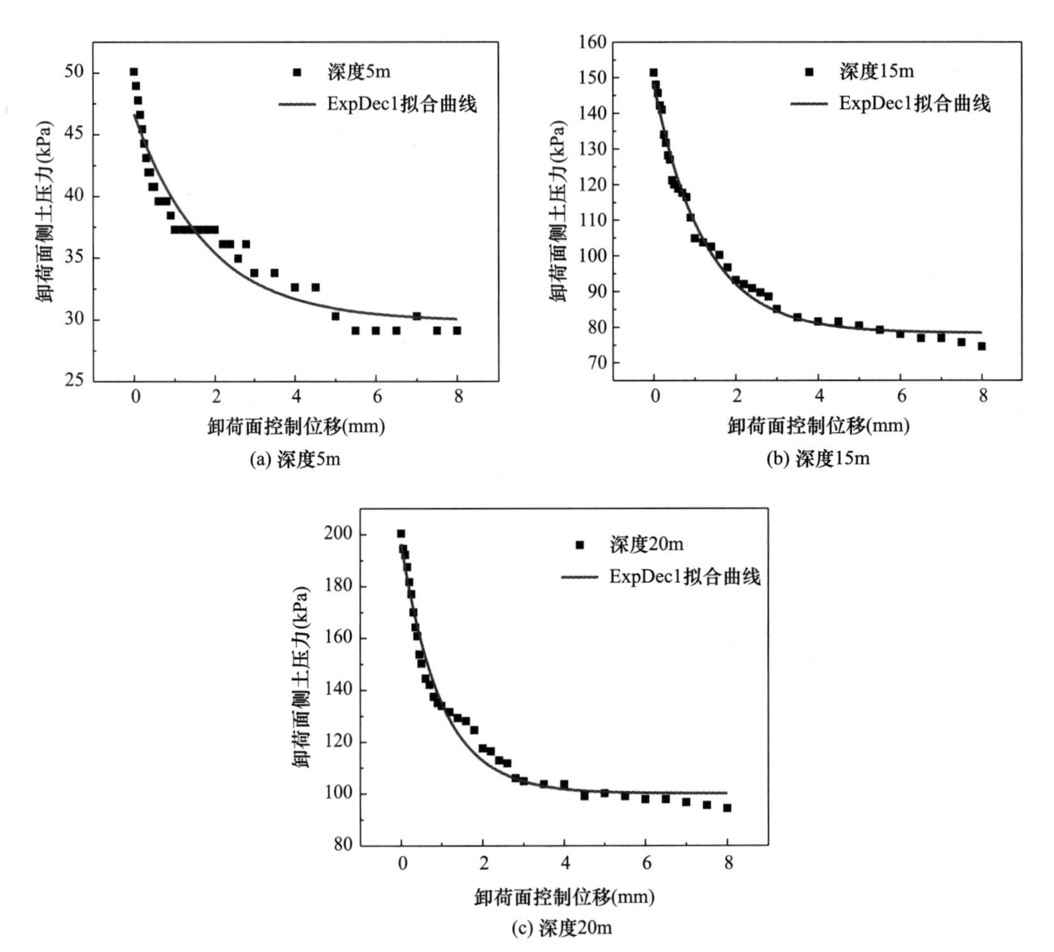

图 2.6-2　22%含水率土单元体 p_r 拟合曲线

含水率 22%土单元 p_r 拟合参数取值　　**表 2-6-1**

深度（m）	静止土压力 p_0（kPa）	参数	
		A_1	t_1
5	50	16.78894	1.80291
10	100	35.88701	1.56311
15	150	69.89559	1.22718
20	200	96.31114	0.99084
25	250	116.69263	0.745701

对于22%含水率的土体，各参数系数 a、b 的取值如表 2-6-2 所示，26%、30%及34%含水率的土体参数关系及系数取值见图 2.6-10～图 2.6-12 及表 2-6-7～表 2-6-12。

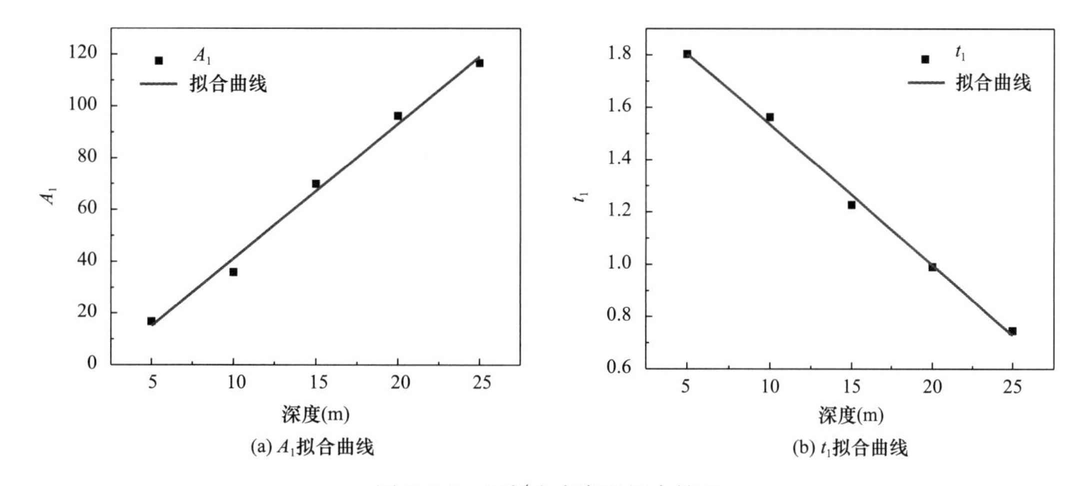

(a) A_1拟合曲线　(b) t_1拟合曲线

图 2.6-3　22%含水率的拟合结果

含水率 22%土单元 p_r 拟合参数的系数取值　表 2-6-2

拟合参数	系数取值	
	a	b
A_1	−10.95439	5.20463
t_1	2.0719	−0.05373

综上所述，得出考虑土体位移的侧向主动土压力计算式如式（2.6-8）所示：

$$p_a^* = p_0 - A_1 e^{-\delta_i/t_1}，0 \leqslant \delta_i \leqslant \delta_{acr} \tag{2.6-8}$$

式中，p_a^*——挡土结构产生某位移时的主动土压力；

p_0——静止土压力；

δ_i——土体位移量；

δ_{acr}——达到主动极限平衡状态时的位移量，一般采用实测的方法得到；

A_1、t_1——待定参数，不同含水率下各个参数及其系数的取值如表 2-6-2 所示。

使用时，采用室内常规土工试验，得出土体所处深度土层的含水率，结合土层所处深度，可得 a_1、a_2、b_1 和 b_2 的取值，从而得出深度参数 A_1、t_1 的取值，计算静止土压力 p_0 后，结合式（2.6-8）可计算出侧向主动土压力值。

2. 侧向卸荷状态下土体位移与内部孔隙压力的相关性

对不同含水率的土单元体，在不同控制位移下的孔隙压力曲线进行拟合，发现该关系可以很好地被指数函数所拟合，含水率为 22%的土单元体 B 组试验的拟合结果见图 2.6-4，26%、及 34%含水率下土单元体试验的拟合结果见图 2.6-13、图 2.6-14。具体参数拟合结果见表 2-6-13～表 2-6-15。

由拟合结果，建立对应的指数函数拟合表达式，见式（2.6-9）：

$$u_{a/w} = z_0 + B_1 e^{-\delta_i/s_1} \quad 0 \leqslant \delta_i \leqslant \delta_{acr} \tag{2.6-9}$$

式中，u_a——非饱和黄土单元体的孔隙气压力；

u_w——饱和黄土单元体的孔隙水压力；

δ_i——卸荷面控制位移；

δ_{acr}——达到主动极限平衡状态时的位移量，一般采用实测的方法得到；
z_0、B_1 和 s_1——与土体所处深度有关的参数。

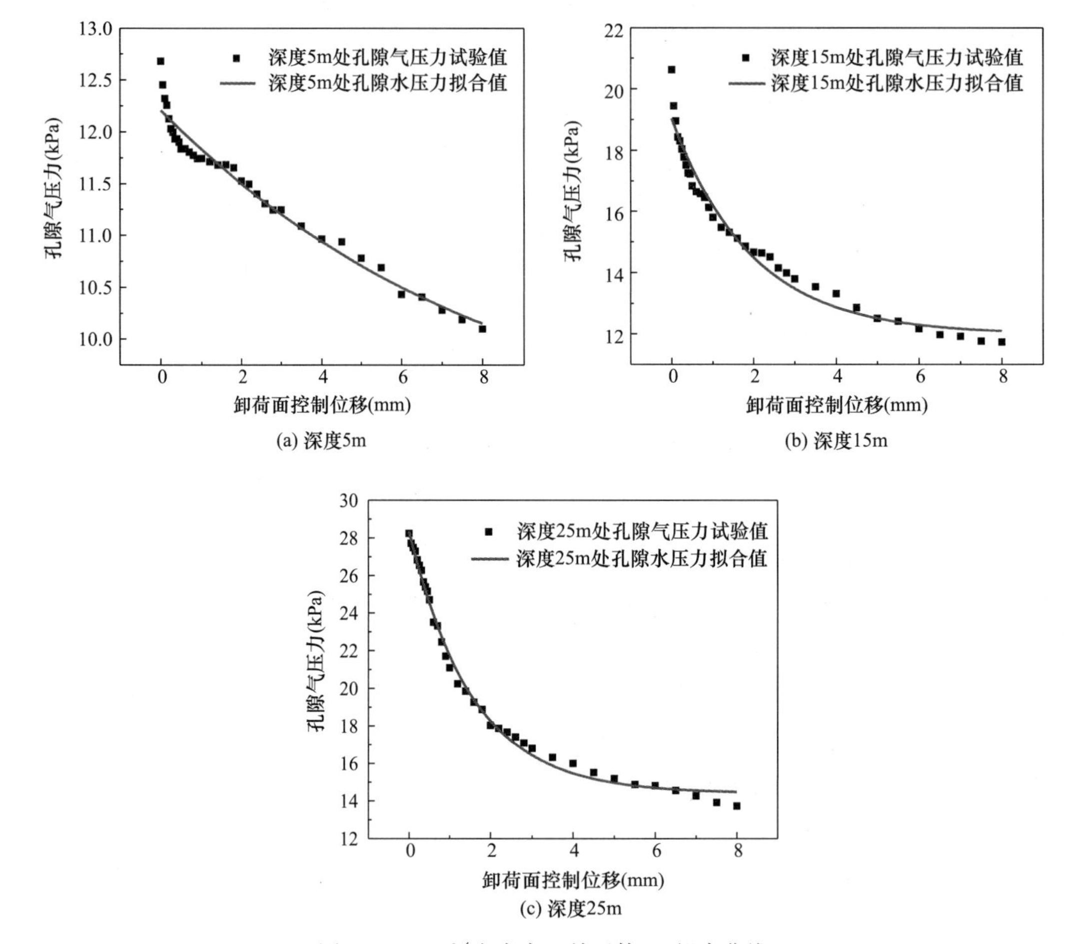

(a) 深度5m (b) 深度15m (c) 深度25m

图 2.6-4　22%含水率土单元体 u_a 拟合曲线

其中，参数 z_0、B_1 和 s_1 的取值见表 2-6-3，26%、30%及 34%含水率的土单元体参数取值见表 2-6-13～表 2-6-15。

含水率 22%u_a 拟合参数取值　　　　**表 2-6-3**

深度（m）	参数		
	z_0	B_1	s_1
5	8.85618	3.35085	4.42127
10	11.20263	4.71625	3.10504
15	11.98479	7.04769	2.93428
20	13.08918	10.02213	1.81501
25	14.39705	13.95204	1.56006

根据图 2.6-5 的线性结果，建立各参数与土体所处深度的关系。将 z_0 与深度 h 的关系、B_1 与深度 h 的关系以及 s_1 与深度 h 的关系分别采用式（2.6-10）、式（2.6-11）和式（2.6-12）来表达：

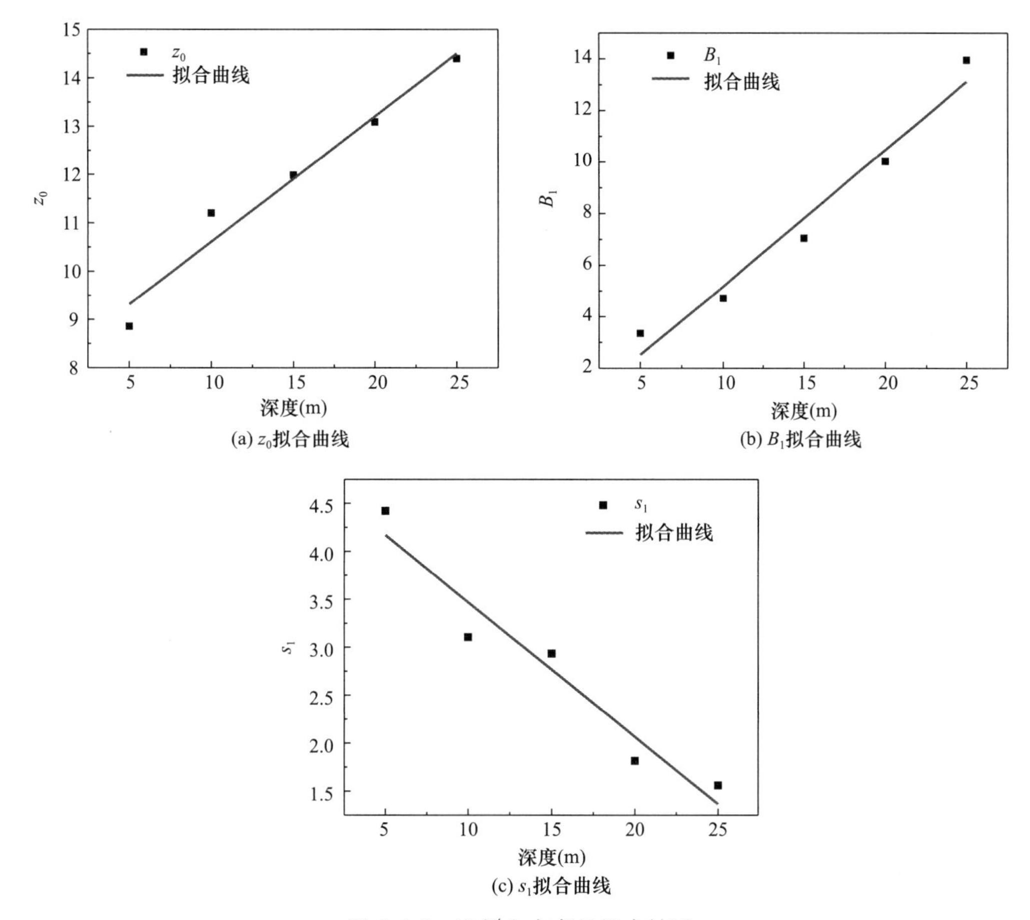

(a) z_0拟合曲线

(b) B_1拟合曲线

(c) s_1拟合曲线

图 2.6-5　22%含水率的拟合结果

$$z_0 = c_1 + d_1 h \tag{2.6-10}$$

$$B_1 = c_2 + d_2 h \tag{2.6-11}$$

$$s_1 = c_3 + d_3 h \tag{2.6-12}$$

式中，h——土体所处深度；

c_1、c_2、c_3、d_1、d_2、d_3——参数的系数。

对于22%含水率的土体，各参数系数 c、d 的取值如表 2-6-4 所示，26%、30%及 34%含水率的土体参数关系及系数取值见图 2.6-15～图 2.6-17 及表 2-6-16～表 2-6-18。

含水率 22%u_a 拟合参数的系数取值　　**表 2-6-4**

拟合参数	系数取值	
	c	d
z_0	8.01548	0.25937
B_1	−0.13469	0.53017
s_1	4.87087	−0.14025

综上所述，结合土层所处深度，补充室内常规土工试验得到的土体含水率，可得 c_1、d_1、c_2、d_2、c_3 和 d_3 的取值，从而得出深度参数 z_0、B_1、s_1 的取值，计算单侧卸荷，即接近基坑卸荷模式下非饱和黄土体的孔隙气压力 u_a 及饱和黄土体的孔隙水压力 u_w。采

用该公式，可以得到坑侧土体发生位移时内部各相的受压状态。

2.6.3 模型的验证

本研究所依托的西安火车站北广场基坑工程的黄土深大基坑，本节对取自施工现场的 Q_3 原状黄土进行室内常规土工试验，得到各深度原状黄土体的基本参数，现场土样的物理指标如表 2-6-5 所示。

现场土样的物理指标　　表 2-6-5

指标	天然密度 ρ (g/cm^3)	含水率 w (%)	孔隙比 e	比重 G_s	液限 ω_L (%)	塑限 ω_P (%)	K_0 值
测值	1.956	22.109	0.720	2.71	35.8	18.5	0.5

根据地勘报告所示，在 30m 深度以上的黄土，土样比重差异在 0.01 之间，且液塑限标准差在 0.4 以下，因此将基坑开挖土层视作均匀土层来处理。本研究土压力深度最大的测试数据在 26m 深度处，使用与深度有关的参数关系式，计算出关于不同深度处的参数取值，这里取 1 号试验桩测试结果作为计算实例，计算式见式（2.6-13）～式（2.6-15）：

$$A_1 = a_1 + b_1 h \tag{2.6-13}$$

$$t_1 = a_2 + b_2 h \tag{2.6-14}$$

$$p_a^* = p_0 - A_1 e^{-\delta_i / t_1}, \quad 0 \leqslant \delta_i \leqslant \delta_{acr} \tag{2.6-15}$$

由于式（2.6-15）旨在计算侧向主动土压力，因此取每个深度土层，在其深度开挖时的土压力实测值作对比，同时使用本研究提出的主动土压力公式，计算同深度土层的土压力值，及常使用的朗肯土压力计算值，最终得出主动土压力计算值与实测值，如表 2-6-6 所示，实测值与计算值对比如图 2.6-6 所示。

黄土基坑不同位置土压力计算值与实测值对照　　表 2-6-6

深度（m）	计算值 $p_a^* = p_0 - A_1 e^{-\delta_i / t_1}$（kPa）	实测值（kPa）	朗肯土压力计算值（kPa）
2	10.05	12	3.45
5	21.37	18	23.74
8	38.07	32	68.5
11	60.59	88	113.28
14	94.99	96	158.05
17	141.26	149	202.82
20	174.45	199	247.58
23	196.37	209	292.36
26	211.46	221	337.13

从图 2.6-6 可以看出，朗肯主动土压力公式由于其自身的极限状态，计算结果远大于实测结果，但本研究以黄土作为具体的研究对象，结合更接近基坑卸荷模式的单侧侧向卸荷试验，以非极限状态的主动土压力为研究目的，公式所得出的侧向主动土压力更接近实测值，也同样远小于朗肯公式计算值。进一步说明，采用本研究基于黄土单侧侧向卸荷试验结果提出的指数函数形式的侧向主动土压力公式，可较好地计算黄土地区深基坑开挖时的侧向主动土压力值，提高开挖时的侧向主动土压力的计算准确度。

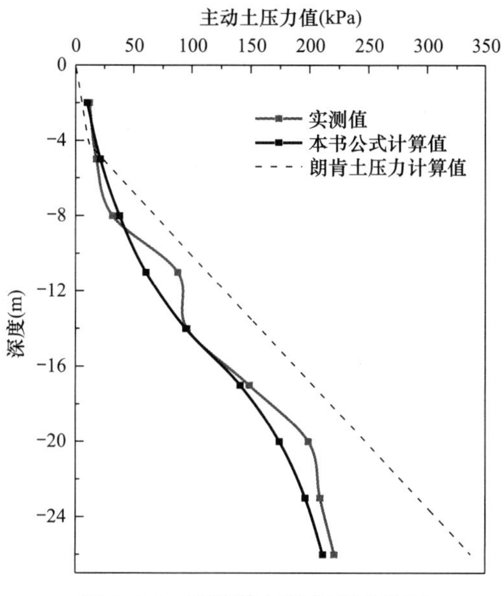

图 2.6-6　实测值与计算值对比图

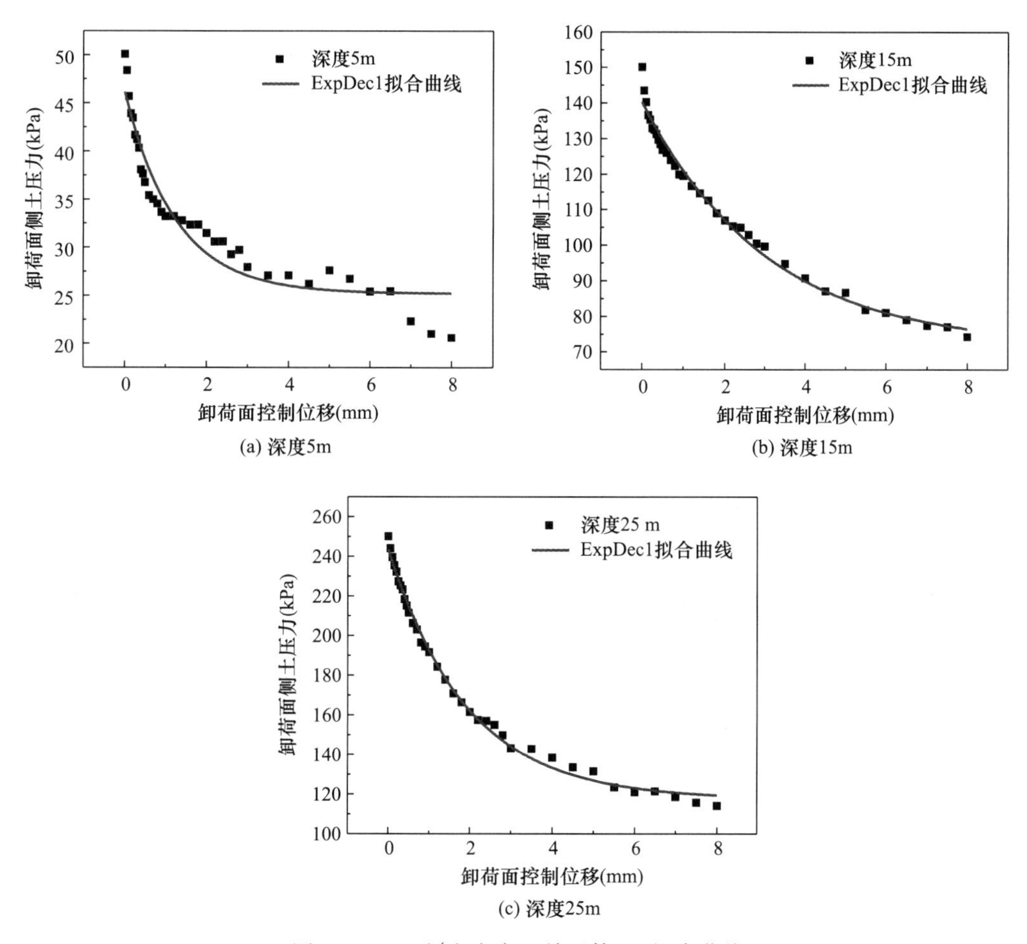

图 2.6-7　26%含水率土单元体 p_r 拟合曲线

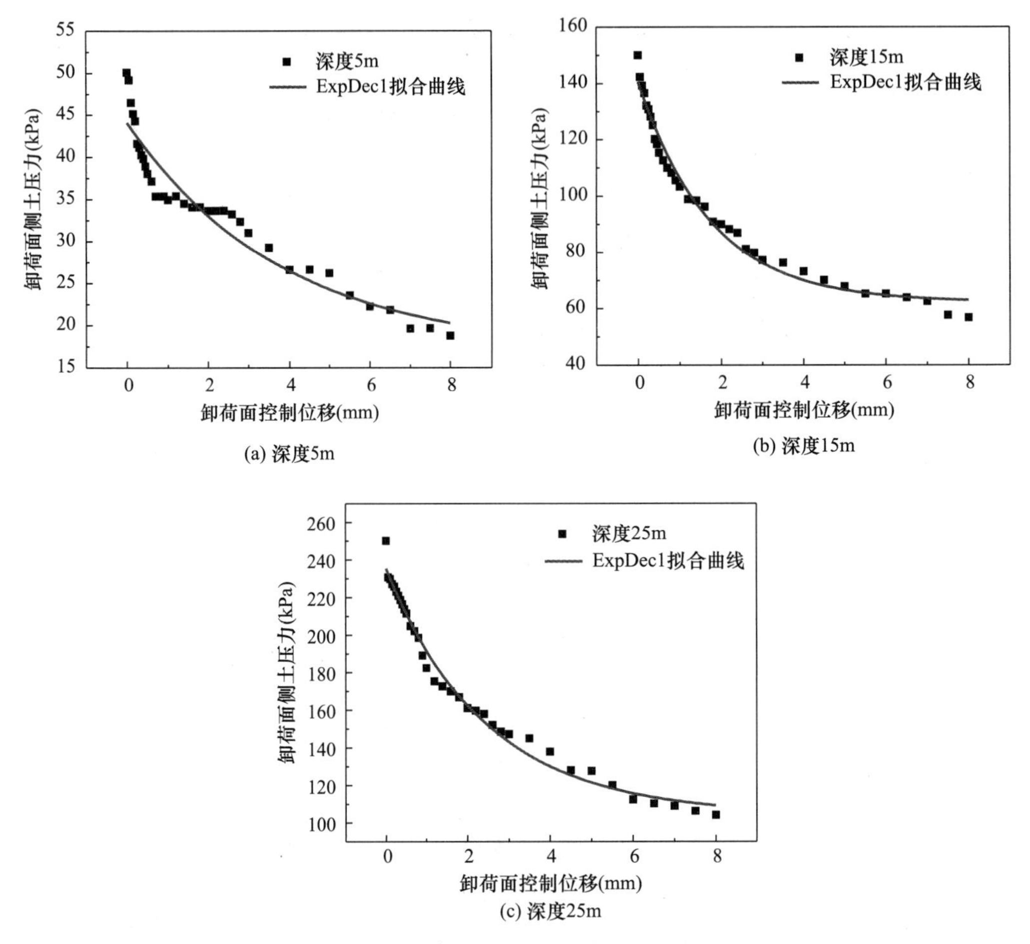

(a) 深度5m

(b) 深度15m

(c) 深度25m

图 2.6-8 30%含水率土单元体 p_r 拟合曲线

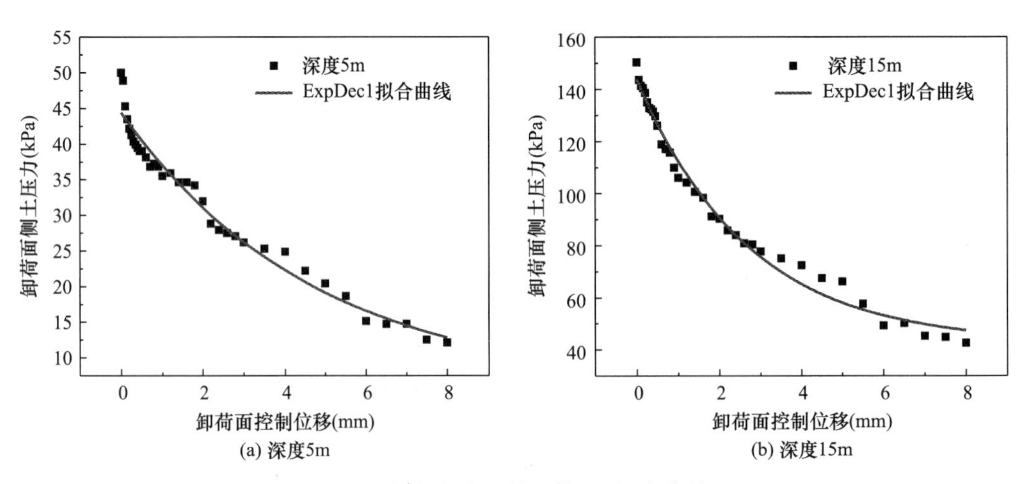

(a) 深度5m

(b) 深度15m

图 2.6-9 34%含水率土单元体 p_r 拟合曲线（一）

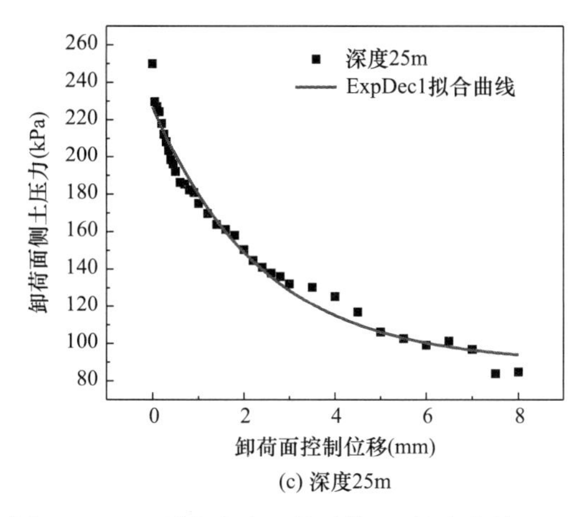

(c) 深度25m

图 2.6-9　34%含水率土单元体 p_r 拟合曲线（二）

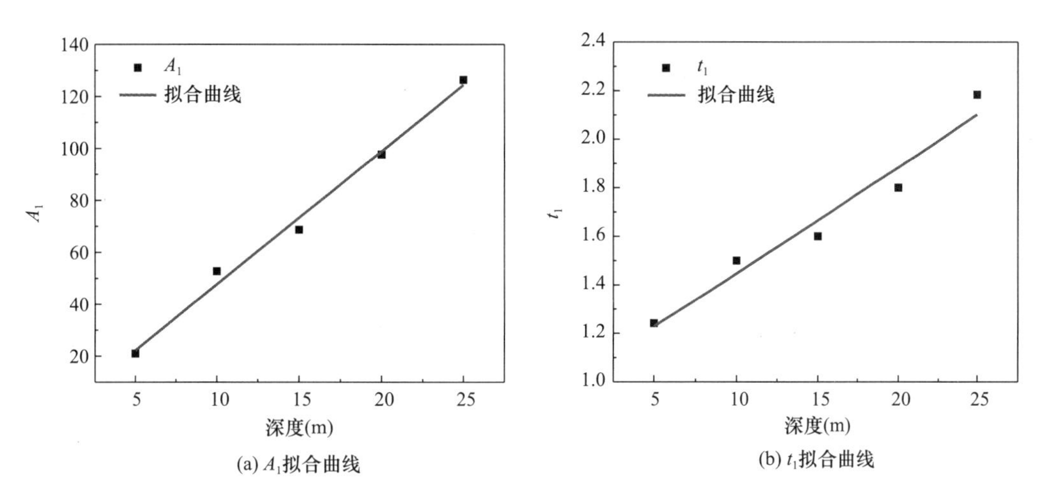

(a) A_1拟合曲线　(b) t_1拟合曲线

图 2.6-10　26%含水率的拟合结果 p_r 拟合参数与深度的关系

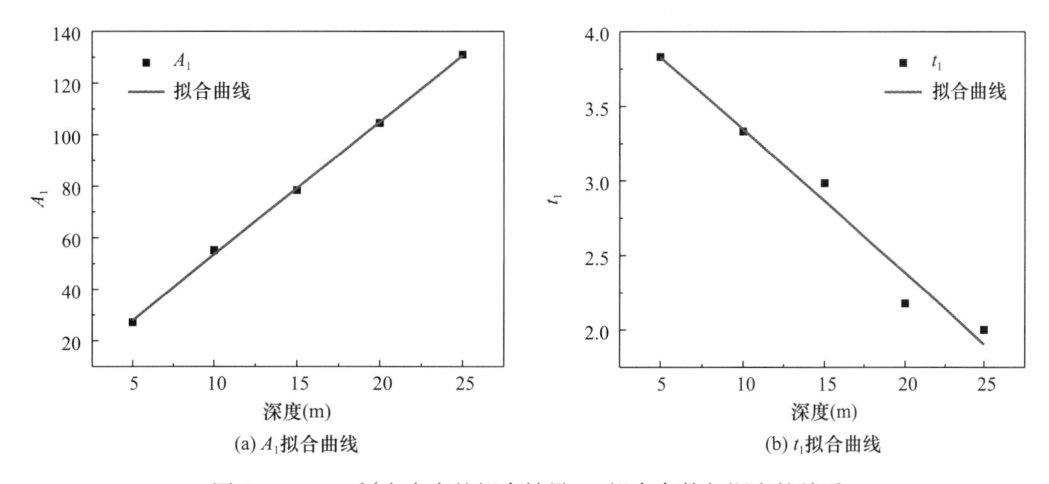

(a) A_1拟合曲线　(b) t_1拟合曲线

图 2.6-11　30%含水率的拟合结果 p_r 拟合参数与深度的关系

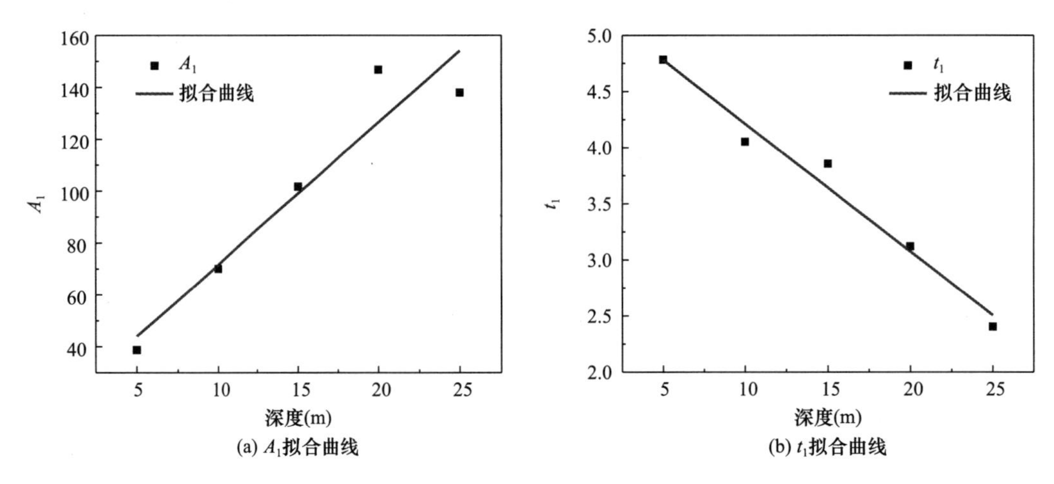

图 2.6-12　34％含水率的拟合结果 p_r 拟合参数与深度的关系

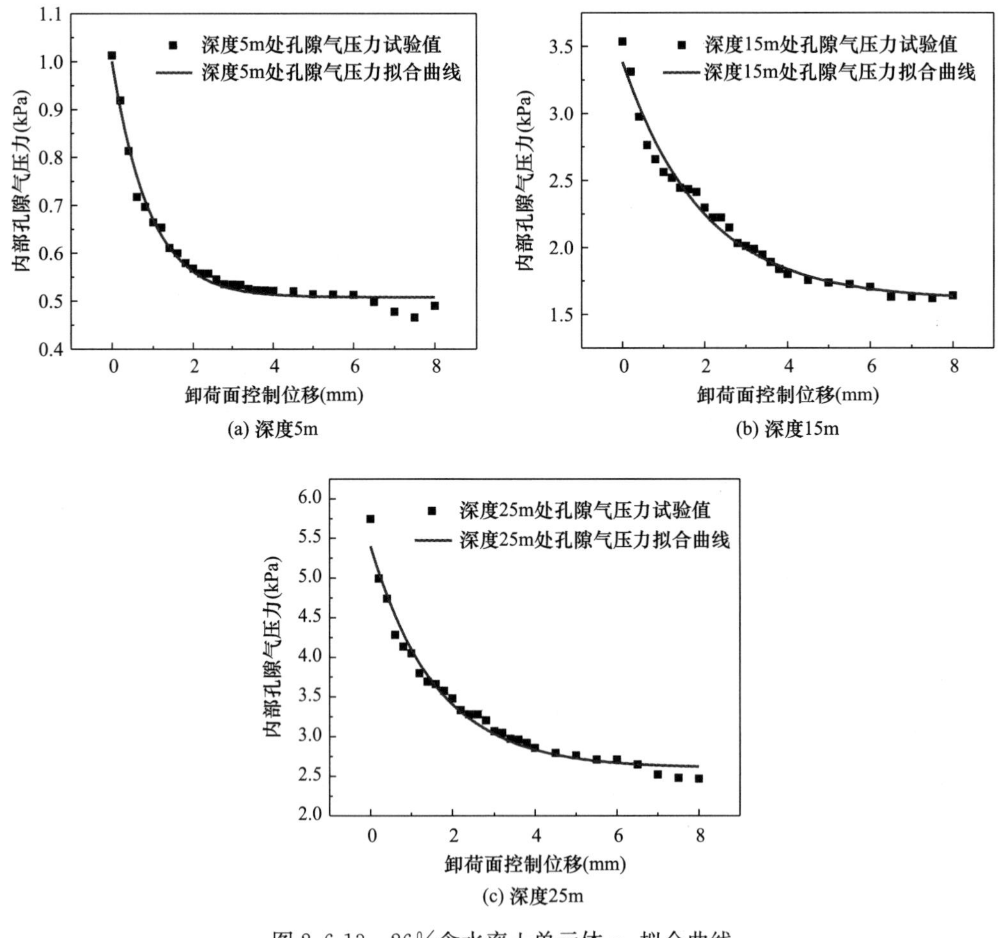

图 2.6-13　26％含水率土单元体 u_a 拟合曲线

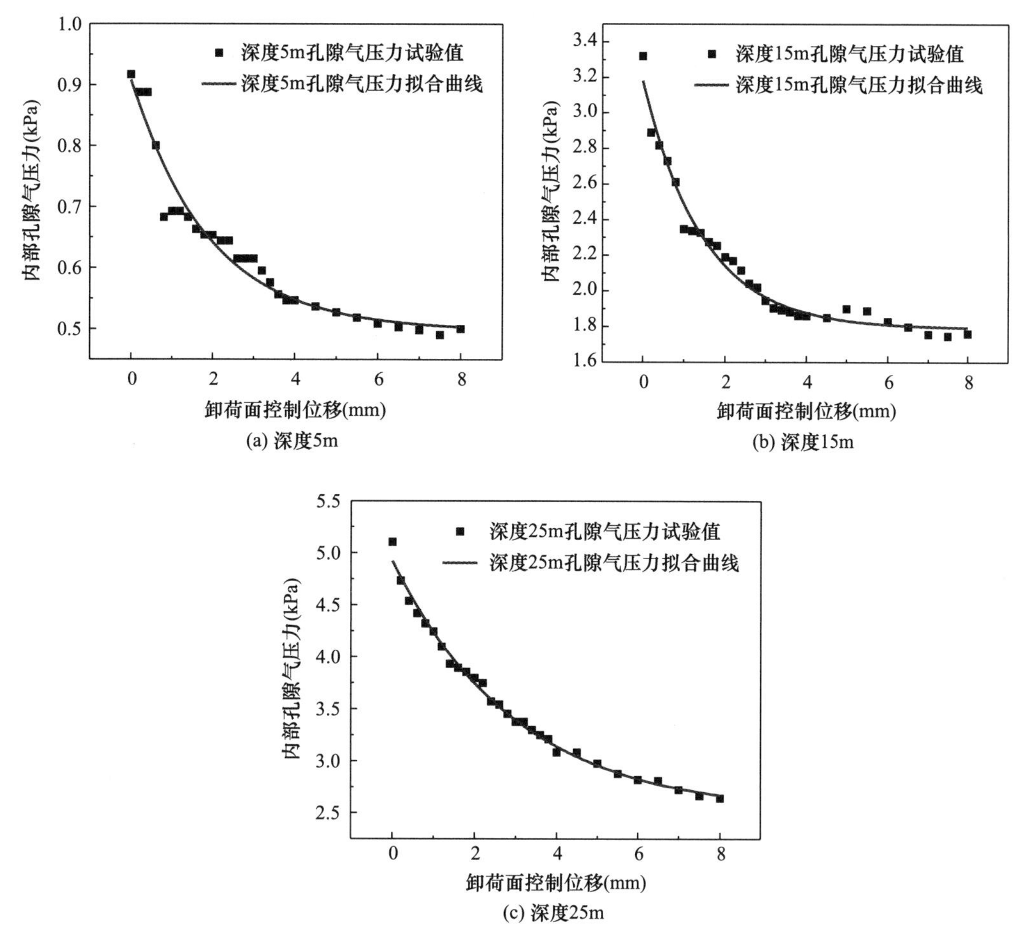

(a) 深度5m

(b) 深度15m

(c) 深度25m

图 2.6-14　34%含水率土单元体 u_w 拟合曲线

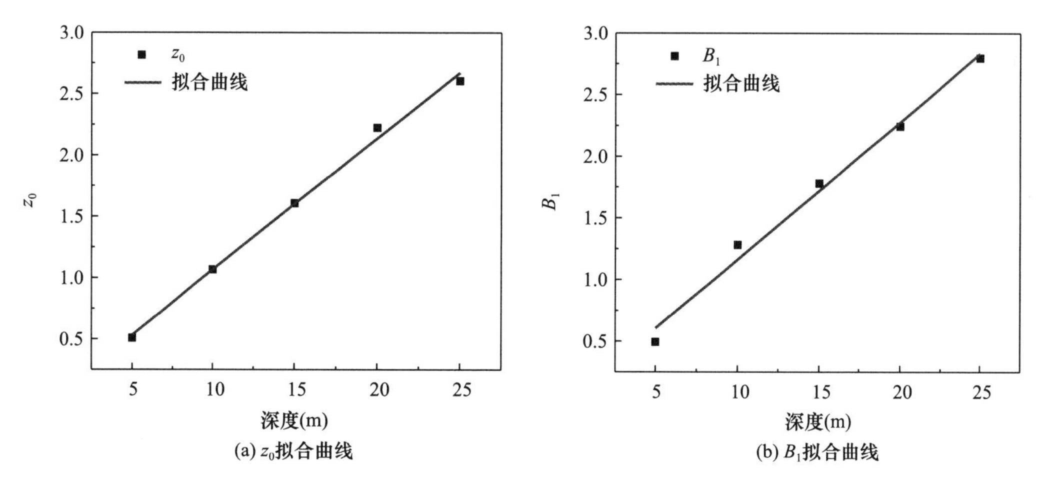

(a) z_0拟合曲线

(b) B_1拟合曲线

图 2.6-15　26%含水率的拟合结果 u_a 拟合参数与深度的关系（一）

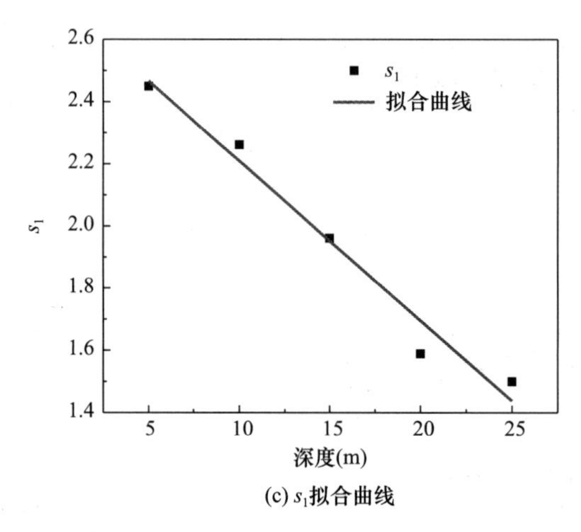

(c) s_1拟合曲线

图 2.6-15　26%含水率的拟合结果 u_a 拟合参数与深度的关系（二）

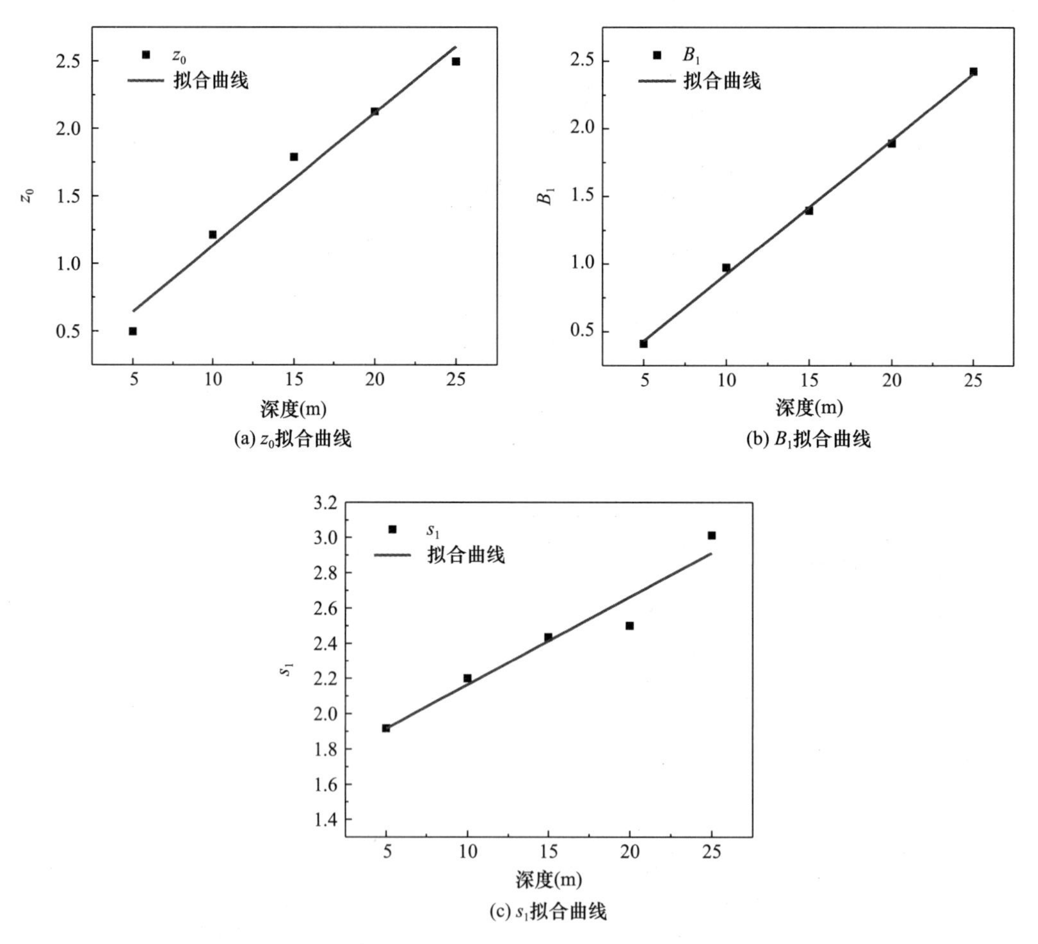

(a) z_0拟合曲线

(b) B_1拟合曲线

(c) s_1拟合曲线

图 2.6-16　30%含水率的拟合结果 u_a 拟合参数与深度的关系

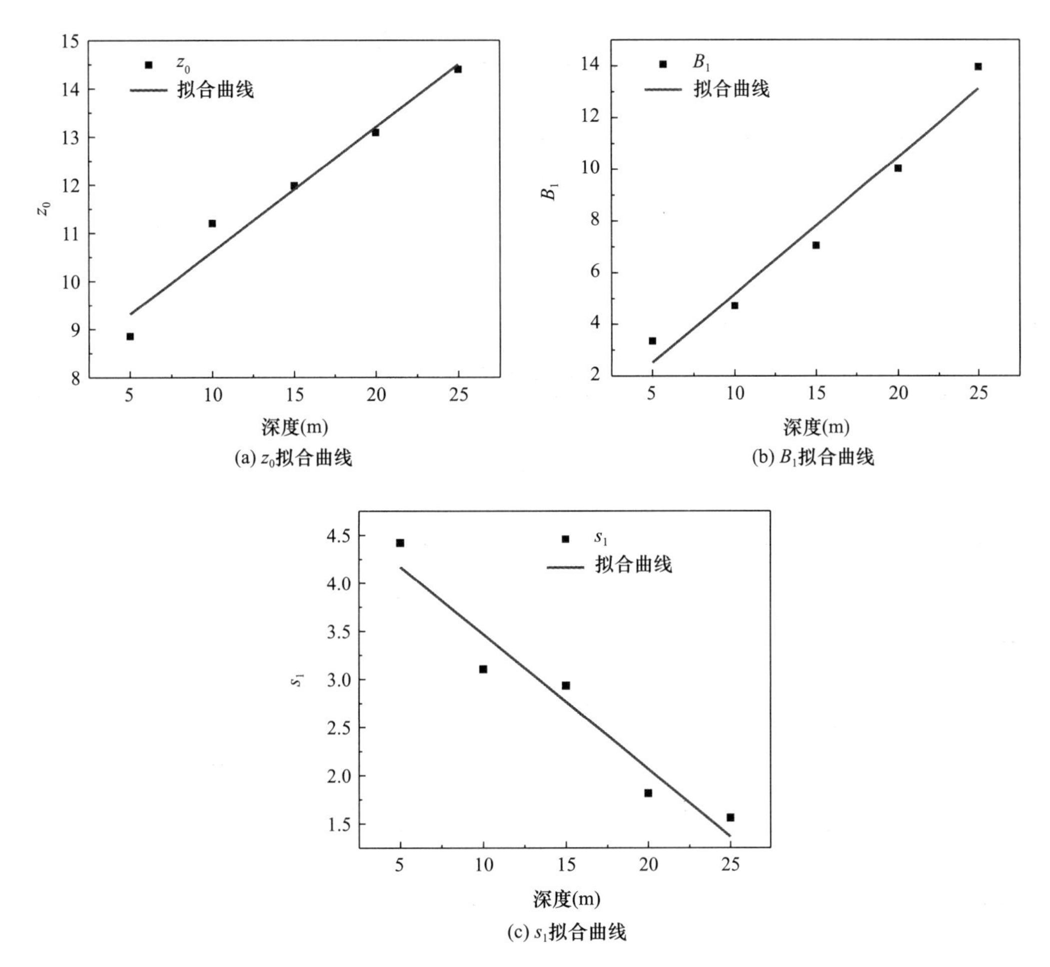

(a) z_0拟合曲线

(b) B_1拟合曲线

(c) s_1拟合曲线

图 2.6-17　34%含水率的拟合结果 u_w 拟合参数与深度的关系

含水率 26% p_r 拟合参数取值　　　　表 2-6-7

深度（m）	静止土压力 p_0（kPa）	参数	
		A_1	t_1
5	50	20.95961	1.24146
10	100	52.77132	1.51021
15	150	68.67455	1.61102
20	200	97.64561	1.81021
25	250	126.38313	2.18332

含水率 30% p_r 拟合参数取值　　　　表 2-6-8

深度（m）	静止土压力 p_0（kPa）	参数	
		A_1	t_1
5	50	27.1635	3.83017
10	100	55.15579	3.33222
15	150	78.4547	2.9851
20	200	104.55022	2.17786
25	250	130.9874	2.12312

含水率 34% p_r 拟合参数取值　　表 2-6-9

深度（m）	静止土压力 p_0（kPa）	参数	
		A_1	t_1
5	50	38.7233	4.78336
10	100	70.01855	4.05283
15	150	101.67186	3.85554
20	200	146.75363	3.12164
25	250	137.95212	2.40439

含水率 26% p_r 拟合参数的系数取值　　表 2-6-10

拟合参数	系数取值	
	a	b
A_1	−3.42955	5.11443
t_1	1.00984	0.04367

含水率 30% p_r 拟合参数的系数取值　　表 2-6-11

拟合参数	系数取值	
	a	b
A_1	2.14965	5.14084
t_1	4.30946	−0.09629

含水率 34% p_r 拟合参数的系数取值　　表 2-6-12

拟合参数	系数取值	
	a	b
A_1	16.46608	5.50385
t_1	5.35029	−0.11378

含水率 26% u_a 拟合参数取值　　表 2-6-13

深度（m）	参数		
	z_0	B_1	s_1
5	0.50764	0.49292	2.45
10	1.06615	1.28122	2.26142
15	1.60633	1.77834	1.96081
20	2.22315	2.24353	1.58876
25	2.60358	2.79671	1.5

含水率 30% u_a 拟合参数取值　　表 2-6-14

深度（m）	参数		
	z_0	B_1	s_1
5	0.49682	0.41141	1.91743
10	1.21444	0.97383	2.2
15	1.78807	1.39531	2.4355
20	2.12616	1.89195	2.5
25	2.49683	2.42593	3.01179

含水率 34% u_w 拟合参数取值　　表 2-6-15

深度（m）	参数		
	z_0	B_1	s_1
5	8.85618	3.35085	4.42127
10	11.20263	4.71625	3.10504
15	11.98479	7.04769	2.93428
20	13.08918	10.02213	1.81501
25	14.39705	13.95204	1.56006

含水率 26% u_a 拟合参数的系数取值　　表 2-6-16

拟合参数	系数取值	
	c	d
z_0	−0.00329	0.10698
B_1	0.04758	0.1114
s_1	2.724	−0.05145

含水率 30% u_a 拟合参数的系数取值　　表 2-6-17

拟合参数	系数取值	
	c	d
z_0	0.15094	0.09823
B_1	−0.06446	0.09894
s_1	1.66633	0.04977

含水率 34% u_w 拟合参数的系数取值　　表 2-6-18

拟合参数	系数取值	
	c	d
z_0	8.01548	0.25937
B_1	−0.13469	0.53017
s_1	4.87087	−0.14025

第3章 黄土基坑围护结构变形及内力研究

3.1 概述

中国新型城镇化进程，正在进入城市群引领高质量发展的新时代，2018年西安跻身第9个国家中心城市，为关中平原城市群、西北地区高质量发展和“一带一路”建设注入了新活力。新形势下国家中心城市的建设需要解决城市空间需求急剧膨胀与空间资源有限这一矛盾，而城市地下空间的开发与利用成为破解这一问题的有效方法。

2019年，西安市人民政府办公厅印发《关于进一步加强西安市城市地下空间规划建设管理工作的实施意见》《西安市城市地下空间规划建设利用行动方案》，要求加快地下空间的规划。然而，地下空间工程的深大基坑设计与建设环境复杂，受地质条件、水文特征、周边建筑环境以及施工条件等因素影响，施工难度大、风险较大，导致工程事故频发。在上述的深大基坑中，西北黄土地区的基坑工程又具有独特的代表性，尤其是关中地区的 Q_3 黄土，其具有较大的孔隙结构、较大的侧向移动性和较小的黏聚力。西安火车站北广场综合改造及周边市政配套工程建设运营项目，是国家级中心城市改造提升的重点项目，其地下空间结构的建设面临诸多挑战，尤其是坑中坑基坑工程，容易因围护结构变形过大而导致失稳，基坑整体稳定性难以保证。因此，针对西安火车站北广场综合改造及周边市政配套工程建设运营项目，有必要开展 Q_3 黄土地区基坑工程的变形问题的系统研究。

西安地区主要以 Q_3 黄土为主，其高粉粒含量、大孔隙等缺陷，常常导致作用在围护结构上的侧向土压力大小及分布形式不明确，进一步增加了基坑围护结构与周围土体的相互作用关系及变形规律的复杂性；此外，基坑工程围护结构设计理论的发展关键是正确计算作用在围护结构上的土压力，然而目前 Q_3 黄土地区基坑工程的相关设计研究较少，更多的是依赖现场工程师的经验判断，缺少相应现场测试与理论相结合的系统研究。

因此，以西安火车站北广场综合改造及周边市政配套工程建设运营项目的深基坑工程为依托，通过现场测试、室内试验、理论分析等方法，开展黄土深基坑开挖全过程中桩后土体侧向土压力及围护结构变形的测试，研究 Q_3 黄土地区深基坑开挖全过程桩侧土压力在不同工况下的分布规律及其对围护桩变形的影响，开展黄土地区深基坑变形性状及侧向主动土压力计算研究，聚焦西安地区 Q_3 黄土深基坑营建过程中的桩侧土压力分布规律、不同含水率条件下孔隙压力的变化规律，及考虑土体位移的侧向主动土压力计算方法几个方面，本研究可合理解决黄土地区深基坑工程优化、施工安全问题，还可促进区域基础设施建设水平提升，也是践行国家“一带一路”建设与区域中心城市发展战略的必然体现，具有重要的理论与实践意义。

3.2 黄土基坑围护结构现场监测方案

3.2.1 测试目的

本试验依托西安火车站改扩建工程中北广场项目，通过测试施工过程中的桩侧土压力、围护桩深层水平位移、钢筋计应力及钢支撑内力，研究围护结构受力特点以及影响围护结构受力的主要因素；根据二级基坑开挖过程中，围护桩位移量与桩后土体侧向土压力的测试数据，重点研究基坑和围护结构变形的发展规律；为后续研究提供有效试验设计依据及现场数据支撑。

3.2.2 测试内容与测点布置

深基坑工程在其开挖过程中对周围既有建筑物、土体和围护结构受力、变形等均有不同程度的影响。根据依托项目特点，考虑基坑不同位置的土体状态和围护结构变形，选取深基坑东区围护桩位置作为本试验的测试点，基坑测试点位布置图如图 3.2-1 所示；1 号试验桩、2 号试验桩位于基坑的同一个横截面上。主要进行以下测试内容：

(1) 基坑围护结构测试。为了准确掌握深基坑开挖过程中围护结构的受力与变形规律，本试验在每个试验桩各设置 63 个围护桩体水平位移监测点，各 9 个围护桩钢筋计应力监测点和 26 个钢支撑轴力监测点（两道支撑各 13 个监测点)，对深基坑东区围护结构进行实时测试，其中本试验选取试验桩处及试验桩两侧各 2.1m 范围内的钢支撑进行研究，测试点位布置图如图 3.2-2 所示。

(2) 迎土侧桩侧土体测试。在每个试验桩各设置 9 个桩侧土压力测点。

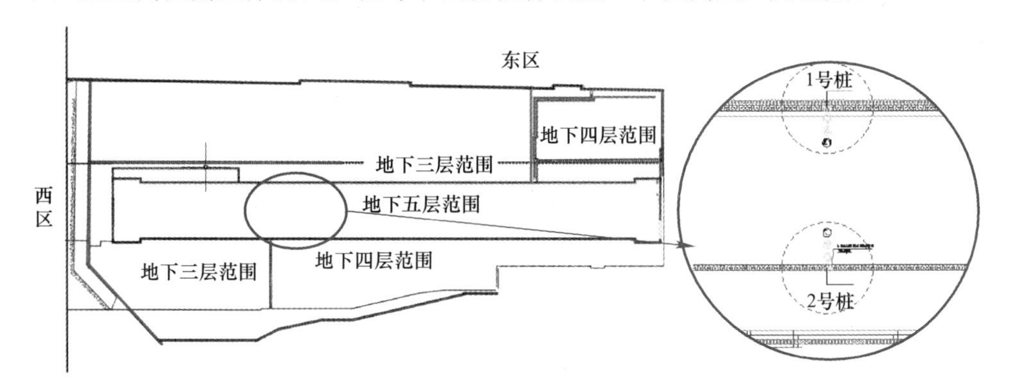

图 3.2-1 基坑测试点位布置图

3.2.3 测试设备

(1) 围护桩水平位移测试采用 YT-ZL-0300 型测斜仪及人工采集传输设备，工作原理是：使用数字垂直活动测斜仪探头，控制电缆，滑轮装置和读数仪来观测测斜管的变形，测斜管通常安装在穿过不稳定土层至下部稳定地层的垂直钻孔内，通过测斜管在两个相互垂直方向的倾斜角度进而计算位移量，测斜仪工作原理示意图如图 3.2-3 所示，YT-ZL-0300 型测斜仪主要性能指标如表 3-2-1 所示。

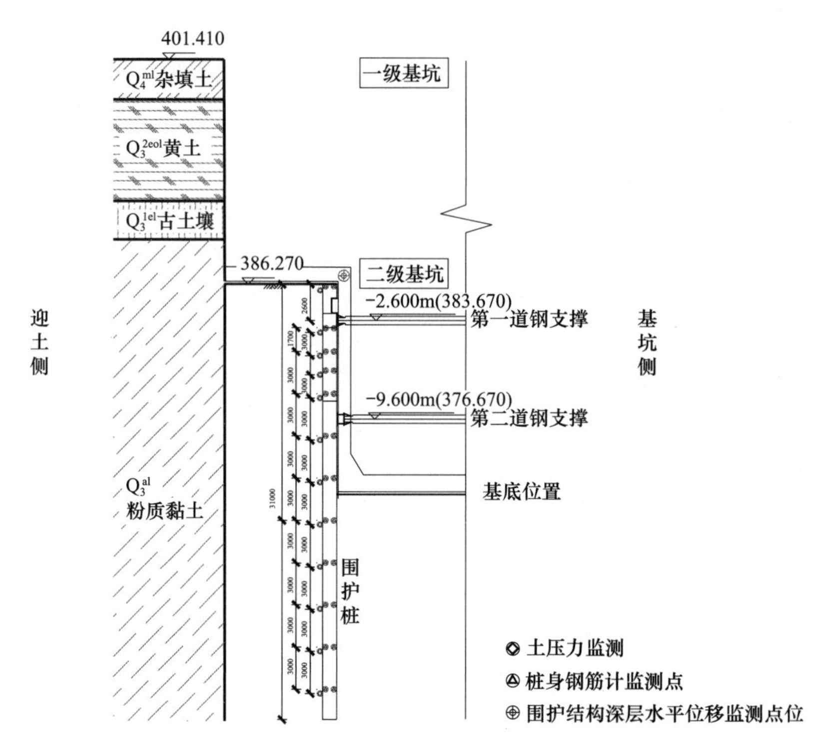

(a) 桩侧土压力、桩体钢筋计及位移测点布置图

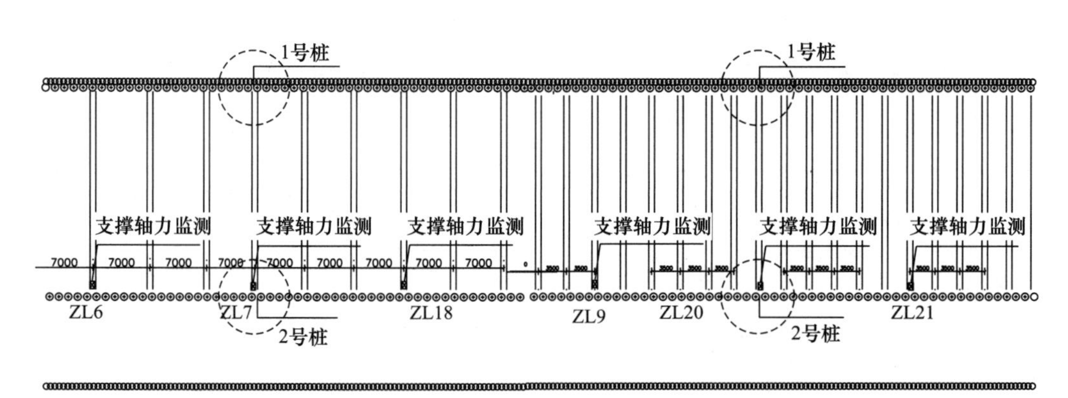

(b) 支撑轴力测试点位布置图

图 3.2-2　测试点位布置图

（2）围护桩钢筋计应力测试采用智能弦式数码钢筋应力计，工作原理是：当钢筋计受轴力时，引起弹性钢弦的张拉变化，改变钢弦的振动频率，通过频率仪测得钢弦的频率变化，即可测出钢筋所受作用力的大小，换算为混凝土结构所受的力。智能弦式数码钢筋应力计具有高灵敏度、高精度和高稳定性的优点，其内置温度传感器，可以直接测量测点温度并对应力值进行温度修正。钢筋应力计如图 3.2-4 所示，智能弦式数码钢筋应力计主要性能指标如表 3-2-2 所示。

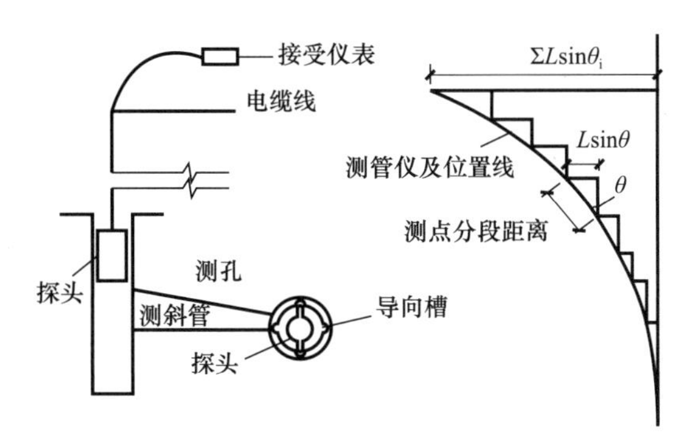

图 3.2-3　测斜仪工作原理示意图

YT-ZL-0300 型测斜仪主要性能指标　　**表 3-2-1**

品名	量程	分辨率	精度	工作温度
YT-ZL-0300 型测斜仪	±30°；X/Y 两方向	0.01°	±0.1%F.S	−20～80℃

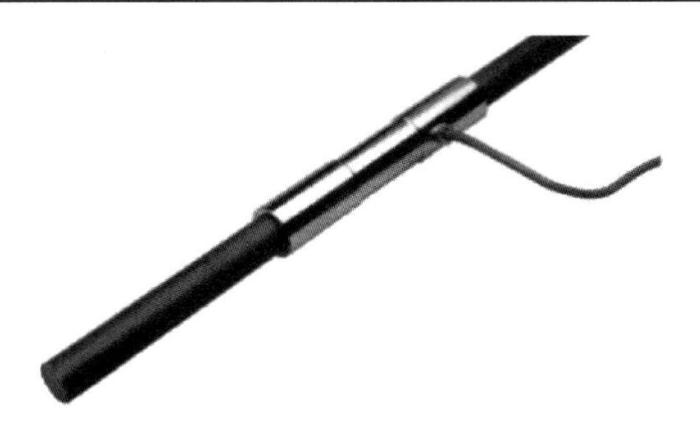

图 3.2-4　钢筋应力计

智能弦式数码钢筋应力计主要性能指标　　**表 3-2-2**

品名	量程	安装	分辨率	工作温度
智能弦式数码钢筋应力计	±200MPa	对接	0.01°	−20～80℃

（3）钢支撑轴力测试采用轴力计，工作原理与钢筋应力计类似，是一种振弦式载重传感器，其测试结果可靠且稳定性较好，能长期测量基础对上部结构的反力，对钢支撑轴力及静压桩试验时的载荷。钢支撑轴力计如图 3.2-5 所示。钢支撑轴力计主要性能指标如表 3-2-3 所示。

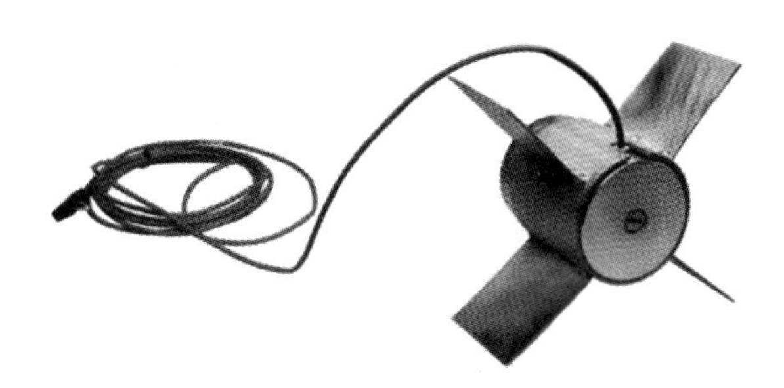

图 3.2-5　钢支撑轴力计

钢支撑轴力计主要性能指标　　表 3-2-3

品名	量程	分辨率	精度	工作温度
SK-FLJ	3000kN	0.01°	±0.1%F.S	−20～80℃

（4）桩侧土压力测试采用双膜土压力盒，该类土压力盒抗干扰能力强，测试结果误差很小；内部设置了温度传感器，可以修正温度产生的影响；内部设置了计算芯片，可以直接输出物理量，减少误差，主要用于测量土体压力变化、土体对挡土墙、抗滑桩等表面接触压力，土压力盒如图 3.2-6 所示。土压力盒主要性能指标如表 3-2-4 所示。

图 3.2-6　土压力盒

土压力盒主要性能指标　　表 3-2-4

品名	量程	分辨率	精度	工作温度
YT-ZX-0320	2MPa	0.001MPa	±0.1%F.S	−20～80℃

3.2.4　测试数据采集

（1）对于基坑的现场测试工作，一定要对应现场的施工进度，不同工况和施工结束短期内需要保持较高的测试频率，之后适当减少。测试所用的元件务必要注意保护测试引线，也可以对引线进行醒目的标记，信号线外用套管保护，在线头的 3m 范围内，每间隔 30cm 做醒目标记，信号线的外露接口处做信号箱，注意保护线头，更易于后期的数据采集。

（2）信号线外露接口保护箱如图 3.2-7 所示。

图 3.2-7　信号线外露接口保护箱

3.2.5 测试方法与频率

1. 测试方法

基于对基坑周边铁路、建筑物、地下管线等设施的布置与埋深情况的了解，依据《建筑基坑工程监测技术标准》GB 50497—2019 规定，本工程具体监测对象、项目及监测仪见表 3-2-5。

监测对象、项目及监测仪　　表 3-2-5

序号	现场测试对象	测试项目	测试仪
1	基坑围护结构	围护桩体水平位移	测斜仪
2	基坑围护结构	围护桩钢筋计应力	钢筋计
3	基坑围护结构	钢支撑轴力	轴力计
4	迎土侧桩侧土体	桩侧土压力	土压力盒

（1）测斜仪布置方法

试验过程中测斜点位每隔 0.5m 采集一个监测数据。本试验通过人工进行测试，测试时所用的测斜仪与测斜管如图 3.2-8 所示。

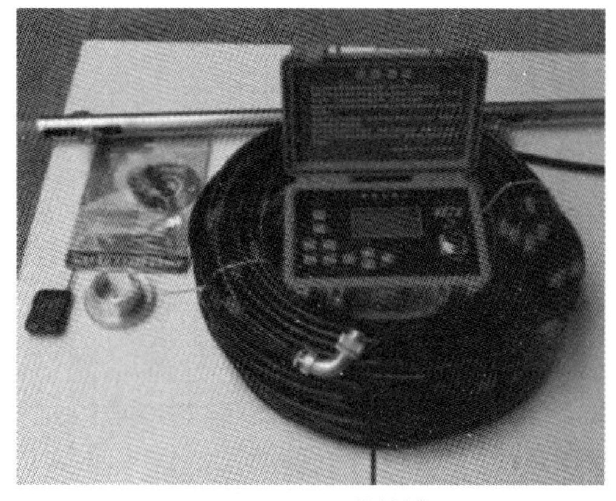

(a) YT-ZL-0300型测斜仪

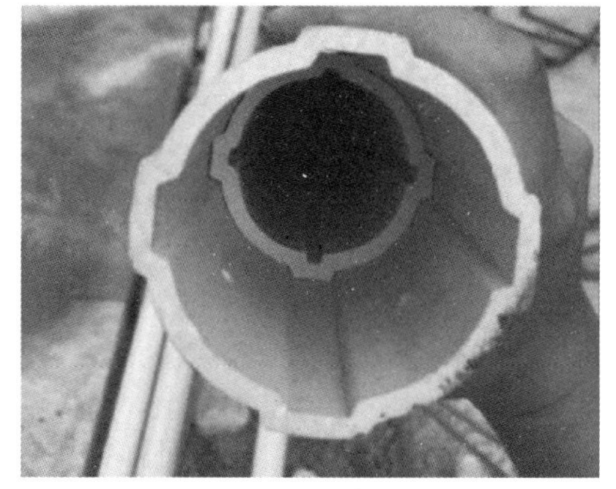

(b) ABS测斜管

图 3.2-8　测斜仪与测斜管

（2）钢筋计布置方法

钢筋计安装固定后，要逐一进行编号，记录测点所在位置，并使用防水标签在导线上粘贴醒目标记。在灌注桩施工过程中要注意保护应力计和测试导线，避开混凝土的捣振方向，提高设备成活率。待灌注桩养护完成即进行数据采集，在基坑开挖前至少连续测得 3 次稳定值，取其平均值作为初始值。基坑开挖期间每周观测至少 3 次，在整层开挖完成、加撑、换撑等特殊施工节点及数据出现异常变化时进行加密监测。

测试过程中，桩体的基坑侧和迎土侧，将钢筋计沿深度方向自 1.7m 至 25.7m 处，每隔 3m 布置一个钢筋计，以测试基坑施工过程中桩体应力的变化，如图 3.2-9 所示。

（3）土压力盒埋设方法

本试验设计了一种基于土压力盒的“注浆带法”测试装置，如图 3.2-10（a）所示。

在钢筋笼绑扎完成后，截取比钢筋笼长度略短的注浆带，将注浆带末端与 PVC 管紧

(a) 钢筋计安装图

(b) 钢筋计安装与测点布置图

图 3.2-9　钢筋计安装与测点布置图

密连接在一起，然后按照 U 形结构排布在钢筋笼上。将土压力盒用防水胶粘贴在注浆带上，确保土压力盒承压面垂直面向钢筋笼外侧，电缆线沿钢筋笼主筋排设，再用槽型限位筋及扎丝对装置进行固定。PVC 管的作用主要用来排除注浆带中的空气，在其末端安装压力阀。

将安装好的装置同钢筋笼一起放入钻设好的桩孔内。将注浆一体机输出口与注浆带接口连接，通过注浆机制备微膨胀注浆料并注浆，浆液迅速充满注浆带并挤压空气从排气管排出，压力阀可确保注浆带内达到预定压力。注浆的同时进行实时数据采集，当土压力值达到设计范围且排气管口开始排出注浆液时注浆结束。此时注浆带饱满并产生微膨胀，挤压土压力盒使之与孔壁土体紧密接触。

做好电缆线保护后进行混凝土浇筑，待混凝土和注浆液凝结硬化后进行初始数据采集。本试验以西安火车站北广场基坑工程为依托，进行了上述装置的实际布置和量测，现场施工如图 3.2-10（b）所示。

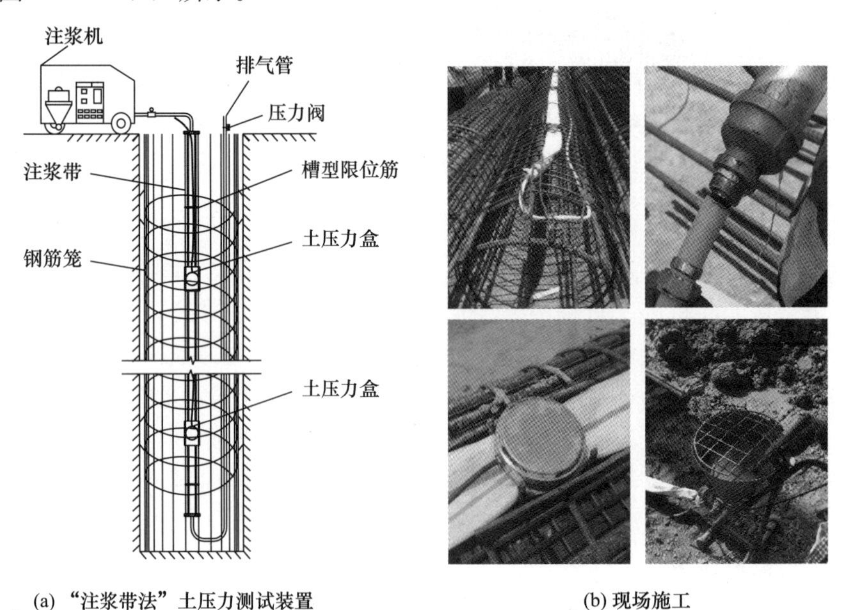

(a) “注浆带法”土压力测试装置

(b) 现场施工

图 3.2-10　土压力测试装置及安装布置图

土压力盒测试点布置在迎土侧围护桩旁，从深度 2m 处沿纵向，每隔 3m 设置一个监测点，直到 26m 深度处。

2. 测试频率

《建筑基坑工程监测技术标准》GB 50497—2019 第 7.0.3 条，基坑变形的测试频率为：开挖深度小于 5.0m 时，每两天进行 1 次测试；开挖深度为 5.0～10.0m 时，每天进行 1 次测试；开挖深度不小于 10.0m 时，每天进行 2 次测试。直到基坑的基础底板施工完成后 7 天之内，观测周期改为每天 2 次；7～14 天为每天 1 次；14～28 天为每 2 天 1 次；28 天后为每 3 天 1 次。随着施工进度的推进和基坑变形的持续发展，可随时增加测试次数；下雨期间和雨后的测试需要加强。当变形出现异常现象时，先停止坑内作业，分析原因并采取措施阻止变形，保证坑周现有建筑的安全。

由《建筑基坑工程监测技术标准》GB 50497—2019 8.0.4 条，基坑支护结构顶部水平位移报警值为 30mm，控制值为 47.4mm（0.003H），变化速率为 2～3mm/d；支护结构顶部竖向位移报警值为 20mm，控制值为 31.6mm（0.002H），变化速率为 2～3mm/d；深层水平位移报警值为 45mm，控制值为 71.1mm（0.0045H），变化速率为 2～3mm/d；基坑周围地表沉降报警值为 30mm，变化速率为 2～3mm/d。

3.3　基坑施工工况划分

为深入研究典型 Q_3 黄土深基坑的变形规律，本研究以西安火车站北广场基坑为对象，从侧向土压力变化规律及侧土压力对围护桩变形的影响出发，研究基坑和围护结构变形的发展规律。为便于分析基坑围护桩的变形过程，将西安火车站北广场基坑开挖过程划分为以下 6 种工况，基坑开挖过程示意图如图 3.3-1 所示。

初始工况 0：基坑未开挖。

工况 1：基坑开始开挖，开始施作第一道钢支撑（2020.9.22～2020.9.30）。

工况 2：基坑开挖至−3.6m 位置处，并完成第一道钢支撑（第一道钢支撑位置设置在−2.6m 处）；（2020.9.30～2020.10.17）。

工况 3：基坑继续开挖 7.0m，开始施作第二道钢支撑（2020.10.18～2020.10.23）。

工况 4：基坑开挖至−10.6m 位置处，继续施作第二道钢支撑（2020.10.24～2020.10.30）。

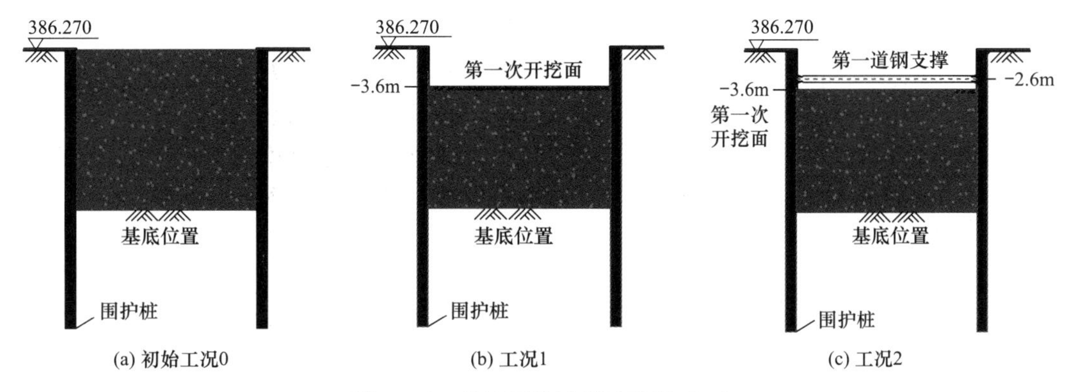

图 3.3-1　基坑开挖过程示意图（一）

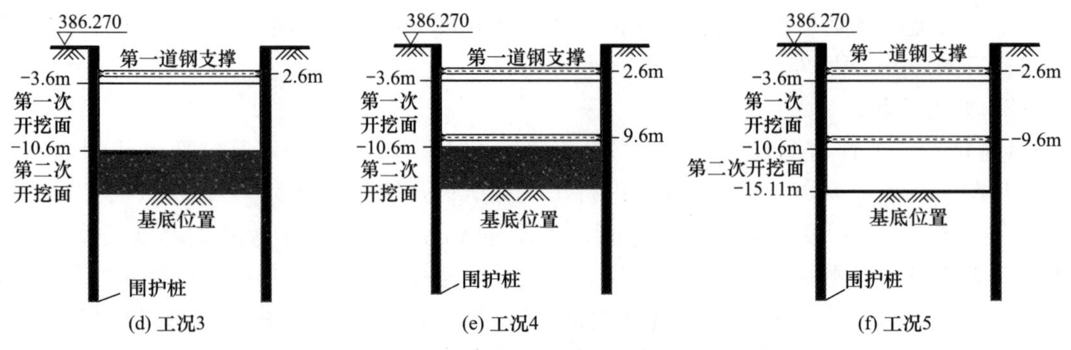

图 3.3-1 基坑开挖过程示意图（二）

工况 5：基坑开挖到底，即开挖至－15.11m 位置，并完成第二道钢支撑（第二道钢支撑位置设置在－9.6m 处）（2020.10.31～2020.12.2）。

基坑在开挖时，围护结构侧方土体被逐渐挖除，同时围护结构也受到了侧向的主动土压力，产生了挠曲变形。不同开挖深度，沿深度方向围护结构所受的土压力大小不同，变形也不相同。

本试验根据现场测试情况，分析上述 6 个不同工况下的侧向土压力变化，得出围护结构侧土压力分布规律；再结合桩体位移和弯矩分析，总结侧向土压力对围护结构变形的影响规律。

3.4 基坑围护桩侧土压力分析

3.4.1 桩侧土压力分布分析

1. 1 号试验桩桩侧土压力分布分析

1 号试验桩各工况下侧土压力随深度的变化以及各工况下土压力总增量变化如图 3.4-1 所示。

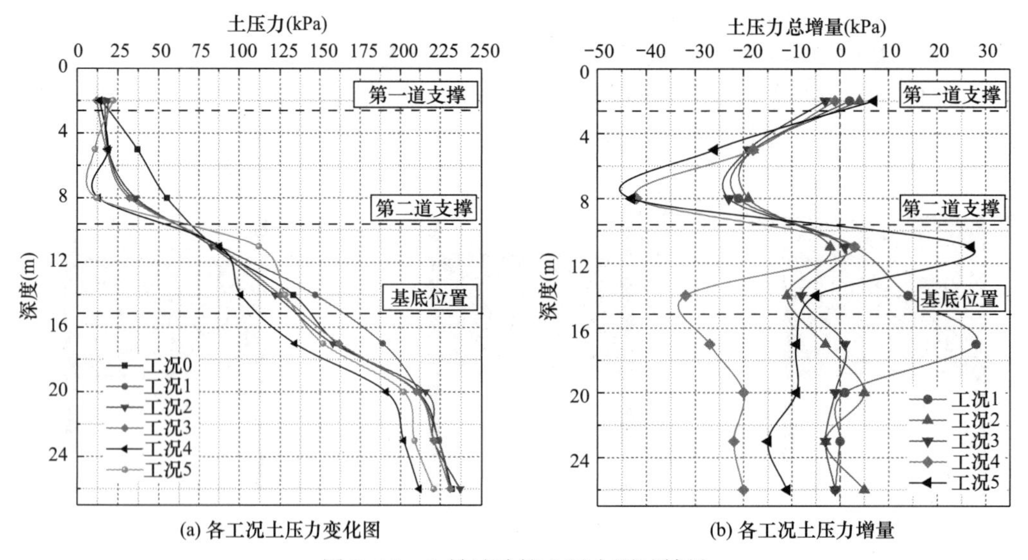

图 3.4-1 1 号试验桩土压力测试结果

由图 3.4-1（a）可以看出，工况 1、2、3 曲线基本一致，0～10m 范围内工况 4、5 曲线发展基本相同，10m 之后趋势有所变化。基坑尚未开挖时，工况 0 随深度增加土压力逐渐增大，且趋势较为平缓，曲线下降呈较为规律的三角形分布。

由图 3.4-1（b）可以看出，开挖 3.6m 时，围护结构内侧地基土被挖除，导致桩侧产生主动土压力，工况 1 状态下，0～8m 深度处土压力变化曲线产生明显突变，土压力值大幅度减小，其中深度 8m 处减小了 21kPa；完成工况 2，即第一道钢支撑施工完成后，11m 以上土压力增量曲线与工况 1 基本相似，较为稳定，11m 以下土压力较工况 1 有所衰减，而后趋于稳定。产生上述现象的主要原因为：完成第一道钢支撑后，其约束土体的范围有限，随土体深度增加约束效果逐渐减小；由于完成第一道钢支撑后对基坑土体产生约束作用，故在进行工况 3 时，其土压力变化曲线与工况 2 基本重合；当继续开挖，施作第二道钢支撑时，工况 4 的土压力在 8m 处有较大突变，较上一工况衰减了 42kPa，0～8m 处曲线接近于一条竖直线，8m 后土压力又逐渐增大，于 10m 左右处与工况 3 曲线重合，土压力衰减幅度较工况 3 随深度增加而逐渐增大；工况 5 曲线在 1～10m 处与工况 4 基本吻合，而第二道钢支撑以下至基底位置土压力曲线明显增大，呈“上凸”形状，基底以下土压力变化趋势与工况 4 基本一致。

分析图 3.4-1 还可以看出，施作第一道钢支撑与第二道钢支撑时，曲线在 0～10m 范围内均有突变，且突变位置基本一致，均在 8m 左右，土压力均是先减小后增大，说明支撑约束影响在其上下 3m 范围内较为明显；工况 5 曲线在 10m 以下呈“上凸”形，导致此现象的原因主要是随着基坑开挖的不断深入，基坑周围土压力的增速逐渐大于支撑约束力随深度加深而减小的速率。

2. 2 号试验桩桩侧土压力分布分析

2 号试验桩各工况下侧土压力随深度的变化以及各工况下土压力总增量变化如图 3.4-2 所示。

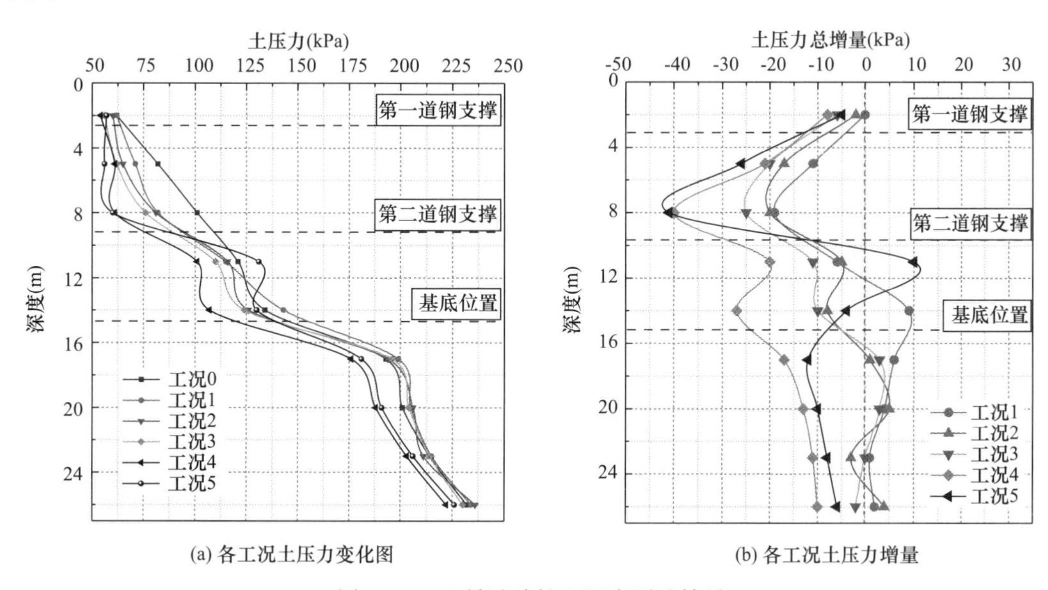

图 3.4-2 2 号试验桩土压力测试结果

由图 3.4-2 可以看出，2 号试验桩与 1 号试验桩在各个工况下的土压力发展趋势近似，但2号桩的整体变化更稳定，这种稳定在基底以下更为明显。基坑尚未开挖时，工况0随深度增加土压力逐渐增大，且趋势较为平缓，基本呈三角形分布；开挖3.6m时，围护结构内侧地基土被挖除，导致桩侧产生主动土压力，工况1状态下0～11m左右深度处土压力衰减显著，在8m深度处产生最大衰减值19kPa，11m深度以下土压力值缓慢增大，最终在14m左右与工况0趋于一致；工况2较工况1存在一个突变位置，即14m处，工况3的继续开挖只有在14m深度以下对于土压力小幅度衰减的影响，但在工况4，8m以下土压力较工况3均有衰减，最大衰减值在17m深度处；工况5在第二道钢支撑和基底间，土压力有很大增加，最大值为11m处。

分析图3.4-2还可以看出，工况1、2及工况4、5在两道支撑间的土压力均稳定或明显增大，说明支撑对基坑土压力的稳定具有明显作用，且基坑开挖深度越深土压力下降趋势越明显，与各工况发展基本吻合，呈均匀减少的态势，而基底以下土压力增量则较1号试验桩更为稳定。

总体来看，虽然2号试验桩变化趋势与1号试验桩相似，但土压力值总范围和增幅范围却小很多，究其原因，是因为1号试验桩北侧为开挖17m深度的地下三层范围，而2号试验桩南侧为开挖23m的地下四层范围，相比较而言，1号试验桩位置附近的上部覆土重量大于2号试验桩，因此对土压力发展的影响差异很大。

3.4.2 桩侧土压力对水平位移影响规律分析

1. 围护桩深层水平位移分析

桩体水平位移是分析深基坑在施工过程中安全性的重要依据，其受基坑施工顺序、施工工艺等因素的影响。研究深基坑开挖围护过程中的基坑变形规律的主要参考因素就是桩体水平位移监测数据。

(1) 1号试验桩深层水平位移分析

1号试验桩深层水平位移随工况的变化曲线如图3.4-3所示。其中1号试验桩垂直基坑方向为基坑内外侧，平行基坑方向为东西向；图3.4-3 (d) 为工况5结束后的位移矢量图，其中Z轴为测点深度，*XOY*平面的投影为各个测点的位移矢量方向，*XOZ*平面的投影为测点沿垂直基坑方向的位移分量，*YOZ*平面投影为测点在平行基坑方向的位移分量。

由图3.4-3 (a) 可以看出，在垂直基坑方向上，桩顶位移最大，桩体位移随基坑深度增加而逐渐减小，在22m处基坑开挖对垂直基坑方向的桩体位移影响基本消失，除桩体顶部由于冠梁的约束并未发生朝向基坑侧的位移外，总体近似与悬臂梁变形形态一致，呈现“倒三角”的形状；由图3.4-3 (b) 可以看出，平行基坑方向上，桩体在不同工况下均有不同程度偏移，总体位移较垂直基坑方向小，其中工况3、5较工况2、4平行基坑方向位移明显增大，产生此现象的主要原因为工况3、5为基坑开挖阶段，其对基坑的扰动影响大于工况2、4支撑施工完成状态；此外由图3.4-3 (c) 和图3.4-3 (d) 还可以看出，桩体垂直基坑向内侧发生位移较大，桩体沿东西走向小范围内摆动，桩体总位移在第一道钢支撑到基底以下7m左右（深度22m左右）逐渐减小。

(2) 2号试验桩深层水平位移分析

2号试验桩深层水平位移随工况的变化曲线如图3.4-4所示，其中2号试验桩平行基

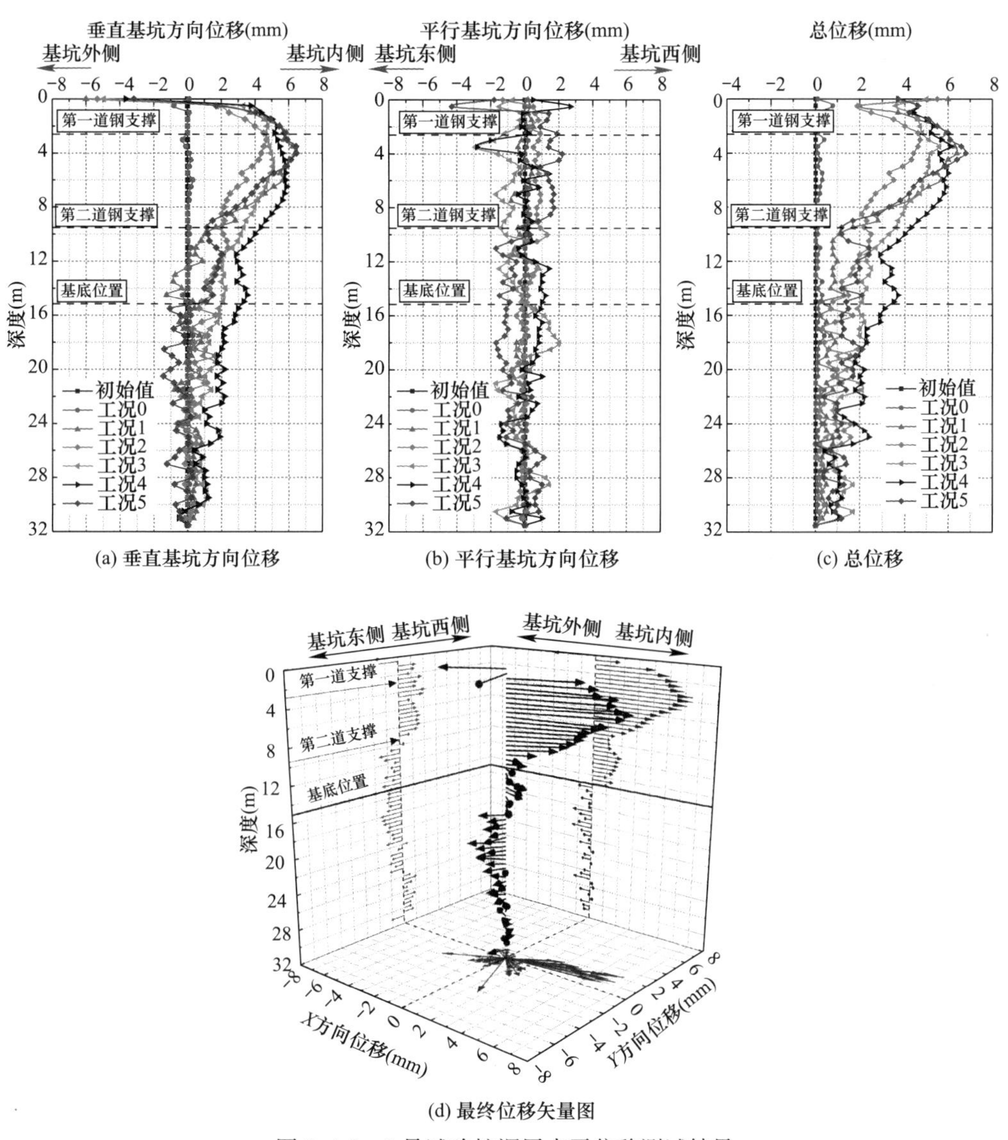

(a) 垂直基坑方向位移　(b) 平行基坑方向位移　(c) 总位移

(d) 最终位移矢量图

图 3.4-3　1 号试验桩深层水平位移测试结果

坑方向为东西向。由图 3.4-4（a）可以看出：在垂直基坑方向上，围护桩桩身变形为上部大、中部和底部较小的形态，变形呈现“倒三角”的形状，桩体位移随基坑深度增加而逐渐减小，在 20m 处基坑开挖对垂直基坑方向的桩体位移影响基本消失。由图 3.4-4（b）可以看出：平行基坑方向上，桩体沿着基坑东西侧在不同工况下产生不同程度的小幅度位移；由图 3.4-4（c）可以看出：桩身总位移最大处集中在上部，随着开挖深度的增加，桩体中部位移逐渐增大，桩体上部最大总位移发生在工况 1 的 6m 深度处，中部最大总位移发生在工况 4 的 16m 深度处，位移值为 2.8mm，均为基坑开挖且尚未在开挖面附近设置支撑的节点；由图 3.4-4（c）可以看出：最终位移在两道支撑处明显较小，而较大处主要集中在两道支撑间。

对比两桩体位移可以发现，两桩体位移形状及位移随工况发展的变化趋势均较为一致，均是除了桩体顶部的“倒三角”位移形式，但 2 号试验桩体上部位移明显小于 1 号，

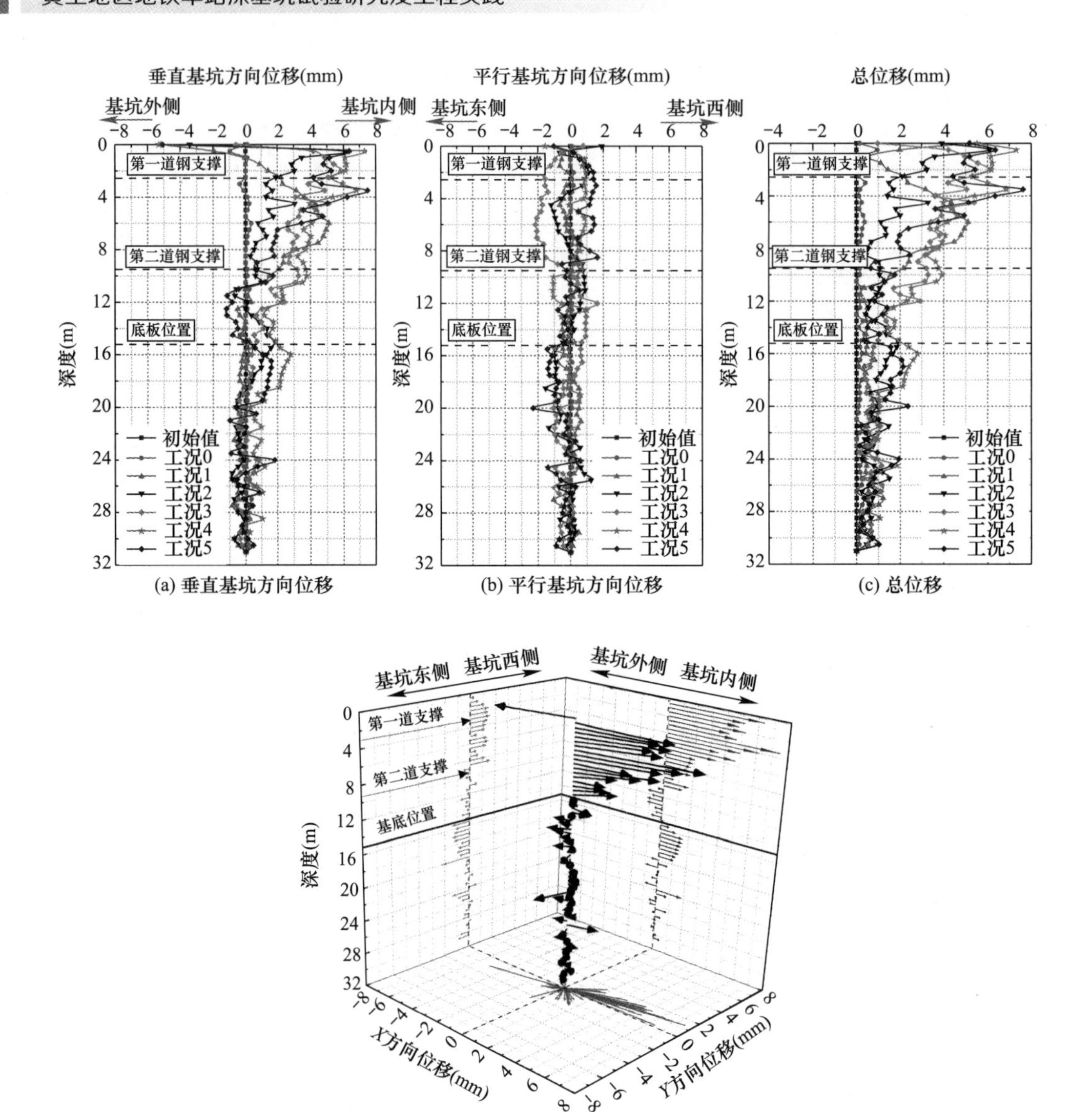

(a) 垂直基坑方向位移 (b) 平行基坑方向位移 (c) 总位移

(d) 最终位移矢量图

图 3.4-4　2 号试验桩深层水平位移测试结果

这是由于 1 号桩体上部附近覆土较重所致，在施工时，受到上部覆土影响，1 号试验桩上部位移幅度也同样较大。

2. 桩侧土压力对桩体位移的影响规律分析

为了相对准确得到侧向土压力对桩体变形的影响规律，将两者在各工况下相较上一工况的增量统计出来分析，从而总结大致规律。

（1）1 号试验桩位移分析

1 号试验桩在各工况下的侧向土压力增量及桩体位移增量情况如图 3.4-5 所示。上方横轴为土压力增量，下方横轴为位移增量，纵轴为深度。

由图 3.4-5（a）～图 3.4-5（e）可以发现，土压力增量和桩体位移增量有明显对应关系。随着基坑开挖，虽然施作各道支撑时土压力有局部增加，但整体仍呈减小趋势；桩体位移在两道支撑施作过程中，先增大后减小。

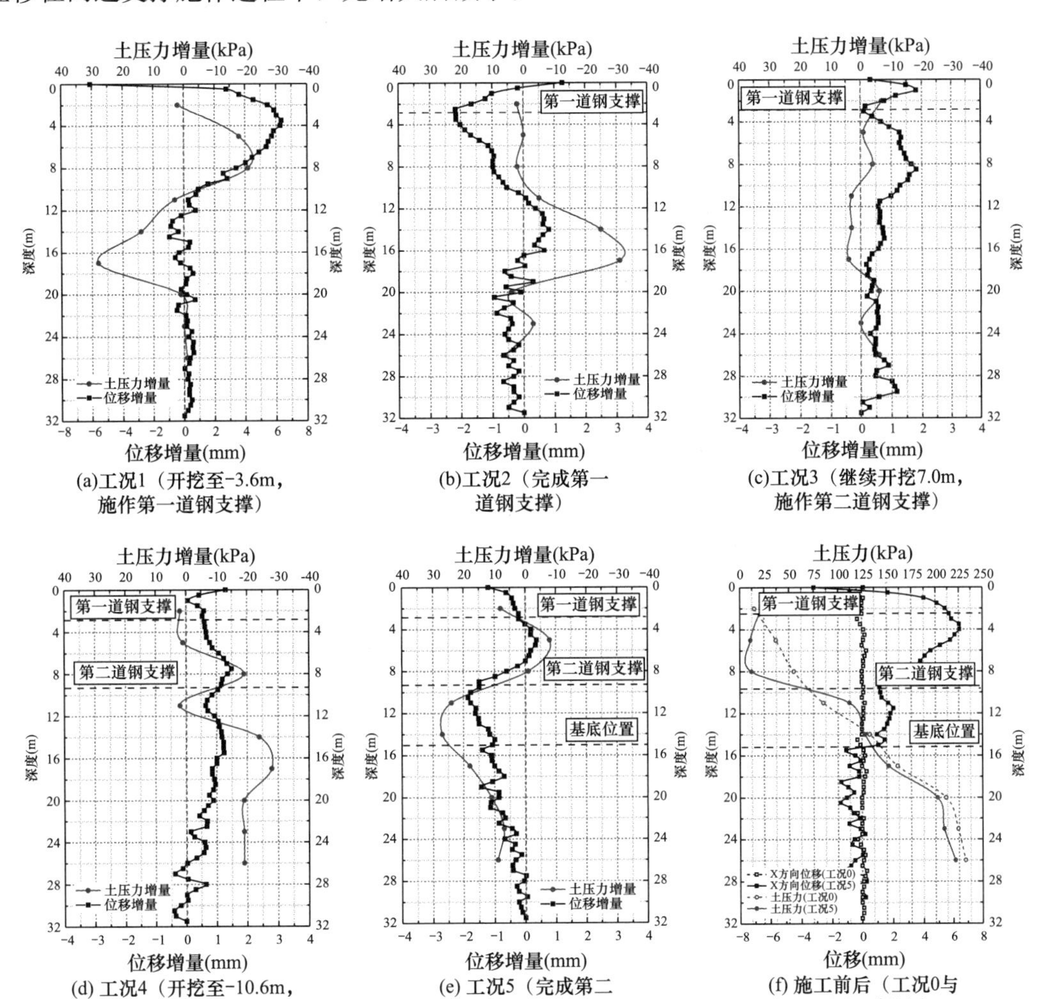

(a)工况1（开挖至-3.6m，施作第一道钢支撑）
(b)工况2（完成第一道钢支撑）
(c)工况3（继续开挖7.0m，施作第二道钢支撑）
(d) 工况4（开挖至-10.6m，施作第二道钢支撑）
(e) 工况5（完成第二道钢支撑）
(f) 施工前后（工况0与工况5）对比图

图 3.4-5　1 号试验桩土压力增量及位移增量曲线与施工前后对比曲线

由图 3.4-5（a）、图 3.4-5（b）可以看出：在工况 1 结束后，基坑由于开挖，土体卸载，导致基坑土体受到扰动，从而使基坑土 8m 以上的土压力显著衰减，而围护桩在 8m 以上也产生相同趋势，由于土压力减小导致的朝向基坑侧的位移，最大位移量位于 3.5m 处，达到 6.24mm；随着第一道钢支撑施作完成，即工况 2 结束后，8m 以上深度的土压力增量趋于稳定甚至有略微减小，而桩体位移也相应回落，在第一道钢支撑附近，桩体朝向基坑外侧产生最大值为 2.2mm 左右的位移。

由图 3.4-5（c）～图 3.4-5（e）可以看出：在工况 3 基坑继续开挖过程中，8～17m 的土压力略微增大，总体变化较小，围护桩位移波动相应也较小，同时在第一道钢支撑处位移基本无增量，说明钢支撑对支撑位置及以下基坑土体压力有较大的削弱；直至工况 4，开挖至－10.6m 时，土压力产生明显衰减，集中在 8m 附近、12m 以下，8m 处土压力减小了 19kPa，桩体也相应朝向基坑侧产生位移，但依靠第一道钢支撑和未开挖土体对围护桩位移的约束，最大位移增量仅 1.5mm；当基坑第二道钢支撑施作完毕，开挖至基底标高时，土压力除了 5m 和 8m 处分别产生 8kPa 和 1kPa 的较小衰减值外，其余位置较工况均有所增大，相应地，围护桩体位移显著减小；由图 3.4-5（a）也可知，基底以下基本恢复至开挖前位移水平，基底以上至第二道钢支撑间位移减小了 1.5～2mm，最大减小值集中在第二道钢支撑附近。由此可见，钢支撑较好地控制了围护桩体位移，有效减小了因基坑开挖引起的变形。

选取 1 号试验桩在工况 0 和工况 5 的土压力及位移进行对比，如图 3.4-5（f）所示。由图 3.4-5（f）可以看出：第一、二道钢支撑以及基底处的土压力几乎没有变化，主要是因为由于支撑的存在，将支撑内力通过围护桩传递给周围土体，使地基土压力达到平衡，控制支撑周围土压力维持不变，从而保持基坑的稳定；在第一、第二道钢支撑之间土压力显著减小，而第二道钢支撑与基底之间土压力有所增大，产生上述现象的主要原因是基底以下可以看作为固定端，其对周围土体的约束较水平支撑强；此外，基底以下围护桩体位移基本无变化，基底以上随着距基坑顶面距离减小，围护桩体位移逐渐增大，由于两道水平支撑的约束作用，位移在水平支撑处略有突变，总体呈现“阶梯型”倒三角分布。

将各工况下具有代表性的位置及产生明显变化的深度范围的土压力增量与对应位移增量实测值列出，如表 3-4-1 所示。

各工况下代表性实测位置土压力增量与对应位移增量　　表 3-4-1

工况	对应施工状况	代表性实测深度	实测数据	
			土压力总增量（kPa）	位移总增量（mm）
1	施作第一道钢支撑	5m	−18	5.72
		8m	−21	3.41
2	完成第一道钢支撑	5m	0	−1.67
		8m	2	−0.97
		11m	−5	0.08
3	继续开挖 7m 施作第二道钢支撑	5m	−1	1.2
		8m	−4	1.6
		11m	3	0.99
		14m	3	0.71
4	开挖至−10.6m 位置处，施作第二道钢支撑	5m	1	0.78
		8m	−19	1.36
		11m	2	0.65
		14m	−24	1.17
		17m	−28	0.85
5	完成第二道钢支撑	5m	−8	0.37
		8m	−1	0.60
		11m	24	1.76
		14m	27	1.15
		17m	18	1.00
		20m	11	0.86

为了更清晰观察数据的分布情况，绘制如图 3.4-6 所示的 1 号试验桩代表性实测位置土压力增量与对应位移增量散点分布图。由图 3.4-6 中各点投影位置可以看出，土压力的衰减

总是对应着朝向基坑内侧位移量的增加，基底以上的土压力总衰减量集中在 0～30kPa，相应的位移总增量集中在 0～4mm；越接近基底，土压力与位移增量越接近 0，并且工况 5 结束后，增量显示出明显的稳定趋势。

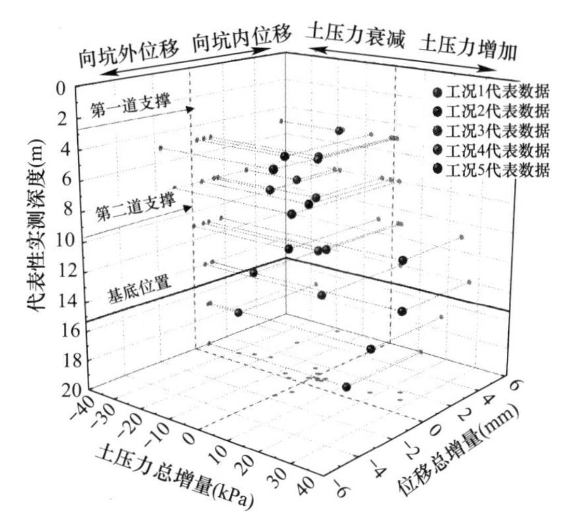

图 3.4-6　1 号试验桩代表性实测位置土压力增量与对应位移增量散点分布图

(2) 2 号试验桩位移分析

2 号试验桩在各工况下的侧向土压力增量及桩体位移增量情况如图 3.4-7 所示。

由图 3.4-7 (a)～图 3.4-7 (e) 可以看出，和 1 号试验桩相似，2 号试验桩的土压力增量与对应位移增量也显示出较为一致的发展趋势。随着基坑开挖，虽然施作各道支撑时土压力有局部增加，但整体仍呈减小趋势；桩体位移在两道支撑施作过程中，前期的基坑开挖对桩体位移影响较大，随着开挖深度的增加桩体位移增量逐渐减小，水平支撑的施作可有效减小支撑周围桩体位移，改变围护桩的变形形态。

由图 3.4-7 (a)～图 3.4-7 (b) 可以看出：从基坑开挖至工况 2 结束，土压力持续衰减，但随着第一道钢支撑施作完毕，土压力衰减程度减小，并且桩体位移也在第一道钢支撑处有较大回落值，最大值集中在 3～3.5m 深度处的 2.2mm；继续向下开挖，由图 3.4-7 (c) 可以看出，土压力在工况 3 的 12m 深度以上均显示出一定幅度的衰减，同时位移也有 1～2mm 的朝向基坑侧位移，但在第一道钢支撑处，仍然保持着相对附近位置最小的位移增量值，为 1.4mm；由图 3.4-7 (d) 可以看出，工况 4 时，5m 以上的侧土压力及位移已经趋于稳定，较上一工况并未出现明显变化，而 5m 深度以下的土压力及位移依然存在受地基土体卸荷影响的小幅度衰减及位移变化；图 3.4-7 (f) 显示，当完成第二道钢支撑后，土压力在第二道钢支撑和基底之间产生很大增加值，位移也有回落。还可以看出，桩

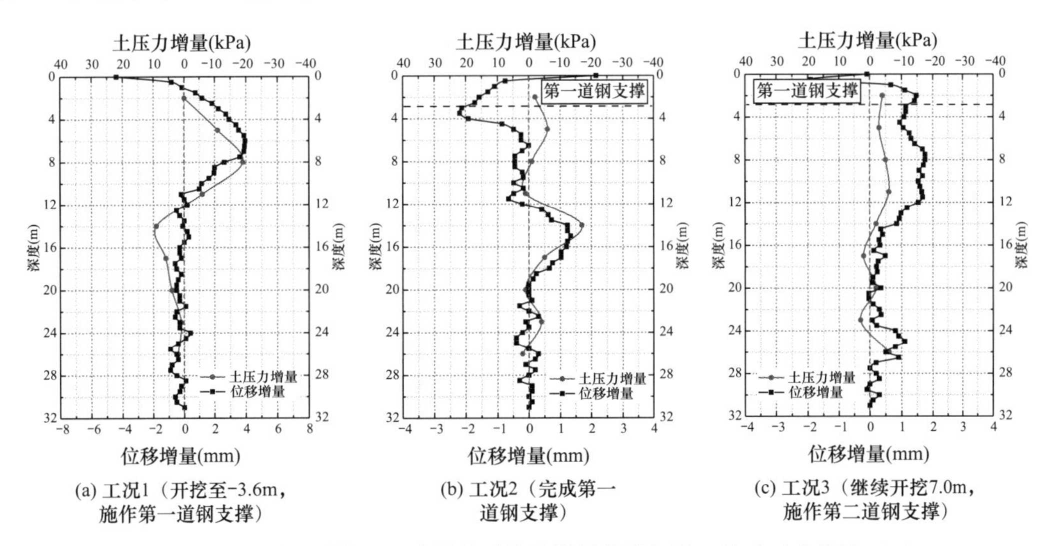

图 3.4-7　2 号试验桩土压力增量及位移增量曲线与施工前后对比曲线（一）

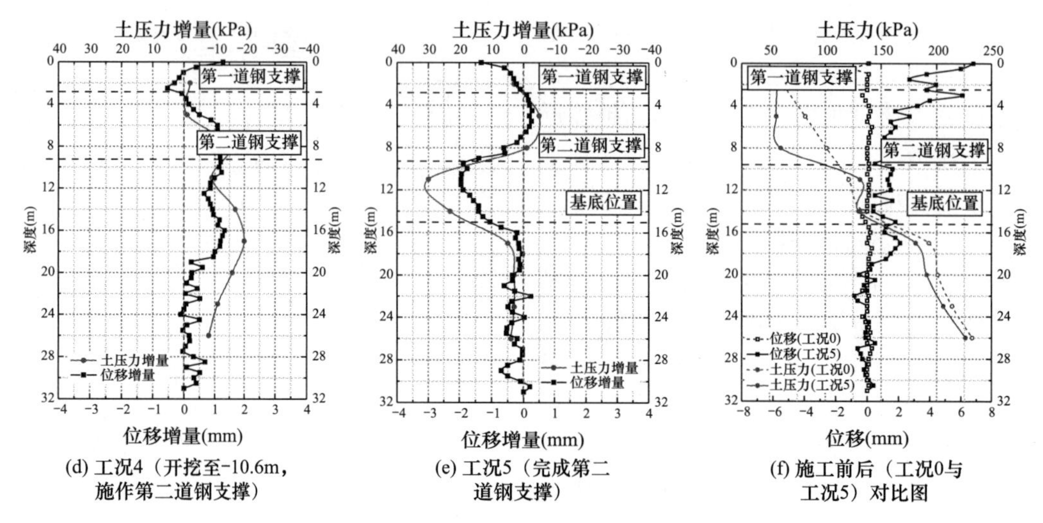

(d) 工况4（开挖至-10.6m，施作第二道钢支撑）

(e) 工况5（完成第二道钢支撑）

(f) 施工前后（工况0与工况5）对比图

图 3.4-7　2 号试验桩土压力增量及位移增量曲线与施工前后对比曲线（二）

体位移在工况 2 和 4 时有较大波动，待第二道钢支撑施作完毕，开挖至基底位置，土体扰动结束，基底以下桩体位移基本恢复至平衡位置。

同样地，将 2 号试验桩在工况 0 和工况 5 的土压力及位移进行对比，如图 3.4-7（f）所示，可以看出，2 号试验桩工况 5 的土压力曲线位于工况 0 的土压力曲线下方，说明工况 5 的土压力整体小于工况 0；工况 5 的土压力曲线有突变，说明该处有较大的基坑扰动，但是在设置支撑处，土压力降低较少，反映了支撑体系可以较好地围护基坑的稳定性。由图 3.4-7（f）还可以看出：基底以下围护桩体位移波动很小，基底以上随着距基坑顶面距离减小，围护桩体位移逐渐增大，由于两道水平支撑的约束作用，位移在第二道钢支撑处显著减小，支撑的强约束作用对桩体位移，保持其稳定性起到了关键作用。

列出各工况下代表性实测位置土压力增量与对应位移增量，如表 3-4-2 所示。

各工况下代表性实测位置土压力增量与对应位移增量　　表 3-4-2

工况	对应施工状况	代表性实测深度	实测数据	
			土压力总增量（kPa）	位移总增量（mm）
1	施作第一道钢支撑	5m	−11	4.37
		8m	−19	3.15
2	完成第一道钢支撑	5m	−6	1.47
		8m	−1	0.55
		11m	1	−0.57
3	继续开挖 7m，施作第二道钢支撑	5m	−3	3.43
		8m	−5	2.94
		11m	−6	1.61
		14m	−2	1.13
4	开挖至－10.6m 位置处，施作第二道钢支撑	5m	−1	4.31
		8m	−15	3.72
		11m	−9	2.27
		14m	−17	1.71
		17m	−20	2.40

续表

工况	对应施工状况	代表性实测深度	实测数据	
			土压力总增量（kPa）	位移总增量（mm）
5	完成第二道钢支撑	5m	−5	3.57
		8m	−1	1.65
		11m	30	−0.42
		14m	23	−0.48
		17m	5	1.61
		20m	3	−0.54

2 号试验桩代表性实测位置土压力增量与对应位移增量散点分布图如图 3.4-8 所示，从各点投影可以看出，与 1 号试验桩类似，土压力的衰减与位移量的增加始终一致，2 号桩在基底以上的土压力总衰减量集中在 0～20kPa，相应的位移总增量集中在 0～4mm；越接近基底，土压力与位移增量越接近 0。

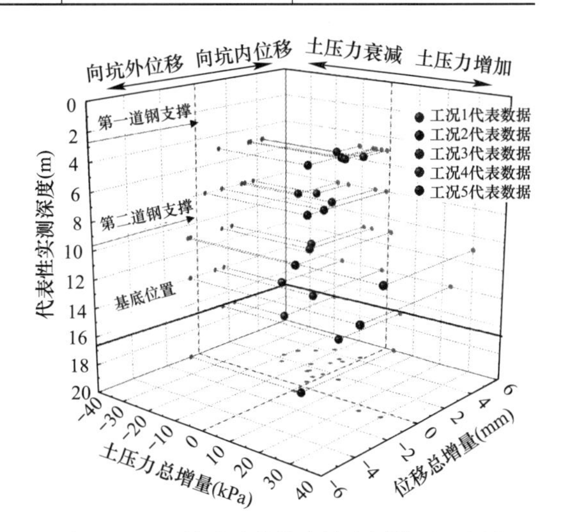

图 3.4-8　2 号试验桩代表性实测位置土压力增量与对应位移增量散点分布图

综上所述，深基坑开挖过程中，土压力的减小一般发生在基坑开挖时，支撑完毕后，土压力值基本保持不变；围护桩体位移在基坑顶处最大，随着基坑开挖深度的增加逐渐减小，由于支撑体系的强约束，因此在基坑设置支撑，周围桩体位移一般呈现突变减小，然后再缓慢增加的趋势，支撑体系的存在对保持基坑的稳定性具有重要的作用。同时从土压力增量和位移增量统计出的散点图可以得知，即使在周边环境或上部覆土重量有差异的情况下，土压力的衰减始终对应桩体位移量的增加，虽然数值存在差别，但依然说明了这种对应关系具有一定普遍性。

3.4.3　侧土压力对护桩桩身弯矩的影响规律分析

基于一定的计算假定，通过测得的钢筋计应力计算桩身弯矩。主要假定如下：

（1）围护桩处于弹性工作状态，同时不考虑桩体自重和桩侧摩阻力；

（2）桩截面变形遵循平截面假定；

（3）根据桩身变形和换算的 σ_c 可认为混凝土始终未开裂；

（4）钢筋和混凝土协同工作，无相对滑移，同一截面处钢筋和混凝土的应变相同；

（5）中性轴位于截面形心处。

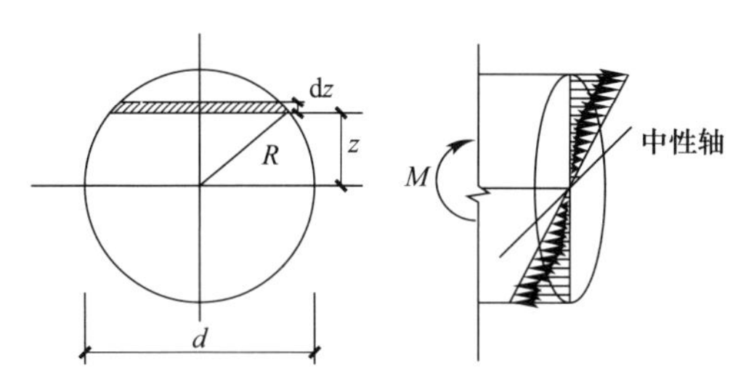

图 3.4-9　截面弯矩与应力示意图

根据材料力学中梁弯曲变形与应力分布的相关理论可由截面应力反算出截面弯矩 M，截面弯矩与应力示意图见图 3.4-9。

桩身弯矩 M 的计算见式（3.4-1）：

$$M=\frac{EI\Delta\varepsilon}{b_0} \tag{3.4-1}$$

式中：M——桩身弯矩；

E——围护桩的复合模量；

$\Delta\varepsilon$——围护桩同一截面位置迎土侧和背土侧两个钢筋应力计之间的应变差；

b_0——上述两个钢筋应力计之间的距离。

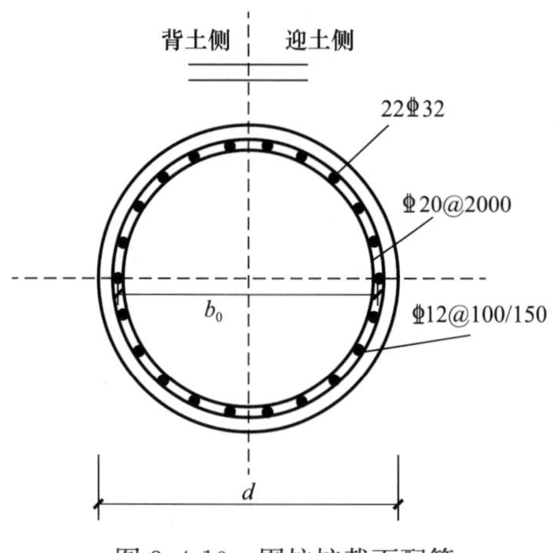

图 3.4-10　围护桩截面配筋

对于围护桩的复合模量，采用面积等效原理进行折算，围护桩的截面配筋见图 3.4-10。

复合模量 E 的计算见式（3.4-2）：

$$E=\frac{E_sA_s+E_cA_c}{A} \tag{3.4-2}$$

式中：A_s、A_c——钢筋、混凝土的面积；

A——桩身截面面积。

1. 围护桩弯矩变化分析

（1）1 号试验桩弯矩变化分析

通过对钢筋计应力值进行计算处理后，得到 1 号试验桩在各个工况下桩身弯矩随深度的变化曲线如图 3.4-11 所示。以桩身迎土侧受拉为正，背土侧受拉为负。

由图 3.4-11 可知，桩身弯矩首先以两道支撑间变化最为明显，其次在第二道钢支撑和基底之间位置，桩身弯矩随着开挖的进行也有较大变化。在基底以上，桩顶弯矩变化最小，这是由于冠梁的存在，对桩体顶部有所约束，并且工况 1 施工完毕的第一道钢支撑也进一步强化了约束效果。

由图 3.4-11 可知，由工况 1 到工况 2 的过程里，桩身的迎土侧在 8m 及以上弯矩有小幅度增大，最大值位于 4.7m 处，弯矩增加了 36kN，8～17m 间有小幅度减小，桩体总体变化不大；然而工况 3 在 11m 及以上深度弯矩显示出了明显的增大，最大值位于 4.7m，弯矩较工况 2 增加了 211kN，11m 以下，弯矩发生小幅度增大，这是由于持续向下开挖导致桩体上部变形较大，但未开挖部分受土体约束，虽有变形但幅度较小；工况 4 与工况 3 变化趋势相似，在持续向下开挖中，桩身迎土侧受拉，弯矩小幅度增大；直至工况 5，弯矩变化显示出新的趋势，20m 深度以上迎土侧均转变为受拉，并且以基底为分界点，桩身迎土侧弯矩在基底上部有大幅度增加，不仅如此，在两道支撑之间，曲线较之前有完全不同的变化，原因是第二道钢支撑的施工，使两道支撑之间位置的弯矩较支撑处大，而接近基底的位置也仅有较小变化。

（2）2 号试验桩弯矩变化分析

2 号试验桩在各个工况下桩身弯矩随深度的变化曲线如图 3.4-12 所示。

通过图 3.4-12 可知，和 1 号试验桩相似，两道支撑及基底对于桩体挠曲的约束效果较明显，在远离支撑位置处，桩体钢筋拉压应力均较大。相比较而言，1 号试验桩在基底以上的弯矩变化幅度较大，而 2 号试验桩在基底以下的弯矩变化幅度较大，这是由于 1 号试验桩上覆土较重，对桩体上部分的挠曲影响较大。

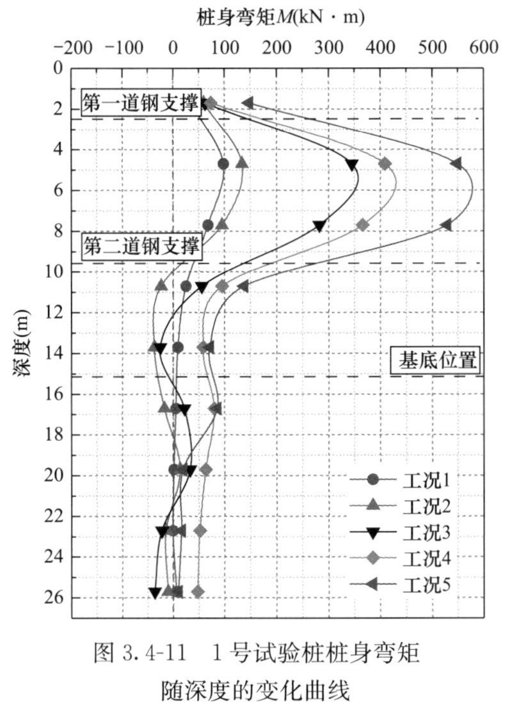

图 3.4-11　1 号试验桩桩身弯矩随深度的变化曲线

图 3.4-12　2 号试验桩桩身弯矩随深度的变化曲线

2. 桩侧土压力与弯矩关系分析

(1) 1 号试验桩关系分析

1 号试验桩的桩身弯矩随土压力总增量的变化曲线如图 3.4-13 所示。从图中可以看出，土压力的衰减和桩身弯矩有较一致的变化趋势。工况 1 中，土压力衰减在 8m 以上对桩身弯矩有影响；由于第一道钢支撑的完成，土压力总增量与桩身弯矩的变化并不明显；最为明显的趋势集中在工况 3 及之后，土压力的衰减都在一定程度上导致弯矩的增加，且两者趋势及峰值位置也相应较接近，而这种现象在开挖位置及开挖附近深度位置最为明显，

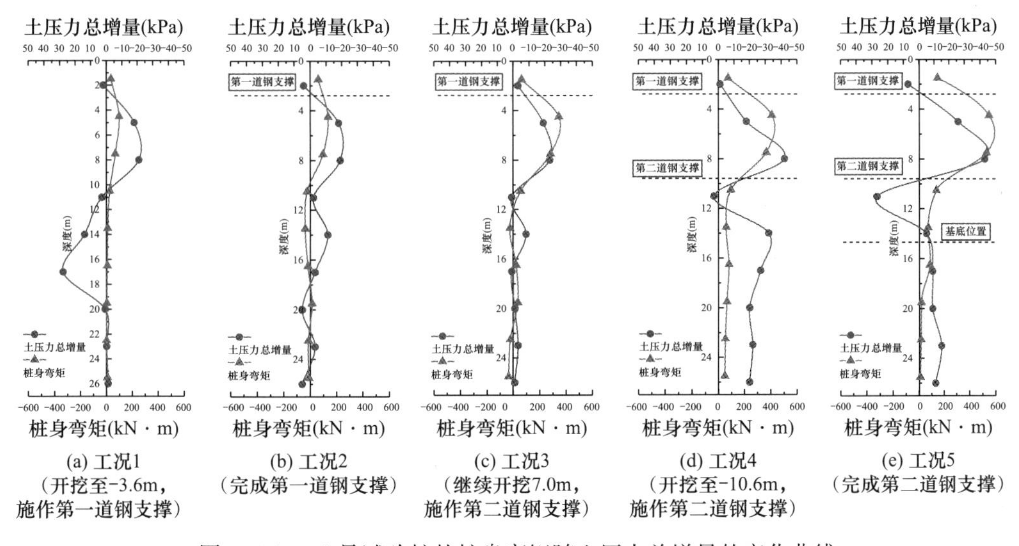

图 3.4-13　1 号试验桩的桩身弯矩随土压力总增量的变化曲线

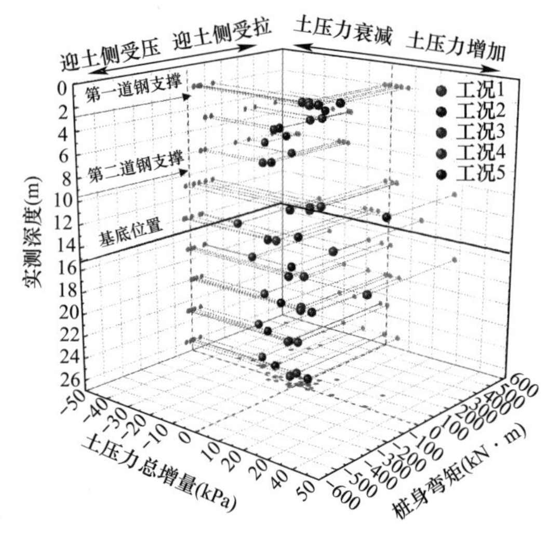

图 3.4-14 土压力总增量与桩体弯矩散点图

而由于仅有第一道钢支撑的约束和持续向下开挖的施工情况，桩体下部弯矩也由于土压力衰减产生小幅度增加；在工况 5 结束后，两道支撑处桩体的土压力增量及其对弯矩的影响变化最为明显，集中在 5～8m 深度范围内，以第一、第二道钢支撑及基底位置为界限，两道支撑之间弯矩最大，接近基底时，土压力及弯矩变化均减小。

将上述土压力总增量与桩体弯矩在每个工况下的情况作散点图，如图 3.4-14 所示，从各点投影可以看出，基底位置以下的土压力增量和弯矩相较基底以上更为稳定，变化幅值也相对较小，从基底以上，两者的较大幅值可看出，基底以上土压力的衰减对桩身弯矩的影响较基底以下更为明显。

（2）2 号试验桩关系分析

2 号试验桩的桩身弯矩随土压力总增量的变化曲线如图 3.4-15 所示。

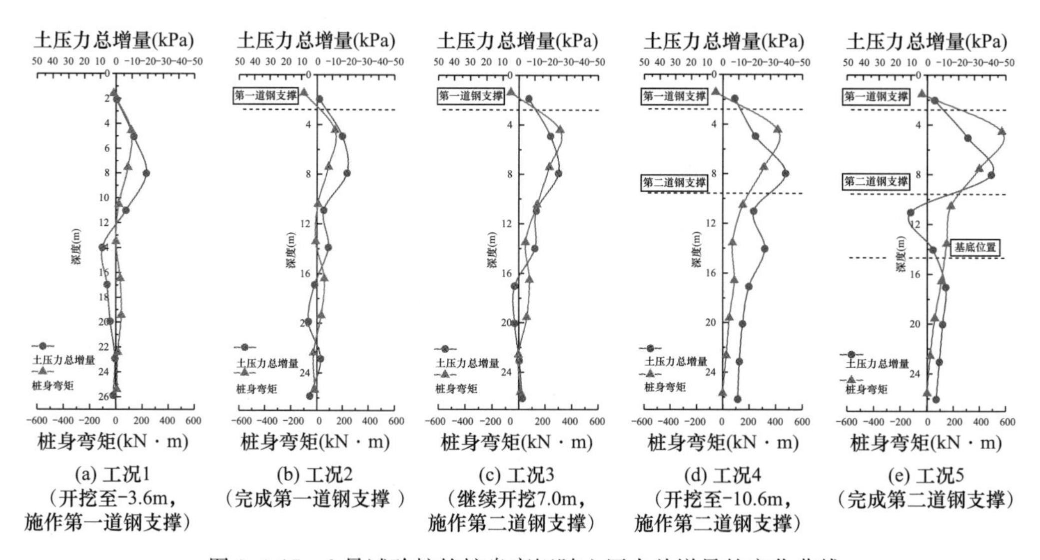

图 3.4-15 2 号试验桩的桩身弯矩随土压力总增量的变化曲线

由图 3.4-15 可以看出，土压力总增量与弯矩的明显变化趋势集中在工况 4 及之后，工况 4、5 分别在第一道支撑以下、两道支撑间显示出较大的土压力衰减和对应的弯矩增大，工况 5，基底以下恢复稳定。

将土压力总增量与桩体弯矩作散点图，如图 3.4-16 所示，可以看出，与 1 号试验桩的规律相似，基底以上散点分布较分散，并有较一致的对应关系，基底位置以下的散点分布更为集中且集中于 0 点位置。

总体来看，基坑开挖引起土压力变化，土压力分布模式的变化改变了桩体的水平受荷大小，桩体在各个深度处的受荷大小差异导致了桩的挠曲变化，并且两根桩的实测数据均表明这种现象存在着一致性。因此研究土压力在开挖过程中的分布模式，可以得出桩身水平受荷大小，从而得知桩体状态。

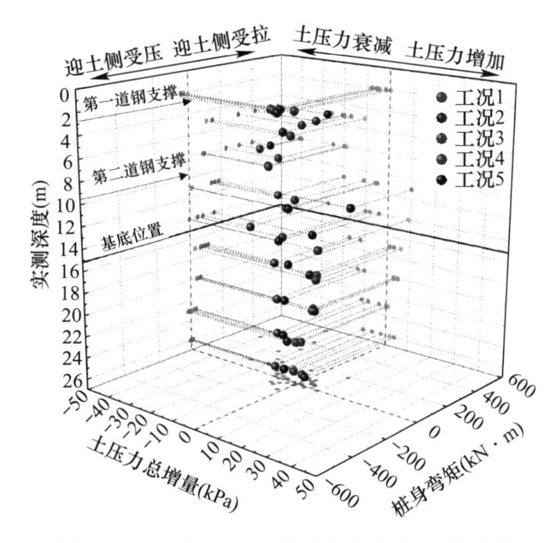

图 3.4-16 土压力总增量与桩体弯矩散点图

3.5 基坑横向钢支撑轴力分析

深基坑施工过程中，支撑轴力变化情况可以直观反映围护结构体系的受力情况。本研究根据典型的 Q_3 黄土地区深基坑施工过程中监测数据，对钢支撑受力变化进行分析。

本项目施工过程中，两道支撑各选取 3 个监测点，分别位于 1 号试验桩和 2 号试验桩处、及该支撑两侧的支撑监测点数据，即编号分别为 ZL7、ZL6 及 ZL8 的第一道钢支撑，和编号分别为 ZL20、ZL19 及 ZL21 的第二道钢支撑的监测数据，钢支撑轴力随时间的变化曲线如图 3.5-1 所示，图中支撑轴力为正数时支撑受压，负数为受拉。

从图 3.5-1 可以看出，第一道钢支撑轴力随着基坑开挖深度的不断增加，支撑轴力在工况 2 急剧增加，即第一道钢支撑完成阶段，最大值为 1478kN，工况 2 完成后第一道钢支撑轴力逐渐下降，偶有波动；在工况 4 后，第一道钢支撑轴力最终趋于稳定，稳定后轴力值为 530～570kN，相较初始值增加了 130～170kN。

在架设钢支撑的前 12 天，即支撑开始工作时间内，钢支撑轴力近似线性显著增长，而后逐渐下降，最终趋于稳定。产生此现象的原因主要是由于基坑开挖深度持续增加，导致侧向土压力的变化，故钢支撑初期压应力上升较快；此外，钢支撑受温度变化影响敏感，也可引起监测数据波动较大。

从图 3.5-1 可以看出，第二道钢支撑轴力也有相似的变化规律，在工况 5 完成施作后，轴力上升，最大值为 990kN，当工况 5 后趋于稳定时，轴力为 700～730kN，相较初始值增加了 200～230kN。

总体来看，第一道钢支撑轴力的峰值高于第二道钢支撑的峰值，但累计轴力却小于第二道钢支撑，这主要是由于第一道钢支撑受持续施工的影响和第二道钢支撑所在较大深度的较大侧土压力所致。

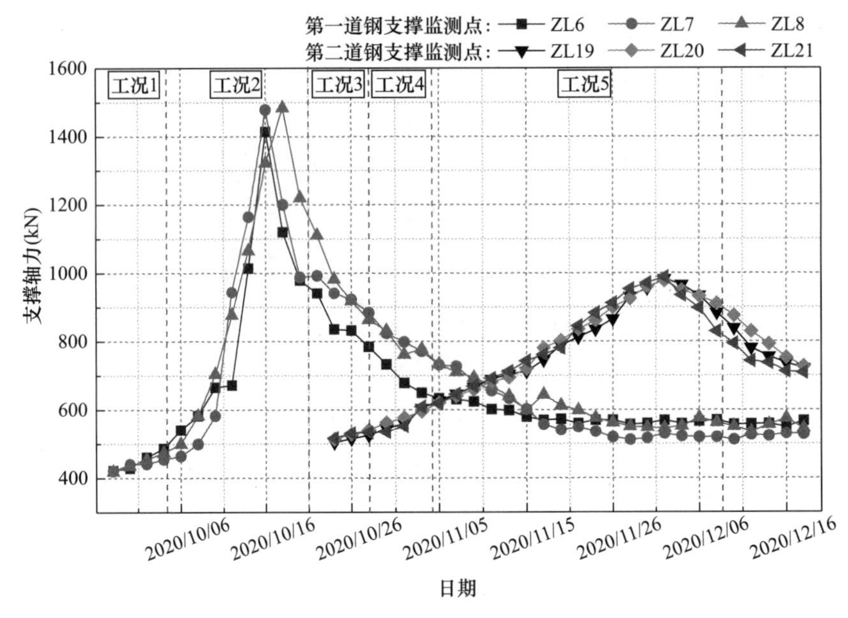

图 3.5-1 钢支撑轴力随时间的变化曲线

3.6 基坑开挖现场监测规律

通过对现场测试数据的分析，总结 Q_3 黄土地区深基坑围护结构在施工过程中的受力与变形规律。

（1）桩侧土压力分布

桩侧土压力随深度的变化曲线呈较为规律的三角形分布，在支撑上下 3mm 范围内的侧土压力有突变，土压力均是先减小后增大，且突变位置与支撑基本保持一致，随着基坑开挖的不断深入，基坑周围土压力的增速逐渐大于支撑约束力随深度加深而减小的速率，从而导致在基坑开挖后期土压力曲线呈“上凸”形；此外，支撑对基坑土压力的稳定具有明显作用，且基坑开挖深度越深土压力下降趋势越明显。

（2）桩侧土压力对桩体位移的影响规律

由于支撑的存在，将支撑内力通过围护桩传递给周围土体，使地基土压力达到平衡，控制支撑周围土压力维持不变，从而保持基坑的稳定，因此，第一、二道钢支撑以及基底处的土压力几乎没有变化；如果将基底以下看作为固定端，其对周围土体的约束较强，则在第一、第二道钢支撑之间土压力显著减小，而第二道钢支撑与基底之间土压力有所增大；此外，基底以下围护桩体位移基本无变化，基底以上随着距基坑顶面距离减小，围护桩体位移逐渐增大，由于两道水平支撑的约束作用，位移在水平支撑处略有突变，总体呈现“阶梯”形倒三角分布。

（3）侧土压力对围护桩桩身弯矩的影响规律

桩身弯矩首先以两道支撑间变化最为明显，其次在第二道钢支撑和基底之间位置，桩身弯矩随着开挖的进行也有较大变化。这是由于冠梁的存在，对桩体顶部有所约束，使得桩顶弯矩变化最小；随着基坑开挖深度的不断增加，持续向下开挖导致桩体上部变形较大，但未开挖部分受土体约束，使得桩身的迎土侧弯矩明显地增大，接近基底时，土压力及弯矩变化均减小。

（4）钢支撑轴力变化规律

钢支撑在施工过程中轴力随着施工进度逐渐增加，当完成支撑施工时，其轴力值急剧增加，之后略有小幅下降，并趋于稳定。由于基坑开挖深度持续增加，导致侧向土压力变化，故钢支撑初期压应力上升较快，因此当钢支撑施工完成后，即钢支撑开始工作，钢支撑轴力近似线性显著增长，约15d后逐渐下降，最终趋于稳定；同时，钢支撑受温度变化影响敏感，也可引起监测数据波动较大；此外，由于第一道钢支撑受持续施工的影响较第二道钢支撑时间长，而第二道钢支撑所在深度较深，则其承受侧土压力较大，因此，第一道钢支撑轴力的峰值高于第二道钢支撑的峰值，但累计轴力却小于第二道钢支撑。

第4章
钢筋混凝土灌注桩抗拔特性研究

4.1 概　　述

桩基础本身具有较高的承载力和稳定性，具有显著性优势，因此得以在黄土地区广泛应用。随中西部建设力度的增大，各类型项目在黄土地区快速建设发展，深埋的地铁、浅埋的管廊及超高层需求的超长桩基础等工程项目应运而生，此外，随环境保护要求的提高，人工湖泊、湿地的建设，城市地下水位普遍提高，黄土地区的桩基础设计不得不面临桩基础抗浮问题，传统的以抗压受荷为主的桩基础设计理念逐渐转变为以抗压-抗拔综合稳定性为要求的设计理念。

西安市地下空间开发与利用面临故河道多、地下水位升高、局部湿陷性黄土、地下结构不断深埋等具体条件，确保地下结构的安全与稳定是岩土工程师必须解决的问题。在抗浮结构研究与工程应用方面，我国东部及南部沿海地区研究较深入，相比而言在黄土地区抗浮结构研究较薄弱，最近十几年由于西安地区水位持续上升，一些建筑物因抗浮不足导致的工程事故，逐渐引起工程技术人员的关注与思考，但对深基坑内设置抗浮桩的设计方法与安全评价仍存在认识差距。尤其是考虑到地下水位周期性变化带来的压-拔荷载变化，抗拔桩的承载性能、变形特性都可能受到影响。因此，明确抗拔桩在循环荷载作用下的受力机制、桩土相互作用规律、压-拔循环荷载下的变形和破坏模式是十分必要的。

本研究主要是通过现场桩基础的循环压-拔荷载和循环上拔荷载下的实测数据，分析黄土地区桩基础桩顶荷载与位移及桩身轴力、桩侧摩阻力发挥规律，将变形特性和承载力性能相结合，开展影响桩基础性能的参数研究，提出适用于黄土地区，承受循环荷载作用下的桩基抗拔承载能力预测计算公式，为黄土地区抗浮桩设计及施工提供借鉴经验。

4.2 抗拔桩承载特性现场试验

4.2.1 研究目的与研究内容

为探究黄土地区抗拔桩在循环荷载作用下的桩基础抗拔承载性能，现场进行了常规抗拔试验、常规抗压试验、循环抗拔试验、循环压拔试验，从桩顶轴向位移以及桩身轴力、桩侧摩阻力入手，对其传递规律进行结果分析、对比分析，结合相应的经验公式，引入新的研究参数探究不同循环次数和振幅下的抗拔桩极限值，本试验研究内容如下：

（1）桩顶轴向位移、桩身轴力、桩侧摩阻力分析

根据现场桩基试验实测数据，研究常规抗拔、抗压试验下，循环荷载试验下的抗拔桩桩顶轴向荷载与桩顶轴向位移的关系、桩身轴力变化规律、桩侧摩阻力传递规律，为进一步的差异性分析做准备。

（2）循环荷载对桩基础抗拔承载性能的影响

通过对循环荷载下的试验结果进行差异性分析，得出循环抗拔以及循环压拔情况下，黄土地区抗拔桩桩顶荷载与桩顶轴向位移的变化关系、摩阻力传递的规律，为桩基础抗拔桩承载性能计算模型的提出提供了支撑。同时研究循环次数以及循环荷载幅值对桩基抗拔承载性能的影响。

（3）黄土地区循环荷载下桩基础抗拔承载力计算研究

分析不同加载路径对桩顶轴向位移的影响，得出不同循环次数和循环加载路径下的桩基础抗拔承载力极限值的计算模型，并结合现场试验数据以及其他相似试验数据进行结果论证，提出改进方案。

4.2.2 试验桩工况

根据研究目的，制作6根试验桩，所在土层均为原状土，试验场地土工参数如表4-2-1所示。

1号试验桩常规抗拔试验，直至破坏，测试桩体纯抗拔过程中的摩擦性能。

2号试验桩常规抗压试验，直至破坏，在其桩端设置泡沫板，消除其端承力，测试桩体纯受压过程中的摩擦性能。

3号、4号试验桩做循环抗拔试验，试验桩先承受拉力，稳定后卸载至零，接着再施加拉力，稳定后卸载至零，如此反复，模拟水位上下浮动桩处于抗拔-卸载的状态，最终进行常规抗拔试验，直至破坏，测试其在反复循环加载过程中的摩擦性能。

5号、6号试验桩做循环压拔试验，试验桩先承受部分压力，模拟实际工程中桩施工完毕后主体结构的重量，接着受拔，模拟水位上升后桩处于抗拔状态，再受压，模拟水位下降，导致桩处于受压状态，如此反复，最终进行常规抗拔试验，直至破坏，测试其反复压拔过程中的摩擦性能。

4.2.3 测试内容

1. 钢筋内力

利用钢筋计测试钢筋内力，用于计算试验桩轴力分布。钢筋计布置图如图4.2-1所示，钢筋计分别布置在主筋上，纵向间距为1.0m，每根钢筋上布置六个钢筋计。钢筋计上并不能直接读取应力，需要配合多功能频率仪，得出的数据根据钢筋计厂家附带标定表进行相应的换算，从而得出具体的轴力和摩阻力。钢筋计荷载的计算方式见式（4.2-1）：

$$\mathrm{F}=K(f_x^2-f_0^2) \tag{4.2-1}$$

式中：F——钢弦张力；

K——传感器灵敏系数；

f_x——张力变化后的钢弦自振频率。

试验场地土工参数

表 4-2-1

野外土样编号	深度	层厚	含水率	比重	密度	干密度	孔隙比	饱和度	液限	塑限	自重湿陷性		压缩系数	压缩模量	《岩土工程勘察规范》GB 50021—2001（2009 版）分类	备注
											自重湿陷压力	自重湿陷系数				
			W	G_s	ρ	ρ_d	e_0	S_r	W_L	W_P	P_z	δ_{zs}	$a_{0.1-0.2}$	$E_{s0.1-0.2}$		
	m	m	%	—	g/cm^3		—	%	%	%	kPa	—	MPa−1	MPa		
T1-1	0.65	0.50～0.65	20.8	2.71	1.68	1.39	0.949	59.4	28.6	17.1	9	0.002	0.70	2.78	粉质黏土	原状土
T1-2	2.15	1.00～1.50	21.5	2.71	1.72	1.42	0.914	63.7	28.9	17.3	18	0.001	0.51	3.75	粉质黏土	
T1-3	3.15	1.50～2.00	17.5	2.71	1.95	1.66	0.633	74.9	28.9	17.3	29	0.000	0.12	13.61	粉质黏土	
T1-4	6.65	2.00～2.50	21.6	2.71	1.61	1.32	1.047	55.9	29.0	17.3	34	0.003	0.88	2.33	粉质黏土	
T2-1	0.65	0.50～0.65	24.9	2.71	1.81	1.45	0.870	77.6	28.9	17.3	9	0.000	0.34	5.50	粉质黏土	挤密处理后的土
T2-2	2.15	1.00～1.50	23.9	2.71	1.79	1.44	0.876	74.0	29.3	17.5	18	0.001	0.31	6.05	粉质黏土	
T2-3	3.15	1.50～2.00	25.8	2.71	1.82	1.45	0.873	80.1	29.4	17.5	27	0.002	0.47	3.99	粉质黏土	
T2-4	6.65	2.00～2.50	23.1	2.71	1.70	1.38	0.962	65.0	28.7	17.2	35	0.001	0.66	2.97	粉质黏土	

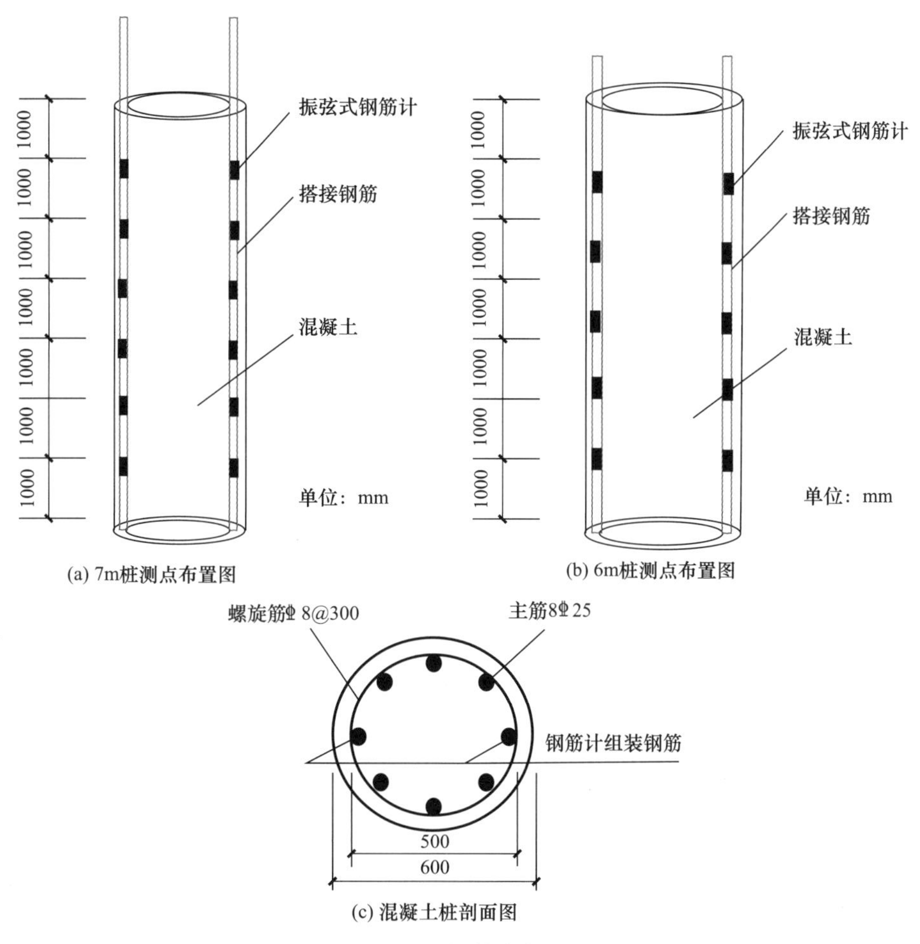

图 4.2-1　钢筋计布置图

2. 桩顶轴向位移

采用百分表测试桩顶轴向位移，数量不少于 4 个，百分表布置方式如图 4.2-2 所示。对称布置于桩顶，测读每次上拔荷载的桩顶轴向位移量，取所测数据的平均值作为试验数据的真实值。

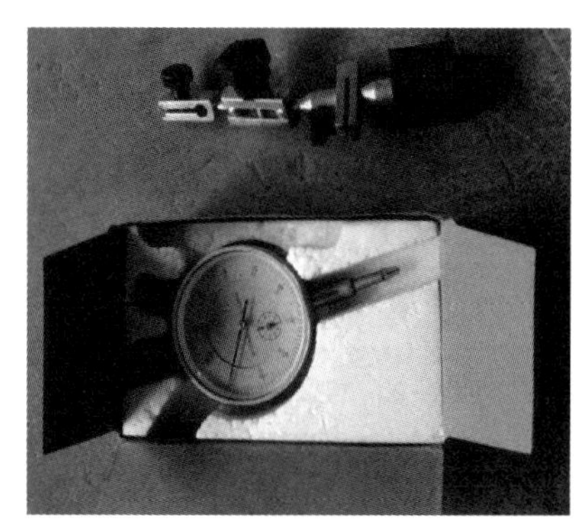

(a) 百分表装置

(b) 百分表布置

图 4.2-2　百分表布置方式（一）

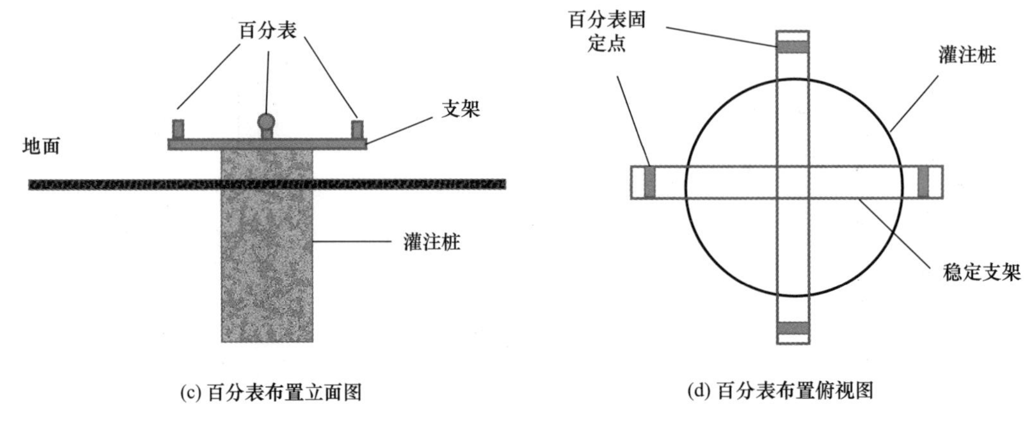

(c) 百分表布置立面图　　(d) 百分表布置俯视图

图 4.2-2　百分表布置方式（二）

4.3　循环荷载下桩基础承载性能分析

本章根据混凝土灌注桩试验结果，分析了试验桩在常规抗拔、常规抗压、循环抗拔、循环压拔下的桩顶轴向位移、桩身轴力、桩侧摩阻力的变化规律，同时对不同加载路径下的试验桩极限和破坏荷载阶段进行分析。

4.3.1　常规抗压桩与常规抗拔桩承载性能分析

1. 桩顶轴向位移分析

由表 4-3-1 可知，1 号试验桩最大位移量达到了 29.18mm（600kN）是上一级位移量 3.875mm（500kN）的 7.53 倍，取 500kN 为抗拔桩的极限荷载。2 号试验桩最大位移量达到了－16.107mm（400kN）是上一级位移量－3.644mm（350kN）的 4.42 倍，取 350kN 为抗压桩的极限荷载。抗压桩的长度是抗拔桩的 0.82 倍，而抗压桩的极限荷载值是抗拔桩的极限荷载值的 0.7 倍，平均摩阻力相差无几。

1 号、2 号试验桩 Q-S 试验数据　　**表 4-3-1**

项目	1 号试验桩（纯拔）		2 号试验桩（纯压）	
	Q（kN）	S（mm）	Q（kN）	S（mm）
初始状态	0	0	0	0
一级	200	0.778	100	−0.453
二级	300	0.945	200	−1.587
三级	400	1.278	250	−1.97
四级	500	3.875	300	−2.68
五级	600	29.18	350	−3.644
六级	—	—	400	−16.107
七级	—	—	450	−30

在黄土地基中，桩基础承受上拔或者下压荷载时，荷载位移曲线逐渐由平缓变陡。

常规压、拔试验桩顶轴向位移结果如图 4.3-1 所示，黄土地基中，1 号试验桩在常规抗拔试验中桩顶荷载达到 350kN 之前，2 号试验桩在 400kN 之前，桩顶轴向位移与荷载基本上呈线性关系。当继续增大荷载，二者桩顶轴向位移量和位移变化速率明显变大，直至破坏。结合表 4-3-1 的数据可知，在桩基础达到极限荷载时，1 号试验桩与 2 号试验桩的位移分别为 3.875mm，－3.644mm，绝对值较为接近。表明无论是抗拔桩还是抗压桩（2 号试验桩桩端虚设条件），桩土相对位移达到某一限值，即达到桩的极限状态，以位移控制为核心是桩承载与稳定的基本标准。

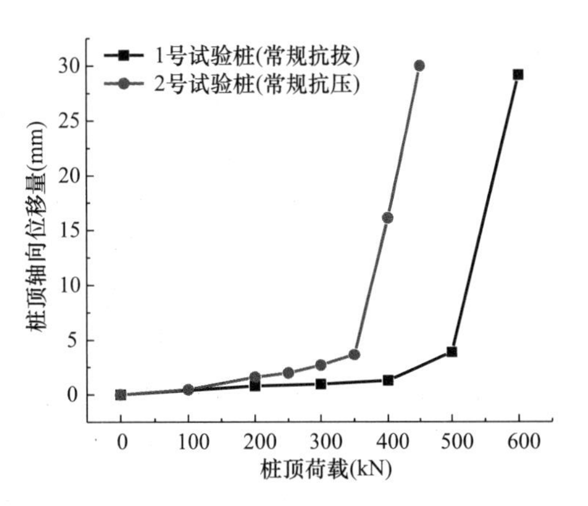

图 4.3-1　1 号、2 号试验桩 Q-S 曲线（绝对值）

2. 轴力分析

由图 4.3-2 可知，整体上来看，初始状态下两根常规加载的试验桩承受荷载时，桩身产生的轴力在桩顶处最大，沿着桩身向下逐渐递减，桩身轴力随深度呈非线性衰减，抗压桩与抗拔桩的轴力传递规律相近。

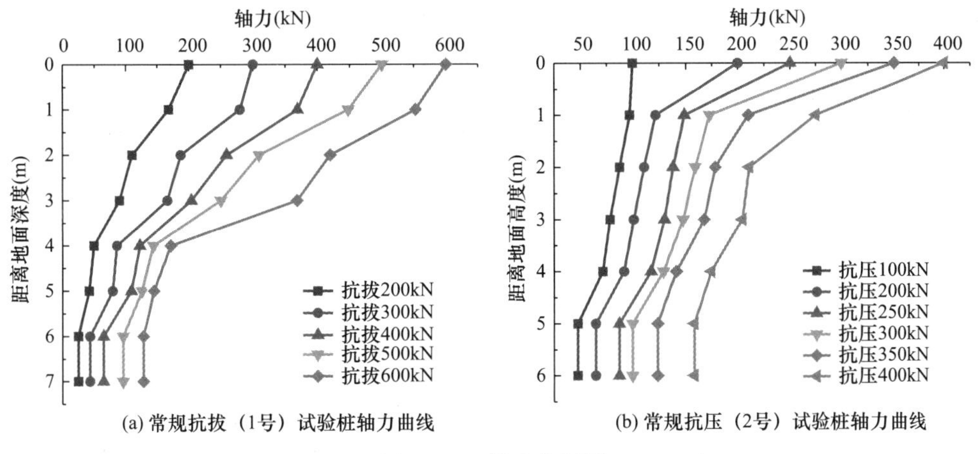

图 4.3-2　轴力分析图

从局部来看，两根桩在 0～1m 范围内轴力变化较大，尤其是在极限荷载范围内。在 1～6m（1 号抗拔桩）和 1～5m（2 号抗压桩）范围内桩身轴力均存在不同程度的衰减，其中 1 号抗拔桩衰减程度大于 2 号抗压桩，表明抗拔条件下的桩身轴力传递快于抗压条件下的桩身轴力。在桩端位置 6～7m（1 号抗拔桩）和 5～6m（2 号抗压桩）范围内桩身轴力变化很小，表明桩在极限荷载前后桩端处的轴力变化量不大，仅仅是桩端轴力随荷载增加同步增大。该现象的出现是由于 2 号抗压桩桩端虚设，桩端在荷载增大过程中主要反映了桩端部无支撑条件下的轴力情况，桩端阻力极小，故，反映出的轴力分布不同于有端承力的桩基础轴力情况。

3. 摩阻力分析

如图 4.3-3（a）所示，桩顶抗拔荷载为 200kN 时，常规抗拔试验桩摩阻力峰值出现在桩身上部 1～2m，且随着荷载的增大，在极限荷载 500kN 和破坏荷载 600kN 时，桩侧摩阻力峰值从原来的 1～2m 深度转移到了 3～4m，表明桩侧摩阻力峰值随上拔荷载增大逐渐向深部转移，以便调动更深土层的摩阻力参与抵抗上拔荷载。在桩身 1～5m 深度范围内均表现出随上拔荷载增大，摩阻力提高的共性，表明在桩身在 1～5m 深度范围内桩侧摩阻力能够持续发挥，仅仅是发挥能力越来越小，直到极限摩阻力发挥完毕，实测反映出摩阻力峰值不超过 60kPa。在桩顶 0～1m 和桩端 5～7m 附近表现出摩阻力随上拔荷载逐渐增大而先增加后减小的现象。可理解为桩顶 0～1m 范围内桩周土摩阻力先发挥，到极限荷载 500kN 后桩侧摩阻力发挥完成，在破坏荷载 600kN 时桩进入到滑动摩擦阶段，桩侧摩阻力衰减为滑动摩阻力。在桩端 5～7m 附近桩周土摩阻力在 400kN 上拔力作用下即达到极限，随上拔荷载持续增大至极限荷载 500kN 时桩端能提供的摩阻力不足，进而到破坏荷载 600kN 时桩端也进入到滑动摩擦阶段。各个深度的滑动摩阻力随土层性质不同差异较大，但都以各自的极限摩阻力为限。

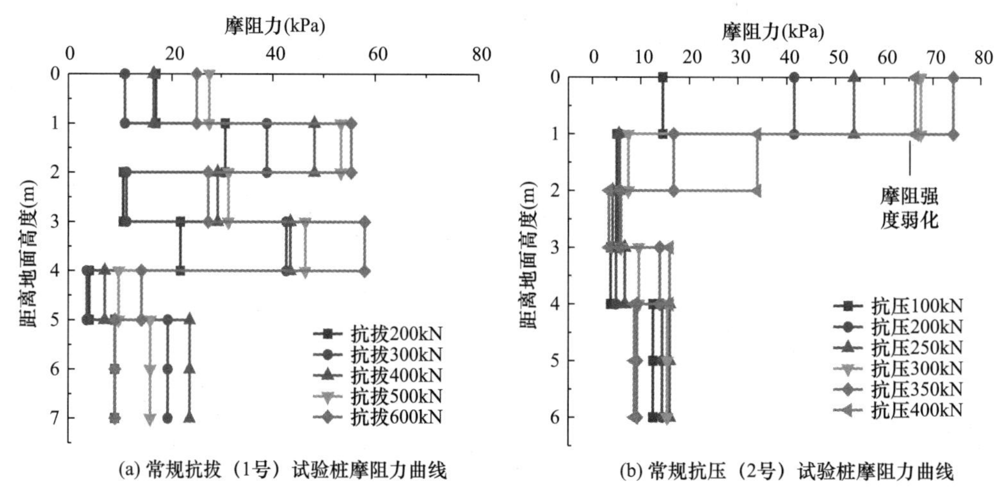

图 4.3-3 摩阻力曲线对比

实测各土层抗拔条件下，最大（极限）摩阻力分别为：0～1m 为 28kPa，1～2m 为 57kPa，2～3m 为 31kPa，3～4m 为 59kPa，4～5m 为 13kPa，5～7m 为 22kPa。

实测各土层抗拔条件下，滑动摩阻力分别为：0～1m 为 25kPa，1～2m 为 57kPa，2～3m 为 28kPa，3～4m 为 59kPa，4～5m 为 13kPa，5～7m 为 10kPa。

如图 4.3-3（b）所示，2 号抗压桩（桩端虚设的纯摩擦桩）在承受桩顶压力时，桩顶 0～1m 范围内桩侧摩阻力达到 74kPa，明显大于 1～6m 范围内的桩侧摩阻力。反映出 2 号抗压桩（桩端虚设的纯摩擦桩）不同于 1 号抗拔桩的摩阻力分布特点。随荷载增大，2 号抗压桩各深度的桩侧摩阻力均有不同程度提高，直至各土层能够提供极限摩阻力为止。其中 0～1m、2～3m、4～6m 三段存在极限荷载 350kN 和破坏荷载 400kN 时的摩阻力衰减现象，表明桩侧摩阻力已发挥至极限然后衰减到滑动摩擦状态，而 1～2m，3～4m 的土层能够持续供给摩阻力直到滑动摩擦状态。由于桩端虚设，桩端在荷载增大过程中主要反映了桩端摩阻力情况，桩端阻力极小，故，反映出的摩阻力分布不同于正常有桩端承载力的桩基础摩阻力情况。

实测各土层抗压条件下，最大（极限）摩阻力分别为：0～1m 为 74kPa，1～2m 为 34kPa，2～3m 为 6kPa，3～4m 为 16kPa，4～6m 为 16kPa。

实测各土层抗压条件下，滑动摩阻力分别为：0～1m 为 62kPa，1～2m 为 34kPa，2～3m 为 4.5kPa，3～4m 为 16kPa，4～7m 为 9kPa。

1 号抗拔桩与 2 号抗压桩（桩端虚设条件）桩侧摩阻力占比分布图见图 4.3-4，常规抗拔和常规抗压条件下，纯摩擦桩发挥摩阻力的位置不同，1 号抗拔桩的摩阻力发挥位置主要集中在桩身中部 2～5m 处，而 2 号抗压桩则在桩顶 0～2m 范围内。反映出两种受荷（上拔与下压）条件下桩侧土提供摩阻力位置是不同的，对有限桩长而言，若是要提供足够的抗拔力，则需在桩身中部进行桩土增强措施，如注浆加固时。若是要提供足够抗压力，则需在桩顶附近进行桩土增强措施，如进行桩侧挤密加固或注浆加固。

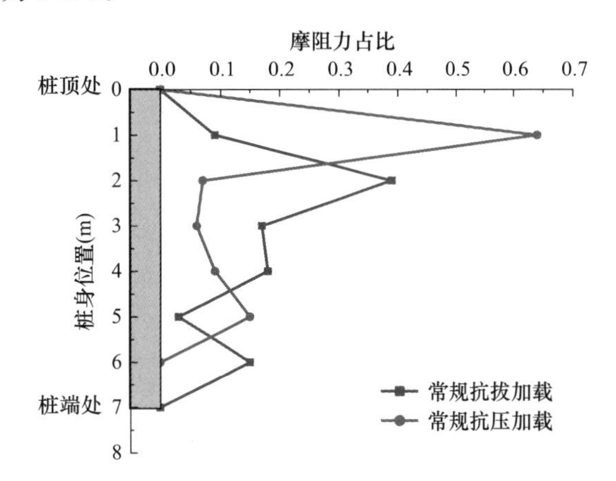

图 4.3-4 桩侧摩阻力占比分布图

1 号抗拔桩与 2 号抗压桩（桩端虚设条件）在极限荷载和破坏荷载条件下的摩阻力发挥位置及发挥程度接近，桩侧摩阻力占比分布图见图 4.3-5。表明在桩达到极限荷载及之后的破坏荷载时，桩侧土的摩阻力发挥位置已经不再变化。各深度土层工程性质虽有差异，但都在极限时表现出各自的能力，仅仅是土层位置不同，贡献的摩阻力不同而已，但抗拔桩和抗压桩由于受荷方向不同，优先发挥摩阻力的土层位置不同，应引起重视。

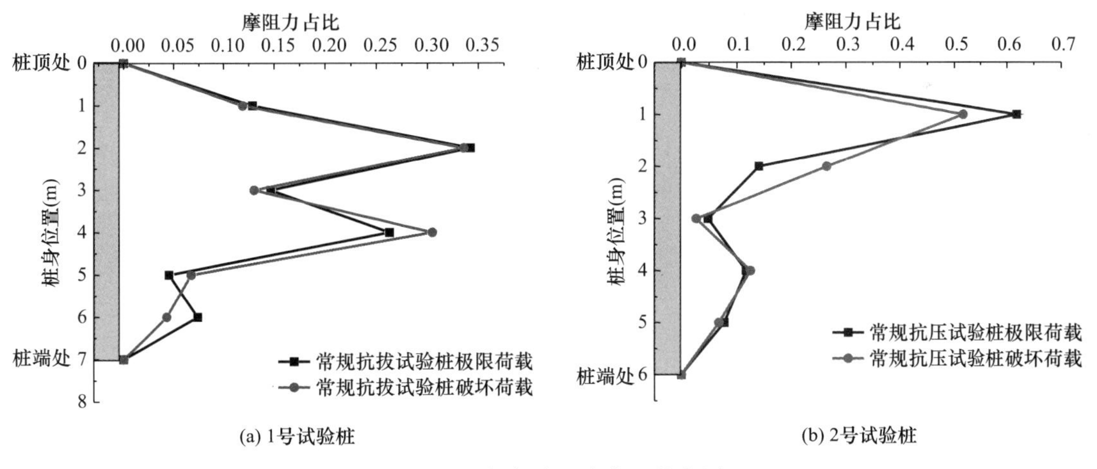

图 4.3-5 桩侧摩阻力占比分布图

4.3.2 循环抗拔桩承载性能分析

循环抗拔桩试验分析分为 3 号试验桩、4 号试验桩，加载路径是分 3 次循环，单向抗拔试验。

1. 桩顶轴向位移分析

(1) 3 号试验桩桩顶轴向位移分析

如图 4.3-6 所示，整体上看，3 号试验桩仅在 300kN 就已经达到极限荷载，是 1 号试验桩（常规抗拔）极限荷载值的 0.6 倍，因为循环桩周土已经和桩侧表面产生脱离，摩阻力显著降低，因此抗拔阶段很快达到极限荷载阶段。破坏时的桩顶轴向位移为 9.921mm，仅是 1 号试验桩的 0.319 倍，桩顶轴向位移与桩基承载能力呈现极大的相关性，表明桩顶轴向位移量是预见桩基承载力的一个重要指标。

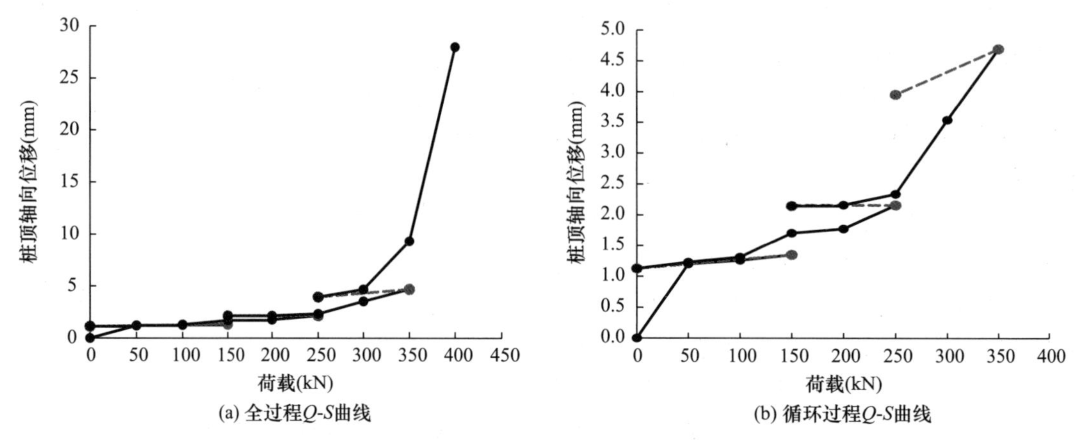

图 4.3-6　3 号试验桩 Q-S 曲线

如图 4.3-7（a）所示，从数据上来看，3 号试验桩有以下特征：抗拔幅度较小时，相同加载级别间隔下的桩顶轴向位移量变形基本一致，结合图 4.3-6（b），0～150kN 曲线表明较小荷载下的桩顶轴向位移变化曲线基本呈线性分布。如图 4.3-7（b）、图 4.3-7（c）所示，随着荷载的增大相同加载级别间隔下的桩顶位移量逐渐增大，荷载变形曲线呈现非线性分布，表明随着荷载的增加，循环对桩基的破坏逐渐增大，桩顶轴向位移变化速率增大。

卸载曲线在较小荷载级别时是极难维持的，如图 4.3-7（a）所示，一次循环结束后基本能回到初始位置（弹性阶段）。如图 4.3-7（b）所示，继续增大抗拔荷载级别，卸载曲线基本维持在最后一次加载的位置，说明桩基在此时已经发生了塑性变形，这也是桩基逐渐失稳的原因。从图 4.3-7（d）可以看出抗拔荷载增加到 350kN 时，桩基已发生了破坏，桩基承载能力因为循环折损较大。

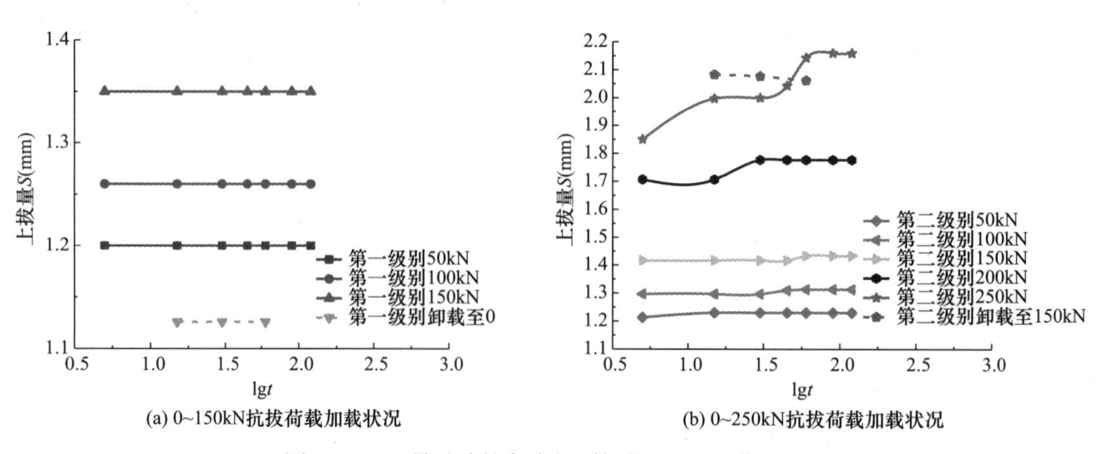

图 4.3-7　3 号试验桩各个级别加载 S-lg$t$ 图像（一）

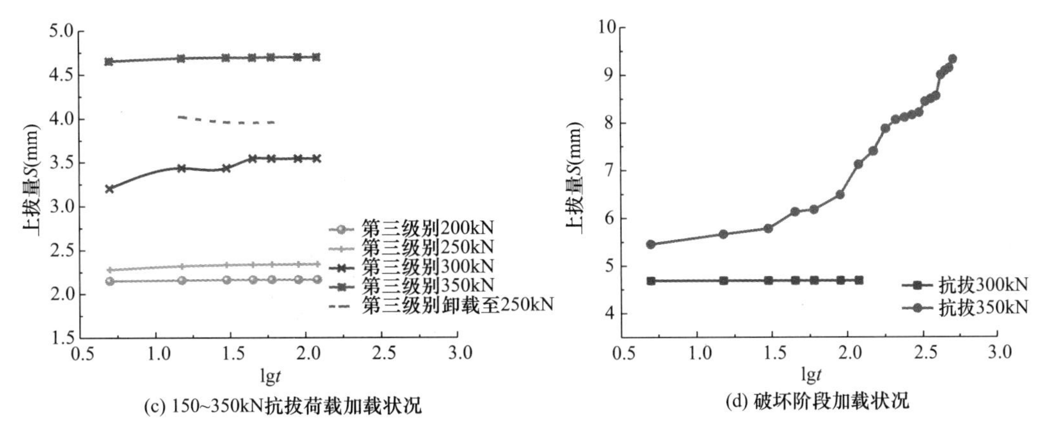

图 4.3-7　3 号试验桩各个级别加载 S-lg$t$ 图像（二）

（2）4 号试验桩桩顶轴向位移分析

如图 4.3-8 所示，4 号试验桩达到极限荷载前的位移变化量是缓慢增加的，虽略有减少但是所能承受的破坏荷载依然可以达到 550kN，表明缓慢的变形预示着桩有更大的桩基承载能力。

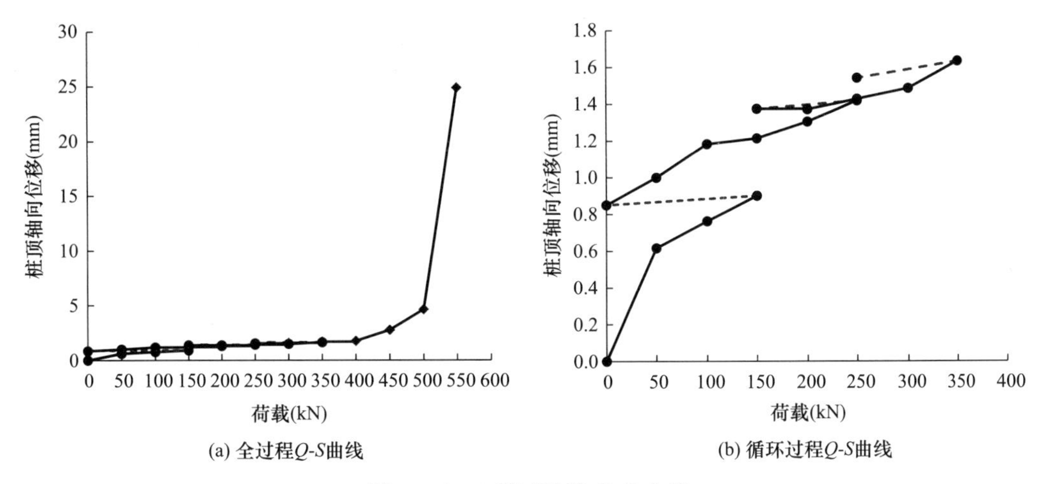

图 4.3-8　4 号试验桩 Q-S 曲线

对每一循环加载级别进行研究发现，4 号试验桩有以下特征：循环荷载幅值较小时，即使荷载增加，轴向位移增长依然相对较小。当荷载幅值继续增大，超过 250kN 时，桩顶轴向位移量增加明显。

2. 轴力分析

（1）3 号试验桩轴力分析

由图 4.3-9 可知，整体上来看，桩体在循环抗拔荷载作用下，随着深度的增加，轴力逐渐变小。在桩顶和桩端 5～6m 的区域轴力的衰减是比较大的，中部相对较小。说明摩阻力的发挥主要是集中在两端区域，中部较小。试验发现，同等大小荷载完成加载（卸载）后下次再有相同大小的荷载作用其上，桩身轴力是增大的。

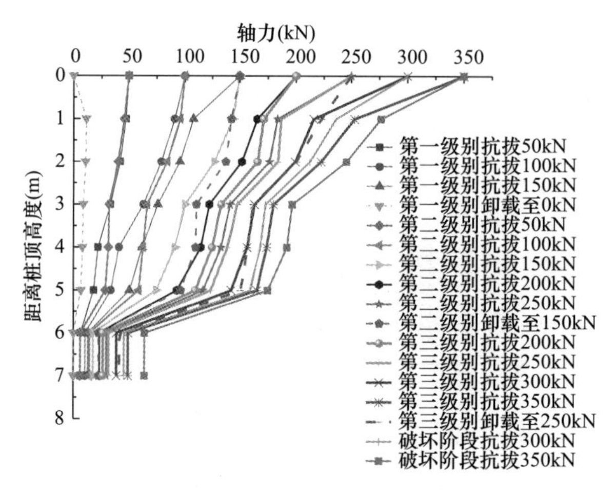

图 4.3-9　3 号试验桩轴力曲线

如图 4.3-10（a）所示，局部来看，可以得出桩顶荷载小于 150kN 时，轴力基本呈现线性分布。而随着荷载越大非线性关系越强。如图 4.3-10（b）～图 4.3-10（d）所示，轴力衰减最快的区域开始出现在了桩端部，这也是桩基承载能力下降的标志。

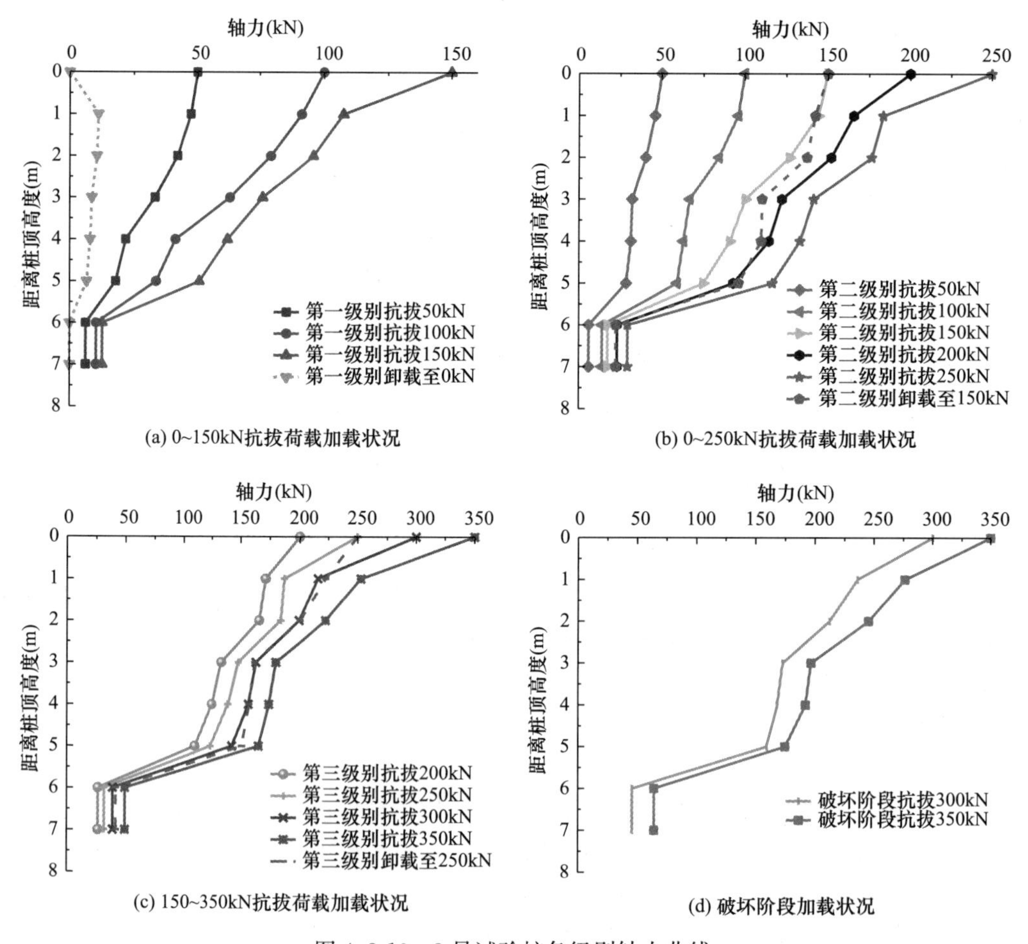

图 4.3-10　3 号试验桩各级别轴力曲线

（2）4 号试验桩轴力分析

如图 4.3-11 所示，从整体上来看，桩体在循环荷载的作用下，无论是抗拔还是卸载，产生的轴力都是桩顶处最大，随着深度增加逐渐变小，在桩底处已经逐渐接近零或者在比例上来说占比并不是太大，表明桩在承受循环加载的上拔力时，主要是由上部的桩侧摩阻力来承担，桩端处的摩阻力在持续上拔的前期基本不发挥作用，桩基承载性能良好。

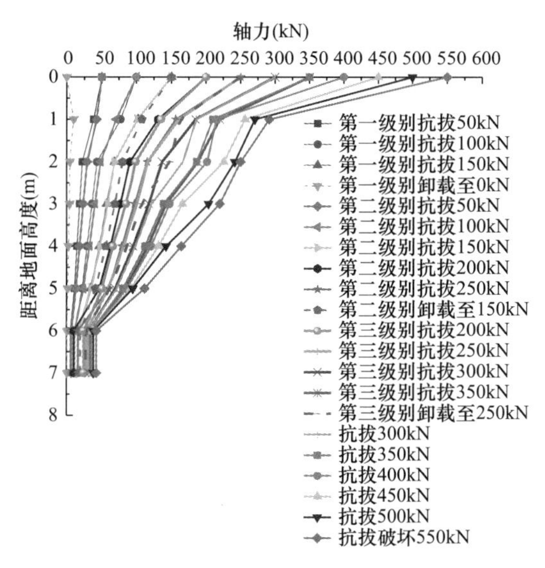

图 4.3-11　4 号试验桩轴力曲线

从局部来看，在较小荷载作用下，上部 2m 的范围内轴力衰减得很快，且呈线性减少，中下部减少相对较慢，说明摩阻力的发挥主要是集中在桩身上部，如图 4.3-12（a）、图 4.3-12（b）所示。上部 2m 范围内依然是轴力减少的最快区域，但是在中部也能看出随着荷载的增大，轴力也大幅度减少，说明循环荷载幅值的增加促使桩基稳定性破坏。

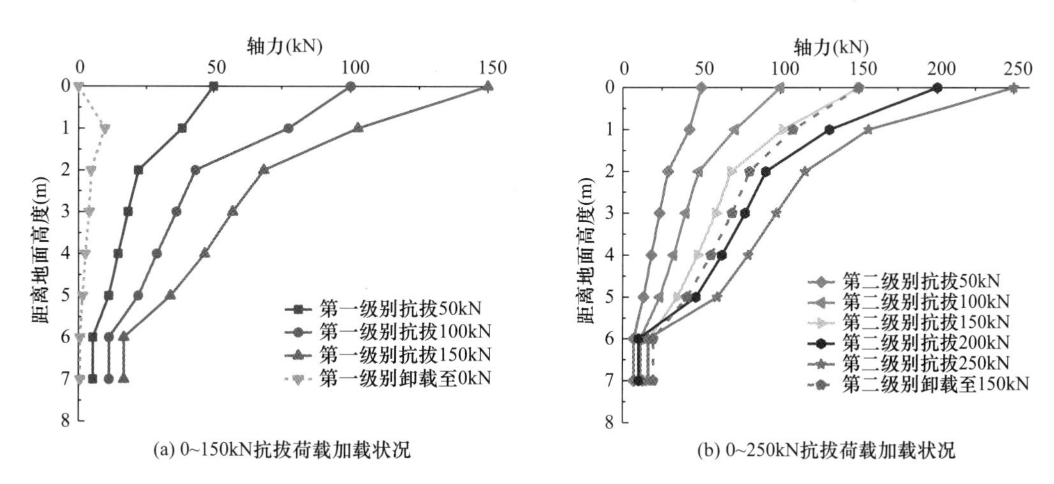

图 4.3-12　4 号试验桩各级别轴力曲线（一）

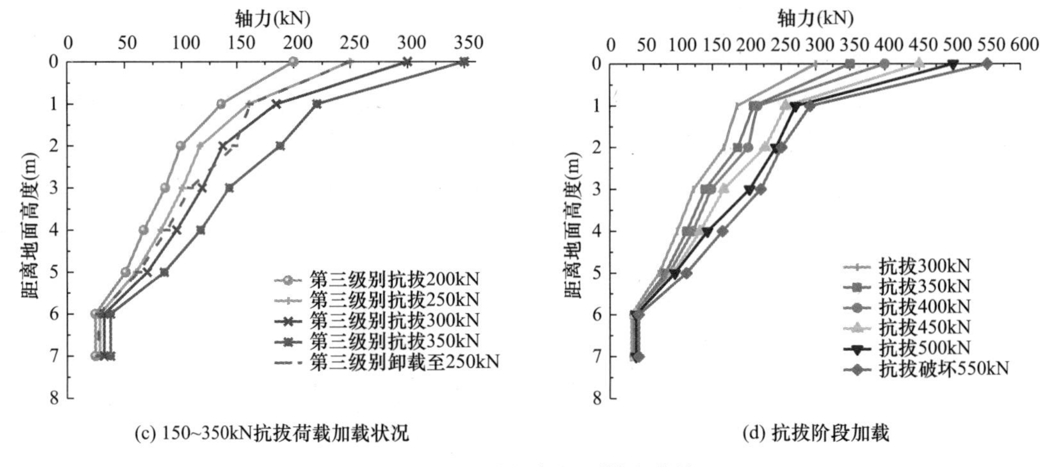

(c) 150~350kN抗拔荷载加载状况

(d) 抗拔阶段加载

图 4.3-12　4 号试验桩各级别轴力曲线（二）

由图 4.3-12（d）可知，最终的破坏阶段是验证循环荷载对桩的破坏情况，不难看出因为对 4 号试验桩上部 2m 的土层进行了约束，轴力衰减最快，2m 以下的部分轴力衰减速率基本差距不大，表明虽然整根桩的摩阻力都在发挥很大的作用，但是轴力向下衰减幅度并不是太大，桩基仍然稳定。

3. 摩阻力分析

（1）3 号试验桩摩阻力分析

如图 4.3-13 所示，从形状上来看，同一根桩的桩侧摩阻力随着深度的变化在各个土层呈现相同的变化规律。循环抗拔的摩阻力峰值在循环过程中逐渐出现在桩端处，说明摩阻力在桩端处发挥的程度很大。由图 4.3-13 可知常规抗拔下的试验桩，摩阻力峰值的分布一般在桩身中部，观察图 4.3-13（a），摩阻力主要是在中部发挥。随着持续的卸载、加载，在端部的摩阻力突然增大，量值增长明显，出现新的峰值。

如图 4.3-14（a）所示，在 0～150kN 循环级别时，摩阻力主要集中在桩身中部，这与常规抗拔试验桩是一致的，随着荷载级别的加大，卸载再加载，桩端处出现峰值，由原来的峰值①增加到 3 个峰值。分析发现当进行 150～350kN 循环加载时，明显桩端处摩阻

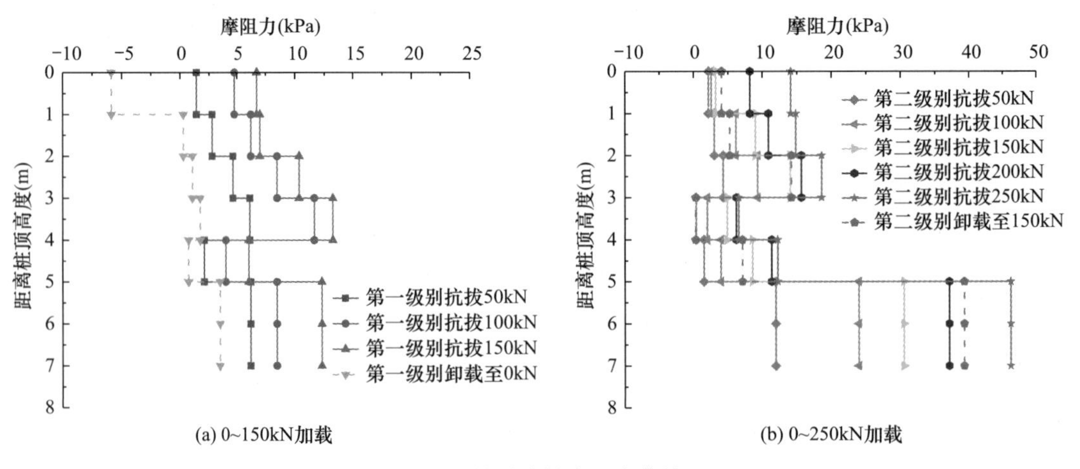

(a) 0~150kN加载

(b) 0~250kN加载

图 4.3-13　3 号试验桩摩阻力曲线（一）

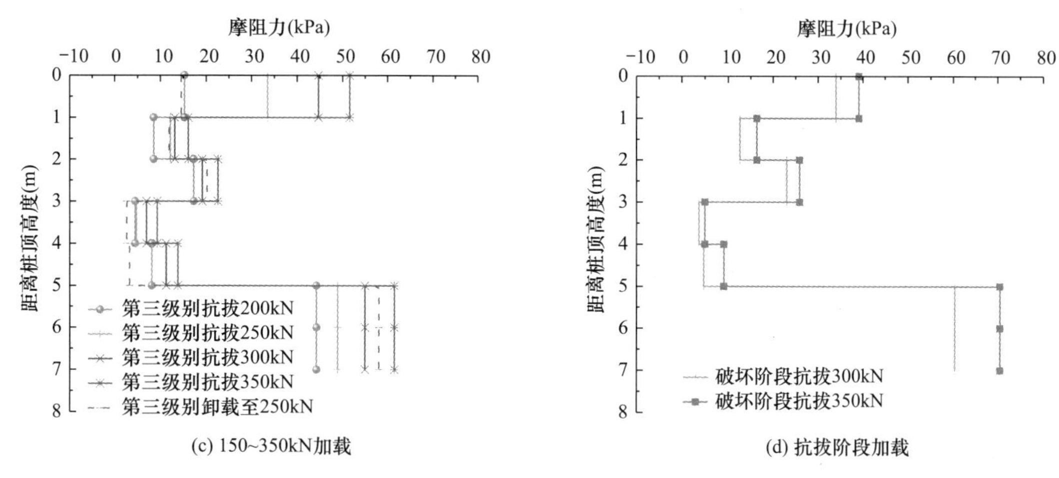

(c) 150~350kN加载　(d) 抗拔阶段加载

图 4.3-13　3 号试验桩摩阻力曲线（二）

力占比在降低，表明摩阻力在桩端处已经达到极限。

从数值上看，循环抗拔的极限荷载为 350kN，是常规抗拔的 60%，当抗拔荷载达到极限阶段时，桩侧摩阻力呈现“多峰值”的分布特点。桩端处占比较大说明摩阻力的发挥与传递在此处是极大的，此时桩端处桩土相对位移较大，出现此种情况是桩基承载能力衰减的标志。

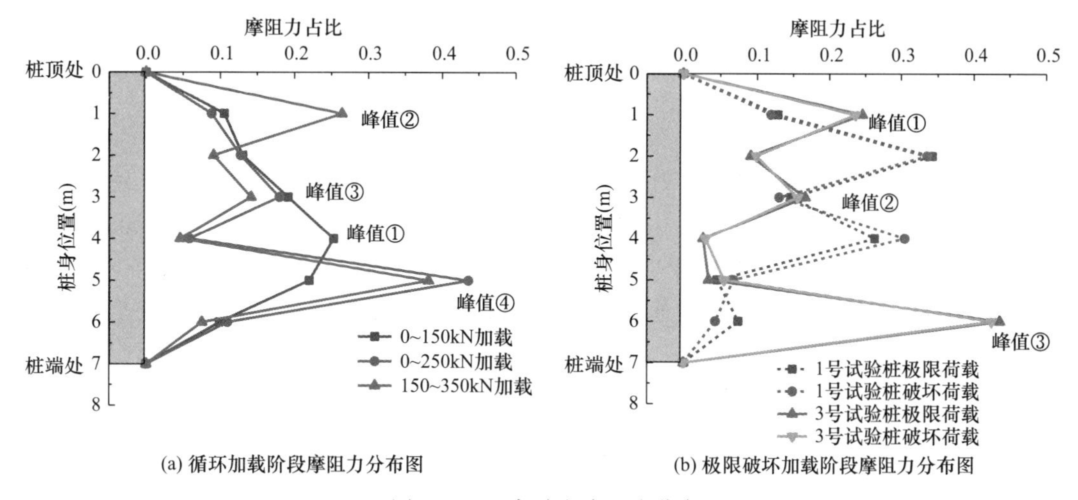

(a) 循环加载阶段摩阻力分布图　(b) 极限破坏加载阶段摩阻力分布图

图 4.3-14　各阶段摩阻力分布

（2）4 号试验桩摩阻力分析

对于 4 号试验桩，桩侧摩阻力沿桩身的分布情况表明，桩侧摩阻力和常规抗拔及常规抗压规律相同，表现出一定程度的非线性关系。4 号试验桩摩阻力曲线见图 4.3-15。

由图 4.3-15（a）、图 4.3-15（b）、图 4.3-15（c）可知，桩端附近逐渐出现峰值，表明上部土层的摩阻力已经开始转移和弱化。从数据上看，相同深度下，虽然随着荷载的增加桩侧摩阻力越来越大的，但各个深度的摩阻力是有极限的，当发挥到了一定限度，摩阻力将会减小。明显在抗拔阶段，抗拔 550kN 时，桩身 5～7m 处桩侧摩阻力衰减。如图 4.3-15（d）所示。

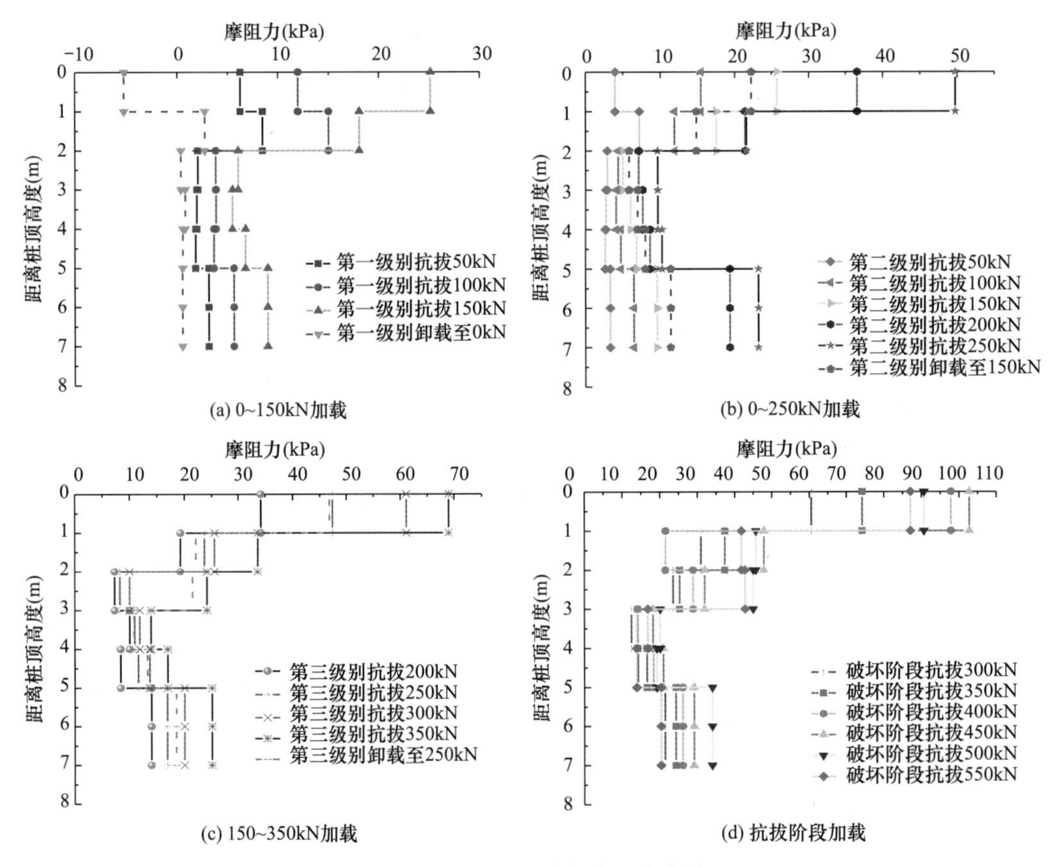

图 4.3-15　4 号试验桩摩阻力曲线

在 0～150kN 循环级别时，摩阻力峰值主要集中在桩身上部，有向中部发展的趋势，0～3m 的位置为桩侧摩阻力发挥的主要位置，随着循环级别的增加，在后两次循环明显可以观察到，峰值出现在 0～2m 的位置，如图 4.3-16（a）所示。从形状上来看，当抗拔荷载达到极限阶段，桩侧摩阻力随着深度的变化依然呈现相同的分布规律，峰值主要在土层

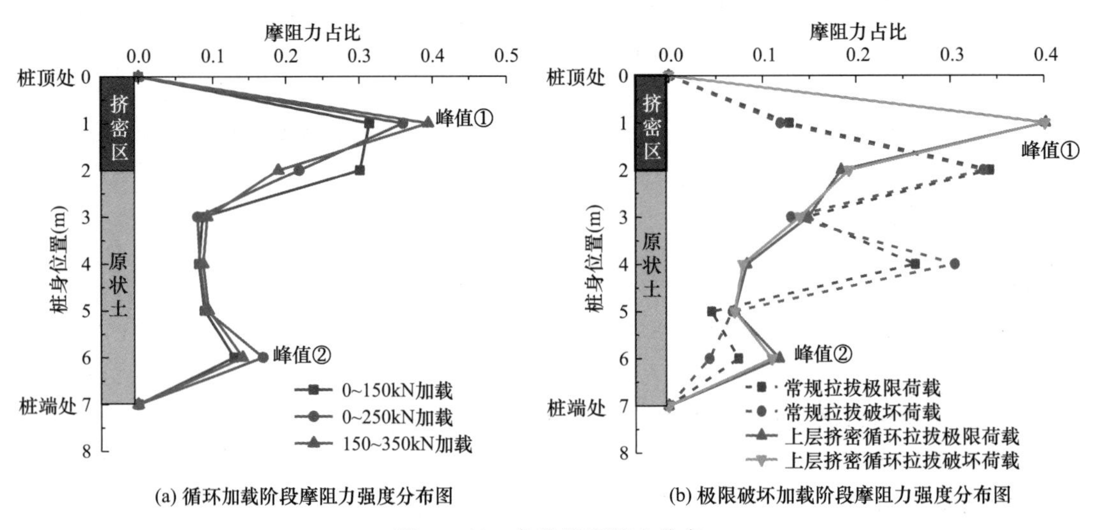

图 4.3-16　各阶段摩阻力分布

上部 0～2m 处，相对于 1 号常规抗拔试验桩更靠近桩顶处，这是挤密的效果，循环使得试验桩在 5～6m 处同样有一个较小峰值，但占比明显比 1 号试验桩要大，呈现“双峰值”分布的趋势。

4.3.3 循环压拔桩承载性能分析

对循环压拔试验分为两组，对应的试验桩为 5 号、6 号试验桩，循环压拔加载如表 4-3-2 所示。

循环压拔加载　　表 4-3-2

级别	5 号试验桩	6 号试验桩（挤密处理）
第一级别	抗压 200kN-抗拔 50kN（循环 5 次）	抗压 200kN-抗拔 100kN（循环 5 次）
第二级别	抗压 200kN-抗拔 100kN（循环 5 次）	抗压 200kN-抗拔 200kN（循环 5 次）
第三级别	抗压 200kN-抗拔 150kN（循环 5 次）	抗压 200kN-抗拔 250kN（循环 5 次）
第四级别	抗压 200kN-抗拔 200kN（循环 5 次）	抗压 200kN-抗拔 300kN（循环 5 次）
第五级别	抗压 200kN-抗拔 300kN（循环 5 次）	抗压 200kN-抗拔 350kN（循环 5 次）
破坏阶段	抗拔加载 50kN/级别	

1. 桩顶轴向位移分析

(1) 5 号试验桩桩顶轴向位移分析

由图 4.3-17 可知，整体上来看，由于 5 号试验桩在循环压拔加载过程中，抗压荷载幅值起到主导作用，因此桩顶轴向位移一直是向着抗压荷载的方向在运动，即向着地面以下的趋势位移，反映在图上也就是位移曲线不断地向着正方向运动。

从局部来看，因为桩顶轴向位移都是在原来位移的基础上发生的，而且在每一级循环过程中随着循环次数的增加，桩顶轴向位移逐步累积。研究发现循环位移量是可以预见承载力极限值的，表明循环本身加速桩基的破坏。5 号试验桩循环-变形曲线如图 4.3-18 所示。

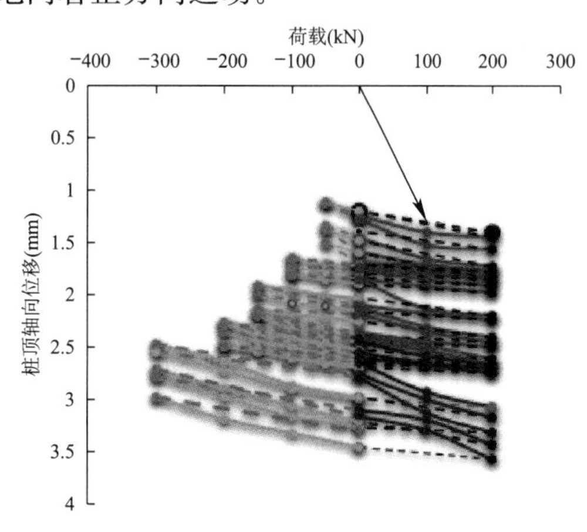

图 4.3-17　试验桩 Q-S 曲线

5 号试验桩在整个加载过程中压荷载占主导地位，抗压荷载幅值大部分大于抗拔荷载。循环过程中会有卸载的过程，每一个卸载曲线，抗拔卸载曲线会很靠近每一级别的抗拔荷载曲线，同样抗压卸载曲线也会更加靠近抗压曲线，两者却又不交叉。说明循环过程中使得桩顶位移发生了不可恢复的塑性位移。

(2) 6 号试验桩桩顶轴向位移分析

6 号试验桩在未达到破坏之前，整体上来看，桩顶轴向位移曲线比较集中在某一个具体位置。但是具体观察就可以看出以抗拔荷载为主导的 6 号试验桩位移曲线是不断地向负值运动的。6 号试验桩 Q-S 曲线如图 4.3-19 所示。

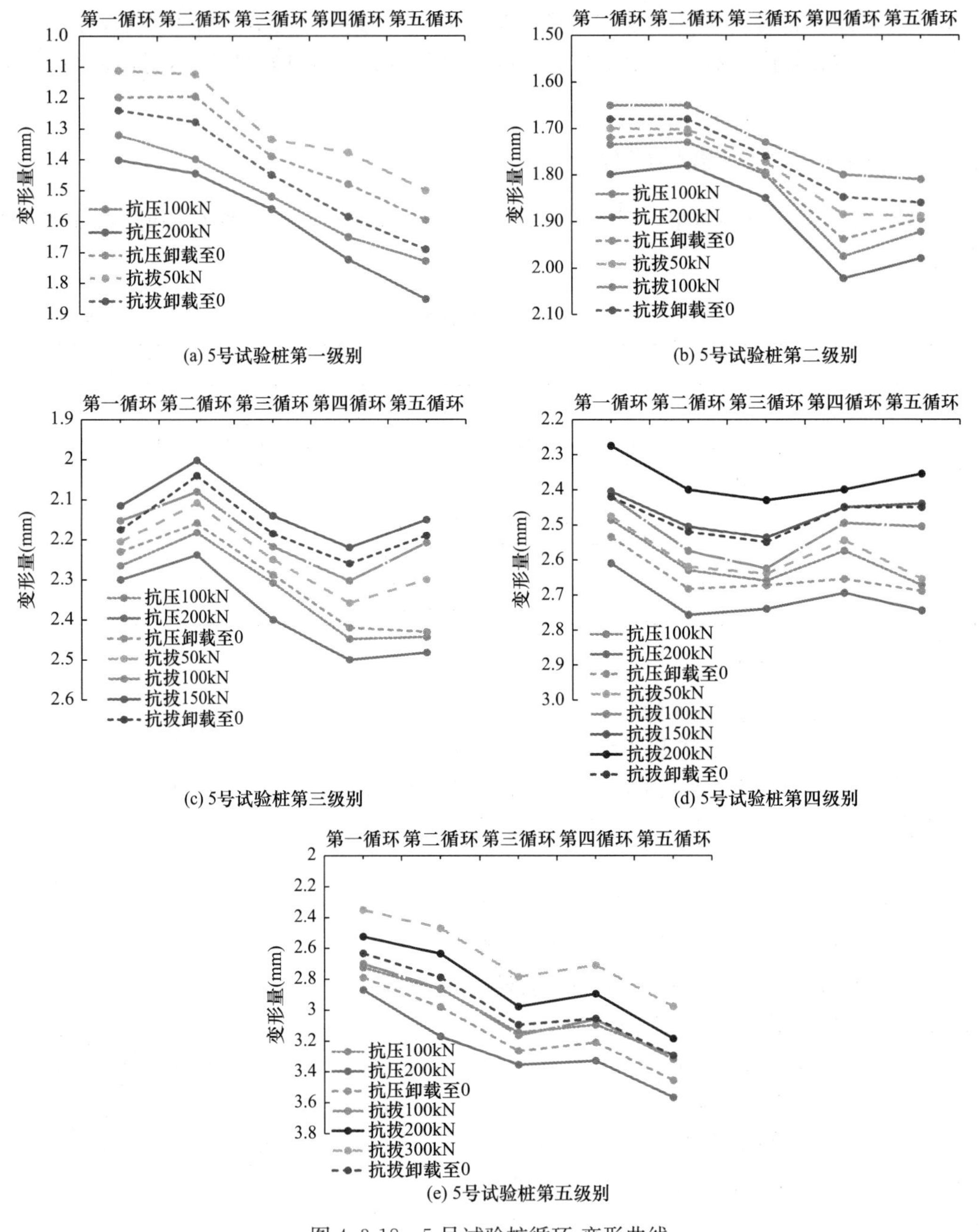

图 4.3-18 5 号试验桩循环-变形曲线

从局部来看，增加了附加约束的 6 号试验桩，在抗拔荷载较小时主要受到压荷载的影响，桩顶的轴向位移主要向地面以下运动。随着抗拔荷载的增加，变形逐渐受到抗拔荷载的主导，变形随着荷载增加，开始超过地面逐渐向上进行，说明循环拔压荷载幅值是影响桩基变形的关键参数。

从整体上来看，随着循环次数的增加，6 号试验桩随着循环次数的增加主要朝着地面以上逐渐被拔出。结合循环拔压荷载的大小差别。6 号试验桩在加载过程中拔荷载相对较大，抗拔荷载幅值大部分大于抗压荷载，所以受到抗拔荷载的影响较大，位移始终向着地面以上运动。从局部来看，6号试验桩变形量最大是1.09mm，最小是−1.322mm，总的差值是2.412mm，达到常规单桩抗拔的极限变形（3.875mm）的60%，相对破坏较小，依然有很大的桩基安全储备。6号试验桩循环变形对比曲线见图4.3-20。

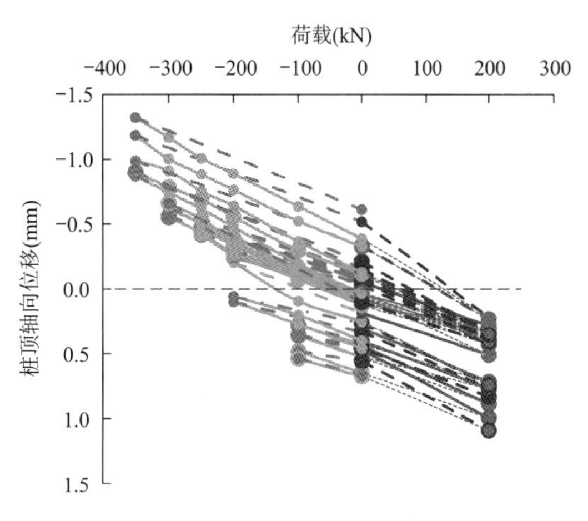

图4.3-19　6号试验桩 Q-S 曲线

2. 轴力分析

（1）5号试验桩轴力分析

整体上来看，5号试验桩是循环压拔桩，循环过程中，桩身轴力随着深度逐渐减小，与常规抗拔或者常规抗压试验桩变化规律一致，分别从五个级别的循环加载轴力图来看，在压拔过程中轴力在正（压）负（拔）坐标轴上来回变化，同一加荷状态下轴力变化基本一致。5号试验桩循环阶段各级别轴力图见图4.3-21。

由图4.3-21可知，随着荷载的增加（无论是抗拔荷载还是抗压荷载），轴力的衰减终止位置和加载级别呈现正比例的关系，即荷载越大轴力衰减较快的区域越深。抗拔50kN衰减最快的区域终止在3m处、抗拔100kN时终止在4m处，抗拔150kN终止在5m处，受荷载幅值影响明显。

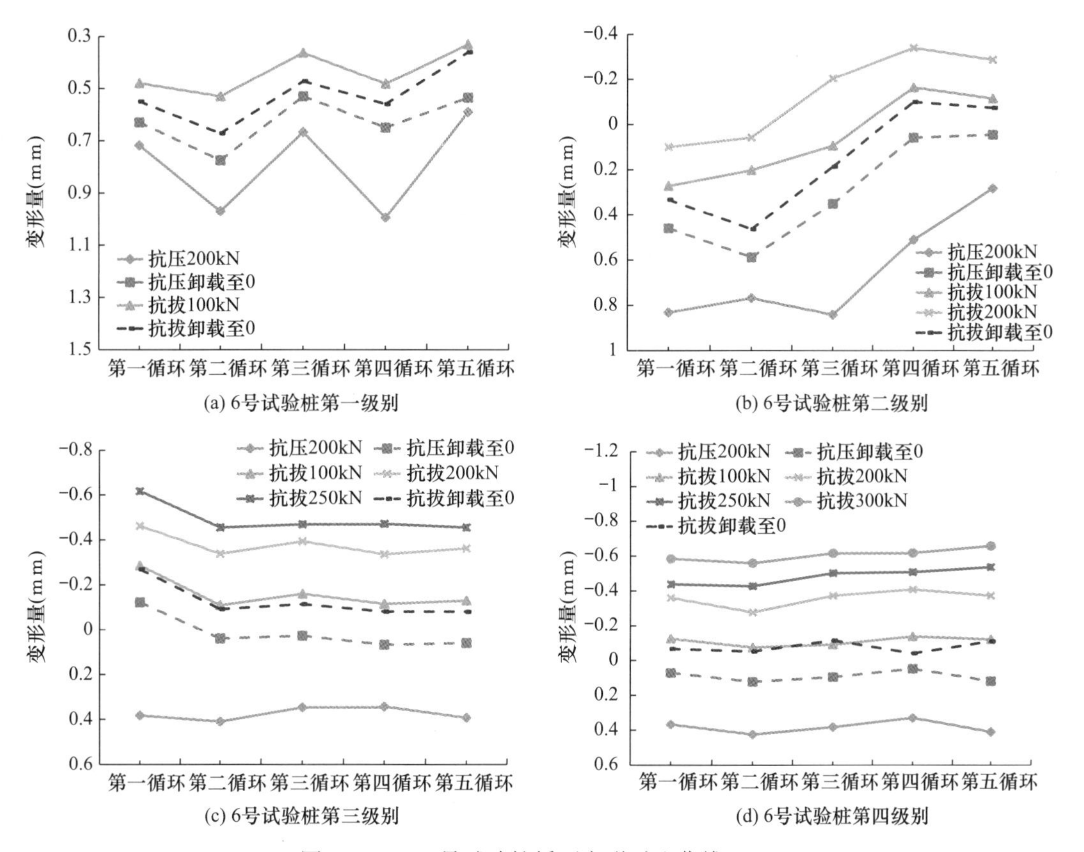

图4.3-20　6号试验桩循环变形对比曲线（一）

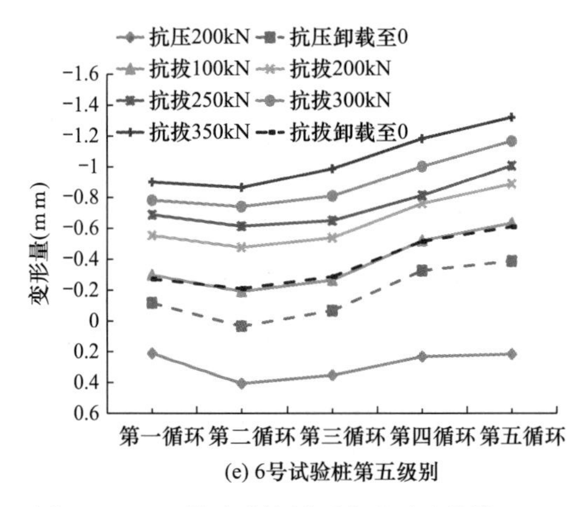

图 4.3-20　6 号试验桩循环变形对比曲线（二）

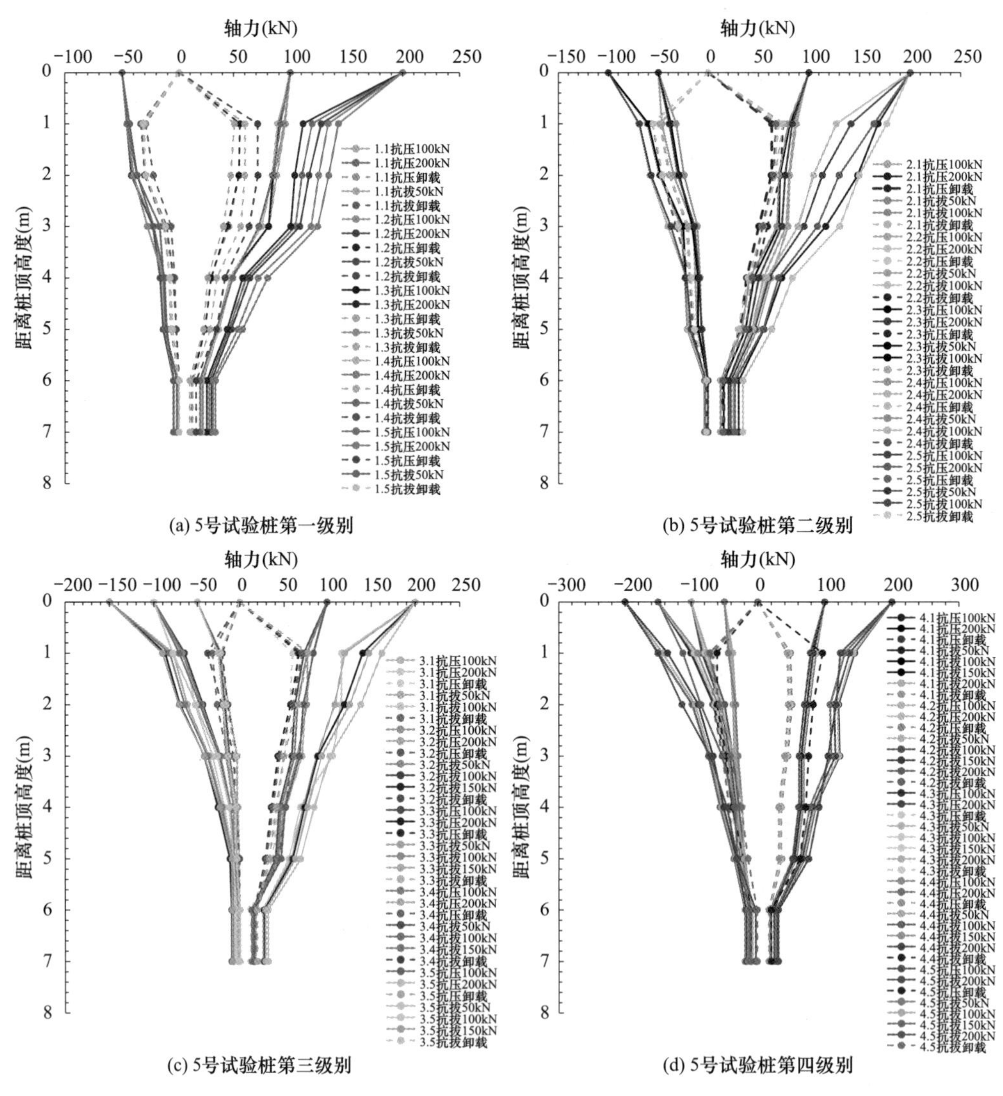

图 4.3-21　5 号试验桩循环阶段各级别轴力（一）

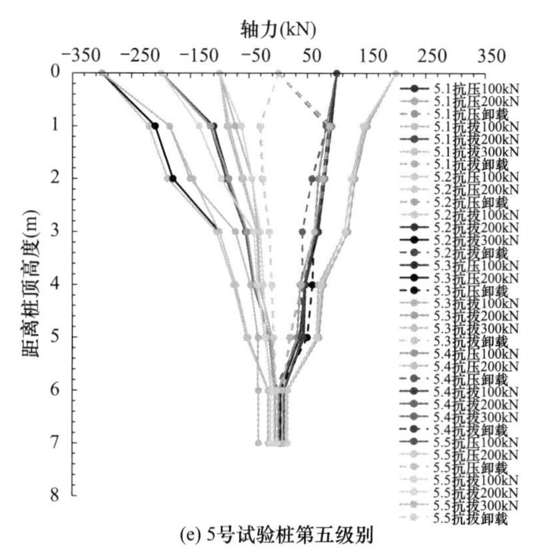

图 4.3-21 5 号试验桩循环阶段各级别轴力（二）

图 4.3-22 为 5 号试验桩抗拔阶段，从轴力在破坏阶段的曲线可以看出，5 号试验桩在初期循环抗拔荷载比较小的时候，轴力的减小较为接近正比，而随着抗拔荷载的增加，轴力的减小幅值变大，非线性效果越来越明显。

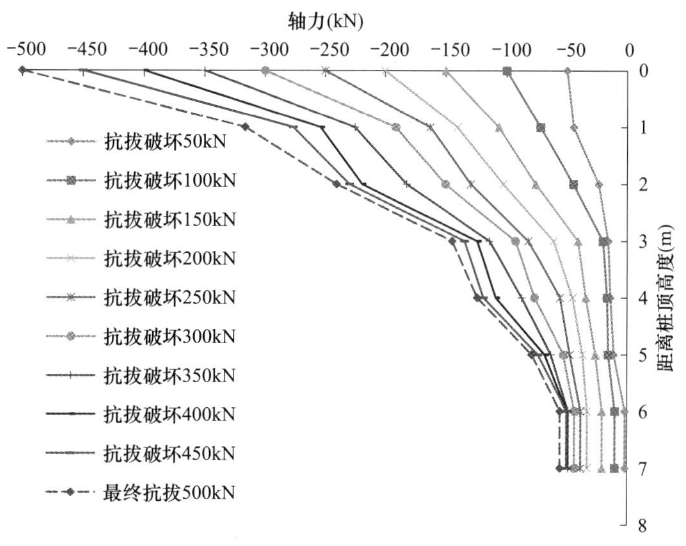

图 4.3-22 5 号试验桩抗拔阶段各级别轴力

（2）6 号试验桩轴力分析

图 4.3-23 为 6 号试验桩循环阶段各级别轴力图，整体上来看，6 号试验桩是循环压拔桩，在循环过程中，桩顶上部的挤密作用使得轴力在较小循环拔压荷载幅值的时候不易损失，在图上显示就是各个级别的各个加载阶段的轴力都比较集中，这也就意味着循环对桩土结构的破坏很小。

从局部来看，轴力在上部 4m 的区域衰减速率最快，如图 4.3-23（a）所示。随着加载级别的增加，在下部 5～6m 的区域衰减速率开始加速，出现了两个衰减速率较快的区域。这表明桩土损伤较大的区域已经传到下部，桩基承载力逐渐折损。

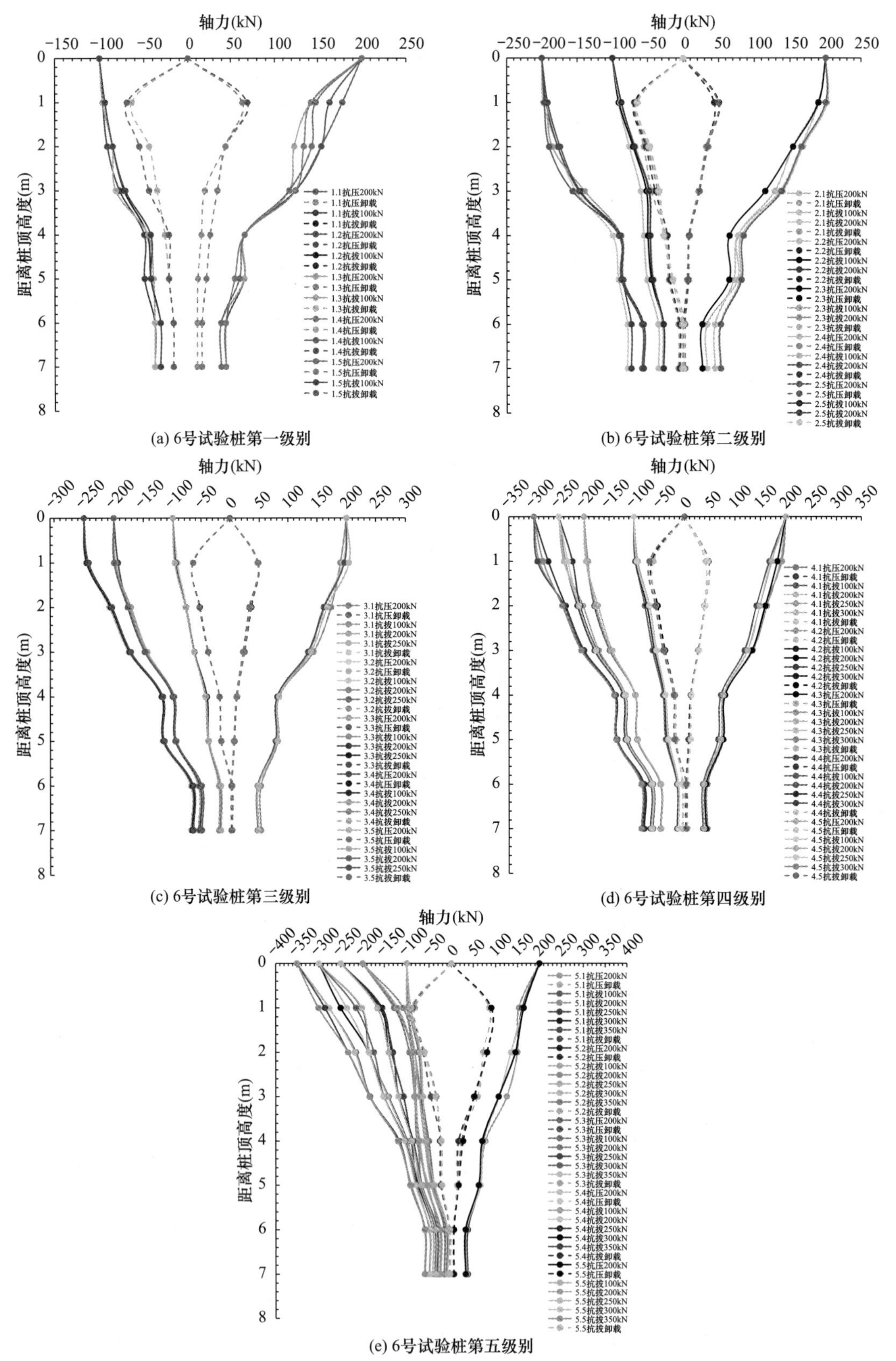

(a) 6号试验桩第一级别

(b) 6号试验桩第二级别

(c) 6号试验桩第三级别

(d) 6号试验桩第四级别

(e) 6号试验桩第五级别

图 4.3-23 6 号试验桩循环阶段各级别轴力

图 4.3-24 为 6 号试验桩抗拔阶段轴力图，轴力在破坏阶段的曲线，从整体上来看，350kN 之前的轴力衰减比较均衡，350kN 以后的荷载，在 0～2m 位置轴力明显衰减变得很慢，主要是摩阻力在此处发挥的作用很小，轴力向下传递，轴力在土层 2～5m 的区域衰减幅度变大。考虑到 6 号试验桩在前期循环过程中已经产生了破坏，而且循环结束的节点正是 350kN，导致后面继续加载就出现了摩阻力的急速弱化，另外加入了钢管挤密，使得土体在一定程度上出现了挤密，而挤密的区域也正是 2m。

3. 摩阻力分析

(1) 5 号试验桩摩阻力分析

结合图 4.3-25 可知，初始循环下第一级别，摩阻力主要集中在 1～5m 的位置（见峰值①②），随着五个循环级别的加载，桩侧摩阻力峰值出现在桩端处，逐渐形成了“多峰值”的分布。

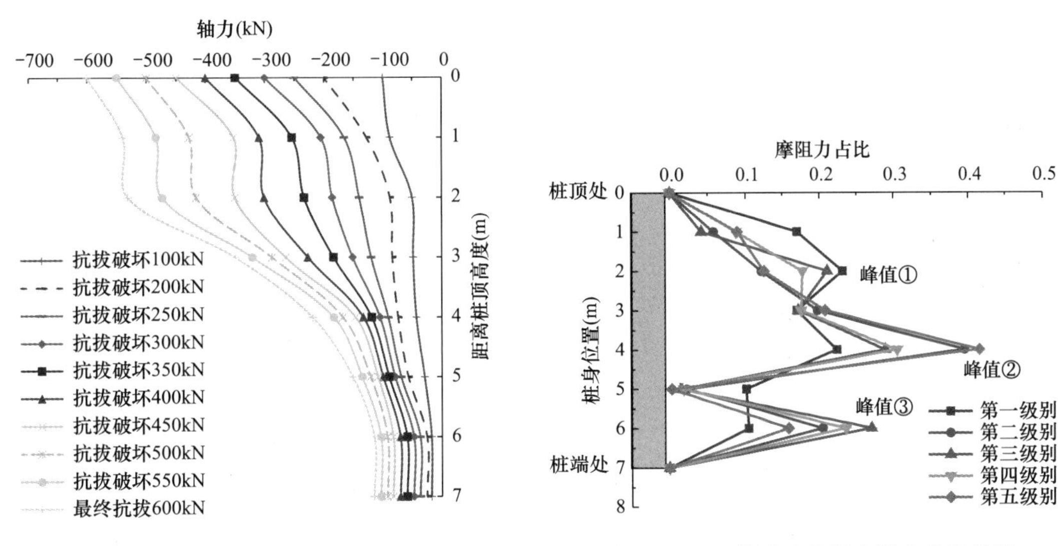

图 4.3-24 6 号试验桩抗拔阶段轴力

图 4.3-25 5 号试验桩侧摩阻力发挥效果

5 号试验桩是先开始的循环压拔试验桩，摩阻力具有非常强的非线性变化。黄土地基中，在桩顶施加较小荷载时，桩顶附近的土层就发挥了很大的桩侧摩阻力，向下传递后发生了一段减弱的趋势，随后在更大深度的位置又出现了一次较大的桩侧摩阻力。

由图 4.3-26 可知，整体上来看，桩顶附近的桩侧摩阻力为负值，这是由于卸载后桩周土的恢复是需要一定的时间的，因此在卸载后仍然对桩体产生一个向下（抗拔卸载）或者向上（抗压卸载）的影响所导致的。同样在现实工程中周期性荷载也不会给予建筑物过多的休止期。

(2) 6 号试验桩摩阻力分析

6 号试验桩桩侧摩阻力从整体来看，第一级别加载时，峰值主要集中在中部（见峰值①②），随着循环级别的增加，下部区域形成峰值，逐渐形成“多峰值”的分布。桩侧摩阻力发挥效果，如图 4.3-27 所示。

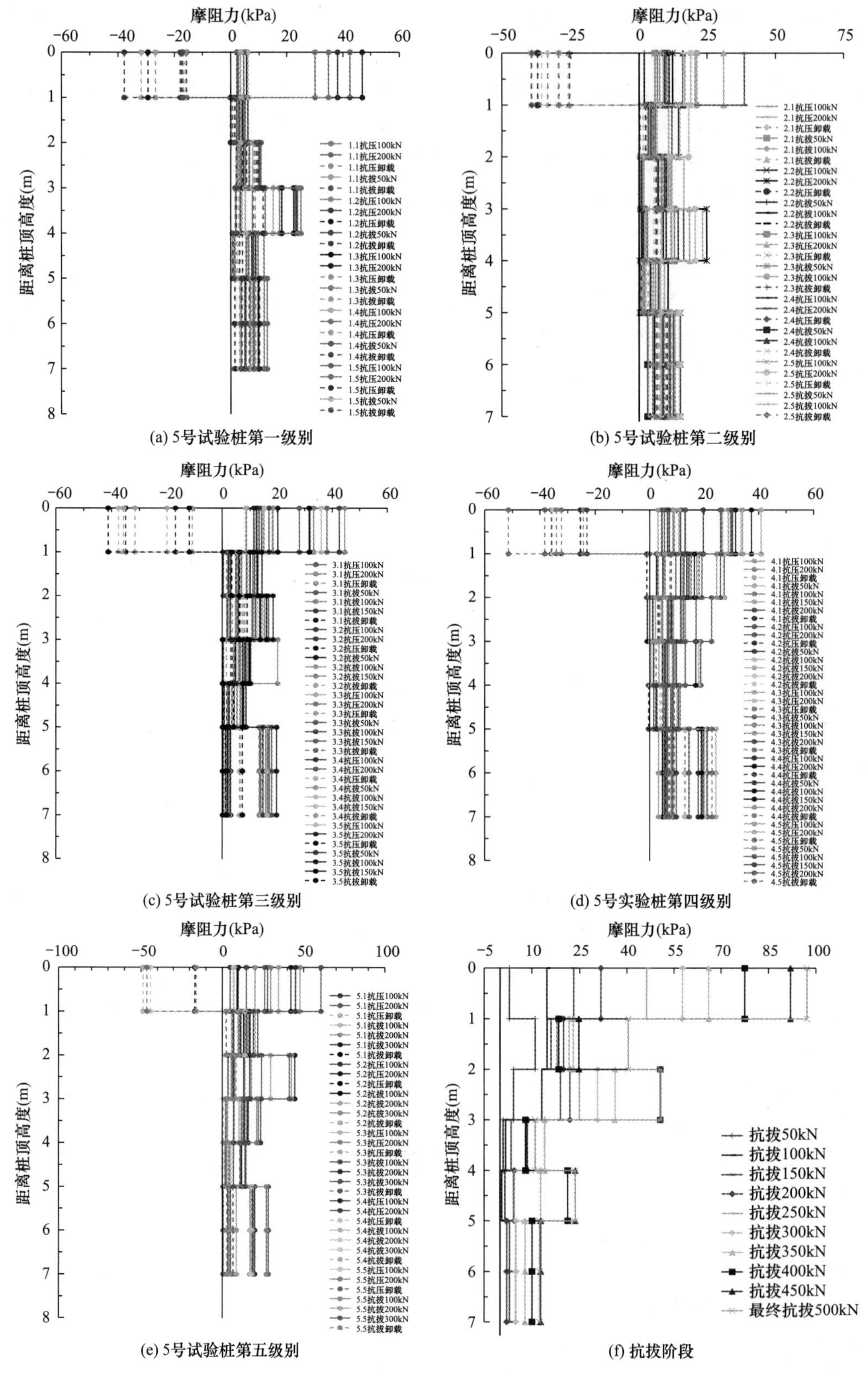

(a) 5号试验桩第一级别 (b) 5号试验桩第二级别

(c) 5号试验桩第三级别 (d) 5号实验桩第四级别

(e) 5号试验桩第五级别 (f) 抗拔阶段

图 4.3-26　5 号试验桩摩阻力

图 4.3-28 为 6 号试验桩摩阻力，从各个级别来看，峰值出现在 2～3m，桩侧摩阻力在第一，二级别呈现“中部大两端小”的形状，随着荷载级别的增加，摩阻力分布也逐步变成了多峰值，分别在 3～4m 和 5～7m 出现了一次峰值。

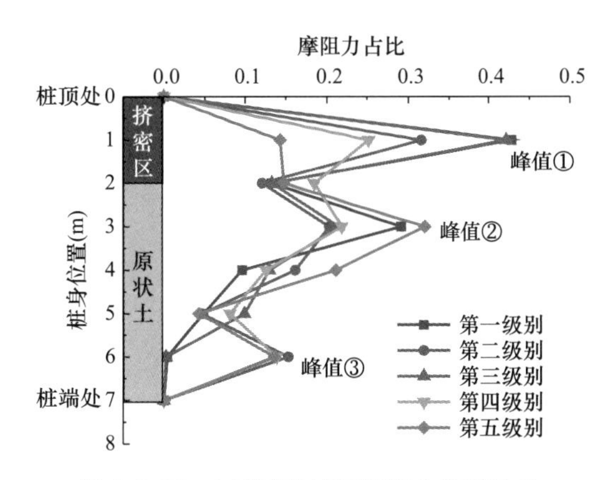

图 4.3-27　6 号试验桩侧摩阻力发挥效果

由图 4.3-28 可知，每一个级别卸载后的值也是负值，说明其在此时承受的是负摩阻力。和 5 号试验桩类似，卸载后桩周土的恢复是需要一定时间的，因此在卸载后仍然对桩体产生一个向下（抗拔卸载）或者向上（抗压卸载）的影响。

多次峰值的出现必然伴随着桩侧摩阻力的损失和转移，这是一个必然的规律，因为摩阻力是存在极限值的，当顶部荷载的大小使得本层的摩阻力达到极限值，摩阻力开始减弱变为滑动摩阻力，那么下部的土层就将开始出现新的峰值，这也就是出现峰值的原因。

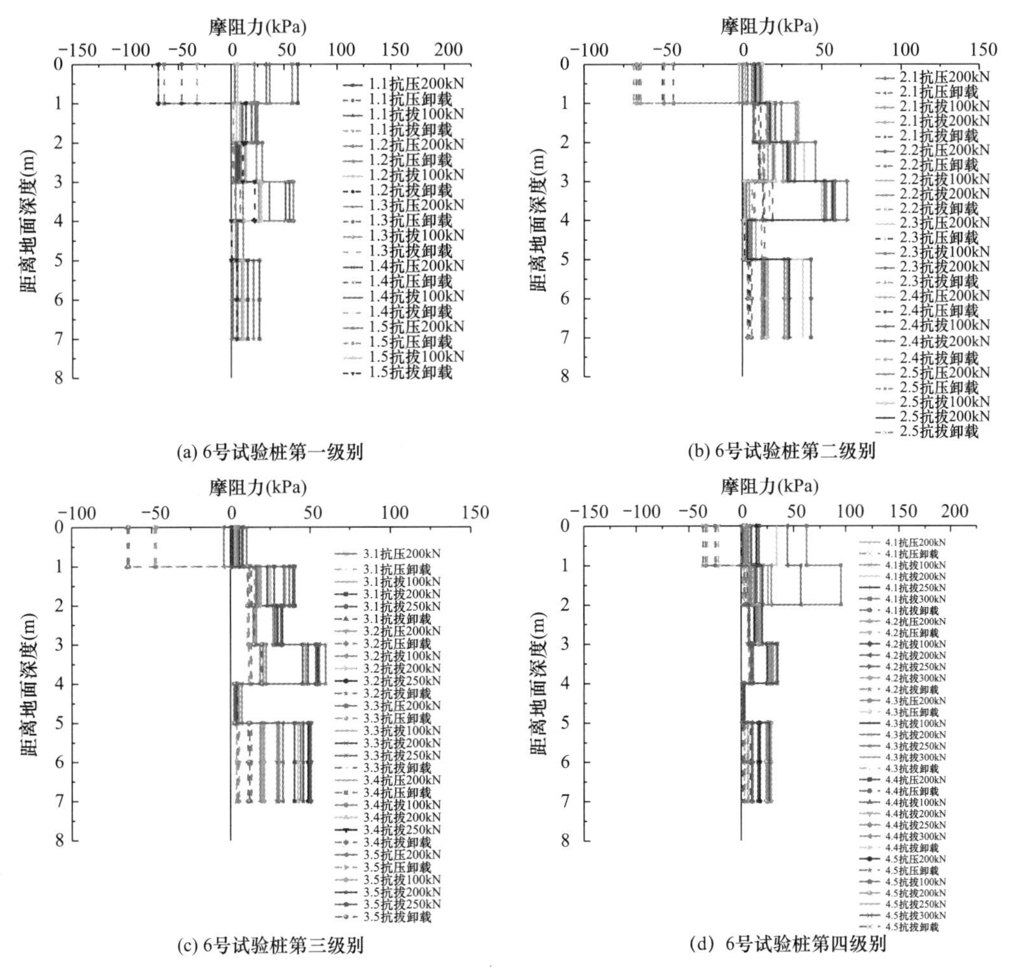

图 4.3-28　6 号试验桩摩阻力（一）

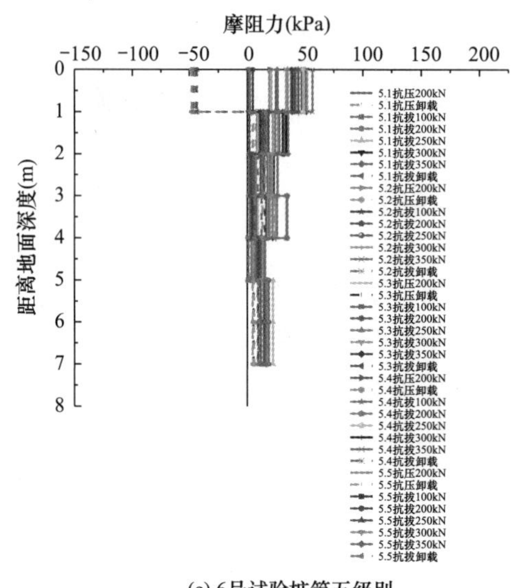

(e) 6号试验桩第五级别

图 4.3-28　6 号试验桩摩阻力（二）

（注：图中 5.1 指第五级别第 1 次循环）

4.4　循环荷载下桩基础差异性对比分析

4.4.1　循环抗拔桩桩顶轴向位移差异性分析

1. 基于循环荷载幅值的影响分析

图 4.4-1 为桩顶位移受循环荷载影响曲线，从数值来看，4 号试验桩的变形相对比较缓慢，但是所能承受的破坏荷载是比较大的（由 4.2 节可知，4 号试验桩极限荷载值为 500kN，3 号试验桩极限荷载值为 350kN）。桩顶轴向位移随着循环荷载幅值的增加持续增大，形态上呈二次多项式分布，3 号试验桩的变形量总是在 4 号试验桩之上，在 300kN，桩顶变形量已经达到 3.540mm，这个值已经接近了常规抗拔试验桩（No.1 试验桩）的极限变形量（3.875mm），循环荷载幅值的增加对桩基的破坏影响较大。

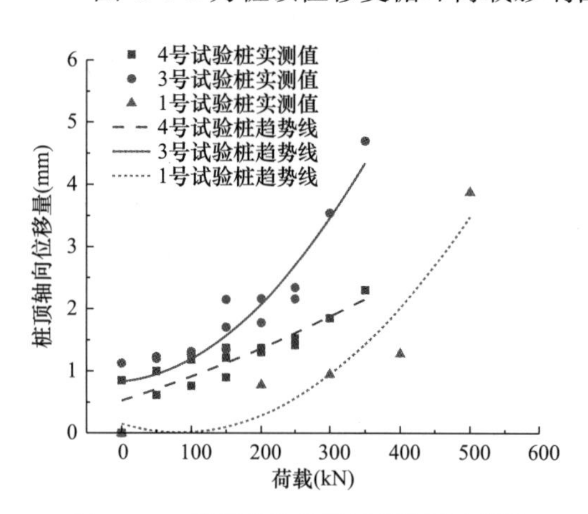

图 4.4-1　桩顶位移受循环荷载影响曲线

2. 基于循环次数的影响分析

图 4.4-2 为不同循环次数的抗拔位移量，随着循环次数的增加，每次循环结束，上拔量都有所增加。第 3 次循环，桩顶轴向位移增量明显，尤其是 3 号试验桩第 3 次循环后增量为 2.537mm，达到第 2 次循环后增量 0.81mm 的 3.13 倍，此时桩顶荷载仅仅是常规抗拔试验桩极限荷载的 0.63 倍，说明循环次数是影响桩基稳定的因素。

图 4.4-3 为循环后卸载位移量，将每一循环卸载后的位移量进行对比，循环次数越大产生的桩顶塑性位移越大，造成这种现象的原因主要是桩土本身在加载-卸载的过程中随

着循环次数的增加，桩土之间反复剪切，发生屈服。

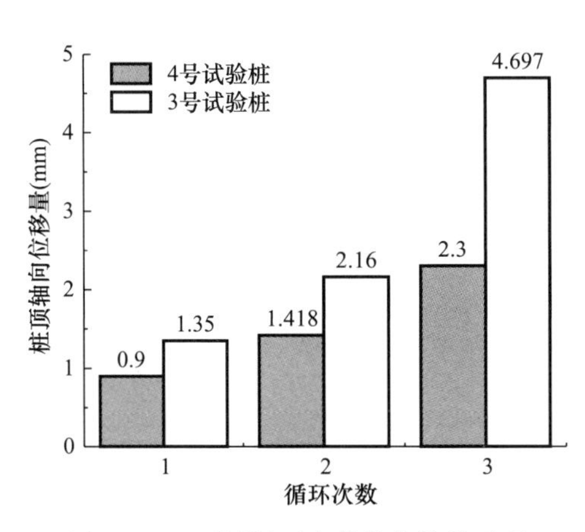

图 4.4-2 不同循环次数的抗拔位移量

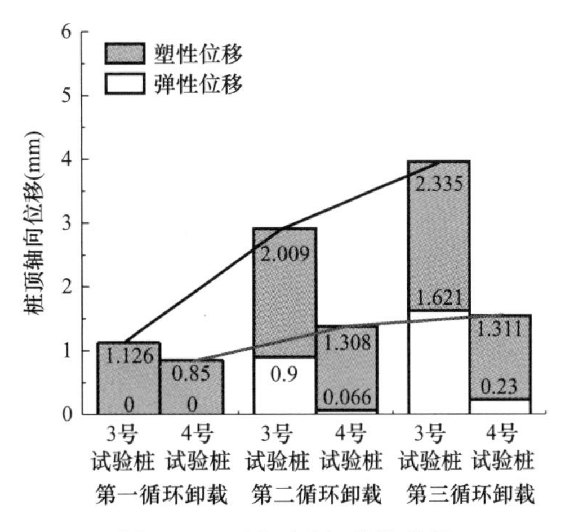

图 4.4-3 循环后卸载位移量

4.4.2 循环抗拔摩阻力差异性分析

图 4.4-4 为不同级别摩阻力差异性对比，从局部来看，4 号试验桩上部土层的约束，使得层间土对桩的侧阻能力更强，摩阻力的发挥在 0～3m 内显著较大。观察三个阶段的峰值，发现 3 号、4 号试验桩侧摩阻力随着荷载级别的变大，峰值数量从一个变成多个，摩阻力峰值出现在了桩端处，表明此时桩端处桩土位移较大，桩基承载能力受损。

4.4.3 循环压拔桩轴向位移差异性分析

1. 基于循环拔压荷载幅值的影响分析

图 4.4-5 为抗拔荷载对桩顶轴向变形的影响，从整体上来看，随着循环级别的增加，5 号试验桩与 6 号试验桩桩顶都是逐步累积的，但是位移趋势是不相同的，5 号试验桩朝着地面以下在逐步下压，而 6 号试验桩随着循环次数的增加主要朝着地面以上逐渐被拔出。

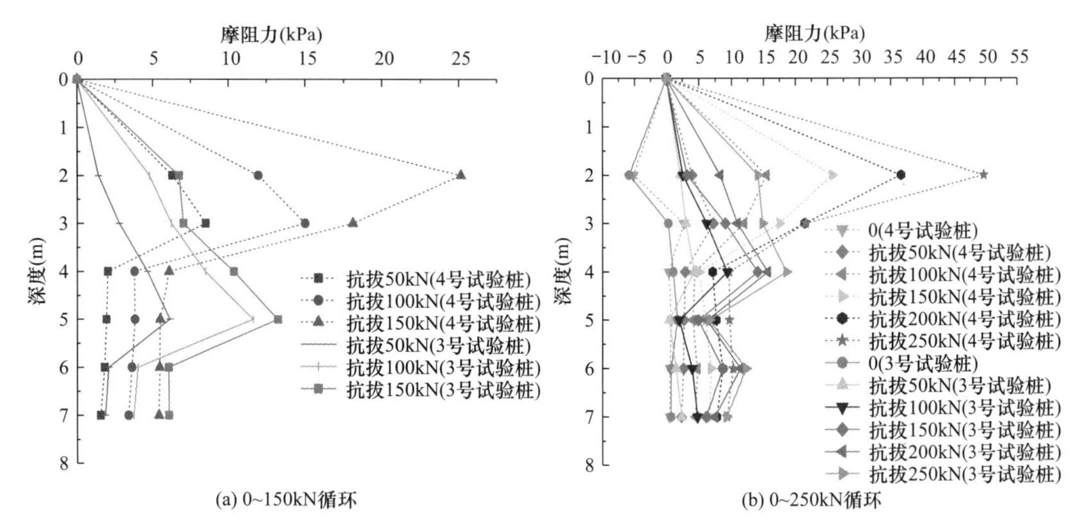

图 4.4-4 不同级别摩阻力差异性对比（一）

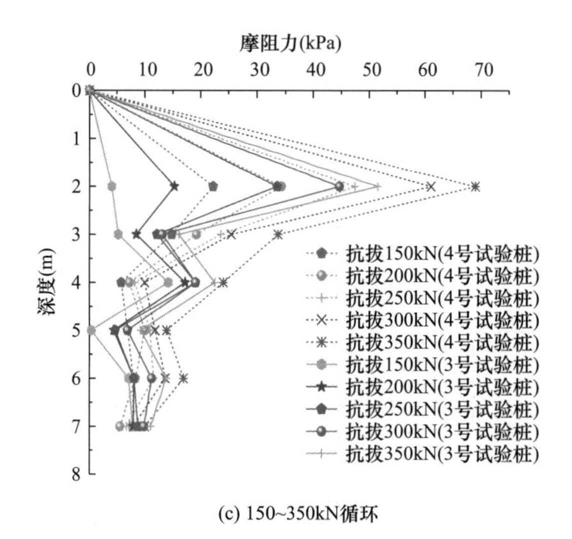

图 4.4-4 不同级别摩阻力差异性对比（二）

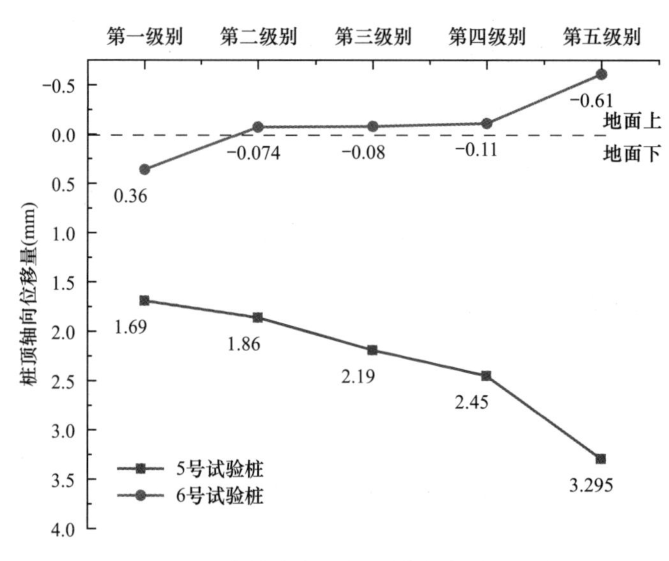

图 4.4-5 抗拔荷载对桩顶轴向变形的影响

结合二者加载的不同，发现循环拔压荷载的幅值是不同的。5 号试验桩在整个加载过程中压荷载占主导地位，抗压荷载幅值大部分大于抗拔荷载。而 6 号试验桩在加载过程中拔荷载相对较大，抗拔荷载幅值大部分大于抗压荷载，所以呈现两种截然不同的运动态势。单从量值上来说 5 号试验桩循环累积变形量在第五级别达到了 3.295mm，接近常规抗拔试验桩的极限变形量（3.875mm），而 6 号试验桩因为上层挤密量相对较小。

2. 基于循环次数的影响分析

循环位移与桩基承载力之间是相关的。实际上，在循环加载过程中，桩土之间的接触位置不断地改变这也就导致了摩阻力的损失和转移。考虑到循环荷载作用下桩土接触结构的弱化，将结合卸载后的桩顶轴向位移对桩土接触弱化情况进行分析。首先引入弱化因子 ∂ 概念，这是对桩土接触情况的简单描述。弱化因子 ∂ 具体值可以理解为当前级别桩顶轴向位移量和极限荷载造成的桩顶轴向位移之间的比值，见式（4.4-1）：

$$\partial=\frac{h_{\mathrm{i}}}{h_{\mathrm{u}}} \tag{4.4-1}$$

式中，h_{i}——当前荷载稳定时的桩顶轴向位移量；

h_{u}——极限荷载造成的桩顶轴向位移量。

弱化因子在数值上越接近1，桩基本身也就越不稳定。循环压拔试验桩抗拔卸载曲线弱化情况见图4.4-6，同级别荷载作用下弱化因子随着循环次数的增加，越来越大，说明在循环过程中桩土接触结构是不断弱化的，这也就意味着桩基在循环过程中不断被破坏。每一次循环都是上一次循环的累积，也是弱化趋势的累积，循环次数是影响桩基承载力极限值的重要因素。

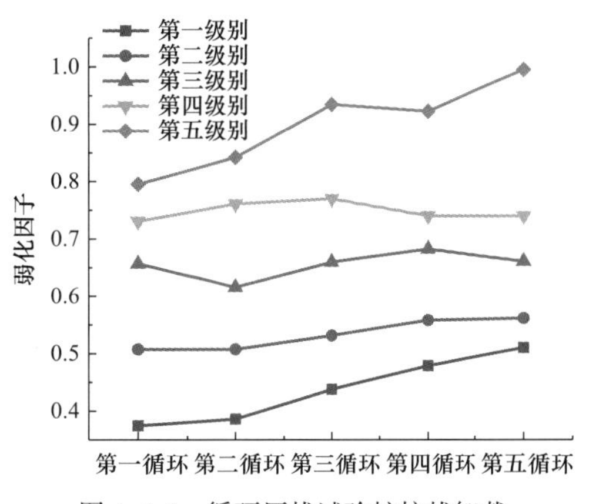

图4.4-6　循环压拔试验桩抗拔卸载曲线弱化情况

结合图4.4-6会发现，在循环过程中，第三级别、第四级别曲线明显比较平，在第三级别、第四级别压拔荷载的幅值非常接近，说明只有当压拔荷载幅值差别较大时，循环对桩基的破坏才比较大，甚至在5次循环的作用下，弱化因子可以达到0.9以上。这也就意味当循环荷载幅值较大时，即使有限多次的循环也要注意损伤的累积性。

4.4.4　循环压拔摩阻力差异性分析

土体的弱化实际上是循环过程连续不断对桩基破坏的过程。在这种不断循环的破坏下，摩阻力会不断衰减。图4.4-7为循环压拔试验桩各个加载阶段摩阻力变化趋势，整体上来看，循环压拔试验桩随着循环次数的增加，摩阻力都是呈现减小的趋势。

从加载情况分析，试验桩在一定程度上个别深度会在前面第一级别、第二级别循环呈现增加的趋势，但是增加数值并不是很大。

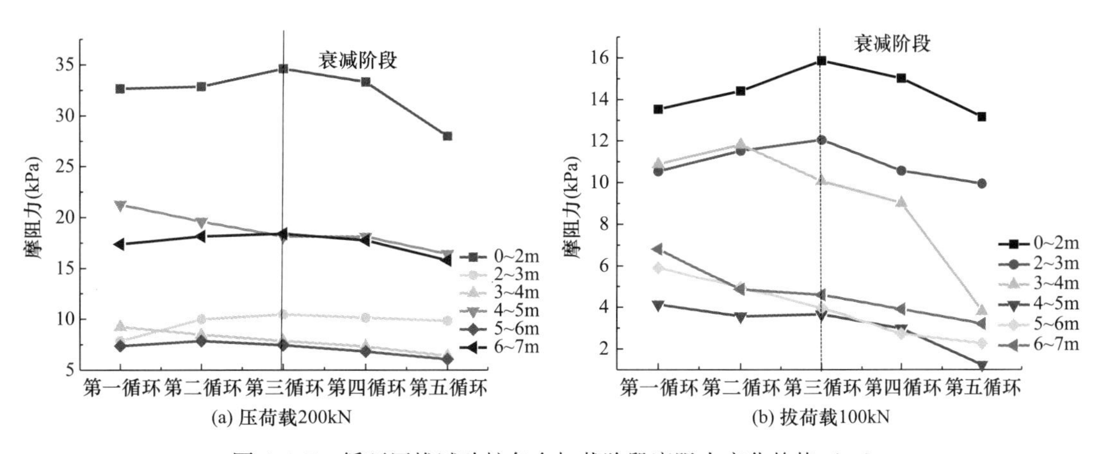

图4.4-7　循环压拔试验桩各个加载阶段摩阻力变化趋势（一）

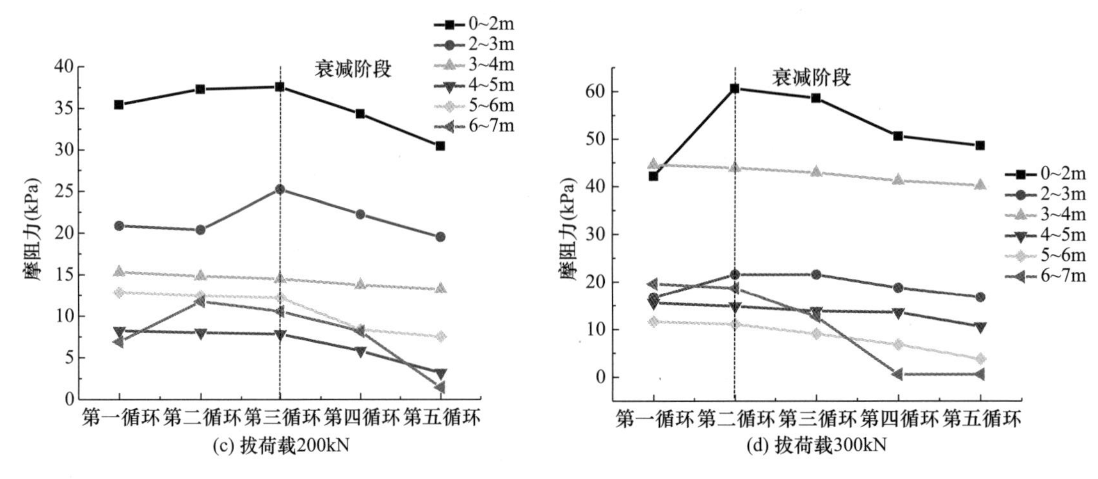

图 4.4-7 循环压拔试验桩各个加载阶段摩阻力变化趋势（二）

4.4.5 极限和破坏阶段的变形与受力分析

1. 桩顶轴向位移差异性分析

如表 4-4-1 所示，对于受到钢管挤密的 4 号试验桩和 6 号试验桩，6 号试验桩的极限荷载和破坏荷载都大于 4 号试验桩，这充分说明循环压拔相对于循环抗拔在一定程度上对桩基的损伤更小。

极限荷载、破坏荷载统计　　表 4-4-1

荷载	1 号试验桩（纯拔）	3 号试验桩	4 号试验桩（挤密）	5 号试验桩	6 号试验桩（挤密）
极限荷载（kN）	550	300	500	450	550
极限变形（mm）	3.875	3.686	3.624	1.025	2.927
破坏荷载（kN）	600	350	550	500	600
破坏变形（mm）	29.18	9.321	23.87	8.556	13.361

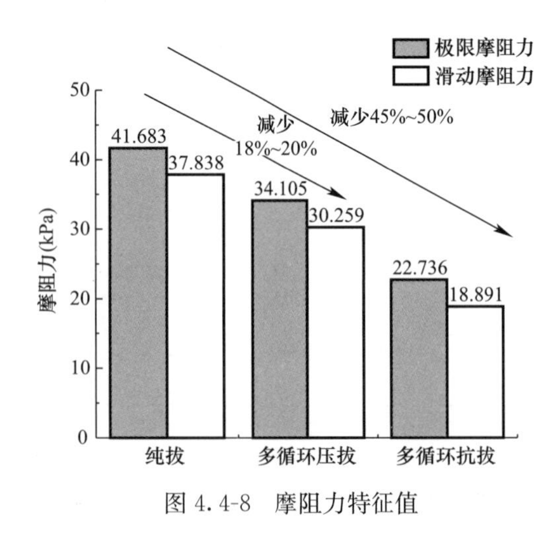

图 4.4-8 摩阻力特征值

2. 极限状态的摩阻力差异性分析

由图 4.4-8 可知，循环抗拔试验桩的极限摩阻力小于滑动摩阻力，这也证明了压拔循环加载会在一定程度上减少对桩土之间接触的破坏，桩基承载力的损失也会更少。循环荷载对桩基的抗拔承载能力具有非常大的折减作用，当桩受到的上拔力超过极限状态，距离桩端处的桩侧摩阻力开始衰减，此时桩开始被拔出，极限摩阻力变为了滑动摩阻力。

为了研究循环过程对各个深度的摩阻力影响，绘制循环抗拔桩侧摩阻力衰减对比曲线，见图 4.4-9。

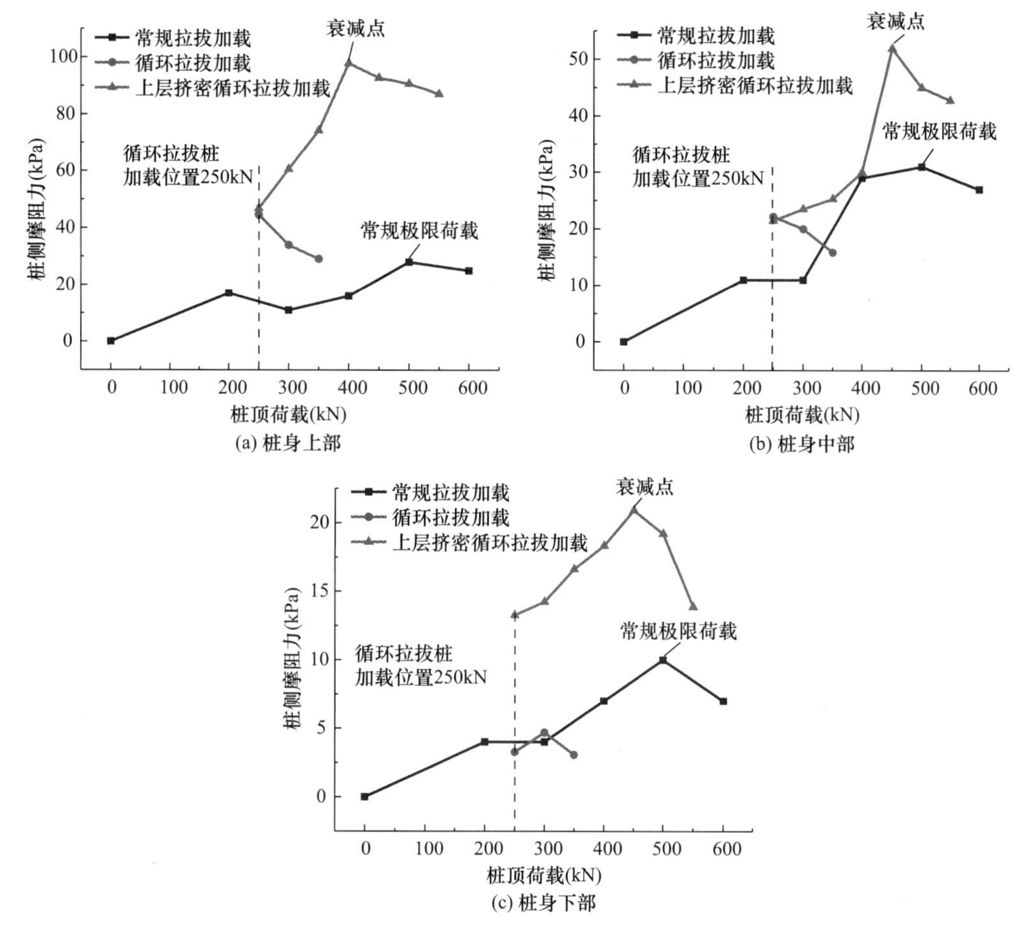

图 4.4-9　循环抗拔桩侧摩阻力衰减对比曲线

由图 4.4-9 可知，摩阻力存在临界值，当达到这个值的时候，摩阻力出现衰减。常规抗拔桩试验的摩阻力衰减一般发生在极限荷载上。而循环抗拔加载试验桩，在上拔荷载还未达到极限荷载前就已经发生了衰减，甚至未对土层进行处理的循环抗拔试验桩，在抗拔加载开始时就已经出现了衰减，显然循环会提前让各深度土层达到极限摩阻力。

总之，无论是哪种衰减，只要是本层摩阻力衰减，就说明摩阻力在本层桩土已经发生了滑移，由原来的极限摩阻力变为滑动摩阻力，桩土接触结构破坏。

4.5　挤密状态桩基础承载性能分析

4.5.1　纯拔(单拉)和纯压(单压)桩试验结果分析

1. 荷载-桩顶位移曲线分析

图 4.5-1 为 1 号试验桩 Q-S 曲线，在 500kN 以前，曲线变化较为平缓，在 500kN 以后，Q-S 曲线呈现线性变化，上拔位移增大较快，整个曲线呈现出前期渐变后期陡变的形态。仔细分析其各阶段的变化情况，这根纯拔试验桩从一级加载到四级加载的累积变形量仅仅增加到了 3.875mm，逐级变化并不明显，而当加载到第五级荷载 600kN 时，累

积变形量产生了剧变，从 3.875mm 上升到 29.18mm，此时的相对变形量为 25.305mm，根据《建筑桩基检测技术规范》JGJ 106—2014 规定，取 500kN 为 1 号纯拔试验桩的极限荷载。

图 4.5-2 为 2 号试验桩 Q-S 曲线，在－350kN 以前，曲线变化较为平缓，在－350kN 以后，Q-S 曲线呈线性变化，位移增大幅度较快。这根纯压试验桩从一级加载到五级加载的累积变形量不明显，而当加载到第六级荷载－400kN 时，累积变形量才从 3.644mm 上升到 16.107mm，此时的相对变形量为 12.463mm，第五级加载后累计变形量 0.964mm 的 12.928 倍，故取－350kN 为 2 号纯压试验桩的极限荷载。在施加极限荷载以后的破坏阶段，桩的位移呈线性增加的形态。

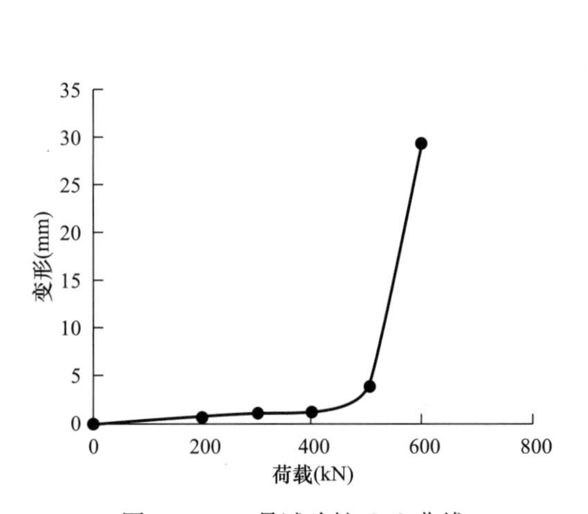

图 4.5-1　1 号试验桩 Q-S 曲线

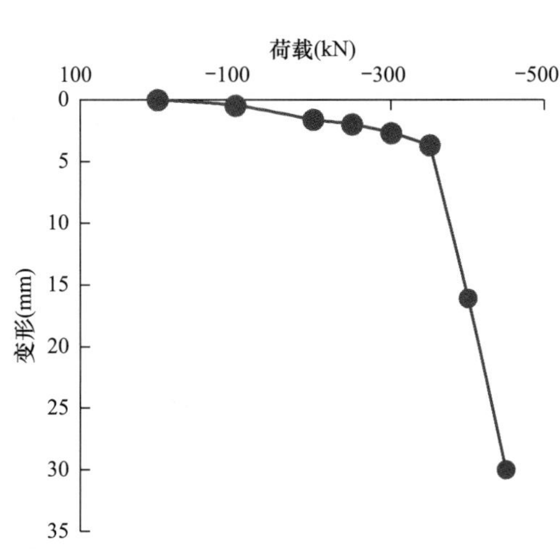

图 4.5-2　2 号试验桩 Q-S 曲线

由图 4.5-2 可知：

（1）在荷载稳定阶段，受上拔荷载的桩基变形量的变化较为平缓，受下压荷载的桩基变化较为明显，并且两桩在桩长上差别较小，这说明受上拔荷载作用的桩位移变化更加平缓。

（2）单桩受力大小相同时，抗拔桩上拔位移大小小于抗压桩位移，一方面说明，桩基在承受相同大小的荷载时，下压荷载作用下的桩基更容易产生变形，另一方面也再次验证前面的结论，上拔荷载作用的桩变形更加平缓。

（3）在相同工况条件下，纯拔试验桩的极限荷载是纯压的 1.4 倍，并且极限荷载作用下产生的不可恢复变形量较纯压桩而言更小，说明桩更长、侧面积更大则贡献出的摩阻力更高，受荷后的桩基更难发生塑性破坏。

（4）两根桩均在桩顶上拔位移达到 3～4mm 时出现了拐点，这说明不论是承受上拔还是下压荷载的桩基，在桩长和侧面积大小没有较大差异的条件下，两根桩在即将进入破坏阶段前的变形量不会有明显区别，同时也说明在承受单一拉拔荷载作用时，桩基产生相对较小的变形后就会进入破坏阶段。

2. 桩身轴力分析

分析图 4.5-3 发现：1 号纯拔桩和 2 号纯压桩在轴力变化上有一定相似性和差异性。单桩在承受上拔或下压荷载时，轴力分布规律基本相同，最大值位于桩顶，沿着桩端方向自上而下逐渐减小；在相同大小荷载作用下，两桩顶的轴力也相同，接近桩底时两桩底轴力同样没有变化。在距离地面 0～5m 的范围内，二者的差异明显。0～1m 范围尤其突出，对比可见下压荷载作用下的桩轴力陡降极为明显；在 1～5m 范围，受上拔荷载作用的桩轴力变化更陡并且呈现出不规则的变化趋势，受下压荷载的桩轴力变化平缓并且呈线性变化。

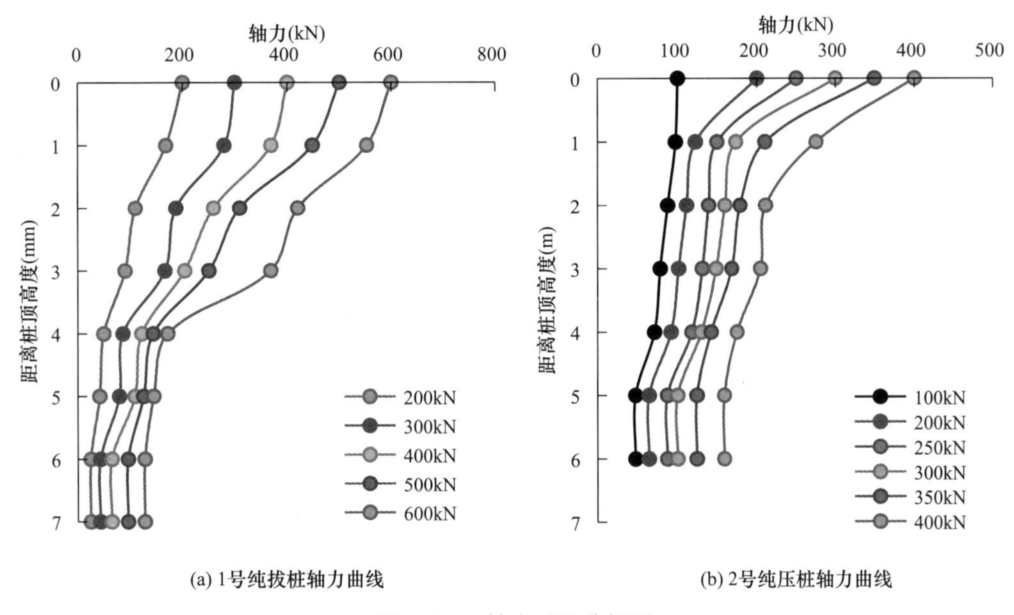

图 4.5-3　轴力对比分析图

3. 桩身摩阻力分析

由图 4.5-4 分析可知，纯拔桩桩侧摩阻力的分布情况表现出极大的非线性关系，整体呈现中间部分大两端小的形态，其最大值出现在接近桩顶的地方，最小值出现在桩基下半部分并且靠近桩身中间部位。

由图 4.5-5 可知，2 号纯压桩也表现出极大的非线性关系，桩侧摩阻力分布呈现随深度递减的形态，其最大值出现在接近桩顶的部位，最小值出现在桩的中间部位。从竖向分析来看，桩在 0～1m 深度范围，摩阻力最大，摩阻力最小值位于 2～3m 深度范围，在 3～6m 深度范围摩阻力无太大变化，这说明桩基的摩阻力主要由靠近桩顶 2m 范围提供；横向对比分析相同深度范围不同荷载作用时的摩阻力分布情况，桩在荷载稳定阶段，整根桩的摩阻力均是随着荷载的增大而变大，进入破坏阶段以后，0～1m、4～6m 深度范围摩阻力随荷载增加而变小，1～4m 深度范围随荷载增加而摩阻力变大，这说明靠近桩基两端的桩侧摩阻力在上拔荷载作用下先发挥较快，尤其在破坏阶段时，中间桩侧摩阻力发挥的作用逐渐变大。

由图 4.5-6（a）分析可知，在荷载稳定阶段，1 号纯拔桩的最大摩阻力出现在 1～2m 深度范围，而 2 号纯压桩的摩阻力最大值出现在桩顶；1 号纯拔桩在 0～1m 和 4～6m 深度范围内发挥的摩阻力均大于 2 号纯压桩，其余部分比 2 号纯压桩更小；在靠近桩底 2m 范围桩侧摩阻力不会产生变化。由图 4.5-6（b）分析可知，在极限和破坏阶段，1 号纯拔桩的最大摩阻力依然位于 1～2m 深度范围，而 2 号纯压桩的最大摩阻力出现依然处于桩顶位置；1 号纯拔桩侧摩阻力分布仅在 0～1m 深度范围高于 2 号纯压桩，在靠近桩底 2m 范围，桩侧摩阻力不会发生变化。

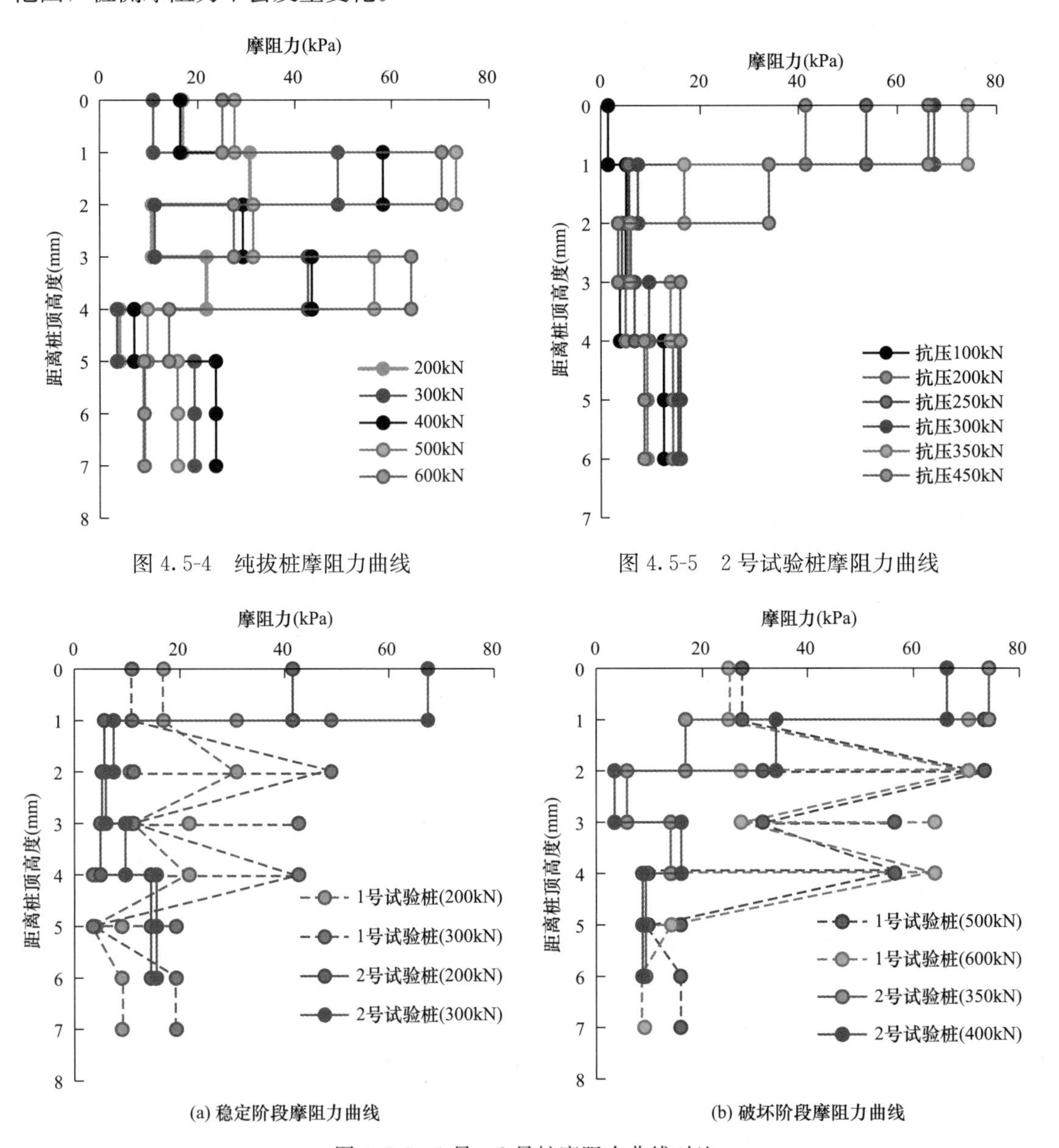

图 4.5-4　纯拔桩摩阻力曲线

图 4.5-5　2 号试验桩摩阻力曲线

图 4.5-6　1 号、2 号桩摩阻力曲线对比

4.5.2　非挤密状态下多循环拉拔桩试验结果分析

1. 荷载-桩顶位移曲线分析

从图 4.5-7 中可以清楚看到，在第一级别加载（50kN、100kN、150kN）后，桩的上拔量不会随时间变化而改变，即使保持长时间的荷载作用，上拔量依然十分稳定，并且荷载以等比例加载，其变形也几乎以同样大小上升，是一种正相关的上升规律；卸载至 0 以后，变形量跌至接近 1.1mm，并且不再变化，这说明抗拔桩已经存在较小的不可恢复的

塑性变形。

从图 4.5-8 中可以看到，第二级别加载（50kN、100kN、150kN）后，上拔量依然稳定，且在这三个不同上拔荷载作用下，桩基变量仅有微幅上涨，这也展现出和第一级别相同的稳定情况；从第二级别加载（200kN、250kN）时便开始出现变形量稳定，在第二级别最大荷载 250kN 施加 30min 以后，出现了变形量的突变，这说明持续大荷载作用会对桩土相对位移产生影响。

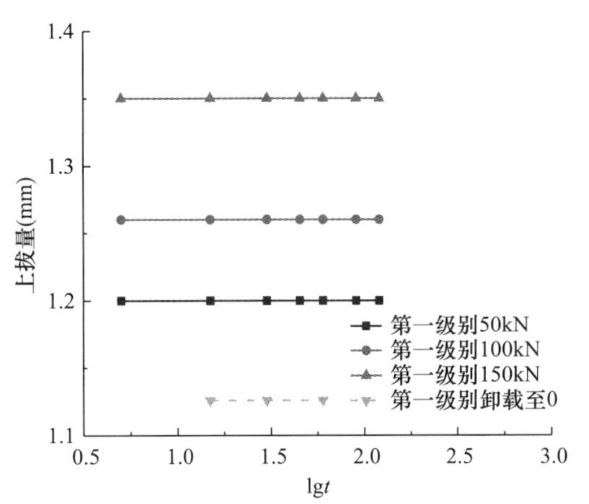

图 4.5-7　4 号试验桩（0～150kN）加载状况

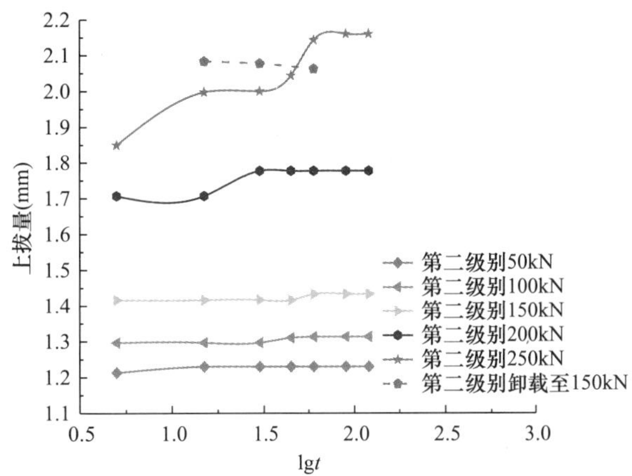

图 4.5-8　4 号试验桩（0～250kN）加载状况

从图 4.5-9 中可以看到，第三级别加载（200kN、250kN）后，上拔量稳定，但是在第三级别加载（300kN、350kN）稳定时，变形并未出现陡变的情况，这同第二级别的情况又有差异。

从图 4.5-10 中可以看到，在破坏阶段施加荷载 300kN 后，变形量并不随时间变化，而在破坏阶段施加荷载 350kN 后，随着时间的增加上拔量逐渐增加。

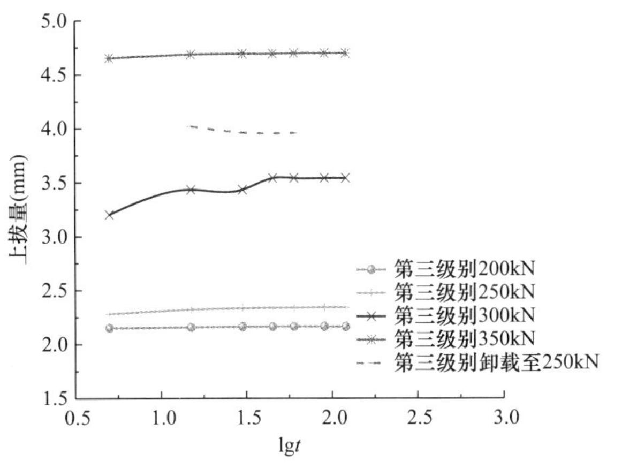

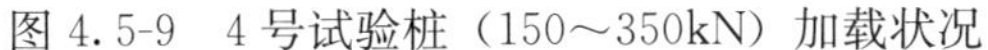

图 4.5-9　4 号试验桩（150～350kN）加载状况

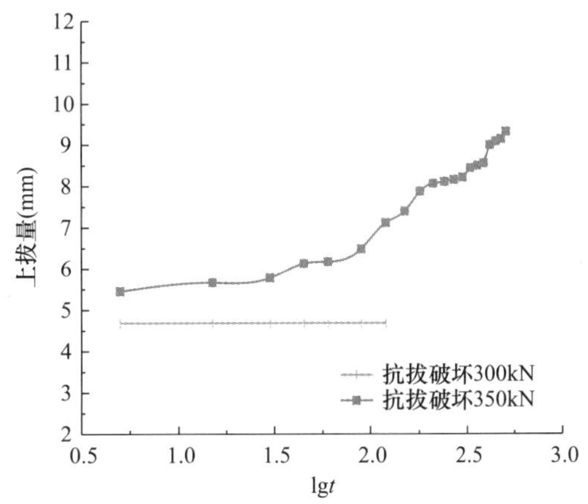

图 4.5-10　4 号试验桩破坏阶段加载状况

2. 桩身轴力分析

根据图 4.5-11 可以看出，第二级别上拔荷载（0～250kN）作用时，桩身轴力同样表现出递减的形态。沿深度方向进行对比，在 0～5 范围内轴力减小速度较慢，5～6m 处轴力出现陡降，并且较第一级别的陡降幅度更加明显，在接近桩端 1m 范围，桩身轴力不再变化。横向对比相同深度发现，随着荷载的增加轴力曲线会变得更加接近，尤其在 1～6m，桩身轴力减小速度随着荷载的增加而缓和。卸载曲线在 0～1m 范围与 150kN 的曲线重合，1～4m 范围介于 150kN 和 200kN 的轴力曲线之间，4～7m 范围和 200kN 曲线重合，这说明卸载后桩身轴力不能恢复原始应力状态，而是大于原始状态，但变大幅度不会超过相邻下一荷载作用时的应力状态。

根据图 4.5-12 可以看出，单桩承受第三级别的拔荷载（150～350kN）时，轴力曲线表现出和前面两个级别荷载作用下相同的递减形态。沿深度方向进行对比，桩顶 1m 范围，轴力变化明显，1～5m 深度范围轴力仅有微小变动，在 5～6m 深度的范围轴力变化最大，在接近桩底的轴力不再变化。横向对比相同深度发现，桩在承受破坏荷载以前，0～5m 深度范围内的轴力增加值会随着荷载的增加而稳定增加。

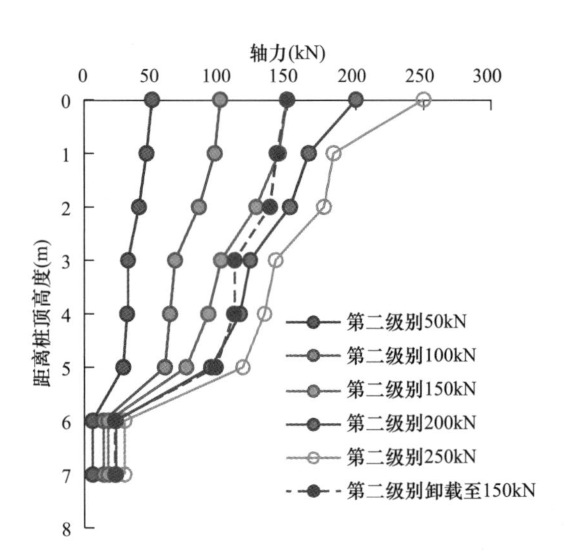

图 4.5-11　4 号试验桩（0～250kN）加载状况

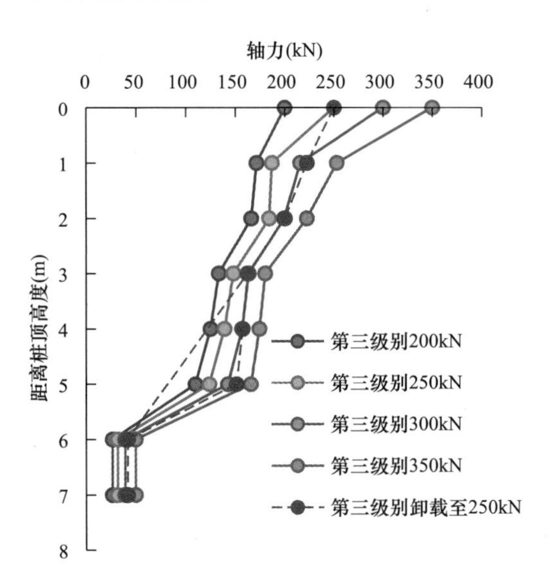

图 4.5-12　4 号试验桩（150～350kN）加载状况

根据图 4.5-13 所示，4 号试验桩破坏阶段时其桩身轴力的分布规律基本相同，在桩顶处最大，随桩身的深度逐渐减小。沿深度方向，0～5m 深度范围轴力减小速度缓慢，在 5～6m 深度范围出现陡变；横向对比相同深度，两端的轴力曲线十分接近，中间 4～5m 深度范围的轴力并未出现大幅增加。

3. *桩身摩阻力分析*

由图 4.5-14 可知，4 号试验桩在第一级别荷载（50～150kN）作用下，桩侧摩阻力沿桩身的分布情况呈现上端小下端大的形态，其最大值出现在接近桩底，最小值出现在桩基顶部和靠近桩身中间部位。沿深度方向分析来看，该级别每次荷载作用下桩侧摩阻力的最大值都出现在桩底，比 3～4m 的摩阻力微高；从横向对比分析来看，相同深度，整个深度范围内的摩阻力都是随着荷载的增大而变大。

由图 4.5-15 分析可知，第二级别荷载（50～250kN）作用下，桩侧摩阻力分布情况仍然呈现上窄下宽的形态，其最大值出现在接近桩底的地方，最小值出现在桩身中间部位。从深度方向分析来看，该级别每次荷载作用下桩侧摩阻力的最大值都出现在桩底 5～7m

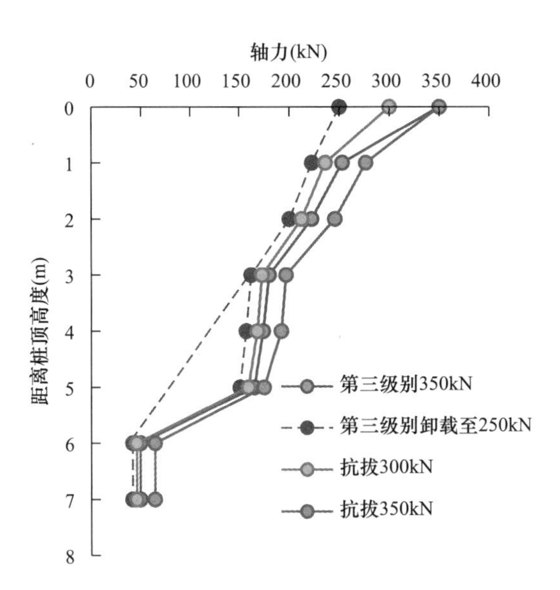

图 4.5-13　4 号试验桩破坏阶段加载状况

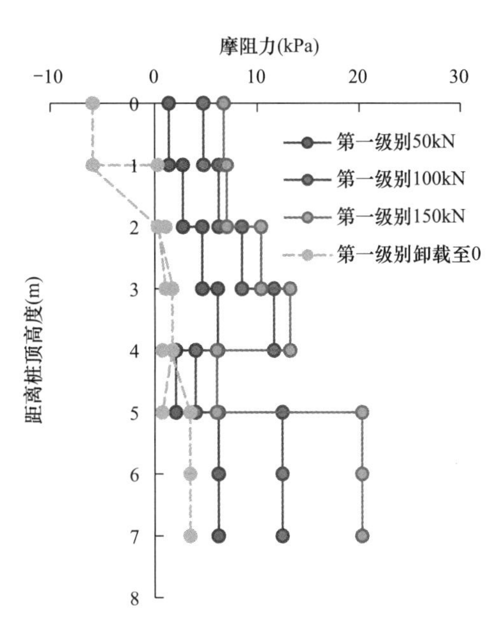

图 4.5-14　4 号试验桩（50～150kN）摩阻力曲线

范围，且远高出其他部分的摩阻力，最小值位于 3～4m 范围，在桩身中间部位。从横向对比分析，相同深度，摩阻力峰值增量随着荷载增加出现先减小后增加的规律，转折处是 150kN 荷载，该荷载正好是上一级别加载中的最大荷载；而摩阻力最小值的增量变化规律刚好相反，随着荷载增加出现先增加后减小的规律，转折处依然是 150kN 荷载。卸载至 150kN 的摩阻力变化曲线整体形态保持不变，0～5m 范围的摩阻力都小于或者等于卸载前施加 150kN 荷载时的摩阻力，而在 5～7m 范围摩阻力高于原始应力，这说明卸载后桩底处摩阻力发挥更充分，其余部分存在摩阻力软化。

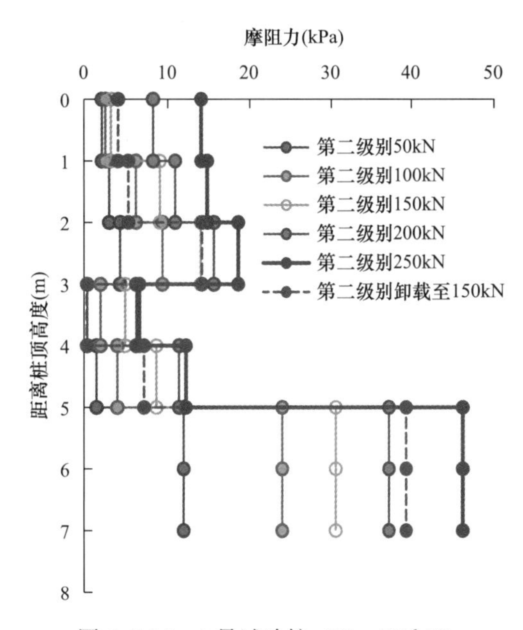

图 4.5-15　4 号试验桩（50～250kN）摩阻力曲线

由图 4.5-16 分析可知，第三级别荷载（200～350kN）作用下，桩侧摩阻力沿桩身的分布情况及最大值和最小值出现部位均同前两个级别一样。沿深度分析来看，摩阻力随荷载的增加出现先减小后变大的趋势，桩顶和桩底的摩阻力差别缩小。从横向分析来看，0～1m 深度范围，摩阻力的增量是逐渐减小的，1～5m 深度范围的摩阻力增量是稳步增加的，2～7m 深度范围摩阻力增量逐渐变大。卸载至 250kN 的摩阻力变化曲线整体形态保持不变，2～3m 深度和 5～7m 深度范围的摩阻力高于卸载前施加 250kN 荷载时的摩阻力，而在其他位置摩阻力均出现软化。由图 4.5-17 分析可知，4 号试验桩在进入破坏阶段以后，摩阻力分布情况形态保持不变。沿深度方向进行分析，0～1m 深度范围和 5～7m 深度范围摩阻力高于第三级别同等荷载强度作用时的摩阻力，而 1～5m 深度摩阻力小于上一级别同等荷载，这说明进入破坏阶段以后，摩阻力由两端向中间集中，桩身中间部分贡献出更大的摩阻力。

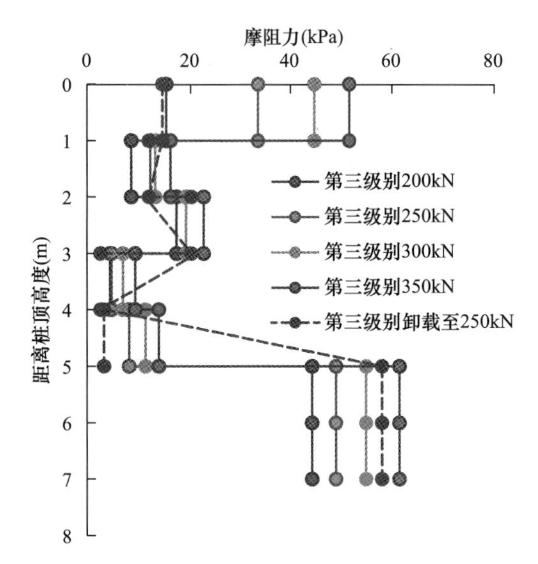

图 4.5-16　4 号试验桩（200～350kN）摩阻力曲线

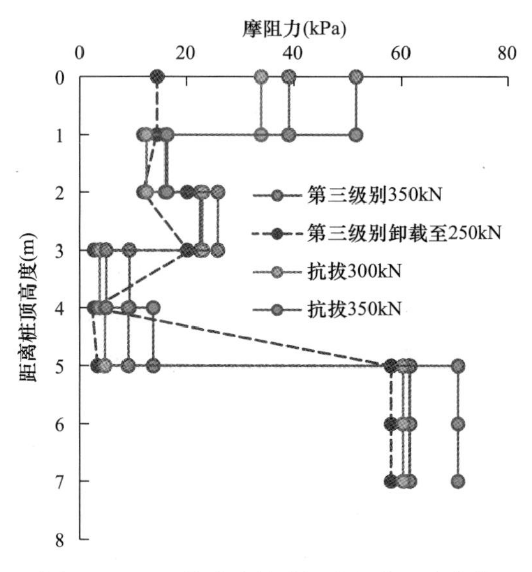

图 4.5-17　4 号试验桩破坏阶段摩阻力曲线

4.5.3　挤密状态下多循环拉拔桩试验结果分析

1. 荷载-桩顶位移曲线分析

从图 4.5-18 中可以清楚看到在第一级别加载（50kN）后，上拔量初始值较小，在荷载稳定 30min 后，出现小幅度上涨；在第一级别加载（100kN、150kN）后，桩的上拔量较为稳定；在卸载至 0 以后，变形量在图 4.5-18 中所表示的曲线和最后加载 150kN 相交，并且不再变化，这说明桩土间的变形在卸载后会稳定在最后一次加载的某个位置。

从图 4.5-19 中可以看到，第二级别加载（50kN）后，上拔量初始值较小且十分稳定；从第二级别加载（100kN）时出现荷载稳定后的变形量增加，此后，随着荷载增加，桩顶上拔量逐渐变大，增大幅度越来越小。

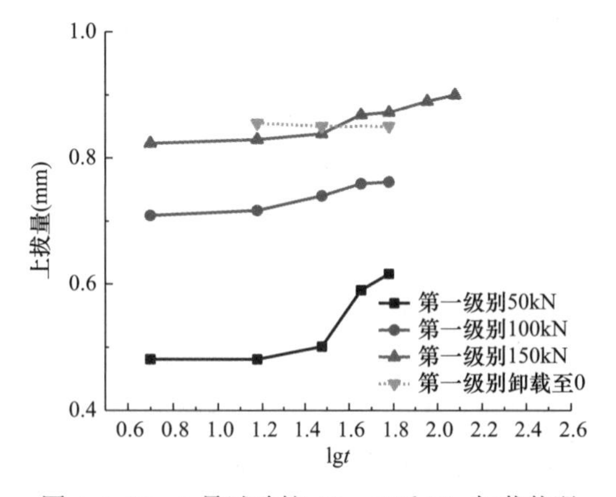

图 4.5-18　3 号试验桩（0～150kN）加载状况

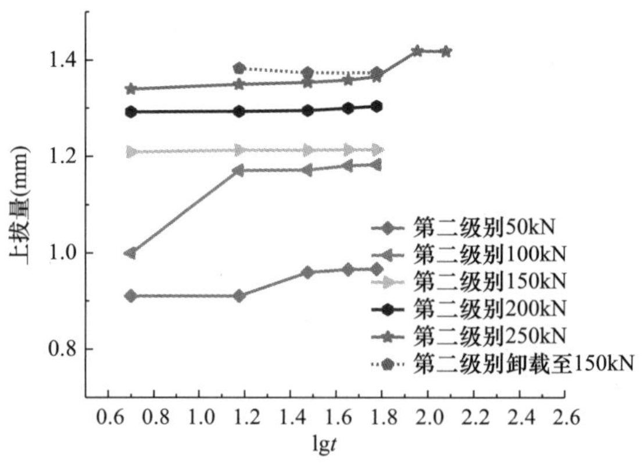

图 4.5-19　3 号试验桩（50～250kN）加载状况

从图 4.5-20 中可以看到，第三级别加载（200kN、250kN、300kN、350kN）后，每个荷载稳定后桩的上拔量都基本没有变化，与第二级别加载情况不同之处在于，随着荷载增加，桩顶上拔量逐渐变大，增大幅度也是越来越大。

从图 4.5-21 中可以看到，进入破坏阶段后，前面三次荷载的增加（400kN、450kN、500kN），上拔量都基本没有随时间变化，但施加 550kN 的荷载以后，变形量随着时间的推移而出现平缓上涨的状态；从纵向来看，每次荷载变化产生的变形量的变化也是逐渐变大的，比如：350kN 和 400kN 作用时的稳定变形几乎没有差异，而对比 400kN 和 450kN 再到 500kN 和 550kN 时，可以清楚看到曲线的分离，这说明变形量的变化正在增加。

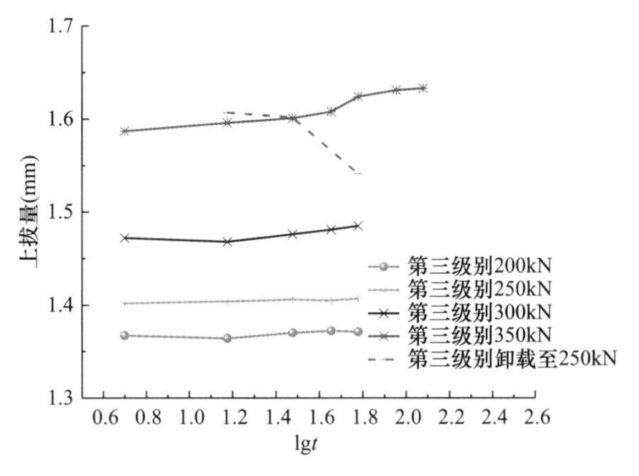

图 4.5-20　3 号试验桩（200～350kN）加载状况

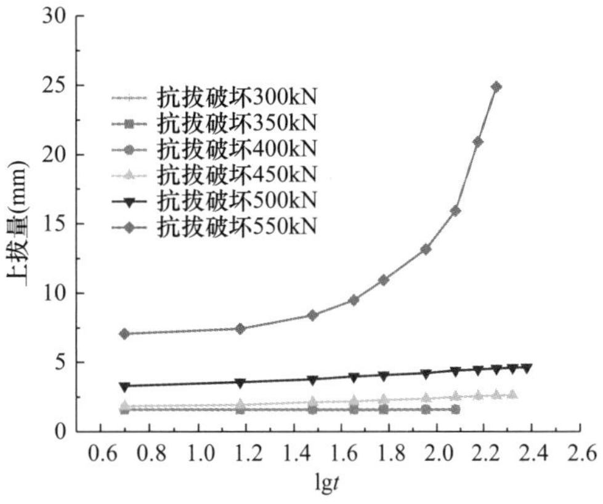

图 4.5-21　3 号试验桩破坏阶段加载状况

2. 桩身轴力分析

根据图 4.5-22 可以看出，单桩承受第三级别上拔荷载时，轴力曲线表现出和前面两个级别荷载作用下相同的递减形态。沿深度方向进行对比，在 0～1m 深度范围轴力变化最大，1～6m 深度范围轴力大体呈线性变化，仅 350kN 的曲线在 2m 处有微小跳跃，在接近桩端的深度处，桩身轴力不再变化；横向对比相同深度发现，桩在承受破坏荷载以前，0～5m 深度范围内的轴力增加值会随着荷载的增加而稳定增加，比如：1m 处，当荷载从 200kN 增加至 300kN，轴力从 135.44kN 增加至 183.80kN。

根据图 4.5-23 所示，3 号试验桩破坏阶段时，其桩身轴力的分布规律基本相同，在桩顶处最大，随桩身的深度逐渐减小。但横向对比发现，随着上拔荷载的增大，轴力的变化幅度逐渐减小，这是前面三个级别都没有表现出的规律；在接近桩端处，依然会有一个陡降的过程，而且这部分的桩身轴力基本不变。

3 号试验桩的轴力曲线如图 4.5-24 所示。由图可知，桩体在单次循环荷载的作用下，也是随着深度的增加，轴力逐渐变小，这一点和正常抗拔的 1 号试验桩及未施加挤密效果的试验桩 4 号都是一样的。当桩基在同等大小的荷载作用下，完成一次或者多次加载（卸载）后，下次试验施加相同大小的荷载作用时，桩身轴力会表现出逐渐增大的现象，这是因为多次循环的作用下桩侧摩阻力在进一步地缩减导致轴力在逐渐增大。

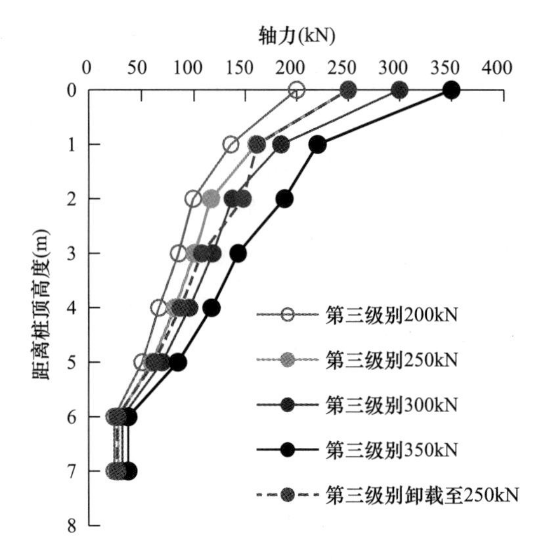

图 4.5-22 3 号试验桩（150～350kN）加载状况

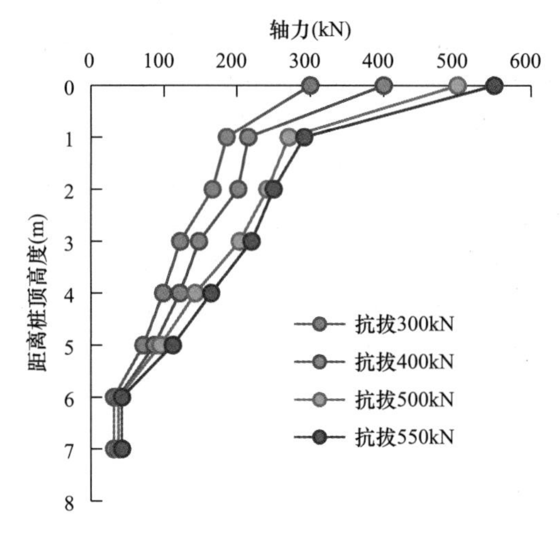

图 4.5-23 3 号试验桩破坏阶段加载状况

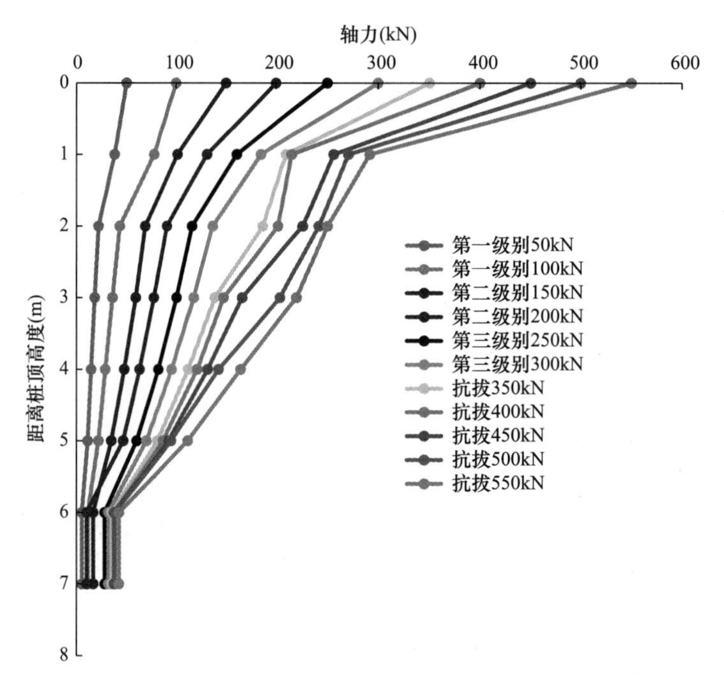

图 4.5-24 3 号试验桩轴力曲线

3. 桩身摩阻力分析

由图 4.5-25 分析可知，3 号试验桩在第一级别加载（50～150kN）作用下，桩侧摩阻力沿桩身的分布情况呈现两端大中间小的形态，其最大值出现在接近桩顶的地方，最小值出现在桩基下半部分并且靠近桩身中间部位。从深度方向分析来看，50kN 和 100kN 的荷载作用下，最大值出现在 1～2m 深度范围，而 150kN 荷载作用下，峰值出现在桩顶，这说明随着荷载增加摩阻力峰值在逐渐向上迁移；摩阻力最小值位于 2～5m 深度范围，并未随着荷载增加而出现变化，在靠近桩底的 5～7m 深度范围的摩阻力同样无太大变化。从横向对比分析，相同深度，桩在荷载稳定阶段，整个深度范围内的摩阻力都是随着荷载的增大而变大，摩阻力峰值的变化尤为突出，随着荷载的增加其摩阻力增加值也逐渐变大。

从图 4.5-26 可知，3 号试验桩在第一级别加载（50～250kN）作用下，桩侧摩阻力分布情况呈现两端大中间小的形态，其最大值出现在接近桩顶的地方，最小值出现在桩的中间部位。从竖向分析来看，50kN 荷载作用时，最大值出现在 1～2m 深度范围，而大于 50kN 荷载作用下，峰值出现在桩顶，这同第一级别加载的规律类似，随着荷载增加摩阻力峰值在逐渐向上迁移；从横向对比分析，相同深度下，整根桩的摩阻力均是随着荷载的增大而变大，并且摩阻力峰值之间的差值同样是在逐渐增大的。

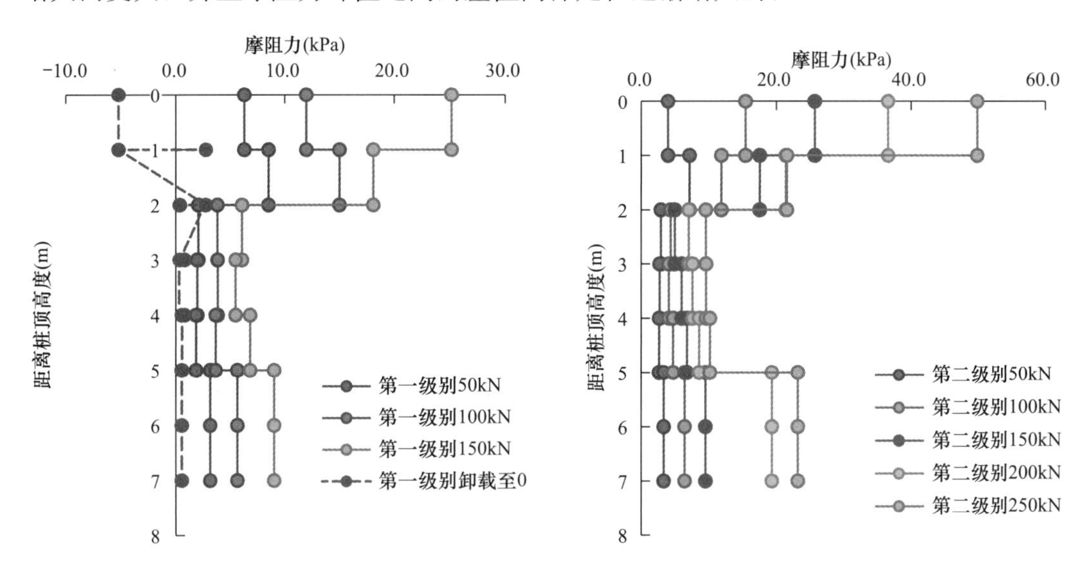

图 4.5-25　3 号试验桩（50～150kN）摩阻力曲线　　图 4.5-26　3 号试验桩（50～250kN）摩阻力曲线

由图 4.5-27 分析可知，3 号试验桩在第一级别加载（200～350kN）作用下，桩侧摩阻力沿桩身的分布情况呈现两端大中间小的形态，其最大值出现在接近桩顶的地方，最小值出现在桩基下半部分并且靠近桩身中间部位。从竖向分析来看，最大值出现在桩顶的部位，摩阻力最小值位于 2～5m 深度范围，并未随着荷载增加而出现变化，在靠近桩底的 5～7m 深度范围的摩阻力同样无太大变化。从横向分析来看，桩在荷载稳定阶段，整个深度范围内的摩阻力都是随着荷载的增大而变大，摩阻力峰值的变化尤为突出，随着荷载的增加其摩阻力增加值也逐渐变大。

由图 4.5-28 分析可知，3 号试验桩在抗拔荷载为 350～500kN 作用下，桩侧摩阻力分布情况呈现两端大中间小的形态，其最大值出现在接近桩顶的地方，最小值出现在桩的中间部位。从横向分析来看，整根桩的摩阻力均是随着荷载的增大而变大，并且摩阻力峰值之间的差值同样是在逐渐增大的；在桩的两端其摩阻力随着荷载增加的趋势更加明显。

综上所述得出结论：（1）桩侧摩阻力沿桩身的分布整体呈现两端大中间小的形态，其最大值出现在桩顶的位置，最小值出现在桩身中间部位。（2）在前三级别的荷载稳定阶段，摩阻力的峰值出现由下往上转移的现象。（3）卸载后的摩阻力能恢复到接近同等荷载水平的位置，但不能完全变成原始应力状态。

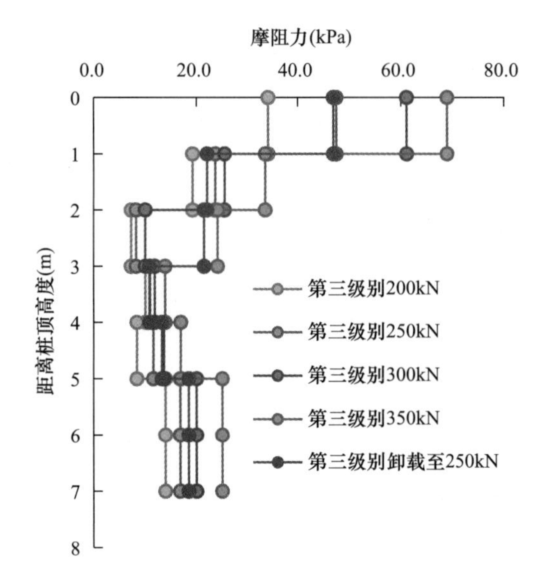

图 4.5-27 3号试验桩（200～350kN）摩阻力曲线

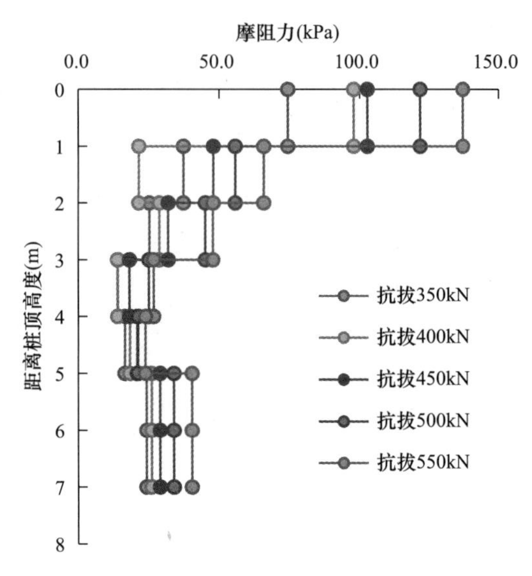

图 4.5-28 3号试验桩破坏阶段摩阻力曲线

4.5.4 非挤密状态下压拔循环桩试验结果分析

5号试验桩是非挤密桩，第一阶段从0开始加载至200kN加压，卸载后再加载至50kN拉拔，反复5个循环；第二阶段从0开始加载至200kN加压，卸载后再加载至100kN拉拔，反复5个循环；第三阶段从0开始加载至200kN加压，卸载后再加载至150kN拉拔，然后卸载至零，反复5个循环；第四阶段从0开始加载至200kN加压，卸载后加载至200kN拉拔，然后卸载至零，反复5个循环；第五阶段从0开始加载至200kN进行加压，卸载后加载至250kN进行拉拔，然后卸载至零，反复5个循环；最后阶段从0开始加载拉拔至破坏。在此规定抗拔桩负值方向是上拔荷载作用下的竖向向上的位移方向，反之为区别抗拔桩正值方向。

1. 荷载-桩顶位移曲线分析

图4.5-29为5号试验桩整体 Q-S 曲线。从图中可以看到，5号试验桩由于受到的抗压荷载较大，因此在变形上一直是向着地面以上的趋势位移，从图上也可以看出，随着循环级别的增加位移变形曲线也是在不断地向地面以上（抗拔加载）或者地面向地面以下（抗压加载）运动。而且在变形的过程中，这个趋势逐渐加深。图4.5-30为5号试验桩第一级别加载的 Q-S 曲线。由图可知，每个循环拉拔荷载加大，造成的变形量也会随之稳定增加，并无突变情况，并且每次卸载后的变形恢复值也极为稳定。

如图4.5-31所示，第二级别加载情况下，循环拉拔荷载增加造成的变形量增加值以及卸载后的变形恢复值较第一级别更小。如图4.5-32所示，第三级别加载情况下，循环拉拔荷载作用下，变形的变化幅度出现大幅提升，这是由于第三级别增大了最大拉拔荷载造成的。

2. 桩身轴力分析

图4.5-33为5号试验桩的第一级别轴力曲线，选取该级别第三循环荷载作用时的数据作为分析样本。根据图中曲线可以看出，单桩承受第一级别的抗压荷载时，桩身产生的

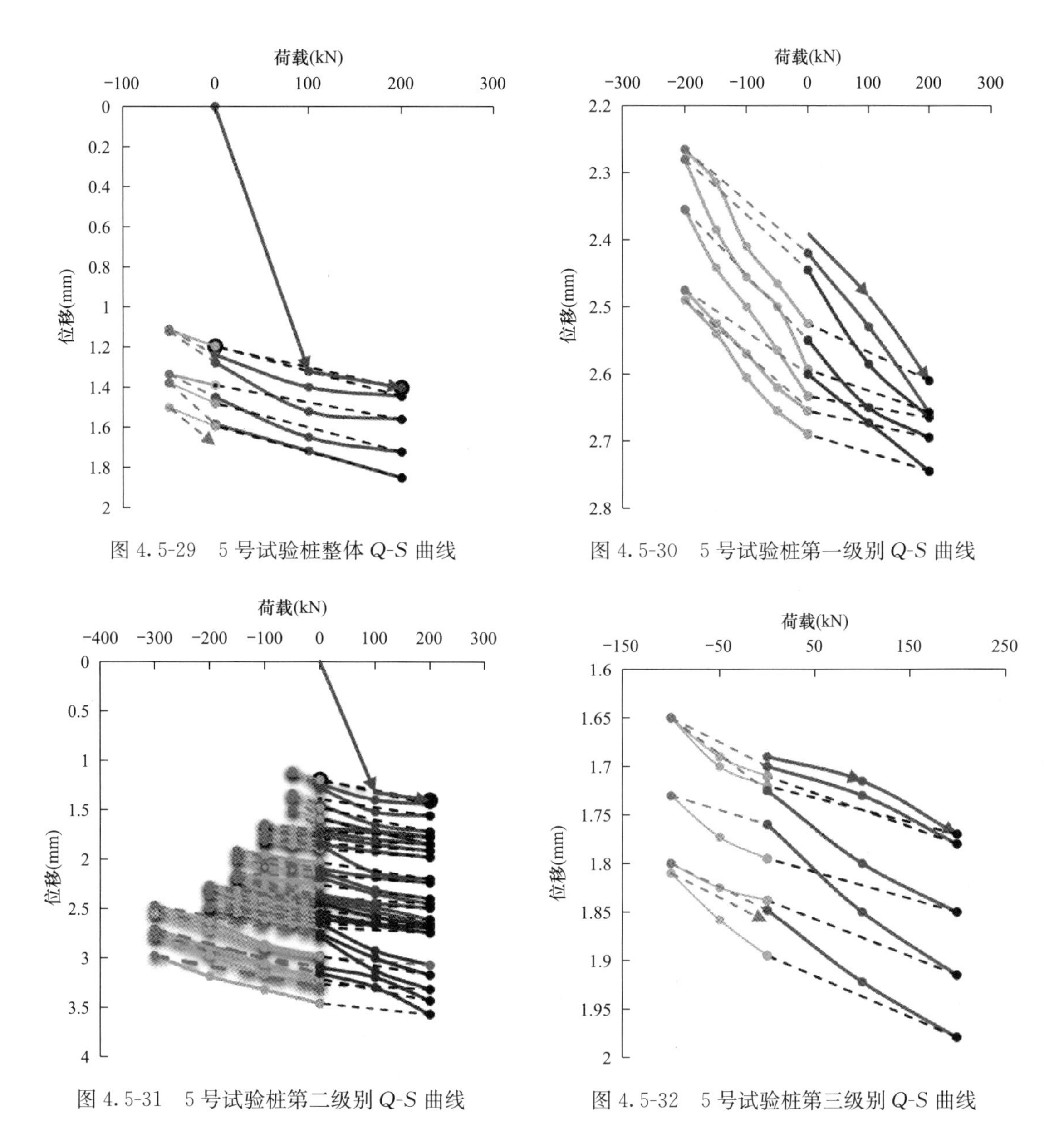

图 4.5-29　5 号试验桩整体 *Q-S* 曲线

图 4.5-30　5 号试验桩第一级别 *Q-S* 曲线

图 4.5-31　5 号试验桩第二级别 *Q-S* 曲线

图 4.5-32　5 号试验桩第三级别 *Q-S* 曲线

轴力在桩顶处最大，并沿着桩长度方向递减；两条卸载曲线在桩顶处的轴力瞬间降至 0，但桩身 1～5m 深度范围仍然存在轴力，此时轴力峰值出现在距离地面 1m 处；承受第一级别的抗拔荷载时，轴力呈线性变化，最大值出现在桩顶处，且随着深度的加大而逐渐减小。

由图 4.5-34 可以看出，第二级别荷载作用时，桩身轴力的整体变化趋势和第一级别大体相同。在单桩承受第一级别的抗压荷载时，桩身产生的轴力在桩顶处最大，并沿着桩长度方向递减；两条卸载曲线除接近地面 1m 范围外，其余基本和相邻荷载作用曲线重合，桩身 1～5m 深度范围仍然存在轴力，轴力峰值出现在距离地面 1m 处；承受第一级别的抗拔荷载时，轴力呈线性变化，最大值出现在桩顶处，且随着深度的加大而逐渐减小，其余并无特殊点。

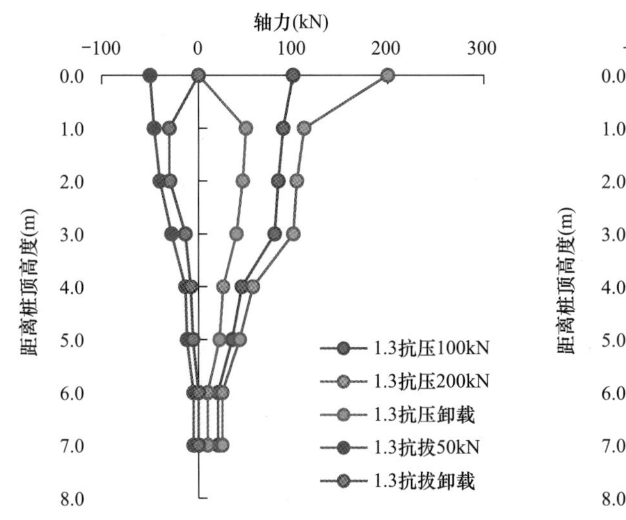

图 4.5-33　5 号试验桩第一级别轴力曲线

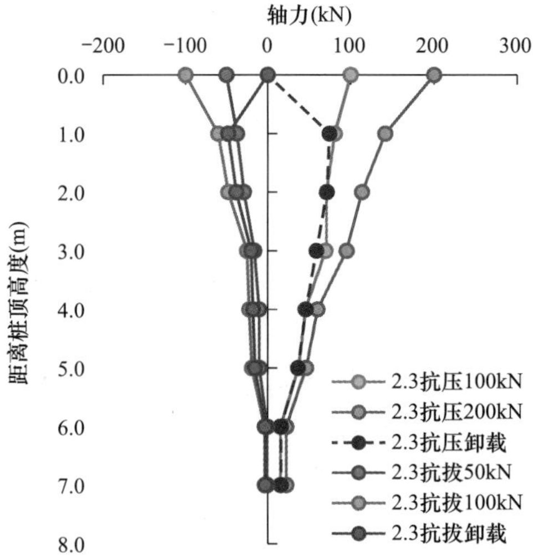

图 4.5-34　5 号试验桩第二级别轴力曲线

综合分析，5 号试验桩卸载后的曲线不能回归到初始位置上去，这主要是在进行单桩承载力试验时，预制桩成桩后的间歇时间（休止期）不应少于桩周土体强度恢复或基本恢复的时间。在这种连续上拔下压的过程中没有使得土体得到足够的稳定，因此存在大量的时间效应无法使轴力在卸载后恢复到最初水准。5 号试验桩在试验数据上更加的分散，循环过程中在同等荷载下轴力是在增加的，这是循环过程中摩阻力弱化的原因。

3. 桩身摩阻力分析

由图 4.5-35 可知，5 号试验桩在第一级别荷载作用下，桩侧摩阻力沿桩身的分布情况呈现上端大下部小的形态，其最大值出现桩顶处，最小值出现桩身在 4～5m 深度范围。从深度方向分析来看，抗拔荷载作用时，仅在桩顶 1m 处出现负摩阻力，这说明抗拔荷载作用前的抗压荷载使得桩在进入抗拔荷载作用后，难以发挥负摩阻力；横向分析可以看出，抗压荷载和抗拔荷载作用在桩顶 1m 范围内出现的摩阻力较为对称，这说明在第一级别荷载情况下，桩顶正负摩阻力发挥情况大体相同。

由图 4.5-36 可知，5 号试验桩在第二级别荷载作用下，桩侧摩阻力沿桩身的分布情况呈现上端大，下部小的形态，其最大值出现在桩顶处，最小值出现桩身 4～5m 深度范围。沿深度方向分析来看，压荷载作用时，桩身摩阻力分布比第一级别而言更加均匀，正摩阻力峰值出现在 3～4m 深度范围内，但大小和 1m 范围内的正摩阻力相当，这说明压荷载作用时的桩身摩阻力开始产生更大作用；横向分析可以看出，抗压荷载和抗拔荷载作用在桩顶 1m 范围内出现的摩阻力差别较大，这说明在第二级别抗拔荷载情况下，负摩阻力主要由桩顶部分承担。

由图 4.5-37 可知，5 号试验桩在第三级别荷载作用下，桩侧摩阻力沿桩身的分布情况呈现上端大下部小的形态，其最大值出现桩顶处，最小值出现在桩身 4～5m 深度范围，这与第一级别的摩阻力分布极为相同。从横向分析可以看出，抗压荷载和抗拔荷载作用在桩顶 1m 范围内出现的摩阻力大小存在差异，压荷载作用时桩顶的正摩阻力值大于拔荷载作用时负摩阻力的大小，这也说明在第三级别拉拔荷载情况下，主要是桩顶负摩阻力发挥作用。

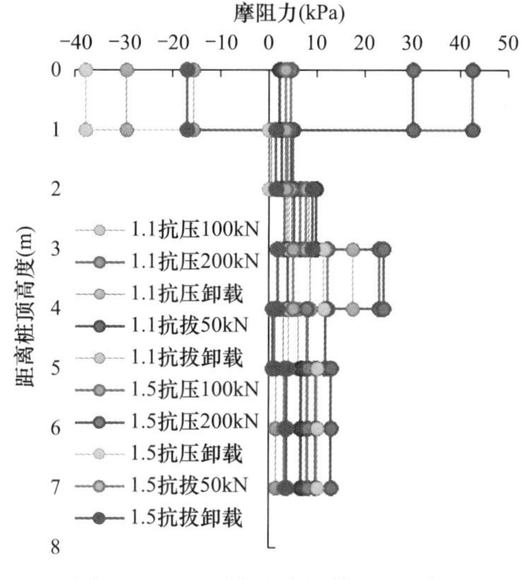

图 4.5-35　5 号试验桩第一级别图

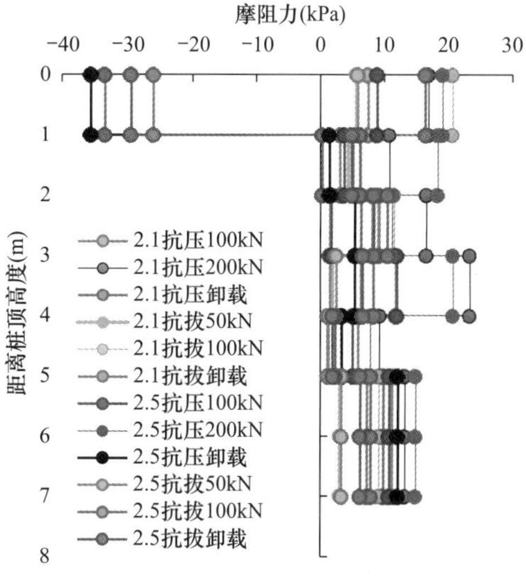

图 4.5-36　5 号试验桩第二级别图

由图 4.5-38 可知，5 号试验桩在第四级别荷载作用下，桩侧摩阻力沿桩身的分布情况和第二级别相似，其最大值出现桩顶处，最小值出现在 4～5m 范围。沿深度方向分析来看，压荷载作用时，桩身摩阻力分布均匀，正摩阻力峰值出现在距离地面 1m 范围内；从横向分析可以看出，抗压荷载和抗拔荷载作用时，在桩顶 1m 范围内出现的摩阻力差别较大，负摩阻力明显高于正摩阻力。

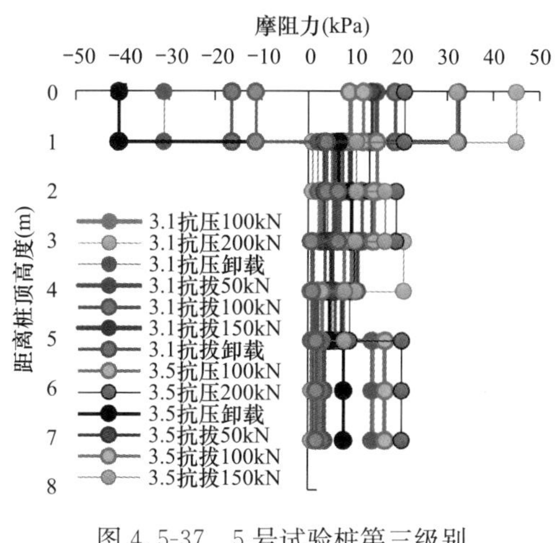

图 4.5-37　5 号试验桩第三级别

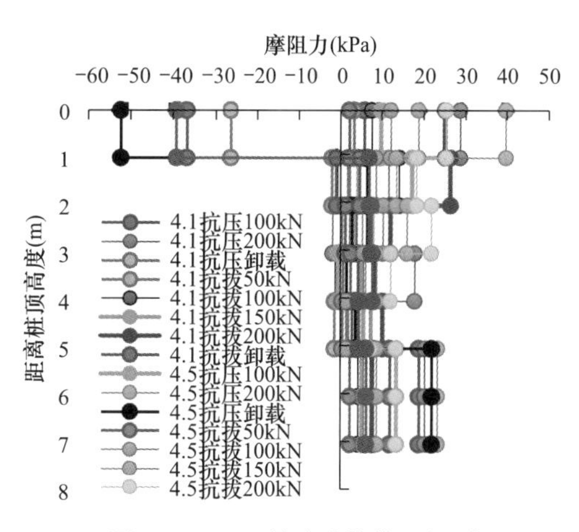

图 4.5-38　5 号试验桩第四级别

4.5.5　挤密状态下多循环压拔桩试验结果分析

1. 荷载-桩顶位移曲线分析

图 4.5-39 为 6 号试验桩第一级别 Q-S 曲线，第一级别加载情况下，在循环压荷载作用下，桩基首先产生了向下的位移，即使循环拉荷载作用下产生向上的位移，但其量值也是小于压荷载的作用。图 4.5-40 为 6 号桩第二级别 Q-S 曲线，第二级别加载情况下，循环拉拔荷载逐渐占据优势，在施加前两次循环荷载作用后，位移为负值，也就是说拉拔荷

载将整根桩向上拔起一定位移，但是在第三次循环压荷载作用时，前两次循环拉拔荷载积累的向上位移又被抵消。

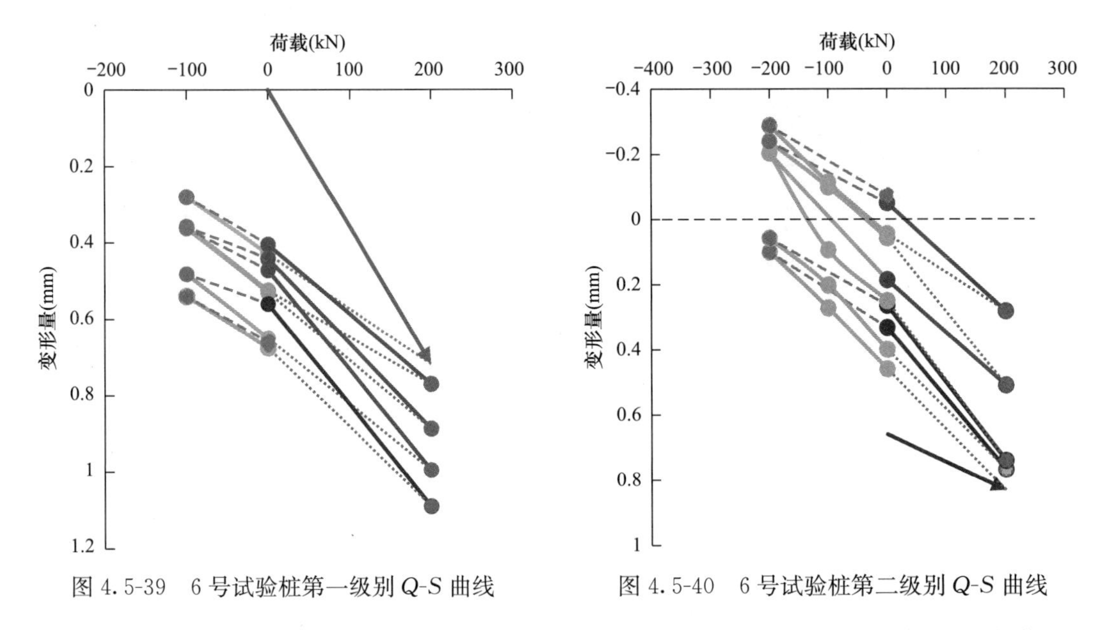

图 4.5-39　6 号试验桩第一级别 Q-S 曲线　　图 4.5-40　6 号试验桩第二级别 Q-S 曲线

图 4.5-41 为 6 号桩第三级别 Q-S 曲线，第三级别加载情况下，循环拉拔荷载作用下产生变形的变化幅度出现大幅提升，一方面是由于第三级别增加了最大拉拔荷载，另一方面也是反映出循环荷载对其产生的影响。图 4.5-42 为 6 号试验桩第四级别 Q-S 曲线，第四级别加载情况下，循环压荷载作用已经无法保证桩基产生向下的位移，并且整体变形的量值小于前面一个级别，整体曲线产生向上平移的趋势。

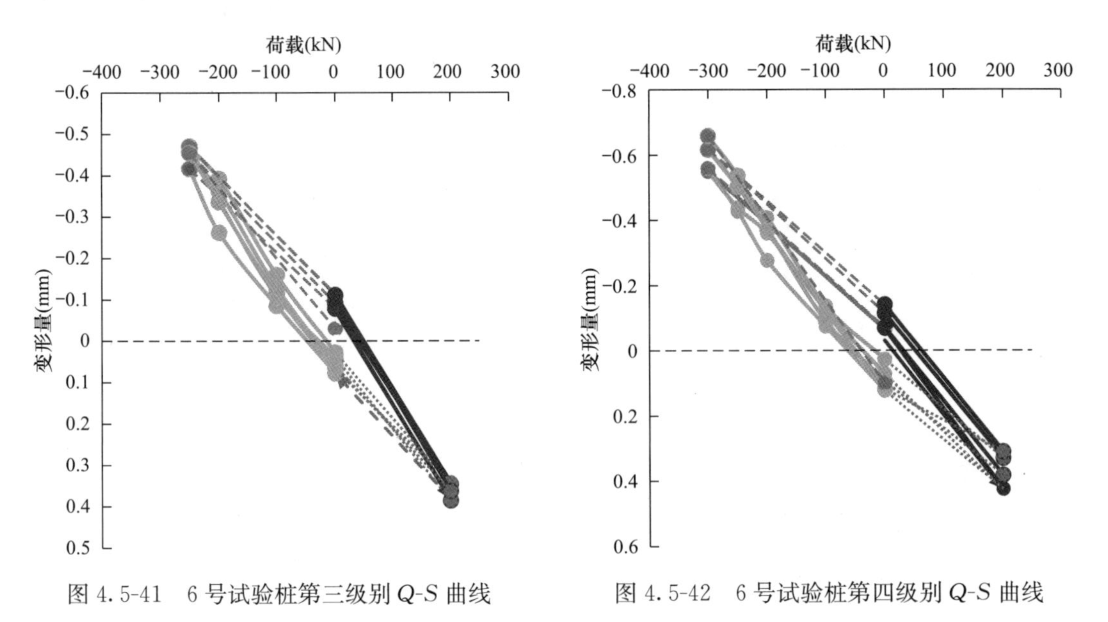

图 4.5-41　6 号试验桩第三级别 Q-S 曲线　　图 4.5-42　6 号试验桩第四级别 Q-S 曲线

2. 桩身轴力分析

图 4.5-43 为 6 号试验桩的第一级别轴力曲线，选取该级别第三循环荷载作用时的数

据作为分析样本。根据图中曲线可以看出，单桩承受第一级别的抗压荷载时，桩身产生的轴力在桩顶处最大，并沿着桩长度方向递减；相同荷载作用后卸载曲线几乎重合，这在100kN时极为明显。

根据图4.5-44可以看出，第二级别荷载作用时，桩身轴力的整体变化趋势和第一级别大体相同。在单桩承受第一级别的抗压荷载时，桩身产生的轴力在桩顶处最大，并沿着桩长度方向递减；抗压卸载曲线除接近地面1～3m范围外存在残余轴力，其余部分几乎不存在轴力。虽然经过四次循环荷载作用，但在相同大小荷载作用时，轴力曲线并未出现任何突变情况。

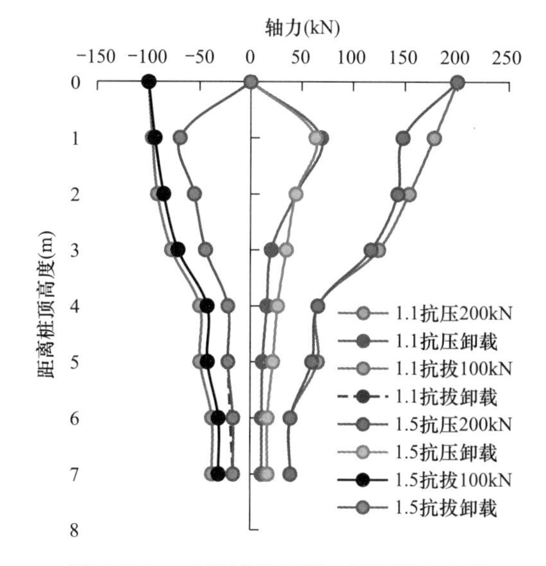

图4.5-43　6号试验桩第一级别轴力曲线

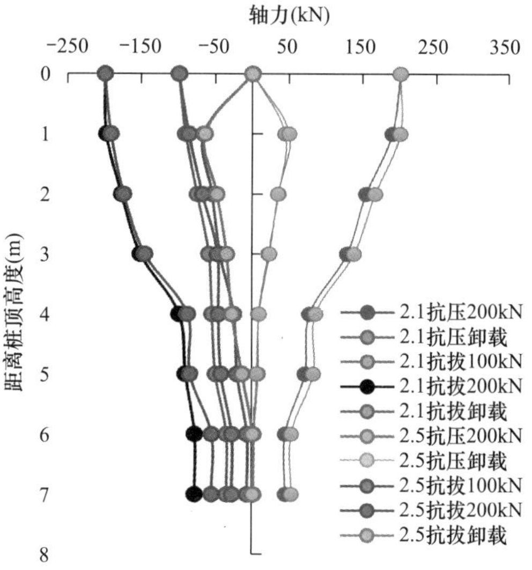

图4.5-44　6号试验桩第二级别轴力曲线

由图4.5-45、图4.5-46可知，6号试验桩虽然进行了挤密，但是在达到较高一级别的荷载时，350kN以后的荷载在0～2m位置轴力衰减变得很弱，这是因为摩阻力发挥的作用很小，因此轴力继续向下传递，这也是6号试验桩在前期循环过程中已经产生了破坏，而且循环结束的节点正是350kN，导致后面继续加载就出现了摩阻力的急速弱化，由于加入钢管的原因，使得土体在一定程度上出现了挤密，桩与土在循环过程中出现接触弱化，在这种挤密的效果下更加难以保持摩阻力的稳定运行。

3. 桩身摩阻力分析

由图4.5-47分析可知，6号试验桩在第一级别荷载作用下，桩侧摩阻力沿桩身的分布情况呈现大小交替的波浪形态，其最大值出现在接近桩顶的地方，最小值出现在桩基底部。沿深度分析来看，卸载曲线摩阻力最大值也出现在桩顶，但随着循环次数的增加，在相同大小的压荷载作用下，靠近桩顶位置处的摩阻力在逐渐减小，靠近桩基中部位置的摩阻力在逐渐变大，这说明随着循环荷载反复作用，桩身中部的摩阻力慢慢发挥作用。分析卸载曲线可以看到，抗压卸载曲线仅在桩顶位置存在摩阻力，桩身基本没有摩阻力，而抗拔曲线不仅桩顶存在较大的摩阻力，在桩身也存在较大的正摩阻力。

由图4.5-48分析可知，6号试验桩在第二级别压荷载作用下，桩侧摩阻力沿桩身的分布情况呈现中间大两端小的形态，其最大值出现桩顶处，最小值出现在桩身4～5m深度范围。沿深度方向分析来看，压荷载作用时，桩身摩阻力随着深度的增大而呈现先增后减的形态，正摩阻力峰值在桩身 3～4m 深度范围，这同第一级别荷载的规律不同。分析卸载曲线可以看到，抗压卸载曲线依然在桩顶位置存在摩阻力，桩身基本没有摩阻力，而抗拔曲线则相反，在桩身也存在较大的正摩阻力，这和第一级别相同。

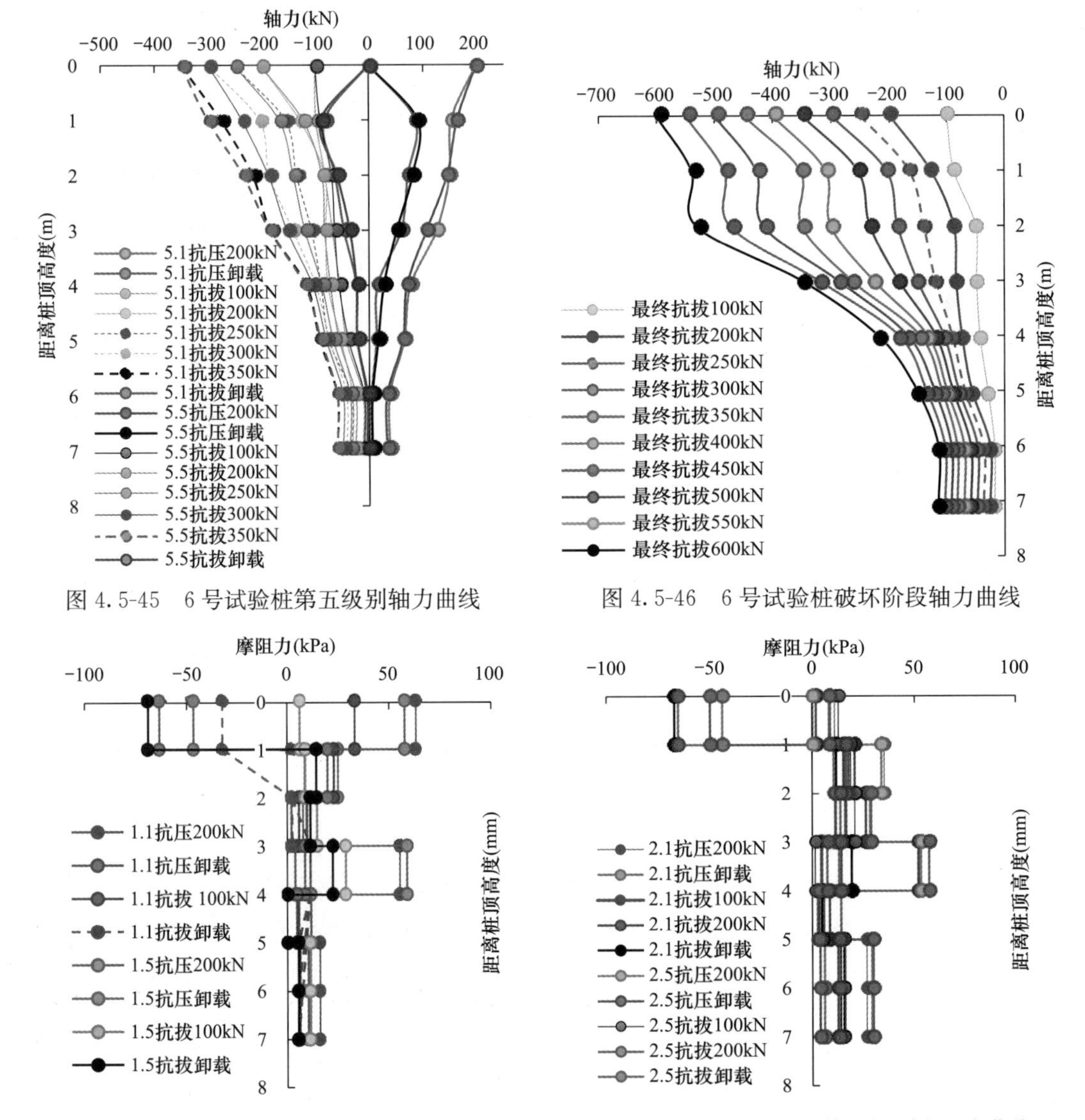

图 4.5-45　6 号试验桩第五级别轴力曲线

图 4.5-46　6 号试验桩破坏阶段轴力曲线

图 4.5-47　6 号试验桩第一级别摩阻力曲线

图 4.5-48　6 号试验桩第二级别摩阻力曲线

图 4.5-49、图 4.5-50 分别为 6 号试验桩第五级别轴力曲线和 6 号试验桩抗拔破坏阶段轴力曲线，综合前面四个级别的分析可得，6 号试验桩在每一个级别卸载后的值同样是负值说明其在此时承受的是负摩阻力，和 5 号试验桩类似卸载后桩周土的恢复是需要一定的时间限制的，因此在卸载后仍然对桩体产生一个向下（抗拔卸载或者抗压卸载）的影响，可知 6 号试验桩的摩阻力区间值更加的大，这也是挤密后的效果，挤密后使得摩阻力显著变大但也可以从破坏阶段可以看出两者在 500kN 抗拔破坏的过程中产生了回弹，摩阻力明显在变小，说明此时桩土之间的接触开始出现了脱离。6 号试验桩在 2m 的位置，荷载

出现突变，可以肯定这是挤密桩使得 2m 深度内的土体性状不同于这之下的土质，导致的突变。

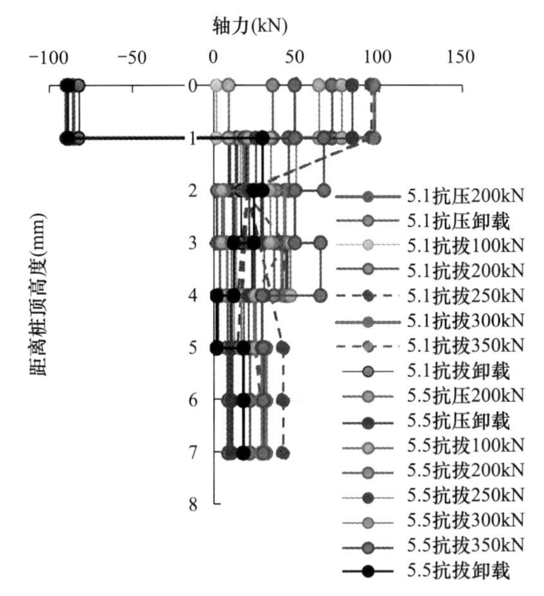

图 4.5-49　6 号试验桩第五级别轴力曲线

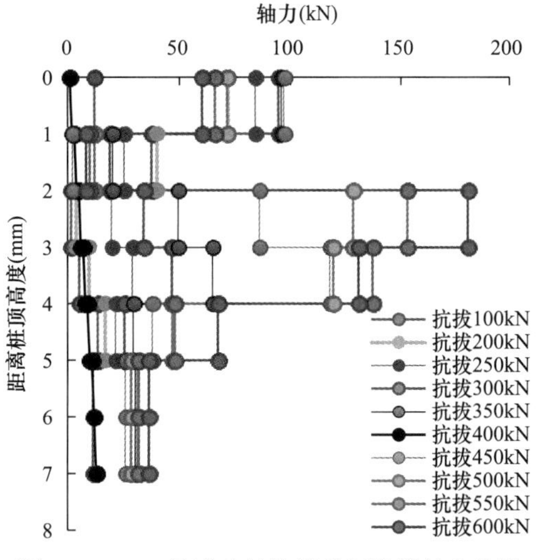

图 4.5-50　6 号试验桩抗拔破坏阶段轴力曲线

4.5.6　钢管挤密作用对抗拔桩承载能力的影响分析

1. 非挤密纯拔和非挤密多循环拉拔桩对比分析

1 号和 4 号试验桩都是非挤密桩，他们的加载方法不同，前者仅受单一拉拔荷载作用，而 4 号试验桩则经历了加载与卸载循环的拉拔荷载作用。由图 4.5-51 分析可知，加载初期，Q-S 曲线基本呈线性，桩顶位移随着荷载增大近似线性增加；随着上拔荷载的增加，桩顶位移曲线的斜率在小范围内增大；达到抗拔极限荷载后，桩顶上拔量达到或超过前一级荷载作用下的 5 倍，两根桩在未进入破坏阶段前变形量的变化都比较稳定。即单桩在处于单一拉拔状态下，桩的抗拔承载力高于循环拉拔状态桩的抗拔承载力，且单一拉拔状态下桩的极限上拔位移小于循环拉拔状态桩的极限上拔位移。

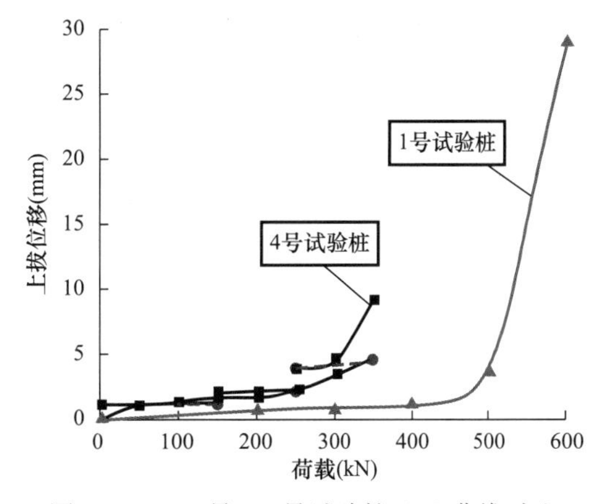

图 4.5-51　1 号、4 号试验桩 Q-S 曲线对比

从表 4-5-1 可知，1 号纯拔试验桩从一级加载到四级加载的累积变形量增加量很小，尽管加压至 500kN 也仅有 3.875mm，而 4 号试验桩在第三阶段的累积变形量就已经较大了，也就是该桩在第三阶段卸载至 250kN 时的累积变形量就已经达到 3.95mm，在一个变形量相当的节点，4 号试验桩的上拔荷载只有 1 号试验桩的一半，这说明上拔-卸载的循环荷载作用，会加快桩周土与桩侧表面脱离，使得摩阻力显著降低，进而加快了桩基进入破坏的过程。

1号、4号试验桩荷载变形对比　　表 4-5-1

1号试验桩		4号试验桩	
上拔荷载（kN）	桩顶位移（mm）	上拔荷载（kN）	桩顶位移（mm）
一级（200kN）	0.778	第一阶段末（0kN）	1.126
二级（300kN）	0.945	第二阶段末（150kN）	2.147
三级（400kN）	1.278	第三阶段末（250kN）	3.956
四级（500kN）	3.875	第四阶段（300kN）	3.686

通过以上分析可以发现，在荷载较小时，两种加载情况下的位移增长速率较为接近，当桩顶荷载较大时，4号试验桩抗拔桩的桩顶上拔量及上拔量的增长速率均大于1号试验桩，分析可知，此时4号抗拔桩土体的刚度小于1号试验桩，同时这也表明了两种加载情况下变形的差异是与荷载相关。综上可得出：上拔-卸载的循环荷载作用会显著降低抗拔桩的极限承载能力，同时也会导致桩基更快进入破坏阶段。

2. 极限和破坏阶段

由表4-5-2可知，在极限荷载方面1号试验桩极限荷载达到500kN，比4号试验桩的极限荷载350kN高出250kN，反映出经历循环拉拔荷载作用后的抗拔桩的抗拔能力低于未经历过循环荷载作用的桩。在变形方面，1号试验桩和2号试验桩在极限荷载下的变形相近，反映出抗拔桩在达到一定上拔位移时，都会达到极限状态，与抗拔桩是否经历循环拉拔的应力路径无关。

1号试验桩和4号试验桩破坏阶段变形对比　　表 4-5-2

1号试验桩		4号试验桩	
上拔荷载（kN）	桩顶位移（mm）	上拔荷载（kN）	桩顶位移（mm）
400kN	1.278	250kN	3.956
500kN	3.875	300kN	3.686
600kN	29.18	350kN	9.321

注：1号试验桩极限荷载为500kN，4号试验桩极限荷载为300kN。

3. 挤密多循环拉拔和非挤密多循环拉拔桩对比分析

3号试验桩是挤密桩，4号试验桩是非挤密桩，它们的加载方法相同，但是桩周土体的挤密情况不同，3号试验桩桩周土体通过设置内外双层钢管打入土体进行挤密，对桩周土体产生横向压力，而4号试验桩未经过任何处理。从图4.5-52分析可知，在进入破坏阶段前，两桩的Q-S曲线均呈线性关系，桩顶位移随着荷载增大呈线性增加；但是进入破坏阶段后，随着上拔荷载增大，桩顶位移曲线斜率以不同的变化幅度增加。

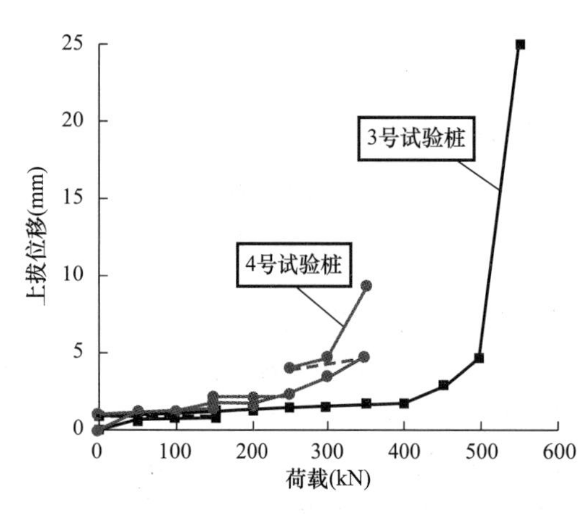

图4.5-52　3号、4号试验桩 Q-S 曲线对比

（1）循环荷载稳定阶段

由表 4-5-3 所示，将同一阶段变形量的值进行对比。首先将每一级卸载前后的变形量进行对比，发现第一级荷载卸载前，3 号试验桩在 150kN 时的变形量为 0.9mm，卸载后为 0.85mm，差值为 0.05mm，4 号试验桩在加载 150kN 时变形量为 1.35mm，卸载后为 1.126mm，差值为 0.224mm，这说明卸载后的挤密桩与桩周土体间的变形很难恢复到初始位置。第二级荷载卸载前 3 号试验桩 250kN 变形量为 1.418mm，卸载后为 1.374mm，差值为 0.044mm，4 号试验桩在加载 250kN 时的变形量为 2.16mm，卸载后为 2.147mm，差值为 0.013mm。第三级荷载卸载前 3 号试验桩 350kN 变形量为 1.633mm，卸载后为 1.541mm，差值为 －0.092mm，4 号试验桩 350kN 变形量为 3.697mm，卸载后为 3.956mm，差值为 0.259mm。对比可知卸载后挤密产生的效果是很好的，可以在一定程度上保证抗拔桩周围摩阻力的发挥达到一个很高的水平。

3 号试验桩和 4 号试验桩变形量对比 **表 4-5-3**

荷载作用	桩顶上拔荷载 Q（kN）	3 号试验桩桩顶位移（mm）	4 号试验桩桩顶位移（mm）
第一级别	0	0	0.000
	50	0.616	1.200
	100	0.762	1.260
	150	0.9	1.350
	0	0.85	1.126
第二级别	50	0.999	1.230
	100	1.183	1.313
	150	1.214	1.707
	200	1.304	1.777
	250	1.418	2.160
	150	1.374	2.147
第三级别	200	1.371	2.163
	250	1.427	2.340
	300	1.485	3.540
	350	1.633	3.697
	250	1.541	3.956

从表 4-5-3 所列荷载分布可以看出，在循环荷载稳定阶段，3 号试验桩的变形量小于 4 号试验桩，3 号试验桩的变形量变化幅度较小，相对而言，4 号试验桩的变化幅度更大，这说明上拔荷载在没有达到极限荷载前，周围土体还未产生破坏，由于挤密钢管作用使得上拔量平稳增加。再根据表 4-5-4 卸载后变形回落量进行分析，4 号试验桩第一循环末回落量为 0.224mm，为 3 号试验桩的 4.48 倍，第二循环末回落量为 0.013mm，为 3 号试验桩的 29.55%，第三循环末回落量为 0.259mm 是 3 号试验桩的 2.82 倍，这实际上也是由于钢管挤密桩周土体，加大了对桩基约束作用的原因。

3 号试验桩和 4 号试验桩卸载后的变形回弹对比　　　　表 4-5-4

	3 号试验桩		4 号试验桩	
卸载后变形回弹量	第一循环末	0.05mm	第一循环末	0.224mm
	第二循环末	0.044mm	第二循环末	0.013mm
	第三循环末	0.092mm	第三循环末	0.259mm

（2）极限和破坏阶段

3 号试验桩是挤密桩，4 号试验桩是非挤密桩，由图 4.5-53、图 4.5-54 可知：3 号试验桩卸载后变形量基本稳定，而 4 号试验桩变形量有微降的趋势，从整体对比分析可以明显看到，3 号试验桩的极限荷载大于 4 号试验桩，而达到极限荷载前的变形量却是小于 4 号试验桩的，同时 3 号试验桩变形量变化幅度较小，4 号试验桩的变化幅度较为明显。这是由于钢管挤密桩周土体，加大了对桩基的约束作用。

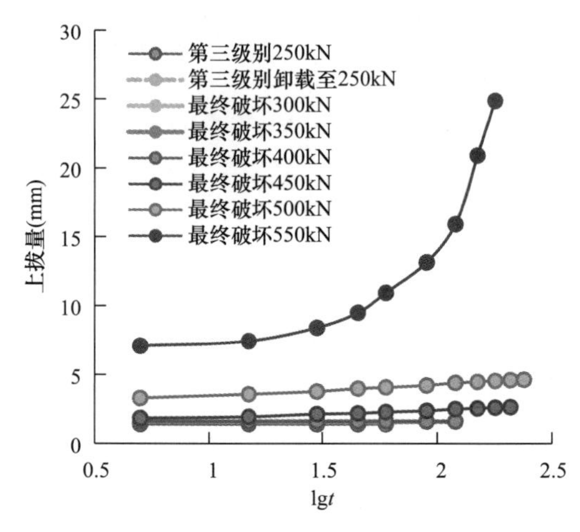

图 4.5-53　3 号试验桩破坏阶段 S-lg$t$ 曲线

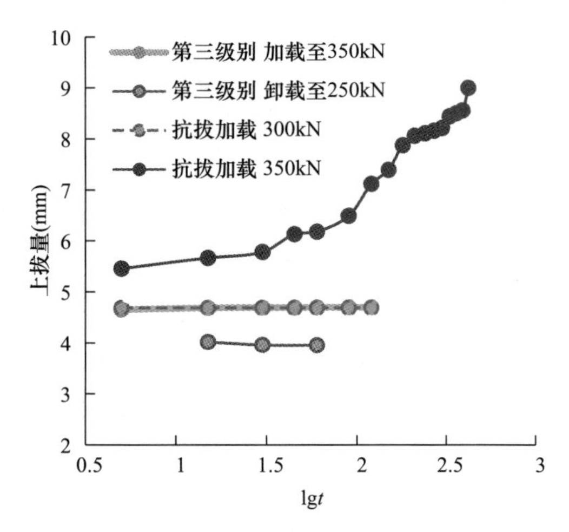

图 4.5-54　4 号试验桩破坏阶段 S-lg$t$ 曲线

通过表 4-5-5 中数据进行进一步的对比分析，3 号试验桩从施加极限荷载 300kN 到 350kN 上拔位移翻了接近 2.5 倍，而 4 号试验桩从施加极限荷载 500kN 到 550kN 上拔位移增加了 6.6 倍，变化十分明显，综上所述，可以得出结论：3 号试验挤密桩从进入破坏阶段的累积变形量变化速率是小于 4 号非挤密桩的，此外，也可得出经过挤密作用的 3 号试验抗拔桩的极限承载能力大于 4 号抗拔桩，而在破坏时的变形量小于 4 号抗拔桩。

3 号试验桩和 4 号试验桩破坏阶段变形量对比　　　　表 4-5-5

项目	荷载（kN）	桩顶上拔位移（mm）
3 号挤密桩破坏阶段	300	3.686
	350	9.321
4 号非挤密桩破坏阶段	300	1.578
	350	1.688
	400	1.758

续表

项目	荷载（kN）	桩顶上拔位移（mm）
4号非挤密桩破坏阶段	450	2.755
	500	3.624
	550	23.87

4. 非挤密多循环拉拔和非挤密多循环压拔桩对比分析

4号和5号试验桩都是非挤密桩，他们的加载方法不同，4号试验桩仅受单一拉拔荷载循环作用，而5号试验桩则经历拉压荷载的反复循环作用。由图4.5-55可知，当上拔荷载变化到450kN，5号试验桩上拔量仅有1mm的变化，相对来讲，在破坏阶段以前4号试验桩变形量更大，这说明经历循环拉压荷载作用后的抗拔桩抗拔能力强于仅受单一循环荷载作用的桩。

4号、5号试验桩的桩长、桩径及桩周土的挤密情况均相同，但是施加荷载制度却不同，从荷载稳定阶段来看，加载方法的不同会造成不一样的影响。现将两根试桩的 Q-S 曲线绘制在同一坐标系内，如图4.5-56所示（图中两根桩将每阶段卸载后的变形量作为作图数据，对应卸载荷载作为稳定荷载值）。从荷载分布可知，在循环荷载稳定阶段，4号试验桩的变形量相较5号试验桩更大，这说明多循环拉压荷载作用后的抗拔桩使得周围土体得到加固，使上拔量变化平稳，幅度极小。

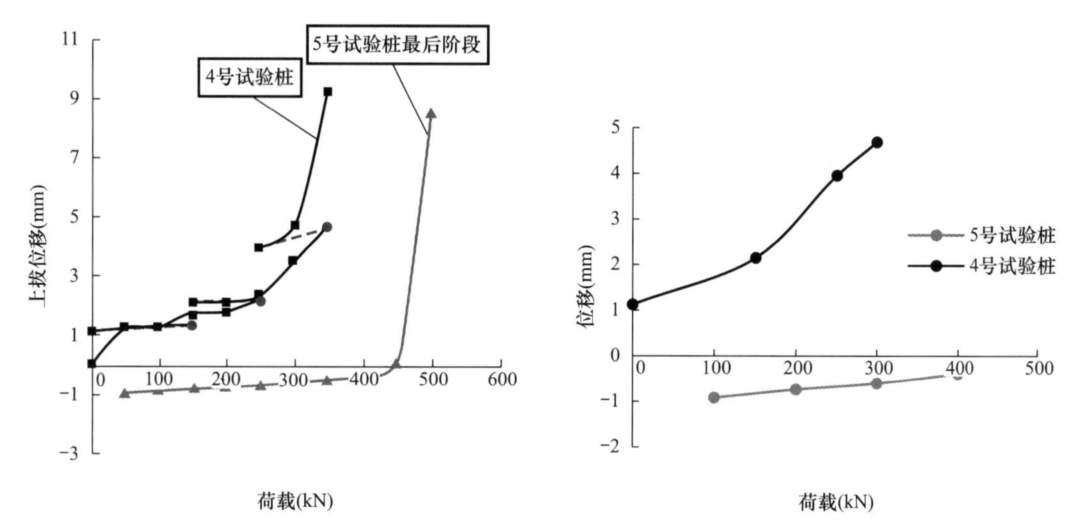

图4.5-55　4号、5号试验桩 Q-S 对比　　图4.5-56　4号、5号试验桩稳定阶段变形对比

通过表4-5-6中更加详细的数据，我们清楚地看到：在发生破坏前，4号试验桩变形量为3.686mm，5号试验桩变形量为－0.392mm，而且在这之前的任何一个阶段，4号试验桩的变形量都总是大于5号试验桩的；破坏时，两根桩表现出来的情况也有所不同，试验桩从施加300kN上拔力变化到350kN后，变形量仅仅从3.686mm提升至9.321mm。而5号试验桩变形量却从－0.392mm变化至8.556mm，两根桩的变形量在该阶段的变化速率是显而易见的。综上对比可以发现，经历循环拉压荷载作用后的抗拔桩的整体承载能力是优于仅受单一循环荷载作用抗拔桩的。

4 号试验桩和 5 号试验桩变形量对比　　表 4-5-6

4 号试验桩			5 号试验桩	
荷载（kN）		桩顶位移（mm）	荷载（kN）	桩顶位移（mm）
第一循环末（0kN）		1.126	100	−0.915
第二循环末（150kN）		2.147	200	−0.735
第三循环末（250kN）		3.956	300	−0.600
最终破坏阶段	300kN	3.686	400	−0.392
	350kN	9.321	500	8.556

5. 非挤密多循环压拔和挤密多循环压拔桩对比分析

5 号试验桩是非挤密桩，6 号试验桩是挤密桩，由图 4.5-57、图 4.5-58 可知，5 号试验桩从第一循环到第五循环是朝着一个不断变大的数值方向运动，这是因为试验桩在不断上拔、不断往上发生位移，是循环荷载作用导致变形一直处在增大的趋势。6 号试验桩从第一循环到第五循环，虽然经历了两个方向的变形，但整个变形发展方向依旧是处于不断增大的趋势，这是和 5 号试验桩相同的地方。

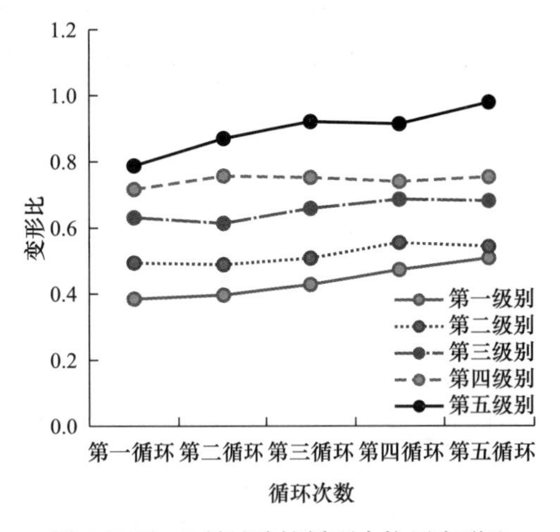

图 4.5-57　5 号试验桩循环内抗压变形比

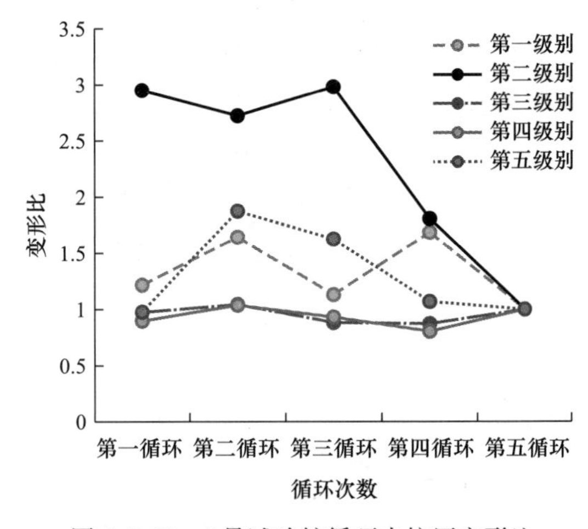

图 4.5-58　6 号试验桩循环内抗压变形比

6 号试验桩与 5 号试验桩的不同首先是周围土体状态不同，6 号试验桩周围土体通过钢管挤密，而 5 号试验桩周土未经处理，这也使得试验结果有很多地方不同于 5 号试验桩，如：挤密后的 6 号试验桩在变形控制上可以说明显优于 5 号试验桩。如果同时对比 5 号、6 号试验桩可以发现当抗拔荷载在增大时，其抗拔值越和抗压值靠近，曲线在每一个级别的荷载变形曲线就在这个级别的各个循环中越接近。

由图 4.5-59、图 4.5-60 可知，5 号试验桩在极限和破坏阶段的 S-lg$t$ 曲线呈阶梯形，6 号试验桩在破坏段的 S-lg$t$ 曲线呈平滑型。从表 4-5-7 中详细数据可以看出，6 号试验桩在挤密的状态下，最终破坏的前几级的上拔过程，桩体不断地变化，但是最终却能保持在一个稳定的阶段，这是因为双层挤密原因，当第一层挤密的效果已经失效的时候，第二层发挥了很大的作用，约束着土体使其能够继续稳定，但当继续增加荷载时，变形已经在持续加大，抗拔桩也开始逐渐被拔出，然后出现破坏了。

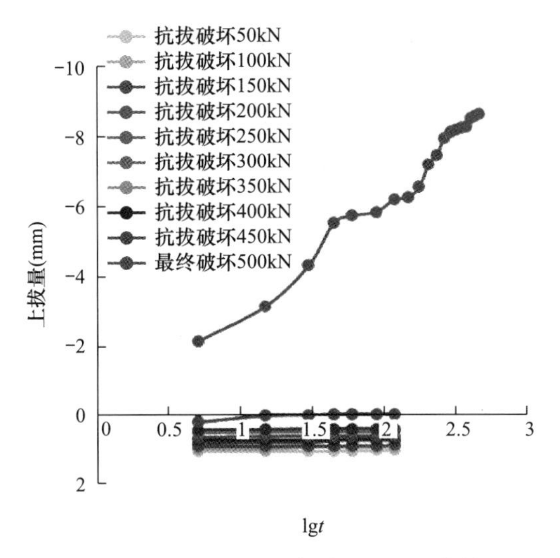

图 4.5-59　5 号桩破坏阶段 S-lg$t$ 曲线

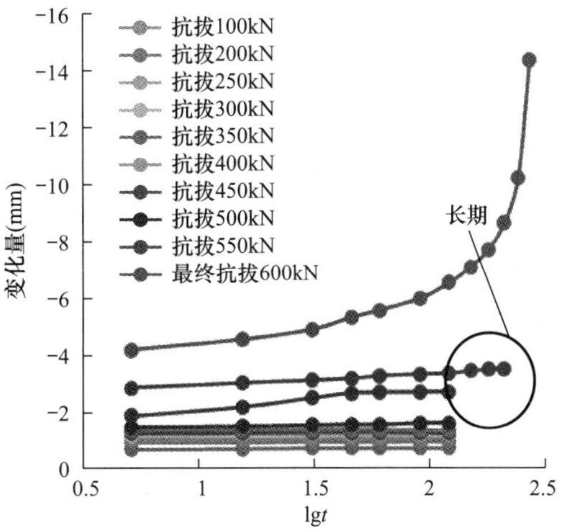

图 4.5-60　6 号桩破坏阶段 S-lg$t$ 曲线

5 号试验桩和 6 号试验桩变形量对比　　**表 4-5-7**

荷载作用	5 号试验桩		6 号试验桩	
	Q(kN)	S(mm)	Q(kN)	S(mm)
初始状态（循环结束）	0	−1.12	0	0.61
一级	50	−1.010	100	0.748
二级	100	−0.915	200	0.949
三级	150	−0.870	250	1.083
四级	200	−0.735	300	1.225
五级	250	−0.682	350	1.275
六级	300	−0.6	400	1.364
七级	350	−0.47	450	1.617
八级	400	−0.392	500	2.713
九级	450	0.025	550	3.537
十级	500	8.556	600	13.361

由图 4.5-61 可知，挤密后的效果在量值上来说更加的明显，5 号试验桩较 6 号试验桩的循环荷载量值更大，证明了单纯的抗拔破坏更不利于桩基的稳定。

4.5.7　钢管挤密的影响在摩阻力上的对比分析

1. 挤密前后拉拔荷载作用下桩侧摩阻力差异性分析

相似之处：在上拔或下压荷载作用下，桩侧摩阻力沿深度方向自上而下呈现先增后减的形态；在同一深度处，抗拔桩的桩侧摩阻力会随着桩顶荷载的增加而逐步增加；出现最大桩侧摩阻力峰值前后所表现出的曲线形态大体一致。

不同之处：挤密处理后的桩基在承受上拔荷载时，在较小的深度处会出现一个较大的桩侧摩阻力值，随后减小直至桩底，而未经挤密处理的桩，最大桩侧摩阻力发生在靠近桩底约 2m 的部位，随后也会发生侧阻软化，这说明进行土层挤密处理的区域，摩阻力的发挥更加显著；在较浅深度处相同荷载作用下，挤密桩的桩侧摩阻力明显大于未被挤密处理的桩，而下半部分刚好相反，这说明土体的约束会阻碍桩的拔出。

由图 4.5-62 可知，在第二级别 0～250kN 循环荷载作用下，两根桩表现出的差异性更加明显，其中，非挤密桩的摩阻力变化呈现出上下波动的形态，变化幅度较小，表现出极大的非线性关系，而挤密桩表现出先增加后降低最后保持稳定的规律，摩阻力峰值变化幅度较大。此外，又同第一级别的图形进行对比，挤密桩出现摩阻力峰值的位置也发生了变化，从距离桩顶 3m 变成了 2m，在桩顶至该摩阻力峰值所处范围刚好是钢管挤密的区域，这也再一次说明了加密土体的约束使得上层土层对桩的阻碍作用增大，使摩阻力发挥得更加充分。

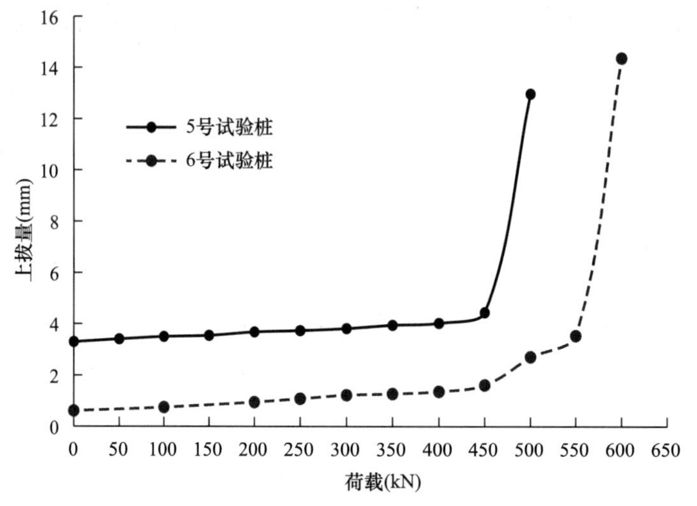

图 4.5-61　5 号、6 号试验桩 Q-S 对比曲线

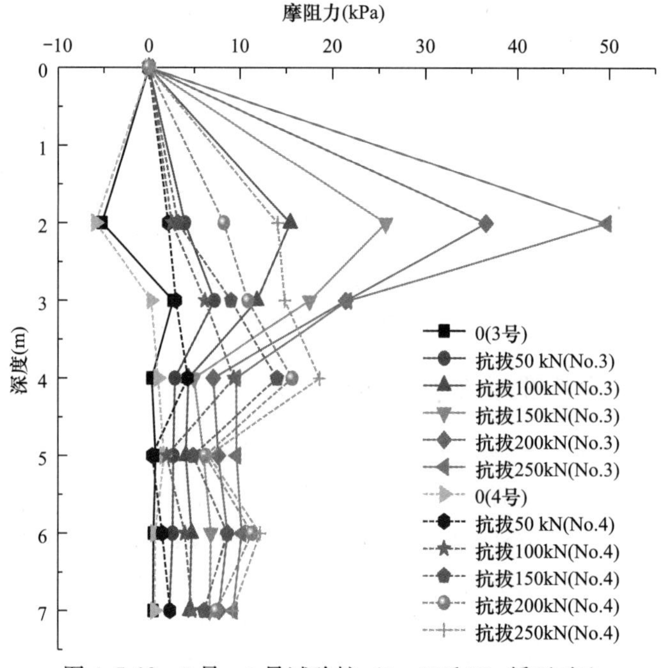

图 4.5-62　3 号、4 号试验桩（0～250kN）循环对比

由图 4.5-63 可以看出，靠近桩端位置桩侧摩阻力出现了增强效应，这种增强效应正处于土体挤密区，这说明桩端附近局部的桩侧摩阻力大小与桩端土层挤密有关，在钢管挤密土体以后，桩端土层的刚度增大，随着上拔荷载的增加，桩端附近的桩土相对位移以及桩端土层的压缩变形相应增大，使桩端附近的桩侧摩阻力以及桩端土层强度被逐步调动起来，并得以充分发挥。同时，挤密桩桩侧摩阻力充分发挥所需极限位移是小于非挤密桩的极限位移，这说明是挤密效果使得上覆土体抗剪强度被提高，造成这种桩端靠近加密区附近局部的桩侧摩阻力增大的现象。

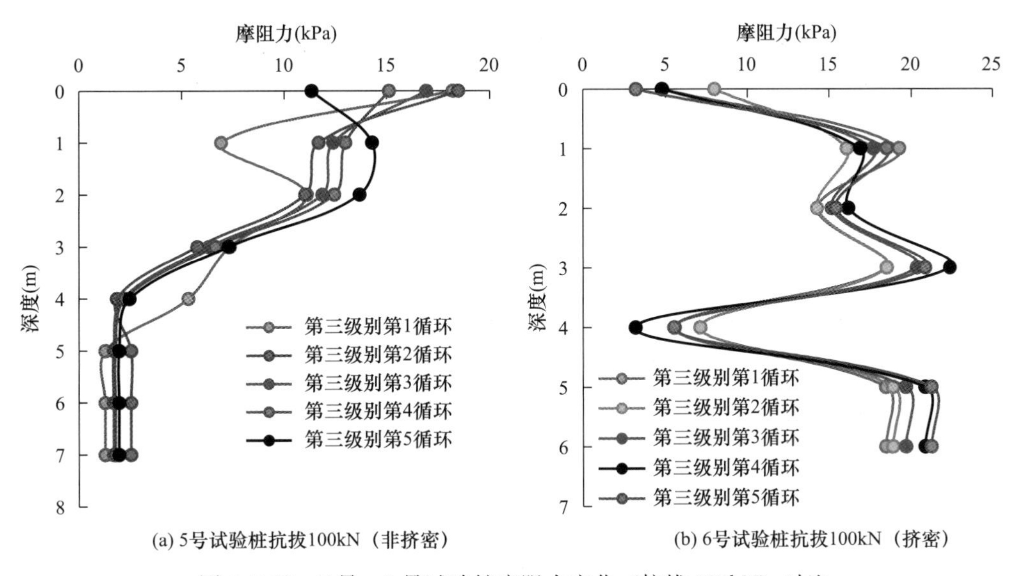

图 4.5-63　5 号、6 号试验桩摩阻力变化（拉拔 100kN）对比

2. 挤密前后压拔荷载作用下桩侧摩阻力差异性分析

由图 4.5-63 可知，在桩周土体的挤密情况不同情况下，两桩在承受上拔荷载时，其桩身摩阻力的分布规律体现出明显的差异性。一方面，挤密处理后的桩基在承受上拔荷载时，摩阻力值分布均匀，而未经挤密处理的桩，摩阻力主要集中在桩身上半部分，随后发生侧阻软化，这说明进行土层挤密处理的区域，能够让抗拔桩多个位置的摩阻力发挥作用；另一方面，挤密处理后的桩基摩阻力最大值出现在靠近挤密区的地方，而未经挤密处理的桩在较浅深度处就出现了摩阻力的峰值，这又再次说明土体挤密使得桩更难从土层中拔出。

由图 4.5-64 可以看出，无论是未加挤密的 5 号试验桩，还是施加挤密的 6 号试验桩，在循环过程中摩阻力整体都是呈现减小的趋势，在一定程度上前期摩阻力呈现增加的趋势，但是后期循环中继续施加相同荷载时，发现摩阻力在下降，这说明在循环过程中，摩阻力会出现衰减。这也是和土体本身的弱化有着很大的关系，弱化程度越大，说明土体对抗拔桩的切向摩阻力的减弱情况就越大，这样达到一定程度摩阻力就会不断衰减直至破坏。

综合图 4.5-63、图 4.5-64 中规律，并根据处理后的试验数据特点，本节对比分析选用整个试验最具有代表性的第三级别作为荷载稳定阶段的重点分析部分，一方面是因为该级别处于所有级别的中位，所测数据稳定，误差较小；另一方面是源于第二章对于数据分

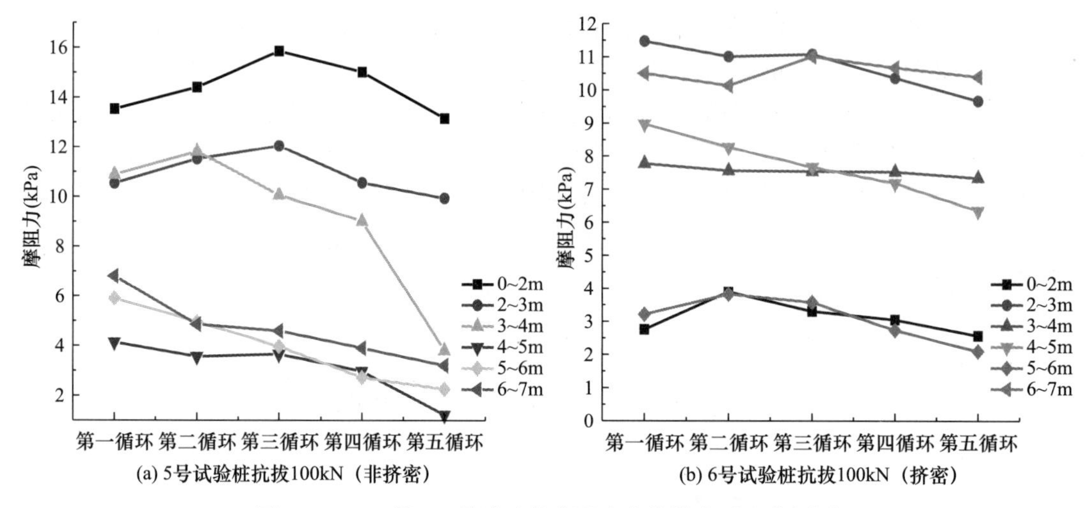

图 4.5-64　5 号、6 号试验桩摩阻力变化纵向对比分析图

析的总结，不管是从上拔荷载还是下压荷载角度，在该级别都是极具代表性的。同样的道理在选取具体荷载值时也尽可能地选取位于该级别中间区段的数值进行对比讨论，发现在拉拔荷载 100kN 时，两根桩均刚好是第一次卸载以后，此时工况一致，得出的对比分析结果也更有说服力。因此本节分别选用两根桩在不同循环次数时，第三级别拉拔荷载 100kN 条件下，摩阻力随深度变化的图形。

由图 4.5-65（a）可知：(1）非挤密桩（5 号试验桩）在不同抗拔荷载施加条件下的各图形规律大致相同，均是桩侧摩阻力随着深度从上往下呈现先增大后减小的波浪形态。第一个波峰也是最大波峰出现在距地面 1m 处，第二波峰出现在距离地面 3m 处，最小波峰出现在距离地面 5m 处。（2）在同一深度，抗拔桩侧摩阻力随着桩顶荷载的增加而增加，但上部土层增加的速率越来越缓，甚至出现软化现象。(3）由于桩顶部桩土接触面法向应力为零，桩端部的桩土相对位移过小，所以桩侧摩阻力在桩顶处均为零，而在桩端

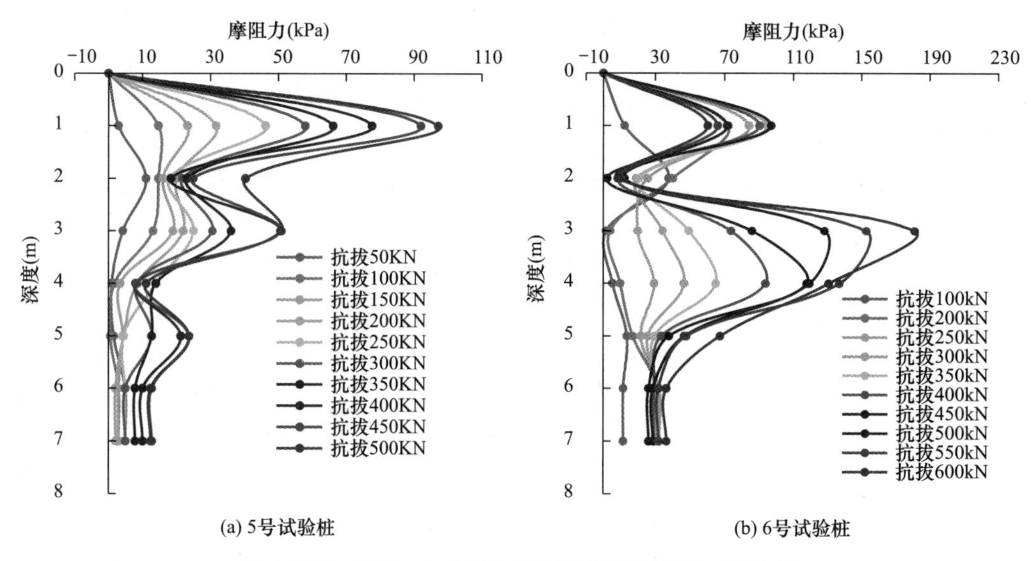

图 4.5-65　5 号、6 号试验桩摩阻力破坏阶段变化曲线

处很小。(4) 非挤密桩桩侧摩阻力最大峰值位置在 1m 深度，处于桩身上部附近，整体而言，桩侧摩阻力上部发展更为充分。

从图 4.5-65 (b) 中可以得出：(1) 挤密桩 (6 号试验桩) 在不同抗拔荷载施加条件下的各图形规律大致相同，整体呈现先增大后减小的形态，最大波峰出现在距地面 3m 处。(2) 在同一深度，抗拔桩侧摩阻力随着桩顶荷载的增加而增加，但上部和下部土层增加的速率越来越缓，中部土层增加的速率较大且增量稳定。(3) 同 5 号试验桩一样，由于桩顶部桩土接触面法向应力为零，桩端部的桩土相对位移过小，所以桩侧摩阻力在桩顶处均为零，而在桩端处很小并且较为集中，不同荷载作用下桩端桩侧摩阻力变化并不明显。(4) 挤密桩桩侧摩阻力最大峰值位置在 3m 深度，处于桩身中部附近，刚好在钢管加密区以下 1m 的地方，整体而言，桩侧摩阻力中间部分发展更为充分。

4.6 黄土地区桩基础抗拔承载力计算研究

4.6.1 循环荷载下桩基础抗拔承载力模型提出

1. 循环荷载对桩顶轴向位移影响分析

试验桩在抗拔过程中，循环荷载作用分两种加载路径，一种是循环抗拔路径；另一种是循环压拔路径。两种循环路径下，桩顶轴向位移均逐渐增加。

Mcmanus 对不同临界循环抗拔荷载比下的循环次数与桩顶轴向位移进行了研究，循环抗拔荷载比计算式见式 (4.6-1)。

$$P_{CR}=\frac{P_{max}}{P_u} \tag{4.6-1}$$

式中，P_{CR}——循环抗拔荷载比；

P_{max}——循环荷载幅值；

P_u——桩基抗拔承载力极限值。

研究发现，当循环抗拔荷载比达到 0.36 时，5 次循环桩基就因为产生位移较大而被破坏。桩顶上拔量与循环次数关系图见图 4.6-1。

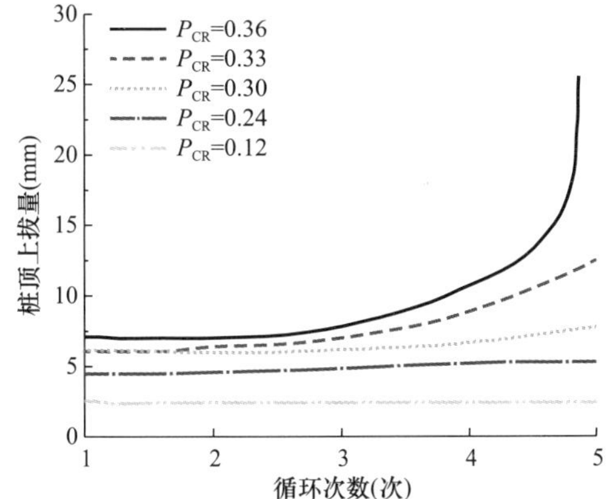

图 4.6-1 桩顶上拔量与循环次数关系图

本章将引入循环位移比来反映桩顶轴向位移情况，位移比可参照式 (4.6-2) 进行计算。

$$R_d=\frac{D_i}{D_u} \tag{4.6-2}$$

式中：R_d——循环位移比；

D_i——当前桩顶轴向位移量；

D_u——极限荷载下桩顶轴向位移量。

如图 4.6-2 (a)、图 4.6-2 (b) 所示，结合本研究现场试验两种循环加载路径的数据绘制出循环次数与循环位移比的关系，发现循环加载与桩顶轴向位移同样呈现极大的正相关性，随着循环次数的增加位移量持续增大。而当循环累计位移达到一定值时，桩基承载力也将达到极限。

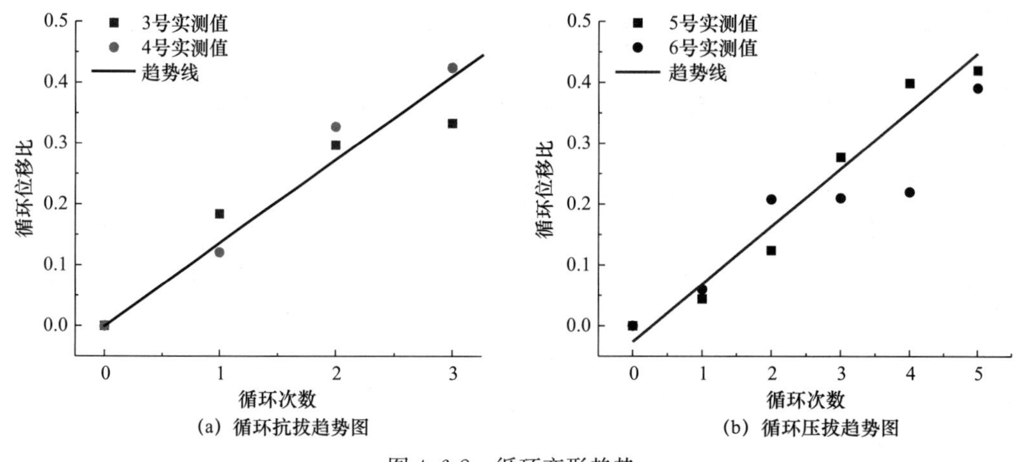

(a) 循环抗拔趋势图　(b) 循环压拔趋势图

图 4.6-2　循环变形趋势

综上所述，循环位移是描述桩基承载能力变化最直观的表达，选用循环位移作为建立桩基承载能力预测计算公式的中间介质是非常合理的。为了使公式得到推广，可采用无量纲参数循环位移比来描述循环位移的变化。

2. 循环荷载下桩基础抗拔承载力计算方法

（1）参数的选取

循环位移与桩基承载能力具有极大的相关性，本研究建立的模型是利用数学分析的方法，结合经验公式，对影响桩基承载力的相关参数进行修正，得出循环荷载作用下的桩基承载力计算公式。将常规抗拔试验桩的数据结合经验公式来进行定量的分析。

由表 4-6-1 可以得出：规范提出的计算方法见式（4.6-3），接近试验桩的实测值。

$$T_{u}=\sum\lambda_{i}q_{sik}u_{i}L_{i}+W \tag{4.6-3}$$

式中，T_u——基桩抗拔极限承载力标准值；

u_i——破坏表面周长；

q_{sik}——第 i 层土的桩侧表面抗拔极限摩阻力标准值；

λ_i——抗拔系数；

W——桩身自重。

极限荷载力实测值与计算值对比　**表 4-6-1**

承载力	实测值（kN）	计算值（kN）	差比
	500	503.12	0.006

在循环荷载的影响下，摩阻力标准值 q_{fi} 损失率可达 50%以上，循环过程实际上就是折减的过程，式（4.6-3）中折减系数 λ_i 的改进将是研究的重点。

桩土参数发生变化时，极限承载力 P_u 及相应桩顶轴向位移均会改变，为了方便对不同工况下的循环效应比较，在建立模型之前引入循环次数 n，无量纲参数循环位移比 R_d［式（4.6-2）］、循环抗拔荷载比 α、循环拔压荷载比 β、循环折减系数 ζ_{ic} 五个参数，分别表示为：

$$\alpha=\frac{P_{i}}{P_{cu}} \tag{4.6-4}$$

$$\beta=\frac{P_{\mathrm{CL}}}{P_{\mathrm{UL}}} \tag{4.6-5}$$

$$\zeta_{\mathrm{ic}}=\frac{P_{\mathrm{iu}}}{P'_{\mathrm{u}}} \tag{4.6-6}$$

式中：α——循环抗拔荷载比；

β——循环拔压荷载比；

ζ_{ic}——循环折减系数；

P_{i}——循环抗拔条件下当前抗拔荷载值；

P_{cu}——静载情况下极限荷载值；

P_{CL}——循环压拔条件下当前加载级别抗拔荷载最大值；

P_{UL}——循环压拔条件下当前加载级别抗压荷载最大值；

P_{iu}——循环加载后除去桩身自重的桩基抗拔承载力极限值；

P'_{u}——除去桩身自重的桩基常规抗拔承载力极限值。

（2）建立思路

综上所述，将桩顶轴向位移作为中间介质来研究循环荷载对桩侧摩阻力的折减。因此需要分析循环次数、循环荷载幅值对桩顶轴向位移的影响，得出循环荷载下的桩顶轴向位移计算规律，然后将桩顶轴向位移和桩基承载力进行相关分析得出循环折减系数 ζ_{ic} 的计算方法，最后完成对循环荷载下的桩基承载力计算模型的建立。计算步骤如下：

以循环位移的变化为基础，得出循环位移比的计算模型。初步建立循环位移比、荷载比以及循环次数相互耦合的数学模型：

$$R_{\mathrm{dm}}=M(\alpha,n) \tag{4.6-7}$$

$$R_{\mathrm{dk}}=K(\beta,n) \tag{4.6-8}$$

式中：R_{dm}——循环抗拔位移比；

R_{dk}——循环压拔位移比。

然后分析循环抗拔位移比 R_{dm}、循环压拔位移比 R_{dk} 和循环折减系数 ζ_{ic} 的关系，得出：

$$\zeta_{\mathrm{ic}}=V(R_{\mathrm{dm}},R_{\mathrm{dk}}) \tag{4.6-9}$$

最后将式（4.6-9）代入式（4.6-3）得出，桩基承载力折减后的预测公式：

$$T_{\mathrm{u}}=\sum V(R_{\mathrm{dm}},R_{\mathrm{dk}})q_{\mathrm{sik}}u_{\mathrm{i}}l_{\mathrm{i}}+W \tag{4.6-10}$$

为了能够量化循环对变形的影响关系，采用一元回归分析。鉴于相关参数之间不确定究竟与何种数学模型函数更接近，利用 SPSS 软件，对各个数学模型进行准确度的判定，同时对于多项式函数，次数最小值按未知样本数据的多少来确定，k 阶多项式控制点的最少数目，为$\frac{(k+1)(k+2)}{2}$，次数最大为 2。

采取的具体方法就是利用软件中的“曲线估计”功能，来评定回归模型的准确度。根据具体数据的特点，比对如表 4-6-2 数学模型，优中选优。数学拟合模型汇总见表 4-6-2。

数学拟合模型汇总　　表 4-6-2

数学模型	回归方程
线性	$y=b_0+b_1x$

续表

数学模型	回归方程
二次曲线	$y=b_0+b_1x+b_2x^2$
复合曲线	$y=b_0+b_1^x$
对数曲线	$y=b_0+b_1\ln(x)$
逆函数曲线	$y=b_0+b_1/x$
幂函数曲线	$y=b_0(x^{b_1})$
指数函数曲线	$y=b_0e^{b_1x}$

4.6.2 循环荷载下桩基础抗拔位移比计算方法

由于加载路径的不同，将循环抗拔与循环压拔两者单独进行拟合。

1. 基于循环抗拔荷载比的循环抗拔位移比计算方法的提出

图 4.6-3 为不同循环次数条件下循环抗拔荷载比与循环抗拔位移比的关系，将循环抗拔试验桩按照循环次数 n 进行循环抗拔荷载比与循环抗拔位移比的相关性分析发现，循环抗拔位移比随着循环抗拔荷载比的增加，其规律非常符合二次多项式。且随着循环抗拔比的增加模型曲线的斜率由“逐渐减小”，变为“逐渐增大”，表明循环对桩基承载能力的影响速率在加快。

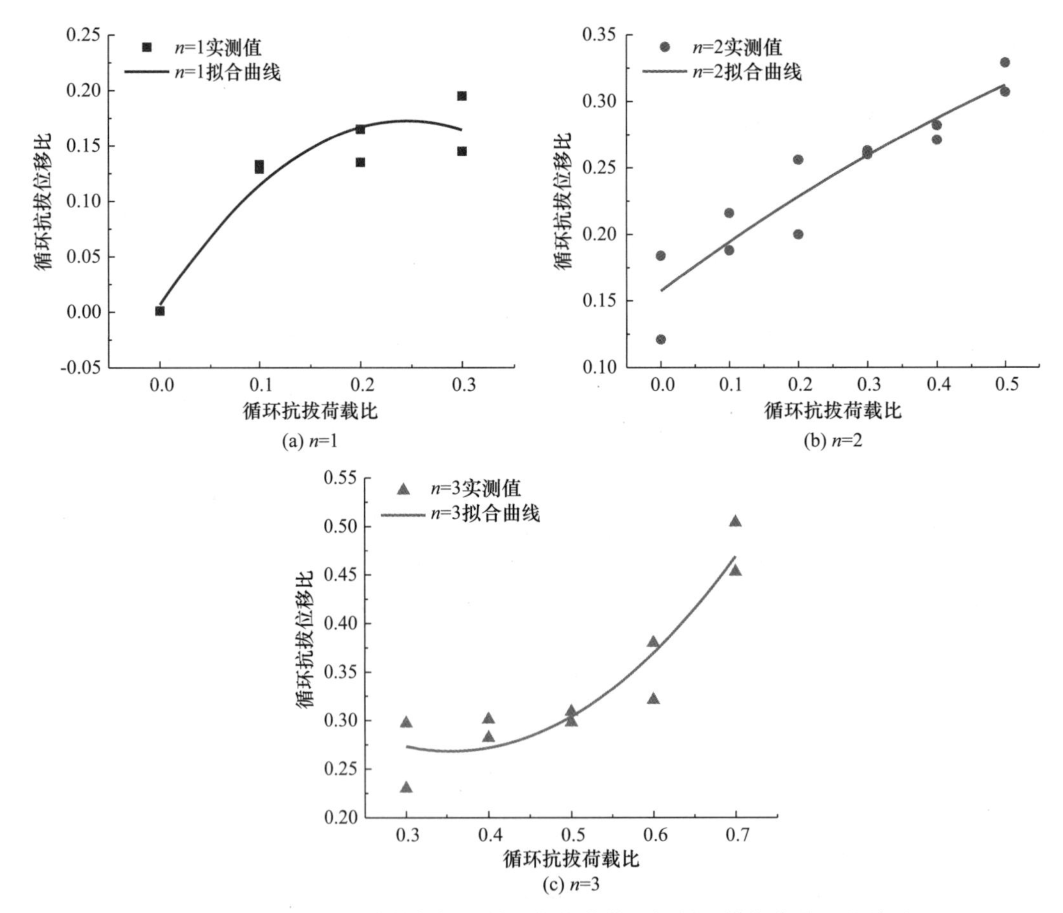

图 4.6-3 不同循环次数条件下循环抗拔荷载比与循环抗拔位移比的关系

循环抗拔预估回归方程汇总见表 4-6-3。

循环抗拔预估回归方程汇总　　表 4-6-3

循环次数	R^2	模型	回归方程
$n=1$	0.910	二次	$R_{dm}=-3.063\alpha^2+1.487\alpha$
$n=2$	0.877	二次	$R_{dm}=-0.153\alpha^2+0.3876\alpha+0.157$
$n=3$	0.883	二次	$R_{dm}=1.679\alpha^2-1.19\alpha+0.479$

2. 基于循环次数的参数确定

循环抗拔位移比 R_{dm} 的基本形式是二次多项式，并且在循环加载过程中循环次数 n 是影响桩顶轴向位移的关键因素，因此循环抗拔位移比 R_{dm} 与循环次数 n、循环抗拔荷载比 α 的耦合关系可表示为：

$$R_{dm}=A(n)\alpha^2+B(n)\alpha+C(n) \tag{4.6-11}$$

上式中，$A(n)$、$B(n)$、$C(n)$ 为关于循环次数 n 的影响参数，α 为循环抗拔荷载比。对于影响参数只需把不同循环次数的循环位移比回归方程中系数提取，然后进行拟合就可以得到参数的变化规律，循环次数与参数 A、B、C 的关系如图 4.6-4 所示。循环抗拔位移比计算模型系数见表 4-6-4。

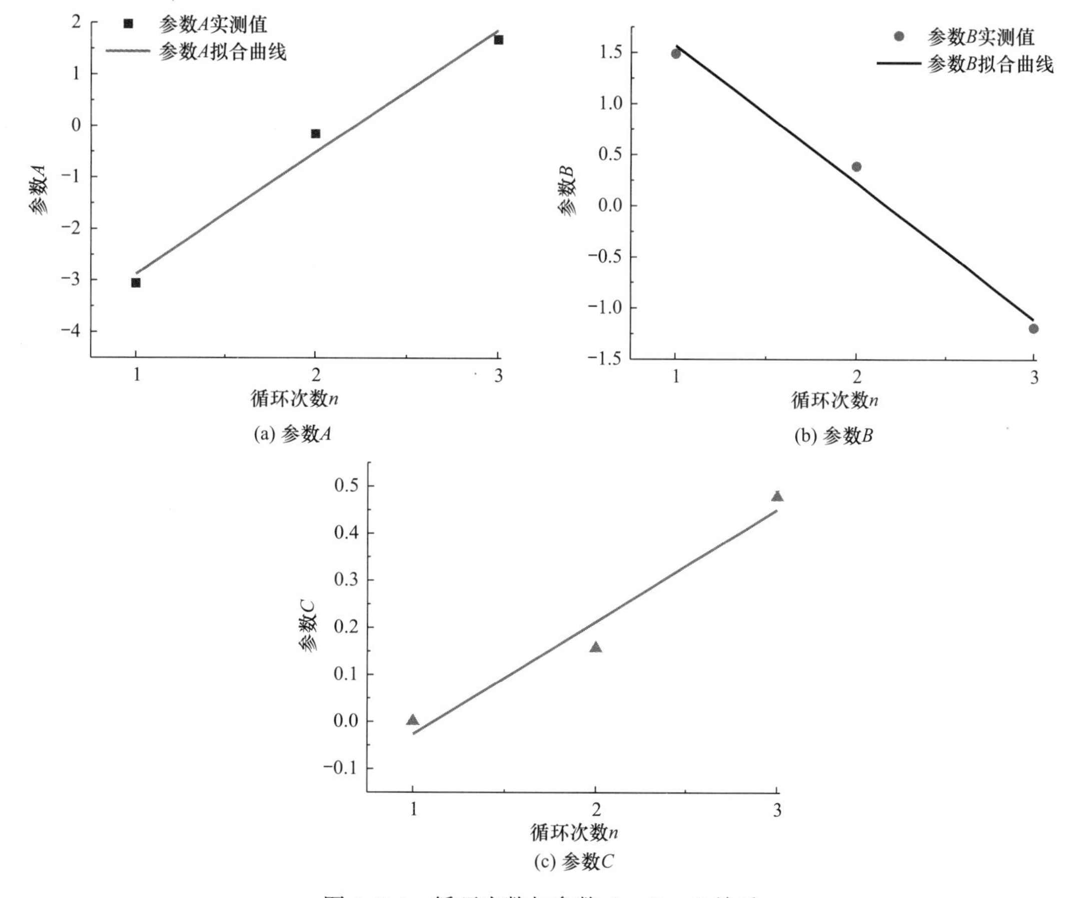

图 4.6-4　循环次数与参数 A、B、C 关系

循环抗拔位移比计算模型系数　　表 4-6-4

循环次数 n	A	B	C
1	−3.063	1.487	0
2	−0.153	0.387	0.157
3	1.679	−1.19	0.479

参数 $A(n)$、$B(n)$、$C(n)$ 回归方程汇总见表 4-6-5。

参数 $A(n)$、$B(n)$、$C(n)$ 回归方程汇总　　表 4-6-5

参数方程	R^2	模型	回归方程
$A(n)$	0.945	线性	$A(n)=2.371n-5.254$
$B(n)$	0.990	线性	$B(n)=-1.338n+2.905$
$C(n)$	0.961	线性	$C(n)=0.239n-0.266$

将 $A(n)$、$B(n)$、$C(n)$ 代入式（4.6-11）可以得出循环抗拔位移比 R_{dm} 计算模型：

$$R_{dm}(n,\alpha)=(2.371n-5.254)\alpha^2+(-1.338n+2.90)\alpha+0.239n-0.266 \quad (4.6\text{-}12)$$

式中：α——为循环抗拔的荷载比，$0<\alpha\leqslant 0.7$；

n——循环次数，$n\leqslant 3$。

4.6.3 循环荷载下桩基础压拔位移比计算方法

1. 基于循环次数的循环压拔位移比计算方法的提出

对循环压拔试验桩的每一个拔压荷载级别下的曲线进行数据拟合，得出拔压比为 2∶4 之前时，循环压拔位移比呈线性分布，且明显随着循环次数的增加而不变或者略微减小，表明循环拔压荷载比在较小时，桩基承载力基本不受循环次数的影响。随着循环拔压荷载比的增加，循环压拔位移比 R_{dk} 的规律开始呈现二次函数分布，桩基承载能力的衰减开始提速。不同循环拔压荷载比下循环次数与循环压拔位移比关系曲线见图 4.6-5。

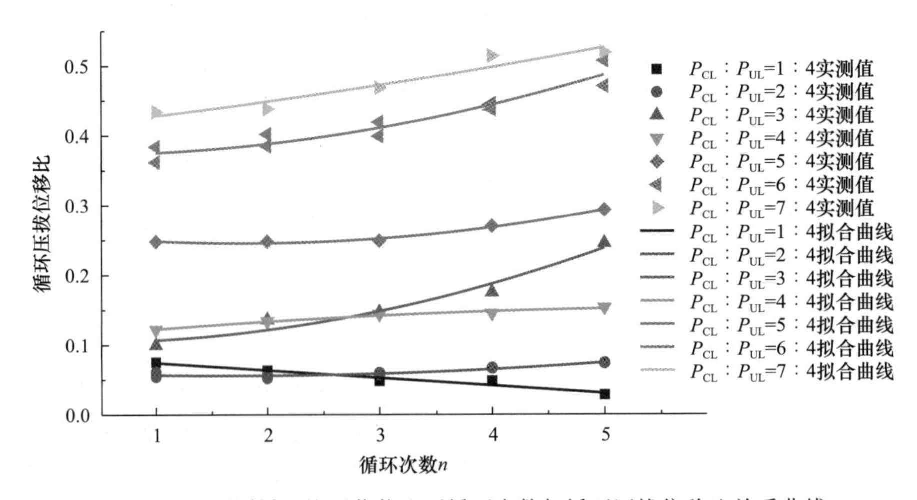

图 4.6-5　不同循环拔压荷载比下循环次数与循环压拔位移比关系曲线

通过比对不同数学模型的相关性，得出不同循环拔压荷载比条件下的循环位移比计算模型，不同循环拔压荷载比循环次数与循环位移比预估回归方程如表 4-6-6 所示。

不同循环拔压荷载比循环次数与循环位移比预估回归方程　　表 4-6-6

外载条件	R^2	模型	回归方程
$P_{UL}:P_{CL}=1:4$	0.945	线性	$R_{dk}=-0.011n+0.085$
$P_{UL}:P_{CL}=2:4$	0.899	二次	$R_{dk}=0.002n^2-0.006n+0.06$
$P_{UL}:P_{CL}=3:4$	0.962	二次	$R_{dk}=0.006n^2-0.004n+0.104$
$P_{UL}:P_{CL}=4:4$	0.973	二次	$R_{dk}=-0.001n^2+0.014n+0.109$
$P_{UL}:P_{CL}=5:4$	0.988	二次	$R_{dk}=0.005n^2-0.017n+0.261$
$P_{UL}:P_{CL}=6:4$	0.920	二次	$R_{dk}=0.005n^2-0.002n+0.373$
$P_{UL}:P_{CL}=7:4$	0.927	二次	$R_{dk}=0.001n^2+0.017n+0.410$

2. 基于循环拔压比的参数确定

建立的循环压拔荷载作用下循环位移比计算模型为二次多项式，可以确定基本方程形式为：

$$R_{dk}=F(\beta)n^2+G(\beta)n+T(\beta) \tag{4.6-13}$$

其中，$F(\beta)$、$G(\beta)$、$T(\beta)$ 是与循环拔压荷载比相关的函数，同样将表 4-6-6 中计算模型的系数提取，循环压拔位移比计算模型系数汇总见表 4-6-7，然后进行拟合即可求出 $F(\beta)$、$G(\beta)$、$T(\beta)$ 的变化规律。

循环压拔位移比计算模型系数汇总　　表 4-6-7

循环拔压荷载比 β	F	G	T
1∶4	0	−0.011	0.085
2∶4	0.002	−0.006	0.061
3∶4	0.006	−0.004	0.104
4∶4	−0.001	0.014	0.109
5∶4	0.005	−0.017	0.261
6∶4	0.005	−0.002	0.373
7∶4	0.001	0.017	0.410

对 $F(\beta)$ 的数学模型确定中，可以绘制出拔压比与参数 F 关系，如图 4.6-6 所示。

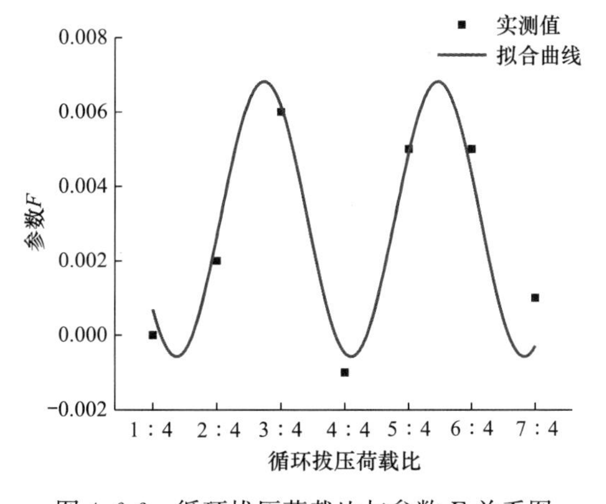

图 4.6-6　循环拔压荷载比与参数 F 关系图

根据附表 4-6-7 数据可以得出，正弦函数模型准确度达到 0.927，最为符合，可以确定参数 F 的计算模型为：

$$F(\beta)=0.0037\sin\pi\left(\frac{\beta-0.51316}{0.34101}\right)+0.00312 \tag{4.6-14}$$

同理对 $G(\beta)$、$T(\beta)$ 进行数据拟合可以得出循环拔压荷载比与参数 G 关系（图 4.6-7）、循环拔压荷载比与参数 T 关系（图 4.6-8）：

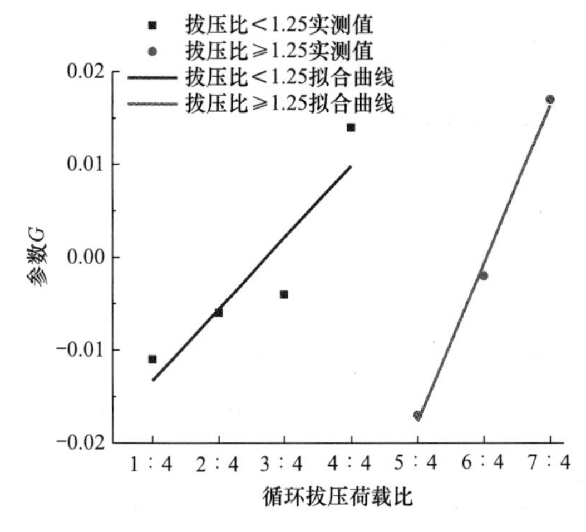

图 4.6-7　循环拔压荷载比与参数 G 关系图

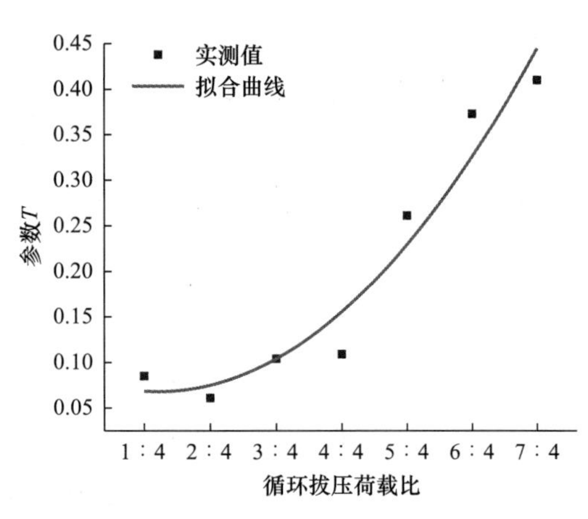

图 4.6-8　循环拔压荷载比与参数 T 关系图

通过对参数 $G(\beta)$、$T(\beta)$ 与循环拔压荷载比相关性的比较可以得出参数 $G(\beta)$、$T(\beta)$ 回归方程，如表 4-6-8 所示。

参数 $G(\beta)$、$T(\beta)$ 回归方程　　**表 4-6-8**

参数方程	R^2	模型	回归方程
$G(\beta)$	0.907	复合函数	$G(\beta)=\begin{cases}0.031\beta-0.021\ (0<\beta\leqslant 1.25)\\0.068\beta-0.103\ (1.25<\beta\leqslant 2)\end{cases}$
$T(\beta)$	0.945	二次函数	$T(\beta)=0.18\beta^2-0.109\beta+0.084$

将式（4.6-14）、表 4-6-8 的公式带入式（4.6-13）中，可以得出循环位移比与循环次数以及循环拔压荷载比的预测模型：

$$R_{\mathrm{dk}}(n,\beta)=\left(0.0037\sin\pi\left(\frac{\beta-0.51316}{0.34101}\right)+0.00312\right)n^2+\left(\begin{cases}0.031\beta-0.021(0<\beta\leqslant 1.25)\\0.068\beta-0.103(1.25<\beta\leqslant 2)\end{cases}\right)n+0.18\beta^2-0.109\beta+0.084 \tag{4.6-15}$$

式中，β——循环压拔过程中的拔压比，$0<\beta\leqslant 1.75$，且抗拔荷载以及抗压荷载均不超过常规试验极限值；

n——循环次数，$n\leqslant 5$。

4.6.4 循环荷载作用下桩基承载力计算模型建立

由图 4.6-9 可以确定循环折减系数的数学关系为二次多项式，将实测值进行拟合分析得出相关性为 0.926，相关性极强。

极限荷载比随着循环位移比的增加逐渐减小，且减小速率不断增大，实际上这也非常符合 Mcmanus 的相关研究，结果较为准确。循环折减系数数学表达式为：

$$R_u=\frac{P_{iu}}{P'_u}=\zeta_{ic}=1-R_d^2\geqslant 0 \qquad (4.6\text{-}16)$$

将式（4.6-16）替换式（4.6-3）中的系数 λ_i，在静载桩基试验经验公式的基础上就得到了循环荷载作用下的承载力预测模型：

$$T_u=\sum\zeta_{ic}q_{fi}u_i l_i+W \qquad (4.6\text{-}17)$$

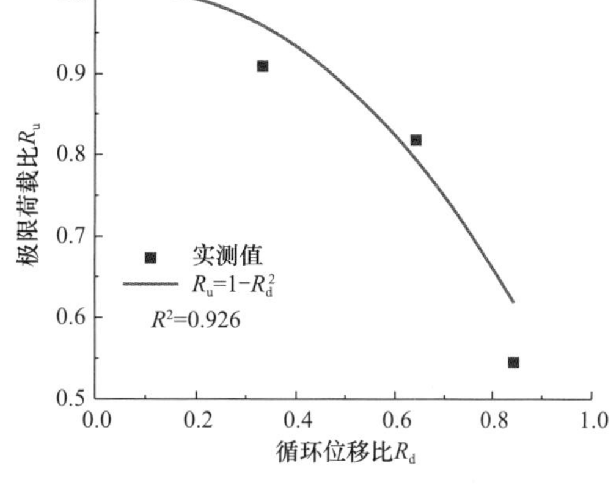

图 4.6-9 循环位移比与极限荷载比的关系

式中：T_u——桩的极限抗拔承载力；

u_i——桩身截面周长；

q_{fi}——桩周第 i 层土的单位面积极限侧阻力标准值，无当地经验时，可根据规范中给定的参考值选取；

l_i——第 i 层土的层厚；

W——桩自重，水下部分的桩自重按浮重力计算；

ζ_{ic}——循环加载后的折减系数，$\zeta_{ic}=1-R_d^2$。$R_d=(2.371n-5.254)\alpha^2+(-1.338n+2.90)\alpha+0.239n-0.266$，$n$ 为循环次数（$0<n\leqslant 3$）、α 为循环抗拔荷载比（$0<\alpha\leqslant 0.7$）；循环压拔 $R_d=\left(0.0037\sin\pi\left(\frac{\beta-0.51316}{0.34101}\right)+0.00312\right)n^2+\left(\begin{cases}Y=0.031\beta-0.021 & (0<\beta\leqslant 1.25)\\ Y=0.068\beta-0.103 & (1.25<\beta\leqslant 2)\end{cases}\right)n+0.18\beta^2-0.109\beta+0.084$，式中 n 为循环次数（$0<n\leqslant 5$）、β 为压拔荷载比（$0<\beta\leqslant 1.75$）。

4.6.5 模型验证

1. 实例一

循环试验过程中，在西安火车站周边对试验桩进行了循环抗拔，最大荷载比为 0.7，循环次数为 3，以及循环压拔试验最大压拔比为 1.5，循环次数为 5。试验中，采用的是混凝土灌注桩，桩径为 0.6m，桩长为 7m，桩身所处土层为黄土层，前 2m 桩侧摩阻力标准值为 58kPa，桩身后 5m 桩侧摩阻力标准值为 46kPa，桩身自重为 50.32kN。将数据代入式（4.6-17）。

$$T_{u循环抗拔}=\pi\times 0.6\times 0.718\times(58\times 2+46\times 5)+50.32\approx 518.36(\text{kN})$$

$$T_{u循环压拔}=\pi\times 0.6\times 0.730\times(58\times 2+46\times 5)+50.32\approx 526.18(\text{kN})$$

循环过程计算值与真实值对比　　表 4-6-9

加载方式	循环次数	抗拔比/压拔比	折减系数	计算值（kN）	真实值（kN）	误差率
循环抗拔	3	0.70	0.718	518.36	500	3.67%
循环压拔	5	1.75	0.730	526.18	550	4.33%

从表 4-6-9 的数据中可以看出，数据误差较低可以控制在 5%以内，计算模型的可靠性非常高。

2. 实例二

选用张忠苗关于杭州萧山某工地的一根抗拔桩 S1 作为试验桩，试验桩为钻孔灌注桩，桩径 800mm，桩长 37m，采用 C35 混凝土，持力层为卵石层，土层物理力学性质指标见表 4-6-10。

土层物理力学性质指标　　表 4-6-10

土层名称	H（m）	ω（%）	γ（kN/m^3）	IP（%）	IL（%）	c（kPa）	φ（°）	q_{sa}
杂填土	0	25.9	16.2					
杂填土	0.7	26.9	18.8	8.6	0.94	13.7	30.2	20
黏质粉土	1.8	28.3	18.5	8.9	1.05	13.8	28.7	30
砂质粉土	3.3	28	18.6	9.2	1.09	12.6	30.1	35
砂质粉土	6.5	26.8	18.8	10.1	1.11	13.5	29.2	38
砂质粉土	8.4	25.5	18.8	9.3	1.07	11.1	30.4	35
粉砂夹粉土	15.4	23.8	19.1	10.0	1.01	9.6	30.4	40
黏质粉土	18.3	29.4	18.6	9.8	1.13	15.9	23.3	35
粉质黏土	25.1	27.3	18.8	13.8	0.45	60.3	15.2	38
含砂粉质黏土	27.1	22.5	19.5	10.3	0.51	31.4	22.5	40
圆砾	31.1							47
卵石	36.6							55

试验采用高临界循环抗拔加载，加载次数为 3，荷载振幅为 4000kN，灌注桩在第三次循环到 2800kN 时桩侧摩阻力软化。

通过式（4.6-3）计算，抗拔极限值为 4203.7kN，灌注桩桩身自重大致估算为 446.357kN。将结果代入式（4.6-17）：

可得，

$$T_u=\pi\times0.8\times0.249\times3757.34+446.357=2796.53\text{kN}$$

循环抗拔计算值与真实值对比　　表 4-6-11

加载方式	循环次数	荷载比	折减系数 ζ_{ic}	$\Sigma q_{fi}l_i$	计算值	真实值	误差率
循环抗拔	3	0.86	0.249	3757.34	2796.53	2800	0.12%

表 4-6-11 数据显示，公式计算效果较好，误差相对较小，可靠性非常高。

出于安全考虑，建议在工程实践中对桩基承载力进行修正，用实际计算的极限值除以 2，进行极限状态设计。

第5章 近接运营地铁黄土基坑施工控制技术研究

5.1 概　　述

随着我国现代化城市建设步伐的加速和人民生活水平的提升，城市密集区普遍面临土地资源紧缺和地面交通拥堵的双重压力，加之地上空间开发的日益饱和和城市更新的逐步推进，城市密集区地下空间的开发利用已经成为我国城市基础建设的重要组成部分，主要包括地铁工程、下穿隧道、人防工程、地下综合体、综合管廊、高压线落地工程等。

地铁工程作为城市地下空间开发利用的主要类型之一，截至 2019 年，全国开通地铁轨道交通的城市数量已达 40 个，运营总长度超过 6736km。目前，为打造城市居民吃、穿、住、行的便利生活空间，地铁上盖项目（TOD 项目）越来越多，其以轨道交通为先导促进城市发展，围绕地铁为城市提供配套服务，在地铁运营阶段，沿线的土地高强度、高密度地开发，造成了地铁隧道在其运营阶段不可避免受到各种施工活动的影响。

近年来，国内城市密集区地下空间开发过程中普遍呈现出一个热难点问题，即近接运营地铁基坑安全施工。在近接运营地铁进行基坑施工过程中，土体卸载、降水、振动、加载等，基坑周围地下水位变化、应力场改变，导致基坑支护结构变形，引起周围地基土体产生自由位移场，土体在运动过程中与隧道发生相互作用，从而可能引起地铁隧道产生变形、倾斜、隆起、沉降、开裂等问题。为确保实现基坑施工与地铁运营的双重安全指标，在充分考虑了基坑施工诱发时空效应对近接运营地铁隧道影响的基础上，同时应考虑必要、合理、可行的控制措施以满足地铁的安全运营要求。

结合既有城市密集区近接运营地铁的基坑工程建设项目，汇总并归纳了基坑工程与运营地铁的相对空间位置，普遍表现为以下两种情况：(1) 基坑工程位于隧道的上方，即上跨运营地铁基坑工程；(2) 基坑工程位于隧道的侧方（因坑深 H、隧道埋深 h 而不同），即侧邻运营地铁基坑工程。基坑与地铁隧道位置关系示意图如图 5.1-1 所示。

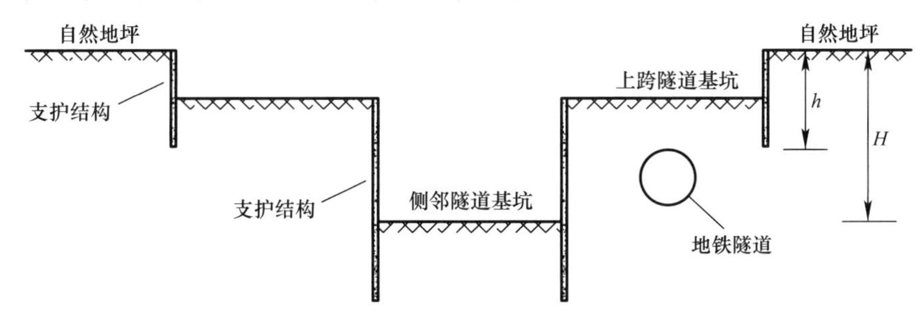

图 5.1-1　基坑与地铁隧道位置关系示意图

近接运营地铁基坑施工诱发地铁隧道结构产生的位移响应，因基坑与隧道的位置关系不同而存在一定差异。

对于上跨运营地铁基坑施工，随着基坑开挖卸荷，坑底土体应力逐渐释放，坑底土体产生隆起变形，对原处于受力平衡状态的隧道结构，由于上部土压力的减小而产生竖向隆起变形；隧道隆起变形与坑底暴露时间以及基坑开挖面积有关，基坑坑底暴露时间越长，开挖面积越大，坑底隧道的隆起变形越显著，上跨运营地铁基坑施工隧道受力与变形示意图如图 5.1-2 所示。

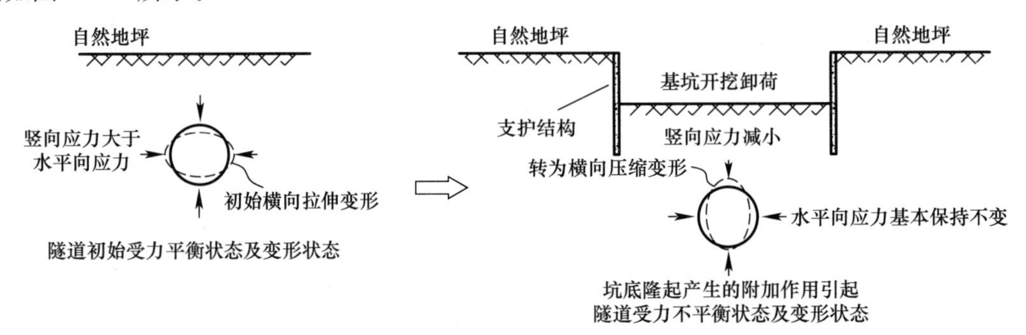

图 5.1-2　上跨运营地铁基坑施工隧道受力与变形示意图

对于侧邻运营地铁基坑施工，随着基坑向下开挖，坑底和坑壁的土层应力逐渐卸除，基坑支护结构开始发生往基坑内侧的变形，隧道周边的土体应力状态也开始发生变化，隧道邻近坑壁的土体在水平向受力减弱，从而结构受到向基坑侧的附加作用而产生侧向移动趋势；相同条件下，基坑离隧道越近，基坑开挖引起隧道结构的附加力增强，水平位移量随之增大，超出隧道结构水平变形预警值的可能性增加，侧邻运营地铁基坑施工隧道受力与变形示意图如图 5.1-3 所示。

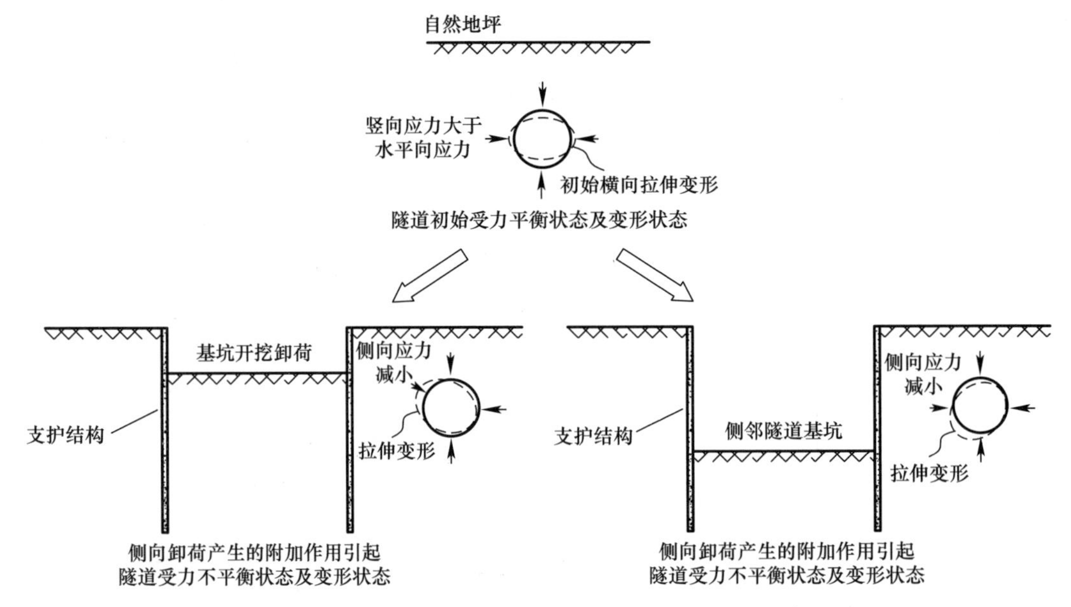

图 5.1-3　侧邻运营地铁基坑施工隧道受力与变形示意图

随着城市密集区地下空间的迅猛发展，对于开挖面域较广的深大基坑会同时位于运营地铁的侧方和上方，二者空间位置更为复杂，正如西安火车站站改基坑与运营地铁 4 号线的空间位置关系，基坑与运营地铁 4 号线空间位置示意图如图 5.1-4 所示。为确保地铁正常运营，基坑施工控制技术有待进一步研究。

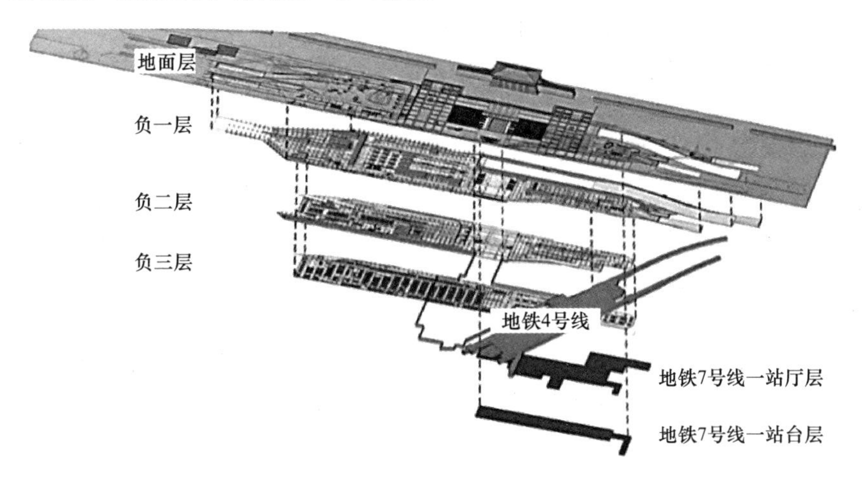

图 5.1-4　基坑与运营地铁 4 号线空间位置示意图

5.2　上跨运营地铁基坑施工控制技术

5.2.1　下卧地铁隧道变形机理

基坑开挖过程中，坑底土体因上方土体开挖卸荷而发生向上的回弹变形；同时坑内挖空导致支护结构坑内、外侧土压力不平衡，支护结构受主动区土压力作用而产生向坑内方向的侧向变形，坑底被动区土体受到支护结构的侧向挤压作用进一步产生向上的回弹变形；由于土体变形连续协调，下卧于坑底土的隧道受周围土体回弹变形的影响而发生上浮。基坑开挖诱发隧道上浮如图 5.2-1 所示。

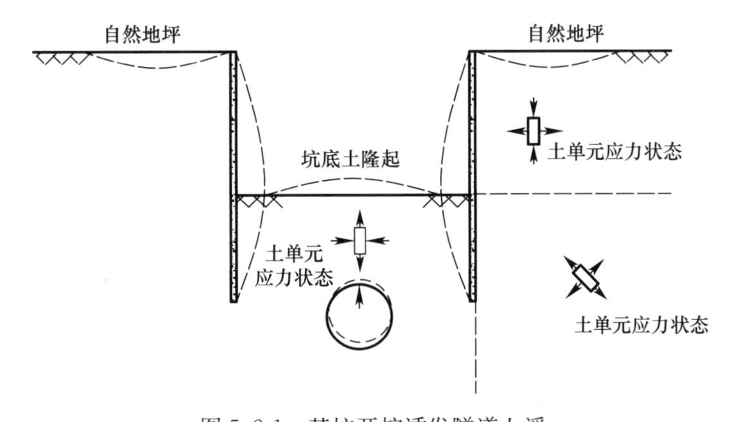

图 5.2-1　基坑开挖诱发隧道上浮

5.2.2　上跨地铁基坑施工控制技术

为确保隧道上浮变形满足地铁安全运营的要求，广大学者开展了上跨运营地铁基坑施工控制技术研究，经梳理可大致分为两条技术路线，即基坑开挖卸荷控制技术和基坑下卧地铁隧道加固控制技术。

1. 基坑开挖卸荷控制技术

基坑开挖卸荷后，坑底开挖面土体应力水平较高，若暴露时间过长不及时进行卸荷面支护，受土体流变性的影响，下卧隧道受周围土体回弹发生持续上浮，进而影响到隧道的变形与稳定。同时，基坑施工遵循先深后浅、分段分层、先支护后开挖的原则，对于地下水位较浅的基坑工程，还应考虑开挖前降水施工；基坑施工严禁超挖，过程较为漫长，尤其对于开挖深度越深、开挖面域越大的基坑，受基坑施工时空效应的影响，基坑对隧道的变形影响愈加显著。基于此，控制坑底下卧隧道变形所采取的基坑开挖卸荷控制技术主要包含土体卸荷控制、坑底堆载控制以及降水施工控制，具体如下：

（1）土体卸荷控制

施工时需合理安排基坑开挖土方的空间尺寸，尽可能减少开挖无支护卸荷面的暴露时间，科学地利用土体自身开挖方案控制地层位移来控制基坑、下卧土层及隧道的变形，根据基坑工程规模、几何尺寸及施工条件等，基于基坑施工时空效应的规律，遵循土体分区、分块、分层、对称、平衡、限时的原则进行基坑开挖施工。

基于相关研究成果，分别从土体卸荷顺序、形状和分层三个方面对比分析基坑与隧道顺行、垂直两种情况下基坑开挖诱发的下卧隧道竖向变形。

1）土体卸荷顺序

以条状分区开挖为例，将基坑划分为均等的四个区域，顺行隧道基坑、垂直隧道基坑情况下，开挖中间区（Ⅱ、Ⅲ）土体或端边区（Ⅰ、Ⅳ）土体诱发下卧隧道竖向变形，土体卸荷顺序诱发的下卧隧道竖向变形如图 5.2-2 所示。

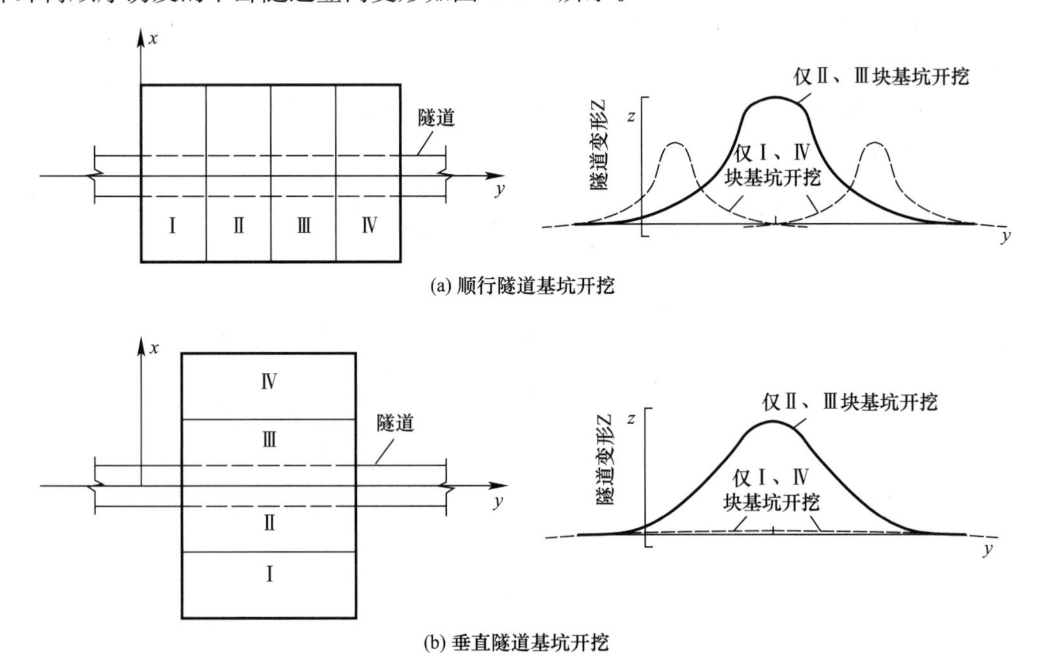

图 5.2-2　土体卸荷顺序诱发的下卧隧道竖向变形

从图 5.2-2 可以看出，在基坑与隧道顺行、垂直两种情况下，中间土体卸荷阶段或是端边土体卸荷阶段诱发既有下卧隧道的变形明显不同，且基坑中间区土体卸荷阶段诱发隧道的竖向变形较大，特别是对隧道最大竖向变形所发生的位置和变形大小影响显著。

因此，基坑施工时可采取先端后中的土体卸荷顺序，利用土体自身重量控制土体卸荷对隧道变形的影响，且尽可能在各土体卸荷阶段做到及时支护并封闭支护体系，进而减小各阶段基坑卸荷时空效应对隧道变形的影响。

2）土体卸荷形状

顺行隧道基坑、垂直隧道基坑两种情况下，相同面积、相同厚度、不同长宽比的土体卸荷诱发下卧隧道竖向变形，如图 5.2-3 所示。

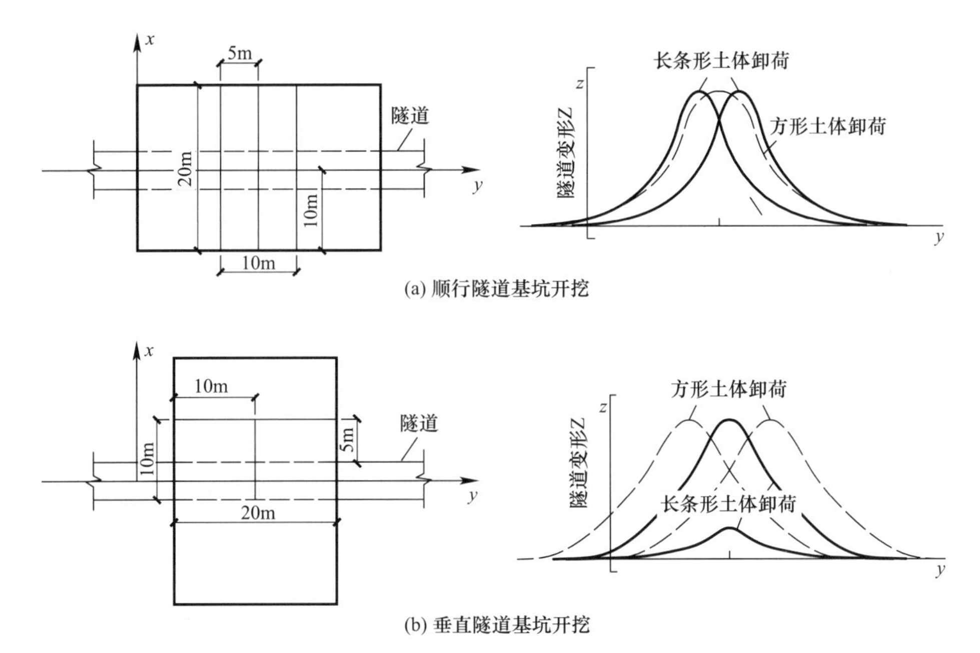

图 5.2-3　土体卸荷形状诱发的下卧隧道竖向变形

从图 5.2-3 可以看出，在基坑与隧道顺行、垂直两种情况下，同一面积和层厚的土体无论以方形块状或长条形状开挖，整个开挖过程中，各开挖阶段对既有隧道变形的影响不同。土体的两个方形均匀块状开挖阶段的时空效应对隧道最大竖向变形处的变形影响一样，而土体的两个长条形开挖阶段的时空效应对隧道最大竖向变形处的变形影响则不相同，临近隧道最大竖向变形处的长条形土体开挖对变形的影响较大。

因此，基坑底部土体开挖施工时应采取长宽比大的土体即长条形土体开挖工法，长宽比越大，不同位置的土体开挖卸荷的时空效应对既有隧道最大竖向变形处的变形影响变化越大，从而可以尽可能地推迟对变形影响较大的长条形土体部分的开挖时间，要利用土体自身潜力控制开挖对变形的影响，一旦开挖，同样要做到在流变时间内完成支护，并封闭支护体系，从而减小该开挖阶段土体的流变性对变形的影响。

3）土体卸荷分层

顺行隧道基坑、垂直隧道基坑两种情况下，同面域、同层厚两层土体开挖卸荷诱发下卧隧道竖向变形，如图 5.2-4 所示。

从图 5.2-4 可以看出，无论顺行隧道基坑或是垂直隧道基坑，同面域同层厚的两层土

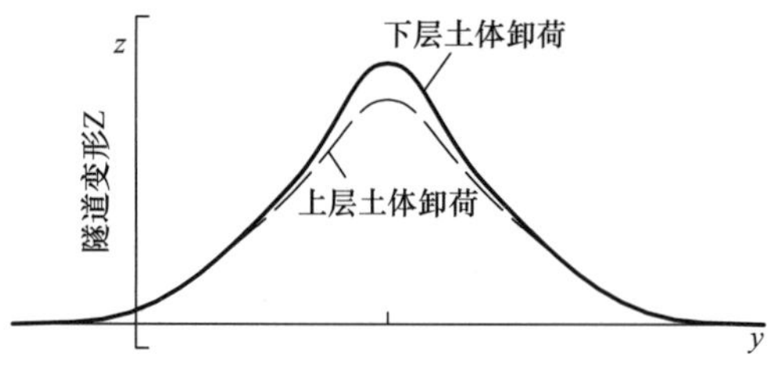

图 5.2-4　土体卸荷分层诱发的下卧隧道竖向变形

体（即卸荷应力基本相同的土体）开挖，下层土体开挖阶段时空效应对隧道最大竖向变形处的变形影响较上层大。

因此，接近基坑底部土体开挖施工时，应预留一定厚度的土层，并且做到在流变控制时间内完成支护及封闭卸荷面的支护体系，从而减小该开挖阶段土体流变性对变形的影响。

综上所述，对于上跨运营隧道的开挖卸荷工程，充分考虑土体开挖卸荷的时空效应影响，采用合理的土体卸荷顺序、形状、分层，规范开挖和支护步序，以达到科学、有效、经济地控制下卧隧道变形。

（2）坑底堆载控制

坑底堆载，即在已经浇筑完成并达到一定强度的基坑底板上进行堆载，用堆载的重量平衡部分开挖卸载量，从而达到控制下卧隧道隆起变形的目的，常用的堆载方式采用砂袋、钢锭等。堆载措施对控制下卧隧道竖向隆起变形有显著的效果，隧道竖向隆起变形随堆载大小的增加几乎呈线性减小，足量的堆载可以完全抵消开挖卸载造成的隧道上浮，甚至使其产生沉降。考虑到基坑底板堆载的难易、实际施工过程中基坑预留空间以及堆载的及时性等因素，需要结合其他控制下卧隧道变形的工程措施以及参考隧道位移允许值来确定具体的堆载大小，施工过程中可根据监测结果，及时调整堆载数量，保证施工安全，实现隧道的变形控制。由于隧道变形控制要求相对较高，坑底堆载可以和分步开挖相结合，优先将部分基坑底暴露，及时浇筑底板并进行堆载，其余部分留土反压，而后进行剩余部分的开挖。

（3）降水施工控制

在富含地下水的基坑工程中，每次开挖时会把地下水降至坑底－1～－0.5m 以下，目的为降低坑底承压含水层的水头，保证基坑抗突涌稳定性，避免渗流破坏。在地铁保护区基坑开挖之前，常需要在基坑范围外施工旋喷桩作截水帷幕，使得基坑内形成封闭区域，再设置降水井进行降水工作，直至基坑施作完成。

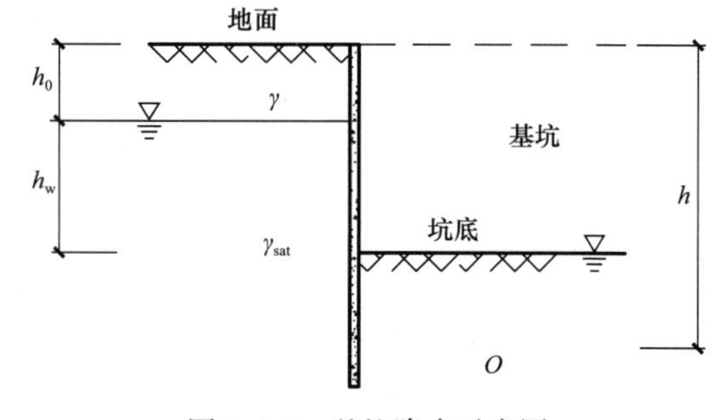

图 5.2-5　基坑降水示意图

1）坑内降水效应

基坑降水示意图如图 5.2-5 所示，地层简化为一层，土的天然重度为 γ，地下水位以下饱和重度为 γ_{sat}。

降水前，坑底下任一点 O（距离地面深度 h）总应力 σ_h 按式（5.2-1）计算：

$$\sigma_h = \gamma h_0 + \gamma_{sat}(h - h_0) \tag{5.2-1}$$

式中，h_0——自然地下水位距离地面的深度；

h——距离地面的深度。

降水至坑底下，降水深度为 h_w，坑底下任一点 O（距离地面深度 h）总应力 σ_h' 按式（5.2-2）计算：

$$\sigma'_{h}=\gamma h_0+\gamma h_w+\gamma_{sat}(h-h_0-h_w) \tag{5.2-2}$$

式中，h_w——降水深度。

总应力变化量 $\Delta\sigma$ 按式（5.2-3）计算：

$$\Delta\sigma=\sigma'_{h}-\sigma_{h}=(\gamma-\gamma_{sat})h_w<0 \tag{5.2-3}$$

式（5.2-3）表明，基坑降水，坑底下任一点 O 总应力是减少的，但减少的量很小，因此由于降水总应力减少引起的坑底回弹量极小。

降水至坑底下，降水深度为 h_w 时，孔隙水压力降低，孔隙水压力变化量 ΔU 按式（5.2-4）计算：

$$\Delta U=U'_{h}-U_0=-\gamma_w h_w \tag{5.2-4}$$

式中，U'_{h}——水位降至坑底时，坑底下任一点 O（距离地面深度 h）的孔隙水压力；

U_0——自然地下水位时，坑底下任一点 O（距离地面深度 h）的孔隙水压力；

γ_w——水的密度。

此时对应的有效应力变化量 $\Delta\sigma'$ 等于式（5.2-3）与式（5.2-4）的差值，按式（5.2-5）计算：

$$\Delta\sigma'=\Delta\sigma-\Delta U=(\gamma-\gamma_{sat}+\gamma_w)h_w=(\gamma-\gamma')h_w \tag{5.2-5}$$

式中：γ'——浮重度。

从上述分析可知：基坑开挖后坑内总应力下降，土体孔隙水压力也相应下降，但降幅小于总应力，有效应力下降导致土体回弹；采用基坑降水措施后，由于降水引起土体孔隙水压力减小，并转化为有效应力的增量；有效应力增大，对坑底土体有固结压密的作用，从而抵消一部分土体的回弹。

2）降水影响

由于地下水分布不均匀，且地下水分布与地层的空隙通道密切相关，故基坑降水存在以下影响，第一，是保证基坑能在相对干燥条件下施工，防止雨天导致水位上升，影响地铁隧道；第二，适当的降水使得地基土体固结，使土体的强度、有效自重应力增加，相当于对隧道加载，平衡隧道因上覆土体卸载作用引起的隆起；第三，降水会增加边坡的稳定性，也对坑底隆起有有利的影响；第四，降水过多会导致土体有效自重应力加大，导致基坑侧壁的主动土压力增加，导致基坑变形过大，影响基坑本身稳定；第五，降水使得土骨架的有效应力增加，另外由于存在水头差使得土体中有渗透压力，导致土体固结压密，坑外地面发生沉降。

因此，对于有丰富地面滞水或者地下水位高、土层渗透系数较大的含水地层，控制基坑降水对隧道影响尤为重要。

3）降水控制

为合理地通过降水施工技术来实现控制下卧隧道变形，张勇对降水的深度、降水速度、围护深度及反压回灌等方面进行了详尽的计算，结果表明：降水深度越深，地表的沉降越多，且可以控制坑底的隆起；降水速度对基坑水头影响较大，在抽水速度相同的情况下，围护嵌固深度不同，对基坑降水影响效果越明显；基坑的围护深度可以加大渗流路径，减小基坑变形，增大空隙水压力，整体而言是有利于控制变形。

另外也可以采取每降一部分水，然后开挖一部分的办法，这会比传统的降水到开挖底板以下再进行分层开挖的方案更能控制墙体侧向移动。这种分段降水的办法，降低了开挖前因为渗透力差导致的沉降，而且，边挖边支护，提高了支护对变形的约束效果，降低了不可控的变形，这可将变形控制到一半以上。针对一些大型基坑施工，且周边有重要邻近建构筑物，为防止发生不均匀沉降、开裂，甚至坍塌等情况，可以设置反压井进行地下水回灌，以补偿降水过多带来的危害。

2. 基坑下卧地铁隧道加固控制技术

由于运营地铁对隧道变形控制更为严格，在距离地铁隧道较近的上跨基坑施工过程中，为保证地铁安全运营，除了前文提到的基坑开挖卸荷控制技术，通常还会对基坑下卧地铁隧道进行加固，常用的加固控制技术有基坑下卧土体加固、设置抗拔桩，具体如下：

（1）基坑下卧土体加固

基坑下卧土体加固的原理是首先增大土体的 c、φ 值，提高上部土体弹性模量，使得基床系数 k 增大，隧道纵向弹性特征值增大，从而隧道的变形减小；其次，加固体形成整体性很好的空间厚板体系，增大土体对隧道变形的约束，从而有效地限制隧道的隆起。常用的加固措施可分为注浆加固和搅拌桩、高压旋喷桩加固。

1）注浆加固

地层变形控制措施主要通过注浆加固土体，注浆是将一定材料配制成浆液，用压送设备将其灌入地层或缝隙内，使其扩散、胶凝或固化，将原来松散或不连续的地层材料胶结成整体，以改善地层的物理力学性质。按浆液在土中的流动方式，可将注浆法分为渗透注浆、压密注浆和劈裂注浆三类。砂土地区注浆主要以渗透注浆为主，黄土区注浆主要以劈裂注浆为主，软土地区注浆主要以压密注浆和部分劈裂注浆相结合形式。

注浆加固原理是增大地层的黏聚力与摩擦角，提高其强度、变形模量和抵抗流变的能力，从而增大流变地层的抗剪切变形能力以控制既有隧道变形，并且注浆加固土体时的加载作用也可减小卸荷附加应力对既有隧道变形的影响。

为兼顾安全、经济的双重指标，对于上跨既有地铁隧道基坑工程，基坑下卧土体合理的注浆厚度一般取坑底与隧道顶部之间的夹土层厚度 h，注浆宽度 l 以既有隧道底部为起点，以 $45°+\varphi/2$ 的扩展角延伸至基坑底部，基坑下卧土体注浆厚度和宽度示意图如图 5.2-6 所示。

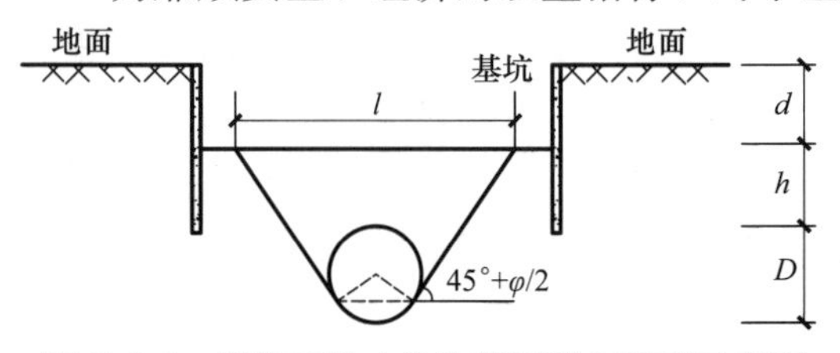

图 5.2-6　基坑下卧土体注浆厚度和宽度示意图

注浆宽度 l，按式（5.2-6）计算：

$$l=\frac{2h+D[1+\sin(45°-\varphi/2)}{\tan(45°+\varphi/2)} \tag{5.2-6}$$

式中，D——隧道直径；

φ——土体摩擦角。

2）搅拌桩、高压旋喷桩加固

搅拌桩、高压旋喷桩加固土体的原理是将原状土作为加固原材料与固化剂（一般为水泥或生石灰）通过特定的工艺使其混合发生化学反应，生成水化物和坚固的土团颗粒，再经过凝固和碳酸化作用，使加固的土体具有整体性、水稳定性和一定强度。

搅拌桩是利用钻机搅拌土体把固化剂注入土体中，并使土体与浆液搅拌混合，浆液凝固后，便在土层中形成一个圆柱状固结体，增加基坑底部抗隆起稳定性。高压旋喷是土体经过高压喷射注浆后，由原来的松散状变成圆柱形，板壁形和扇形固结体，并且有良好的强度、抗渗性、耐久性，增加基坑底部抗隆起稳定性。

加固土体的搅拌机一般有单轴、双轴和三轴，相应的水泥土搅拌桩也包括单（双）轴搅拌桩、三轴搅拌桩，标准搅拌直径在650～1200mm。搅拌桩的加固深度取决于施工机械的钻架高度、电机功率等技术参数。由于施工设备能力的局限性及加固效果的差别，不同工法的施工工艺的加固深度是不同的，且需根据不同环境保护要求作出选择，以确保工程实施的可行性和环境的安全性。国内的双轴或单轴水泥土搅拌桩的加固深度一般控制在18m左右。三轴搅拌机的转轴刚度和搅拌机功率相比较优于双轴，相应的三轴水泥土搅拌桩的加固深度一般可达到30m，少量进口的三轴设备的搅拌深度可达到50m以上。

高压旋喷桩因钻进深度较深，故不作深度限制，但高压喷射注浆形成旋喷桩桩径的离散性大。

综上，注浆和搅拌桩法加固对土体扰动较小，加固效果也较好，高压旋喷桩法虽然具有施工占地少、噪声较低等优点，但由于其是利用高压旋转的喷嘴将浆液喷射出来，冲切、扰动、破坏土体，因此容易污染工程环境，并且对施工土层扰动较大，三种措施在下卧地铁隧道变形控制中可综合运用。进行土体加固的时候，常常将基坑坑底和隧道两侧土体进行加固，从而形成“门式加固体”，一般对基坑范围内进行水泥掺量减半的弱加固，加固时应保证和隧道保持一定的距离，为了减小搅拌桩施工对隧道变形的影响程度，先对隧道上方土体进行加固，待其达到一定强度之后，再对隧道两侧土体进行加固，应基于相对隧道的距离由远及近地进行搅拌桩施工。

（2）设置抗拔桩

抗拔桩的作用机理是依靠桩身与土层的摩擦力来抵抗轴向拉力，在基坑开挖卸荷诱发下卧土层隆起的过程中，桩土摩擦力作用可约束土层隆起变形，进而起到削弱下卧地铁隧道的隆起变形，其作用效果主要与抗拔桩的桩长有直接关系，桩长越长，桩土作用面越大，二者之间的摩擦作用越显著。但兼顾加固效果、经济性以及抗拔桩施工可控性，相比仅设置抗拔桩的加固措施，注浆＋抗拔桩联合加固和“结构底板＋抗拔桩”护箍整体法加固两种控制措施运用更为广泛。

1）注浆＋抗拔桩联合加固

若下卧隧道距离基坑坑底太近，隧道顶部与坑底间夹土层厚度h较小，基于前述土体注浆加固措施，该厚度土体注浆加固无法有效控制下卧地铁隧道隆起，在增大注浆加固范围的同时，在注浆土体内设置抗拔桩来加固地层，注浆＋抗拔桩联合加固示意图如图5.2-7所示。

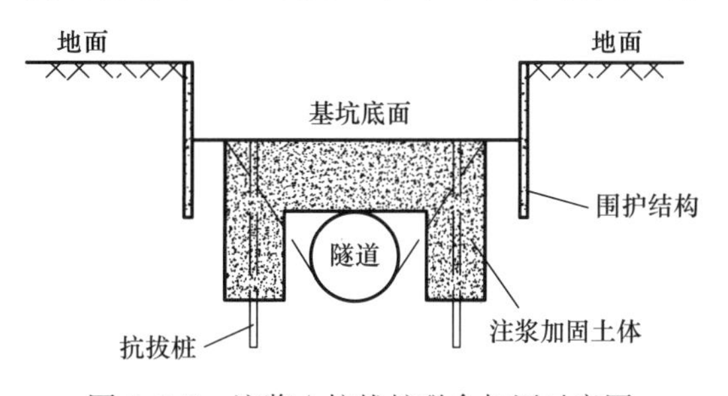

图5.2-7　注浆＋抗拔桩联合加固示意图

该加固措施基于注浆土体，相比原状土增大了黏聚力、摩擦角且与抗拔桩具备更强的握裹粘结作用，充分发挥了注浆土较强的抗剪作用及抗拔桩与注浆土的摩擦作用，进而更有效地减弱基坑开挖卸荷诱发的下卧地铁隧道隆起变形。

2）“抗拔桩＋底板”护箍整体法加固

该护箍整体法通常通过隧道两侧设置抗拔桩与基坑底板或垫层连接，形成钢筋混凝土“门式抗拔结构”（图 5.2-8），约束基坑卸土后下卧隧道的回弹，从而减小下卧隧道隆起。首先，基坑底板或垫层的自重可作为一种反压荷载，用于平衡隧道的部分隆起；其次，基坑底板或垫层的整体性可进一步增强抗拔桩与土体之间的摩擦作用，进而制约下卧隧道的隆起。

相关研究结果表明，“抗拔桩＋底板”护箍整体法加固效果较注浆＋抗拔桩联合加固措施效果不够显著，为此，将二者进行组合，形成了“抗拔桩＋底板”护箍整体＋注浆法联合加固措施（图 5.2-9），其经济、合理的注浆厚度位于隧道腰拱位置，如图 5.2-9 所示。

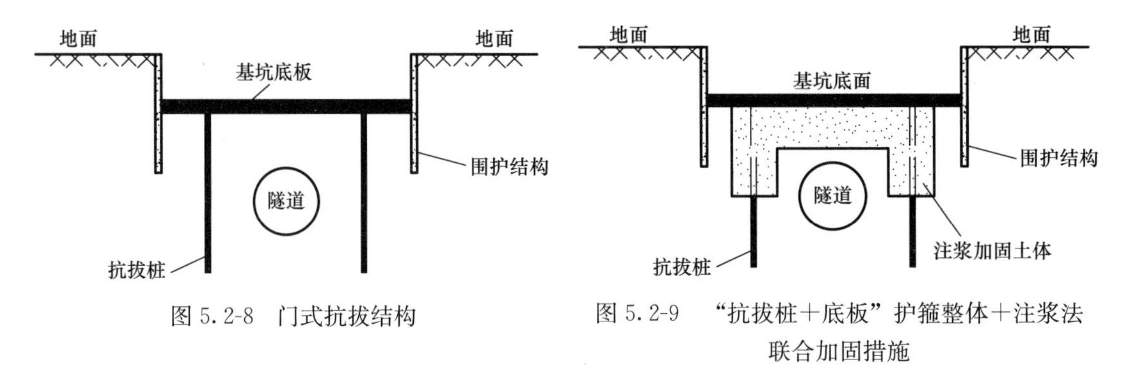

图 5.2-8　门式抗拔结构

图 5.2-9　“抗拔桩＋底板”护箍整体＋注浆法联合加固措施

5.3　侧邻运营地铁基坑施工控制技术

5.3.1　侧方地铁隧道变形机理

1. 隧道水平位移

隧道位于基坑侧方时，基坑开挖前，隧道受到周围水土压力和自重的作用，处于受力平衡状态，隧道不会发生平动位移；基坑土方开挖后，围护结构内侧土压力消失，外侧的土压力逐渐由静止土压力变为主动土压力，则此时围护结构内外侧所受到的合力变为来自外侧的主动土压力，且这个合力指向基坑内，基坑围护结构产生向坑内的位移，导致隧道靠近基坑一侧的水平侧向压力减小，使隧道受到一个向坑内的水平附加力，进而使隧道产生向坑内的水平位移，如图 5.3-1 所示。

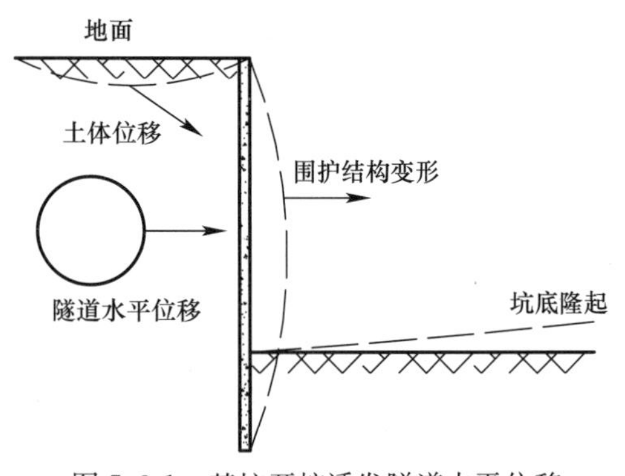

图 5.3-1　基坑开挖诱发隧道水平位移

2. 隧道竖向位移

基坑开挖对隧道竖向位移的影响要比水平位移复杂。根据基坑开挖深度的不同，隧道可能出现沉降或隆起两种变形特征。当基坑开挖深度较浅、小于某临界深度时，基坑开挖卸荷会使隧道产生一个向上的附加力，进而使隧道产生隆起变形，如图 5.3-2（a）所示；当基坑开挖深度较深、大于某临界深度时，基坑开挖会使隧道产生一个向下的附加力，进而使隧道产生沉降变形，如图 5.3-2（b）所示；当基坑开挖深度位于两个临界深度之间时，隧道受坑底以下土体卸荷回弹和坑底以上土体卸荷沉降的共同影响，可能出现隆起变形或沉降变形。

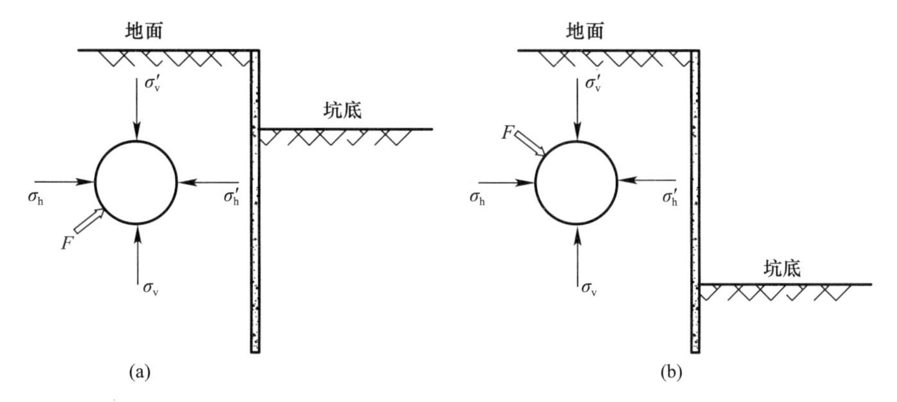

图 5.3-2　基坑开挖诱发隧道竖向位移

基坑工程土方开挖与降水通常联合进行，土方开挖卸荷与降水都会打破隧道周围土体的受力平衡，引起土体位移，进而诱发隧道产生位移。基坑降水会使隧道所处土体中的地下水位下降，土体中孔隙水压力减小，有效应力增加，隧道产生沉降，如图 5.3-3 所示。因此，隧道竖向位移受基坑开挖深度和降水两方面共同影响，具体变形形式应综合两方面考虑。

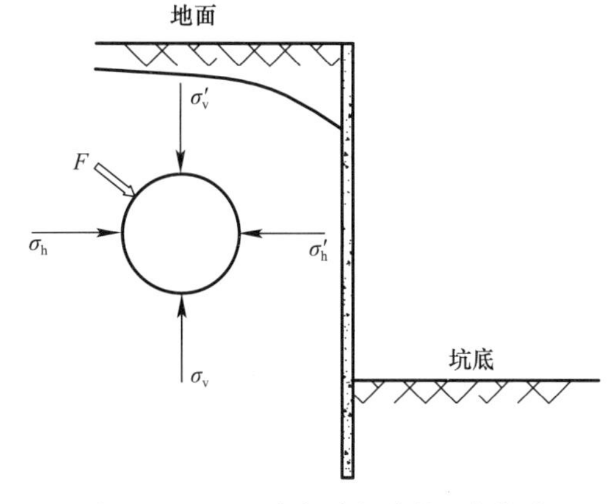

图 5.3-3　基坑降水诱发隧道竖向位移

3. 隧道收敛变形

基坑开挖对侧方隧道收敛变形影响如图 5.3-4 所示。基坑开挖前，隧道处于受力平衡状态，由于土的侧压力系数 $K_0<1$，隧道顶部受到的竖向应力要大于拱腰处的水平向应力，隧道发生“水平拉伸、竖向压缩”变形，如图 5.3-4（a）所示；基坑开挖后，隧道竖向压力不变，而靠近基坑一侧的水平压力减少，使隧道“水平拉伸、竖向压缩”变形进一步发展，如图 5.3-4（b）所示。

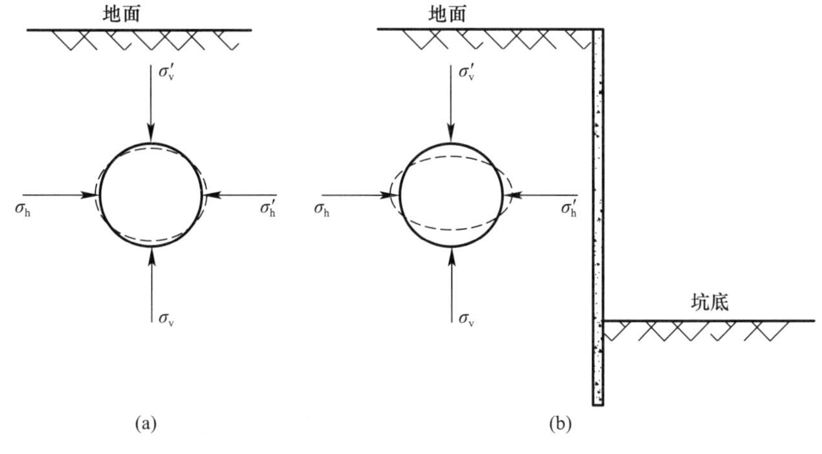

图 5.3-4　基坑开挖诱发隧道收敛变形

5.3.2 侧邻地铁基坑施工控制技术

为确保侧方地铁隧道变形满足地铁安全运营的要求，广大学者开展了侧邻运营地铁基坑施工控制技术研究，经梳理同样可分为两条技术路线，即基坑开挖卸荷控制技术和基坑侧方地铁隧道加固控制技术。

1. 基坑开挖卸荷控制技术

(1) 适当增大支护结构的刚度

基坑开挖卸荷施工过程中，随挖随支，支护结构设计时可适当增加结构刚度，通常采用地下连续墙、排桩等支护结构；内支撑可采用刚度较大的混凝土支撑，采用钢支撑+预加轴力的方式，施工过程中不断补充维持预加轴力；通过支护结构的协同工作以保证基坑整体受力平衡，协调周围土体变形，进而实现减小侧方地铁隧道变形的目的。

(2) 分区卸荷控制

当基坑侧邻近既有地铁隧道，深大基坑开挖的施工就可以采用基坑分区开挖卸荷的办法，即在基坑适合的位置施作分隔墙，一般在基坑的中部，以此来把基坑分为两部分，一部分是远离敏感区的先期开挖基坑，另一部分是近邻保护对象的后期开挖基坑。先期开挖基坑施工时，及时进行基坑坑底的回填压筑，以控制基坑开挖后底部大范围的隆起来稳定地铁的沉降变形，待监测数据稳定后，进行后期开挖基坑施工。在基坑分区卸荷施工中，其风险主要集中在邻近地铁的后期开挖基坑侧向变形，因此可考虑后期开挖基坑二次分区卸荷和采用刚度较大的支撑结构同时进行变形控制。邻近基坑的二次分区可用分隔墙进一步划分成若干垂直隧道轴向的小基坑，采用从两边向中间的对称开挖，各小基坑通过采用局部斜撑、钢支撑、混凝土撑等临时支护的方法来减小基坑施工诱发地铁隧道的变形，如图 5.3-5 所示。

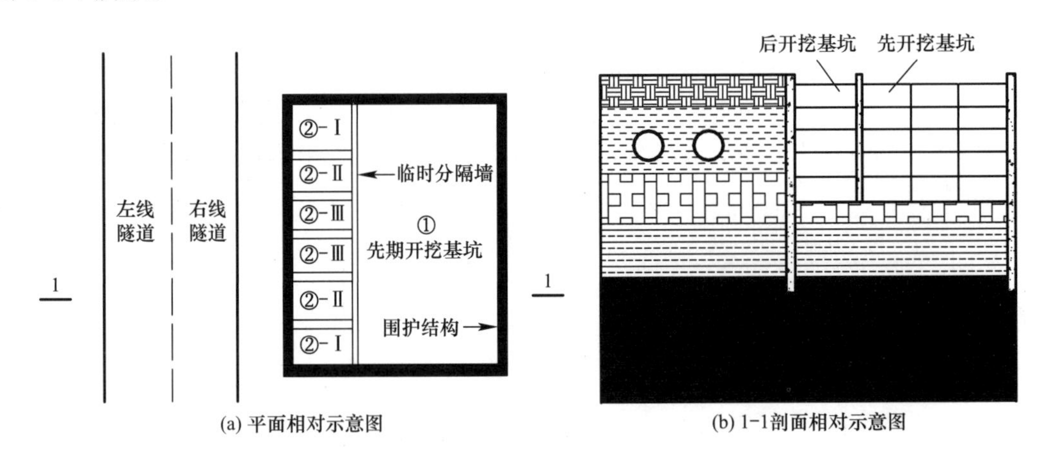

图 5.3-5 基坑分区卸荷示意图

(3) 施工荷载控制

通常在侧邻运营地铁隧道基坑施工周期内，因场地条件的限制，一般很难做到完全禁止在基坑周边附近堆放材料及施工设备，再加上基坑附近有市政公路时，还有大型车辆通行等，这些都有可能造成周边地面超载。堆载场地作为静荷载直接施加于地表后，通过应力扩散作用，该荷载部分施加于隧道顶，进一步加重了隧道竖向应力和侧向应力的压力差，致使隧道形状变形加速，收敛变形加大。施工机械行驶通道对一侧隧道存在双重不利影响，机械通道产生附加竖向应力，加剧了隧道竖向应力和侧向应力的压力差，加剧了隧道的形状变形；除此以外，施工机械荷载为振动荷载，与隧道自身所受列车振动荷载叠加，对包裹盾构的软弱土层产生不利影响。

因此，在施工过程中应严格控制基坑周边的堆载以及堆载区域的限制，在隧道和基坑之间的场地应控制坑外周边施工荷载：第一，严禁行驶挖土、运输机械以及泵车等动荷载；第二，严格控制基坑周边的施工荷载，隧道两侧外缘各 10m 范围内，其顶部施工静荷载不得超过 5kPa；距隧道外缘 10～20m 内，其顶部施工静荷载不得超过 10kPa；距隧道外缘 20m 范围以外，其顶部施工静荷载不得超过 15kPa。

（4）降水施工控制

基坑降水施工会增加土体的有效应力，导致土体加密，间接导致位于土体中的隧道跟随土体沉降而沉降。故在侧邻运营地铁的基坑施工过程中，通常设置截水帷幕尽可能减小坑外水位渗流的影响，同时可考虑设置坑外回灌井措施，使得隧道所处区域水位在基坑施工阶段保持稳定，进而减小降水施工对隧道的变形影响。

2. 基坑侧方地铁隧道加固控制技术

为确保侧方地铁安全运营，减弱地铁隧道受其侧邻基坑施工诱发的水平位移及收敛变形，通常采用土体加固、注浆纠偏以及设置隔离桩三种加固控制技术，具体如下：

（1）土体加固

土体加固通常采用搅拌桩加固、高压旋喷桩加固以及注浆加固三种措施。对于复杂环境条件下的基坑工程，由于开挖产生明显的侧向和竖向卸荷效应，随着开挖深度的增加，坑底土体的塑性区不断加大，隆起量也持续增加，从而导致侧方隧道的沉降量增大。因此，在基坑开挖前，应通过有效的坑内被动区地基加固措施改善坑底以下土体的强度及刚度特性，进而减小基坑支护结构及侧方隧道的变形。

对于侧方地铁隧道受侧邻基坑施工的影响，根据隧道与基坑的水平距离 s、基坑开挖深度 H 以及隧道直径 D 三者的关系，确定土体加固的形式和范围：当 $s>(0.7\sim1.0)\max\{H,D\}$ 时，建议采用常规地基加固，如坑内采用满堂加固或者在坑内靠近隧道一侧采用裙边加固；当 $s\leqslant(0.7\sim1.0)\max\{H,D\}$ 时，可考虑在隧道和基坑围护结构之间设置一定厚度的加固体，隧道受侧邻基坑施工影响的土体加固示意图如图 5.3-6 所示。

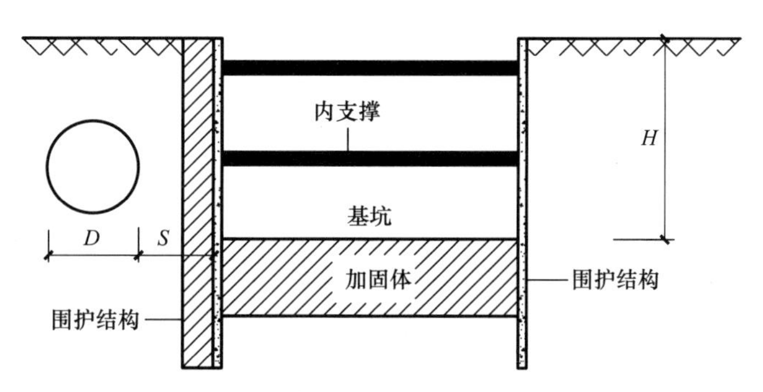

图 5.3-6 隧道受侧邻基坑施工影响的土体加固示意图

（2）注浆纠偏

在注浆施工过程中，伴随着浆液注入土体迅速凝固，凝固后的注浆体会产生向着四周方向的膨胀挤压，不仅对竖直方向的应力具有补偿效果，其对周边水平方向亦有一定的应力补偿作用，通过向土体中注入浆液，达到补偿水平向应力损失进行控制和纠偏的目的。

基坑施工导致既有地铁隧道发生较大变形，可以通过在过大位移侧既有地铁隧道外部进行注浆纠偏，但是注浆的过程可能不太好把控，浆液的流动趋势，浆液的扩散半径，浆液的注浆压力，这些因素都无法进行预判，只能是凭着经验进行，因此很可能导致既有地铁隧道周边的土体加固不均匀，衬砌受到的压力出现局部增大的情况，这样将造成既有地铁隧道衬砌的附加变形。通常情况下，注浆过程需配合实时监测设备的使用共同完成，能够根据实时监测结果达到调整注浆参数的目的。

对于集中大方量注浆，隧道会产生较大的位移增量；且因孔数少无后续补充，注浆结束后会产生较大的位移恢复。对于多孔数、小方量注浆，相邻注浆点之间可以对隧道位移进行叠加控制；多孔注浆的过程中，先行注浆的孔周围超孔压逐渐消散，引发对应位置隧道位移恢复，而相邻孔位的后续注浆又能对隧道位移控制的损失进行补充。因此多孔注浆结束后的稳定位移和注浆刚结束时的位移相差不大；且相邻管片之间位移差值较小，引发隧道开裂漏水的风险较小。因此对隧道位移进行注浆控制宜采用“多孔数、小方量”的策略。

（3）隔离桩

隔离桩的设置往往是根据基坑开挖卸载后引起坑外土体的滑移面来进行布置，隔离桩需要穿透滑移面进入下部土层中，对滑移区的土体进行加固，减小土体的滑移变形，隔离桩的作用机理示意图如图 5.3-7 所示。当基坑开挖引起墙后土体滑移变形时，由于隔离桩的设置可以提高土体滑移面的抗剪能力，从而减小墙后土体的变形，降低基坑开挖对邻近地下建构筑物的影响。从隔离桩工作机理可以看到，其主要承受滑移土体的侧向土压力，即隔离桩主要为水平向的受力构件，其设置需满足一些设计要素，才能保证隔离桩能起到相应的隔离作用。

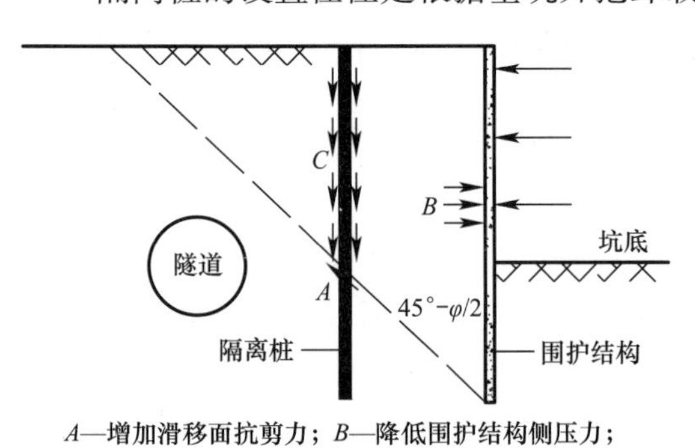

A—增加滑移面抗剪力；B—降低围护结构侧压力；
C—侧摩阻力

图 5.3-7　隔离桩的作用机理示意图

隔离桩设计的关键因素如下：

首先隔离桩需要有足够的长度穿透滑移面，并嵌入下部稳定土层一定深度，这样才能提供足够的抗侧向变形能力，减小墙后土体的滑移。对于保护邻近既有轨道设施而言，桩长需穿越盾构隧道范围，桩底标高需大于盾构隧道底标高一定深度。

其次，隔离桩本身需要具备足够的刚度，隔离桩的作用机理完全需要通过其自身的刚度来抵抗土体的滑移，所以隔离桩本身是不允许有变形的。这样才能对建筑起到隔离保护的作用。

实际工程设计中隔离桩应选用刚度适宜的桩型，一般可采用刚度较大的钢筋混凝土材料桩，如钻孔灌注桩等。隔离桩布置形式如图 5.3-8 所示。

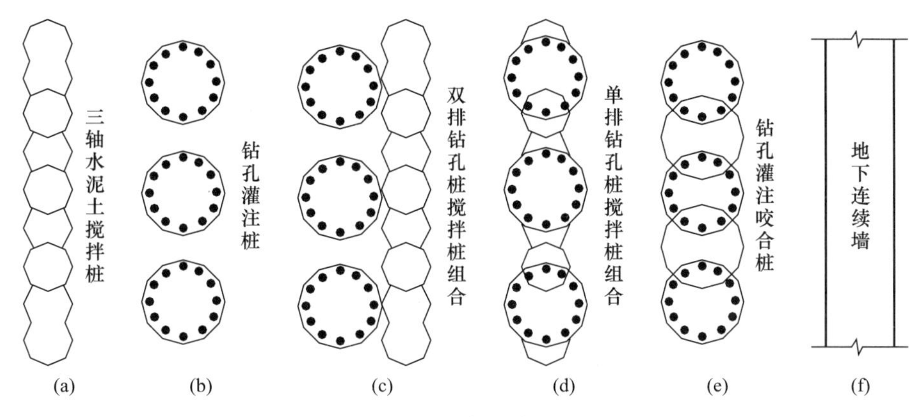

图 5.3-8　隔离桩布置形式

水泥土搅拌桩是刚度稍大于周边土体的结构，单纯作为隔离桩遮挡土体位移，效果不明显。钻孔灌注桩刚度大于水泥搅拌桩，是劲性结构，对土体有一定的遮挡。由于其施工工艺，单排钻孔灌注桩属于非连续墙围护结构，当桩与桩之间距离较大时，遮挡的土体沿桩间缝隙位移，将减弱钻孔灌注桩的遮挡作用。为弥补单排水泥搅拌桩和单排钻孔灌注桩各自的缺陷，可以采用双排复合围护结构作为隔离桩。即向基坑的一面采用钻孔灌注桩，背基坑的一面采用水泥搅拌桩，两者紧贴。钻孔灌注桩发挥刚性桩作用，水泥土搅拌桩则起局部遮挡作用，共同隔离坑外土体的位移。同样，为弥补单排水泥土搅拌桩和单排钻孔灌注桩各自的缺陷，对其平面布置进行优化。为在水泥土搅拌桩原位施工劲性钻孔灌注桩，即在水泥搅拌桩内嵌钻孔灌注桩，形成单排复合隔离桩，以有效阻隔围护结构周边土体位移向盾构隧道的传播。

对于侧方隧道受基坑开挖影响的工程，若基坑开挖深度较深且隧道距离基坑较近，基坑主、被动区土体加固还不足以控制隧道水平位移，可在隧道与基坑围护结构之间增设隔离桩，阻隔侧向卸荷应力的传播，以减少对隧道的影响，如图 5.3-9 所示。

隔离桩桩型一般采用钻孔灌注桩。相关研究表明，隔离桩在控制侧方隧道水平位移的过程中除了存在隔离作用还存在牵引作用，而牵引作用对隧道变形控制不利。基坑开挖会在坑外形成位移影响区，隔离桩具体发挥哪种作用与隔离桩在位移影响区范围内、外的桩长有关，隔离作用主要由进入非影响区范围的桩体发挥，而牵引作用主要由影响区范围内的桩体所致。因此，为了有效减小牵引作用、扩大隔离作用，建议采用“埋入式”的隔离桩，即桩顶与地表保持一定距离，通过控制桩顶埋深调整桩体在影响区内的桩长，但要注意当桩顶埋深过大以致超出位移影响区范围，隔离桩的阻隔作用会急剧减小，同样会减小隔离桩的控制效果，桩顶埋深存在着一个最优值。此外，水平方向上建议隔离桩要靠近隧道设置，以发挥最大的阻隔效果。

若工程中未采取“埋入式”隔离桩而采用传统“全长式”隔离桩，建议通过钢筋混凝土梁或钢筋混凝土板带，将隔离桩顶与基坑围护桩（墙）连接在一起，形成类似于双排桩的形式，以增加抗侧刚度、减小对隧道的影响，“全长式”隔离桩加固示意图如图 5.3-10 所示。或通过在围护桩（墙）和隔离桩之间进行土体加固，使两者连成整体，协同作用。

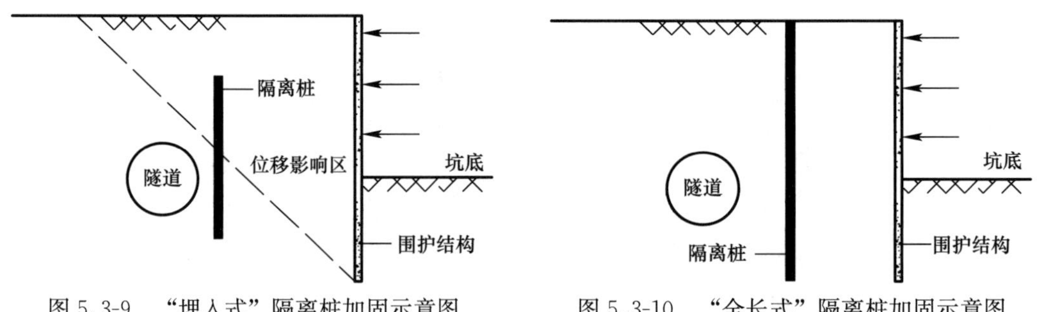

图 5.3-9 “埋入式”隔离桩加固示意图　　图 5.3-10 “全长式”隔离桩加固示意图

5.4 近接运营地铁 4 号线基坑工程施工控制技术研究

5.4.1 引言

近年来，随着城市快节奏的发展，新旧建筑的更新交替，城市密集区的地上空间开发日渐受限，为便于人员出行，改善生活环境，与地铁接驳的下沉式广场、车站等地下空间工程开发日益增多，进而也引发了城市密集区地下空间工程建设的热点问题——基坑施工与近接地铁的安全运营相互牵制。为确保基坑施工顺利推进，其中最为关键的一点是考虑基坑施工能否满足近接地铁安全运营的要求，尤其深大基坑施工，由于其开挖土方量大、工期紧、不确定性因素多、施工风险高，为确保基坑高效施工及地铁安全运营，在充分考虑深大基坑施工时空效应对地铁影响的基础上，应采取必要、合理的控制措施。基坑合理的开挖顺序、降水路径、卸载路径及变形控制等技术方案需深入研究。

《城市轨道交通结构安全保护技术规范》CJJ/T 202—2013 规定：外部作业影响预评估应在外部作业实施前，采用理论分析、模型试验、数值模拟等方法，预测外部作业对城市轨道交通结构的不利影响，并应结合城市轨道交通结构现状评估确定的结构安全控制指标值，评估外部作业方案的可行性。因此，开展城市密集区基坑施工动态过程对近接运营地铁的隧道位移预测十分必要。

基坑开挖将诱发近接地铁隧道的变形，其受基坑与隧道的相对位置、基坑的开挖面积与深度、土体属性等的影响，并可采取技术措施加以控制，通过数值计算进行邻近隧道变形的特征和敏感性分析，评估外部作业或隧道变形控制措施的可行性，已成为地下工程近接地铁隧道安全性评估的重要手段，是规范中推荐使用的方法。数值计算能够体现土体复杂的力学特性和基坑开挖的时空效应，可以较好地还原复杂基坑的周边环境、开挖工序、支护措施等内容，进行施工阶段预分析可以很好地预估基坑施工诱发邻近建（构）筑物的变形情况，常用于复杂基坑的开挖方案对比和变形预测，相关的分析和研究工作可为基坑开挖、支护等措施的合理性分析判断提供依据。

为此，本节依托西安火车站北广场改扩建项目深大基坑工程，采用数值方法，开展黄土区基坑开挖卸荷及降水耦合作用下近接运营地铁 4 号线的隧道位移研究。

5.4.2 工程及水文地质概况

1. 工程概况

随着城市密集区地下空间的迅猛发展，运营地铁与基坑工程的位置愈发复杂。西安火车站北广场改扩建项目位于新城区自强东路以南、陇海线及北站房以北、西闸口以东、太华南路以西，整个广场主体结构位于地下，基坑开挖范围东西长约 1000m，南北宽约 140m，利用北广场地下设施建设集公交、出租、铁路运输、轨道交通于一体的综合交通枢纽，同时实现与地铁 4 号线、拟建 7 号线无缝接驳。

整个站改基坑以其北侧丹凤门中轴划分为东区、西区两部分，分界区采用台阶法放坡，西区地下结构设 3 层，最大埋置深度 16.9m；东区基坑再分基坑Ⅰ（西段）、基坑Ⅱ（东段）两部分，基坑Ⅰ设地下结构 5 层，最大埋置深度 32.0m，负 4、5 层作为拟建地铁 7 号线的站厅和站台，负 2～3 层基坑侧壁距地铁 4 号线左线最短水平距离约 7.0m；基坑Ⅱ地下结构设 1 层，地下埋深 8.0m，基坑底距左线隧道顶部最短垂直距离约 6.1m。

图 5.4-1 为西安火车站北广场基坑平面及周边环境示意图，图 5.4-2 为东区基坑 1-1 剖面，示意了东区基坑Ⅰ、基坑Ⅱ与近接运营地铁 4 号线的相对位置。

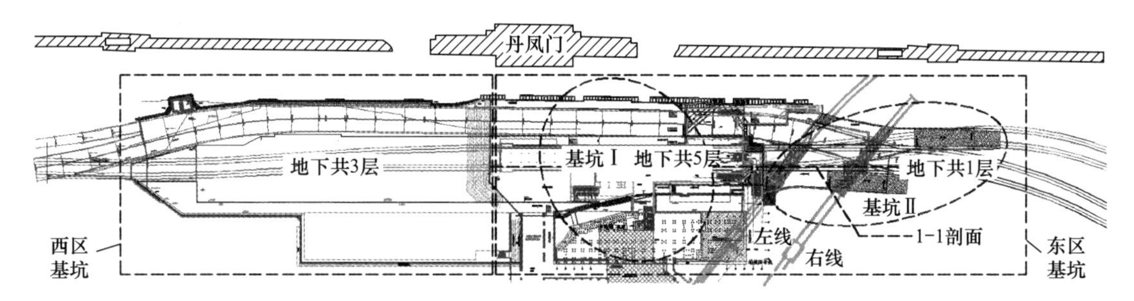

图 5.4-1　基坑平面及周边环境示意图

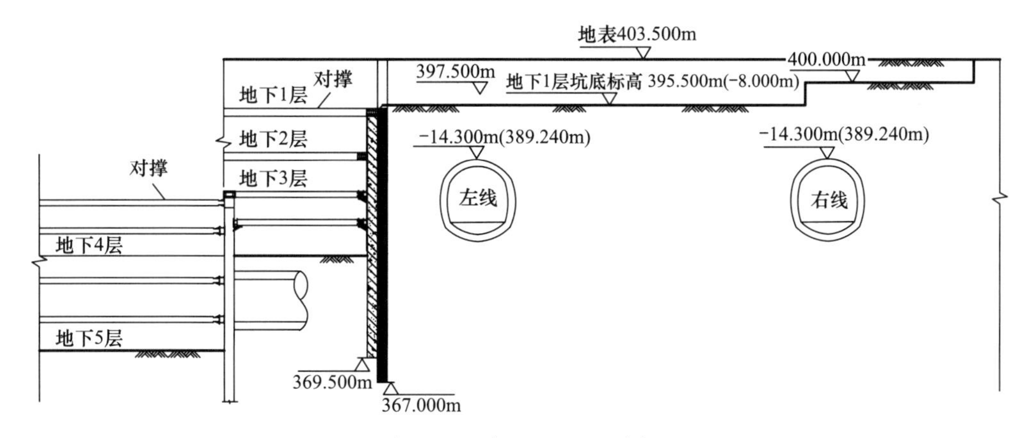

图 5.4-2　东区基坑 1-1 剖面

从图 5.4-2 可以看出，本基坑工程同时侧邻、上跨运营地铁 4 号线左线隧道、上跨右线隧道，左线隧道与基坑工程的位置关系尤为复杂，在侧邻基坑、上跨基坑施工过程中，隧道变形能否保证地铁安全运营、需要采取何种技术措施加以控制等工作值得进一步研究。本章节主要依托该基坑工程，以运营地铁 4 号线地铁隧道作为研究对象，重点开展近接运营地铁基坑施工控制技术研究，供参考决策。

2. 水文地质概况

本工程场地整体呈西低东高之势，勘探点地面标为 400.72～406.07m，平均标高 401.99m。地貌单元属黄土梁洼，场地土自上而下分为：

(1) 杂填土：黄褐色，以黏性土为主，含砖瓦碎块等建筑垃圾，结构松散，土质不均。

(2) 黄土①（水上）：褐黄色，可塑为主，局部软塑，局部具湿陷性。

(3) 黄土②（水位附近及水下）：褐黄色，可塑为主，局部软塑。

(4) 古土壤：棕黄色，可塑为主，局部软塑。

(5) 粉质黏土①：褐黄、黄褐色，可塑为主；部分区域分布有透镜体中砂：灰黄色，饱和，密实，级配不良。

(6) 粉质黏土②：浅灰色，硬塑为主，部分区域分布有透镜体中砂。

(7) 粉质黏土③：浅灰色，硬塑为主。

场地地下水属孔隙潜水类型，稳定水位埋深 3.00～9.10m，相应标高 395.02～398.99m，水位高。地潜水天然动态类型属渗入—蒸发、径流型，主要接受大气降水入渗、灌溉水入渗、临近护城河侧向径流及管道渗漏等方式补给，以蒸发及地下水侧向径流及人工开采为主要排泄方式，其水位年动态变化规律一般为：8～11 月水位较高，其他月份水位相对较低，水位年变幅一般为 2～3m。

5.4.3 近接地铁 4 号线基坑施工控制数值分析

本节主要结合基坑工程特点、施工技术方案、隧道加固技术方案及相关工程设计建议等内容，采用数值分析方法考虑基坑施工时空效应，重点以运营地铁的隧道位移作为分析对象，分别采用二维、三维有限元分析计算模型，从基坑开挖卸荷路径、隧道加固控制技术、分区卸荷控制技术以及卸荷与加固联合控制技术方面展开研究。

依据《西安火车站北广场综合改造项目岩土工程勘察报告》土工试验成果分析可知，土体力学参数见表 5-4-1。

土体力学参数　　表 5-4-1

名称	厚度(m)	压缩模量(MPa)	泊松比	重度($kN \cdot m^{-3}$)	黏聚力(kPa)	内摩擦角(°)	静止侧压力系数
杂填土	3.6	5.81	0.30	17.3	6.5	11	/
黄土①	1.9	5.89	0.29	17.3	26.0	20	0.45
黄土②	7.0	7.16	0.29	18.5	25.0	18	0.40
古土壤	2.5	8.07	0.29	19.3	30.0	20	0.40
粉质黏土①	12.5	8.95	0.26	19.6	36.0	23	0.40
粉质黏土②	10.5	9.51	0.26	19.9	38.0	24	0.40
粉质黏土③	62.0	9.29	0.26	19.7	40.0	28	0.40

1. 二维力学模型数值分析

本节以隧道位移作为重点研究对象，结合《西安城市轨道交通工程监测技术规范》DBJ 61/T 98—2015 第 3.2 节“工程影响分区及监测范围”中黄土区基坑施工的主要影响区范围和本工程东、西区基坑分界区侧壁的施工特点（即现场东、西区基坑分界区采用台阶法放坡保证基坑侧壁稳定性，如图 5.4-1 所示），二维平面应变有限元模型如图 5.4-3 所示。

建模范围：水平方向，取基坑东、西区分界区作为模型 X 轴向左边界，距东区基坑Ⅱ负 1 层截水帷幕大于 $3H$（H 为基坑Ⅱ开挖深度 8.0m）距离作为模型 X 轴向右边界；

竖直方向，取负 5 层坑底至模型底边界大于 $2H$（H 为东区基坑Ⅰ开挖深度 32.0m）距离作为模型 Y 轴向底边界；故整体模型尺寸为 697m×100m。

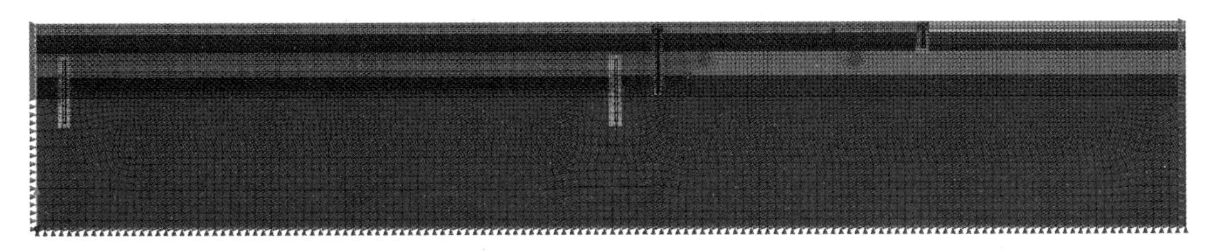

图 5.4-3 二维平面应变有限元模型

单元选取：支护排桩采用通过抗弯刚度等效原则换算的等效厚度 2D 板单元模拟、隧道衬砌采用 1D 梁单元模拟，对撑采用 1D 桁架单元模拟，角撑采用点弹簧模拟，土层采用平面应变单元模拟，截水帷幕采用软件提供的界面单元模拟，其刚度通过相邻单元参数借助属性助手自动计算。

边界条件：上表面边界为自由边界，左、右端边界均进行 X 轴水平向位移约束，底边界同时进行 X 轴水平向位移和 Y 轴竖向位移约束。

本构选取：开挖卸荷条件下的土体本构模型应能合理考虑土体变形特性的应力加卸载路径相关性，修正的摩尔-库仑本构模型可对黄土区基坑坑底隆起过大进行明显修正，故本工程土层采用修正摩尔库仑本构模型，支护桩、隧道衬砌、内撑均采用线弹性本构模型。结构材料参数见表 5-4-2。

结构材料参数 **表 5-4-2**

结构构件	弹性模量（MPa）	泊松比	重度（kN·m^{-3}）
支护桩	3.0×10^4	0.20	25.0
隧道衬砌	2.6×10^4	0.29	25.0
对撑	2.0×10^5	0.30	78.5
角撑	3.0×10^4	0.20	25.0

计算假定：结合地质勘察和设计资料等，提出以下假定：①土层依据现场分布平均厚度均简化为平整层；②地面超载考虑 20kPa；③通过激活钝化不同标高节点水头粗略考虑施工阶段降水过程，未详细考虑流速、流量等降水因素；④隧道衬砌横向刚度折减 75%，以考虑实际工程管片拼接的影响。

（1）土体开挖卸荷路径研究

由于基坑开挖范围较大，结合国家标准《城市轨道交通工程监测技术规范》GB 50911—2013 和地方标准《西安城市轨道交通工程监测技术规范》DBJ 61/T 98—2015 规定的黄土地区基坑开挖影响区范围，本工程仅需考虑东区基坑施工对地铁隧道的影响。东区基坑开挖采用明挖顺作法，为对比分析，提出以下卸载路径方案：

方案一：遵循先深后浅的开挖顺序，即深基坑Ⅰ自上而下分段分层开挖，且水位以下土体先将水位降至分层开挖面以下 1.0～2.0m 后，再进行土方开挖，深基坑Ⅰ施工完毕后，再进行浅基坑Ⅱ分段分层开挖，水下土体区域先降水后开挖，直至浅基坑Ⅱ施工完毕。

方案二：相邻深浅基坑交错施工，即深基坑Ⅰ负 4 层及以上区域施工同工况一，而负

5 层与浅基坑Ⅱ各区域分层降水开挖交错同步施工，且负 5 层分层施工均先于浅基坑Ⅱ分层施工，直至浅基坑Ⅱ施工完毕。

方案一可实现深基坑Ⅰ提前开工主体结构施工，但整体基坑施工工期延长；方案二可节约基坑施工工期，并可同时提供相邻深浅基坑后续主体结构施工的工作面。

计算工况：

依据上述两种基坑卸荷路径方案，调用软件“应力-渗流-边坡”模块，采用“激活钝化网格组”功能实现相邻深浅基坑开挖、降水（设置节点水头作为边界条件并于不同施工阶段激活钝化）及支护施作等工序，各阶段分层降水与分层开挖交错进行，共计 52 个分析步。为便于下文计算结果分析，在此主要罗列出两种方案下基坑工程共有的 12 个施工阶段（依据地勘资料，本模型区域地表标高假定 403.5m，初始水位假定 397.5m)：

CS1：清杂填土，基坑Ⅰ负 1～3 层支护桩、截水帷幕施作，水位降至 394.5m；

CS2：基坑Ⅰ负 1 层开挖完毕，开挖面标高 395.5m；

CS3：基坑Ⅰ水位降至 389.0m；

CS4：基坑Ⅰ负 2 层开挖完毕，角撑施作完毕，开挖面标高 390.0m；

CS5：基坑Ⅰ水位降至 385.0m；

CS6：基坑Ⅰ负 3 层开挖完毕，角撑施作完毕，开挖面标高 386.0m；负 4～5 层支护桩、截水帷幕施作完毕；

CS7：基坑Ⅰ水位降至 379.5m；

CS8：基坑Ⅰ负 4 层开挖完毕，角撑施作完毕，开挖面标高 380.5m；

深基坑Ⅰ负 5 层及浅基坑Ⅱ各区域分以下两种路径方案施工：

方案一：

CS9：基坑Ⅰ水位降至 371.0m；

CS10：基坑Ⅰ负 5 层开挖完毕，内撑、角撑施作完毕，开挖面标高 371.5m；

CS11：基坑Ⅱ负 1 层支护桩、截水帷幕施作，水位降至 394.5m；

CS12：基坑Ⅱ负 1 层开挖完毕，开挖面标高 395.5m。

方案二：

CS9：基坑Ⅱ负 1 层支护桩、截水帷幕施作，水位降至 396.5m，开挖面标高 397.5m；基坑Ⅰ水位降至 371.0m；

CS10：基坑Ⅰ负 5 层开挖完毕，内撑、角撑施作完毕，开挖面标高 371.5m；

CS11：基坑Ⅱ水位降至 394.5m；

CS12：基坑Ⅱ负 1 层开挖完毕，开挖面标高 395.5m。

基于二维有限元计算模型，结果分析如下：

对于卸载路径方案一，分别选取左线隧道顶部、底部、左侧、右侧监测点 T1-1，B1-1，L1-1，R1-1 及右线隧道顶部、底部、左侧、右侧监测点 T2-1，B2-1，L2-1，R2-1 监测数据进行分析；对于卸载路径方案二，分别选取左线隧道顶部、底部、左侧、右侧监测点 T1-2，B1-2，L1-2，R1-2 及右线隧道顶部、底部、左侧、右侧监测点 T2-2，B2-2，L2-2，R2-2 监测数据进行分析，结果如图 5.4-4 所示，水平位移正值表示偏离开挖区基坑方向，负值表示偏向开挖区基坑方向；竖向位移正值表示隆起，负值表示沉降。

由图 5.4-4 可知，不同方案下，对于卸载路径相同的施工阶段 1～8，右线隧道水平、竖向位移基本重合，左线隧道水平、竖向位移变化趋势一致，但数值存在一定差异；左、右线隧道水平位移和竖向位移均随施工阶段的推进不断减小；基坑Ⅰ地下4层开挖完毕时(施工阶段8)，左、右线隧道竖向位移最小值分别达－4.8mm、－4.0mm。不同方案下，对于卸载路径不同的施工阶段9～12，左、右线隧道水平位移变化趋势基本一致，但数值存在一定差异，右线隧道累计水平位移基本相同；左、右线隧道竖向位移变化趋势差异显著，但累计竖向位移相差较小，这是侧方基坑Ⅰ卸载引起的隧道沉降和上方基坑Ⅱ卸载引起的隧道隆起叠加所致。

基坑Ⅰ地下5层开挖完毕时（施工阶段10），对方案一，左线隧道水平位移达最大值－13.0mm，左、右线隧道竖向位移分别达最小值－8.7，－5.8mm，处于沉降状态。对于方案二，右线隧道水平位移达最大值－12.0mm，左、右线隧道竖向位移分别达较大值6.0mm、2.2mm，处于隆起状态。

基坑Ⅱ地下1层开挖完毕时（施工阶段12），对于方案一，左线隧道水平位移较施工

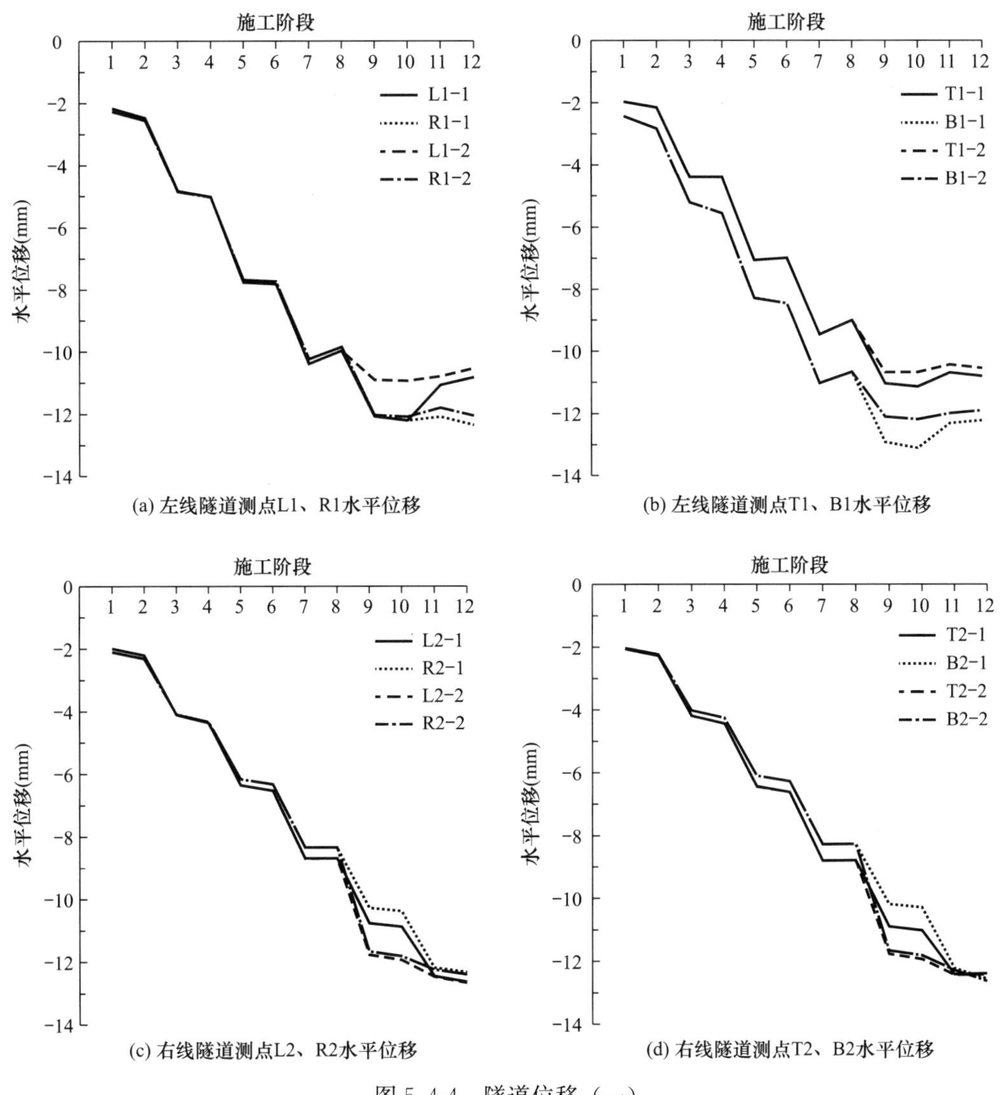

(a) 左线隧道测点L1、R1水平位移

(b) 左线隧道测点T1、B1水平位移

(c) 右线隧道测点L2、R2水平位移

(d) 右线隧道测点T2、B2水平位移

图5.4-4　隧道位移（一）

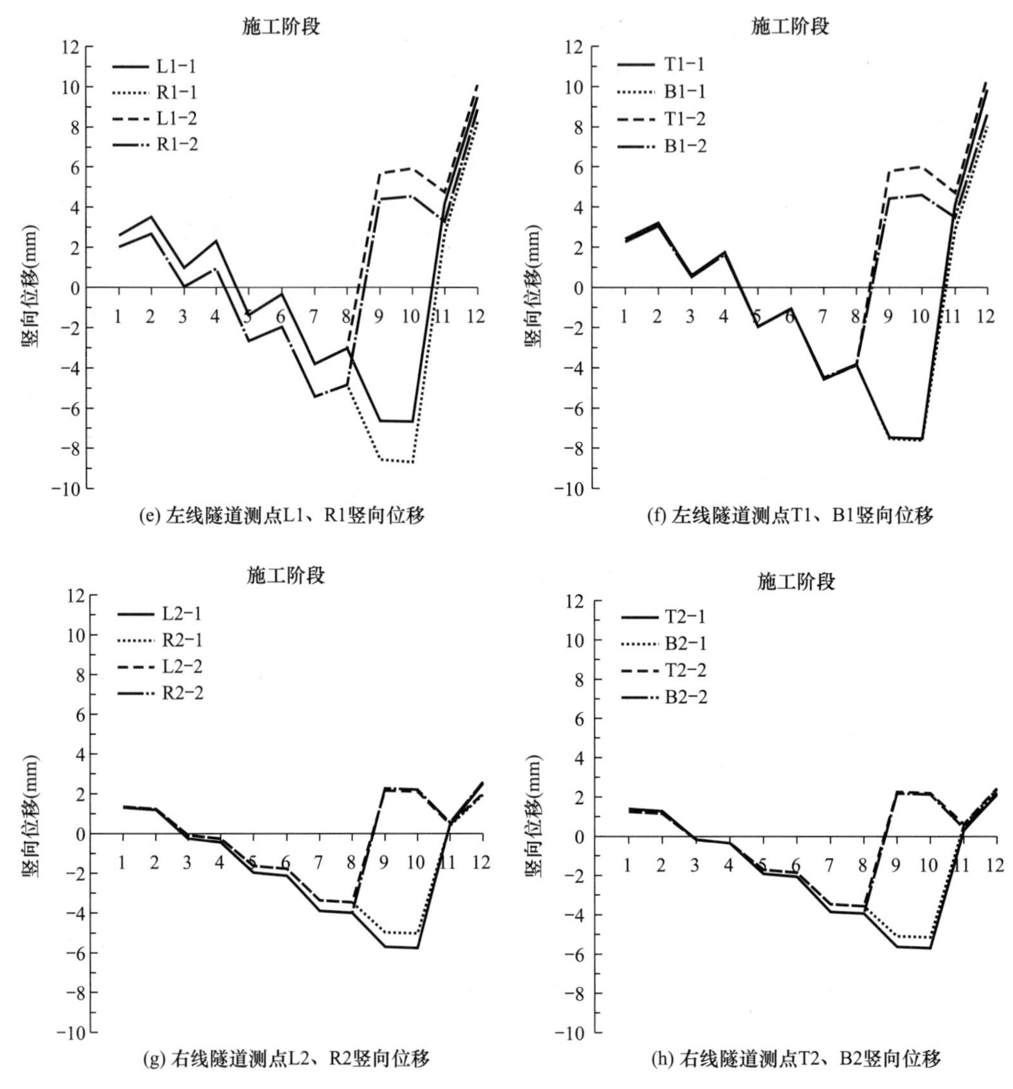

(e) 左线隧道测点L1、R1竖向位移

(f) 左线隧道测点T1、B1竖向位移

(g) 右线隧道测点L2、R2竖向位移

(h) 右线隧道测点T2、B2竖向位移

图 5.4-4　隧道位移（二）

阶段 10 略有减小，达－12.4mm，而右线隧道水平位移较施工阶段 10 继续增大，达－12.6mm，左、右线隧道累计水平位移相差较小，这是侧方基坑Ⅰ卸载、上方基坑Ⅱ卸载及相邻未开挖土体共同引起的隧道土压力不平衡所致，其受基坑施工阶段的时空路径影响不显著；左、右线隧道竖向位移分别达较大值 9.8mm，2.5mm，处于隆起状态。对于方案二，左线隧道水平位移同样较施工阶段 10 略有减小，达－11.9mm，左线隧道水平位移达最大值－12.6mm；左、右线隧道竖向位移分别达最大值 10.4mm，2.6mm，处于隆起状态，与方案一相差较小。

综上，两种方案下，隧道最终累计竖向、水平向位移相差不大，故综合考虑相邻深浅基坑施工的相互影响，为缩短基坑施工工期，同时尽早提供本工程后续主体结构施工的操作面，建议采取卸荷路径方案二开展基坑施工。

（2）隧道加固控制技术研究

《城市轨道交通结构安全保护技术规范》CJJ/T 202—2013 中明确：隧道竖向位移、

水平向位移预警值均小于 10mm，控制值均小于 20mm。由上述卸荷路径方案二诱发的隧道位移计算结果可知，左、右线隧道最终竖向、水平向位移均未超过规范控制值，但左线隧道竖向位移及左、右线隧道水平向位移均已超过规范预警值。

由于本工程深浅基坑同时存在于近接运营地铁隧道的侧方和上方，根据本专题第二节和第三节列举的隧道加固控制技术，同时考虑控制技术的附加成本、工期影响等因素，在此提出两种隧道位移控制方案：

变形控制措施 1：采取隔离桩＋截水帷幕＋土体搅拌桩加固措施，即在水平方向距左线隧道左侧监测点 3m 位置处设置隔离桩 ϕ1 000@1 300 和截水帷幕，同时在隔离桩与侧方基坑Ⅰ支护桩间，采用水泥掺量分别为 8%、20%的三轴水泥搅拌桩 ϕ850@1800 加固土体，并在左、右线隧道上方一定区域内采用水泥掺量为 8%的三轴水泥搅拌桩 ϕ850@1 800 加固土体，加固示意图如图 5.4-5 所示。

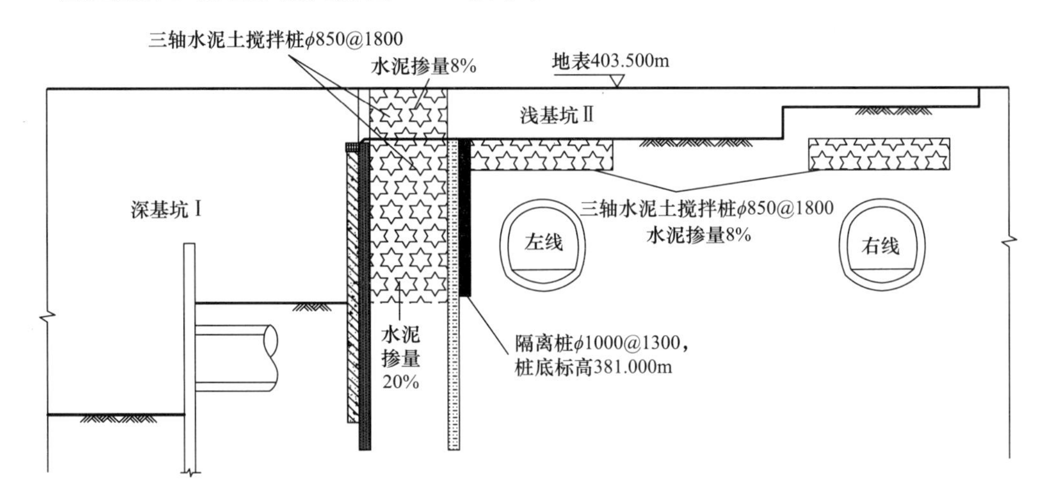

图 5.4-5　变形控制措施 1 加固示意

变形控制措施 2：采取抗拔桩＋土体注浆加固措施，即在竖直方向距左、右线隧道顶部监测点 1m 外一定区域内进行土体注浆加固，在水平方向距左、右线隧道左、右侧监测点 1m 外一定对称区域内进行土体注浆加固，并在水平方向距左、右线隧道左、右侧监测点 4m 位置处对称设置抗拔桩 ϕ1000@6000，加固示意图如图 5.4-6 所示。

采取变形控制措施 1 建立模型时，土体加固区采用软件提供的改变单元属性功能实现，搅拌桩加固后的水泥土体采用弹性本构模型模拟，结合现场水泥土搅拌桩取样测试结果和文献研究成果，水泥掺量为 8%和 20%的加固区土体弹性模量分别取为 100MPa 和 300MPa，隔离桩采用通过抗弯刚度等效原则换算的等效厚度板单元模拟，截水帷幕采用界面单元模拟。采取变形控制措施 2 建立模型时，抗拔桩采用梁单元模拟，注浆加固后土体本构同原土层，参照相关文献研究成果，将注浆土体弹性模量取为 70MPa，黏聚力取为 50kPa，内摩擦角取为 28°。

设置模型工况时，对于变形控制措施 1，隔离桩、截水帷幕设置及隔离桩与侧方基坑Ⅰ支护桩间土体加固在基坑Ⅰ施工前进行，隧道顶部土体加固在基坑Ⅰ地下 4 层施工完毕、基坑Ⅱ施工前进行；对于变形控制措施 2，抗拔桩设置与隧道左、右侧土体加固在基坑Ⅰ施工前进行，隧道顶部土体加固在基坑Ⅰ地下 4 层施工完毕、基坑Ⅱ施工前进行。施

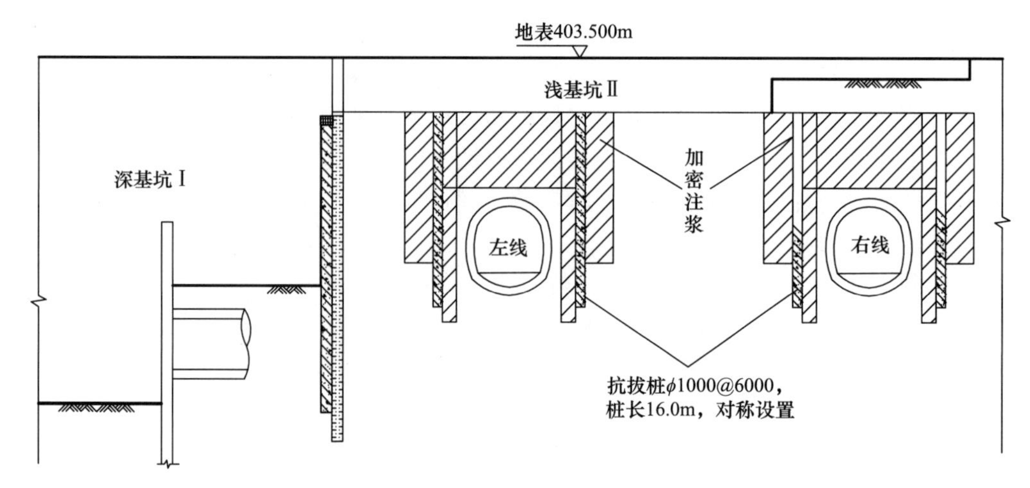

图 5.4-6 变形控制措施 2 加固示意

工阶段同前述卸荷路径方案二。

基于二维有限元计算模型，结果分析如下：

2 种控制措施下，左、右线隧道位移随基坑施工的发展规律与未采取控制措施时无明显变化，这主要是因为基坑卸载路径未变化。仅对 2 种控制措施下左、右线隧道最大位移进行对比分析，结果如图 5.4-7 所示。

由图 5.4-7（a）～图 5.4-7（b）可知，对于施工阶段 1～8，采取 2 种控制措施后，左、右线隧道左、右侧水平位移变化较小，控制措施 1 对左线隧道的加固效果较好，水平位移较未加固时小；2 种控制措施对右线隧道的加固效果相当。对于施工阶段 9～12，2 种控制措施对左线隧道的加固效果存在一定差异，措施 1 优于措施 2；2 种控制措施对右线隧道的加固效果相当，但未有效控制隧道水平位移。

对于变形控制措施 1，隔离排桩提供的抗侧刚度制约了左线隧道水平位移的扩大，但受隧道顶部区域加固土体有效应力和刚度增加的影响，该方案对左线隧道水平向位移减弱

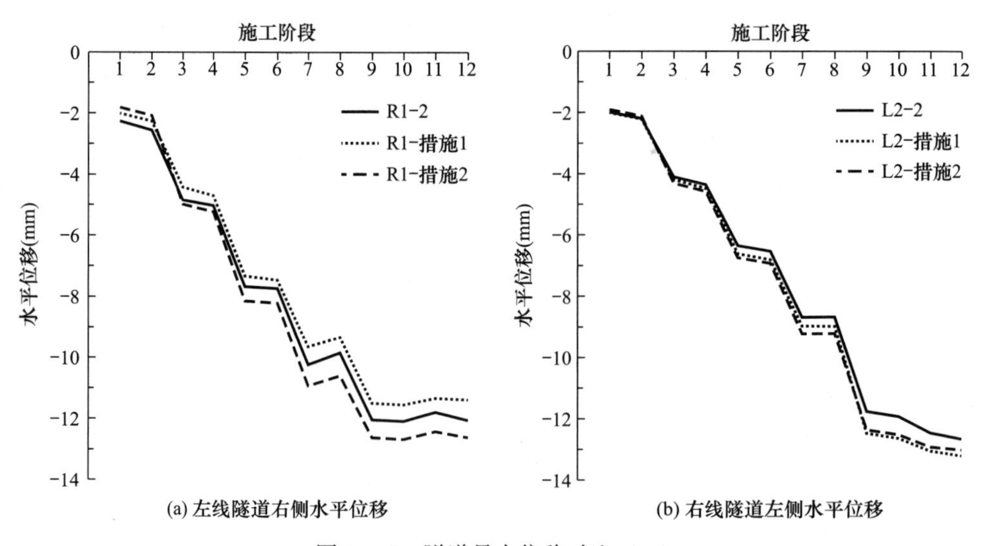

图 5.4-7 隧道最大位移对比（一）

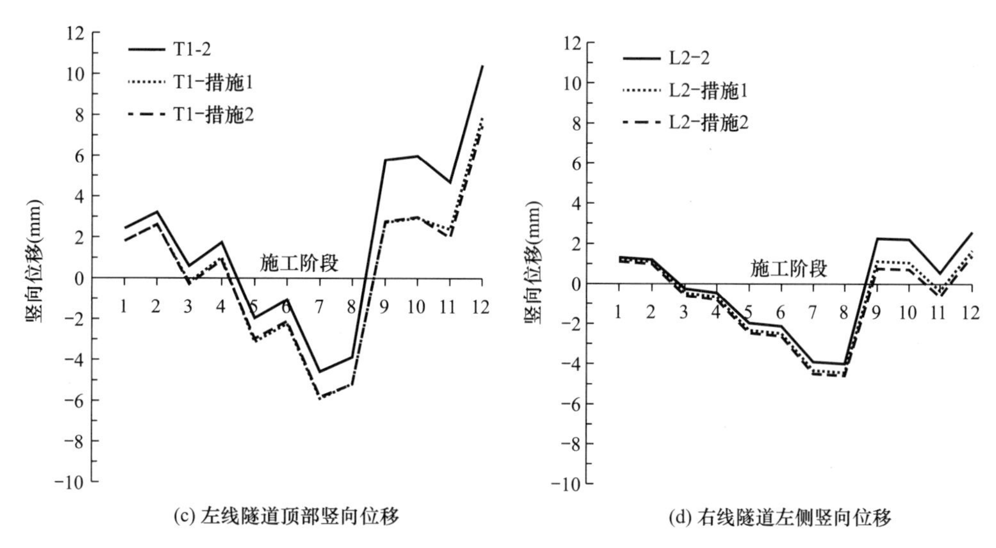

(c) 左线隧道顶部竖向位移　　(d) 右线隧道左侧竖向位移

图 5.4-7　隧道最大位移对比（二）

效果不明显，而右线隧道未设置隔离桩，且其上方基坑卸荷不均匀致使其承受侧向土压力不平衡，加剧了自身水平向位移的发展；对于变形控制措施 2，因隧道周边区域土体注浆加固后有效应力和刚度增大，加之隧道侧方、上方卸荷的作用，致使隧道承受侧向土压力不平衡，加剧了左、右线隧道水平向位移的发展。

由图 5.4-7（c）、图 5.4-7（d）可知，对于施工阶段 1～8，采取 2 种控制措施后，左线隧道顶部隆起略有减小、沉降略有增大；基坑Ⅰ地下 4 层开挖完毕时（施工阶段 8），采取 2 种控制措施后，隧道顶部沉降均约为－5.2mm，较未加固时增大 37%。对于施工阶段 9～12，左线隧道顶部由沉降变为隆起，但隆起较未加固时小；基坑Ⅱ地下 1 层开挖完毕时（施工阶段 12），采取 2 种控制措施后，隧道顶部隆起分别达 7.9mm、7.5mm，较未加固时分别减小 24%、28%。

在基坑施工之前，变形控制措施 1 进行了近接左线隧道的隔离排桩、截水帷幕及桩间土体加固施作，变形控制措施 2 进行了左、右线隧道，左、右端对称区域的土体注浆加固及抗拔排桩施作，两种控制方案均提高了隧道周边区域土体的刚度和有效应力，侧方基坑Ⅰ负 4 层及以上区域施工（即施工阶段 1～8）诱发基坑邻侧区域土体位移场沉降，受加固区域土体的沉降牵引，加剧了隧道的沉降效应；在隧道侧方基坑Ⅰ负 5 层及隧道上方基坑Ⅱ负 1 层区域施工（即施工阶段 9～12）之前，控制措施 1、2 分别对隧道顶部区域土体进行水泥土搅拌桩加固和注浆加固，受前期基坑施工阶段 8 诱发的隧道累计沉降效应影响，加之隧道顶部区域土体刚度及有效应力的增加以及侧方基坑Ⅰ深部负 5 层开挖和上方基坑Ⅱ降水施工的综合作用，显著减弱了隧道上方基坑Ⅱ卸荷诱发的坑底土体隆起响应，隧道的隆起位移亦随之减弱。总体来看，两种控制方案均有效地减弱了隧道竖向位移的隆起且二者效应相差不大。

综合上述基坑卸荷路径及隧道加固控制技术的计算分析，可得出以下结论：

1）基坑卸载路径对近接运营地铁隧道竖向位移发展具有一定影响，但不同路径下累计竖向位移相差较小；隧道水平位移发展受基坑卸载路径的影响较小。为缩短工期，采用卸载路径方案 2 进行深、浅基坑同步施工。

2）隔离桩＋截水帷幕＋土体搅拌桩加固、抗拔桩＋土体注浆加固措施对左、右线隧道水平位移的发展无明显改善作用，其中隔离桩＋截水帷幕＋土体搅拌桩加固方案可在一定程度上制约了左线隧道水平位移的发展。

3）隔离桩＋截水帷幕＋土体搅拌桩加固、抗拔桩＋土体注浆加固措施可在一定程度上减弱隧道竖向隆起。

4）考虑土体注浆加固均匀性、可控性较土体搅拌桩加固略差，建议采用隔离桩＋截水帷幕＋土体搅拌桩加固措施进行近接运营地铁隧道变形控制。

2. 三维力学模型数值分析

本节前述二维力学模型数值分析主要选取了本基坑工程，对近接运营地铁 4 号线的最不利断面，开展卸荷路径及隧道加固控制技术的研究，为工程前期方案决策提供一定参考。但考虑到基坑Ⅱ（负 1 层）开挖面域大，与地铁线路空间斜交，跨越了地铁的站站区间，且局部拟增建的地铁换乘通道（负 2 层）距左线隧道最短垂直距离约 1m，地铁基坑空间位置十分复杂，因此有必要进一步开展基坑工程三维施工力学分析，对基坑施工过程的风险预警与地铁隧道的安全控制进行评估。

（1）分区卸荷控制技术研究

基坑Ⅱ与近接运营地铁 4 号线的平面相对位置如图 5.4-8 所示，图示阴影区域为基坑开挖范围。三维力学计算模型如图 5.4-9 所示，整体模型尺寸为 260m×180m×50m，土体选用 3D 实体单元及修正摩尔-库仑本构，连排的支护桩根据刚度等效原则考虑成地下连续墙，弹性模量为 30000MPa，与隧道盾构管片均采用 2D 板单元，弹性模量为 34500MPa，锚杆采用 1D 植入式桁架单元，弹性模量为 200000MPa，土层力学参数见表 5-4-1。模型所受荷载为土体、结构自重及地面超载，其中超载按均布荷载 20kPa 考虑。模型上方为自由面，底部为固定约束，四周约束其法向位移。

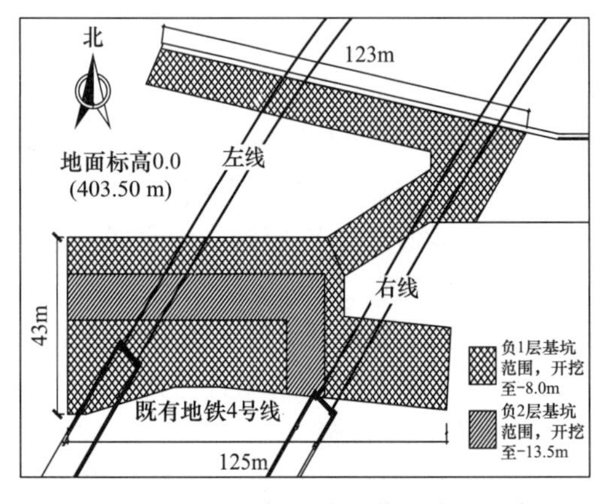

图 5.4-8　基坑Ⅱ与近接运营地铁 4 号线的相对平面位置

图 5.4-9　三维力学计算模型

基于计算模型，以隧道变形为研究对象，主要从整体开挖、分区开挖两种工况下进行分析，具体如下：

1）整体开挖计算

在开挖前先施工负 1 层基坑的支护桩，而后进行整体开挖，每次开挖深度为 2m，直至负 1 层坑底；负 2 层基坑施工同样按先支护后开挖的方式进行。据此设置模型的分析工况，并对施工完成后的基坑及隧道变形加以分析。

基坑因开挖卸荷而产生的坑底隆起是引起下卧地铁隧道变形的主要原因，基坑开挖完成后的竖向变形如图 5.4-10 所示。图中坑底的最大隆起点位于负 2 层基坑“┐”形的拐角处，达到了 23.24mm。

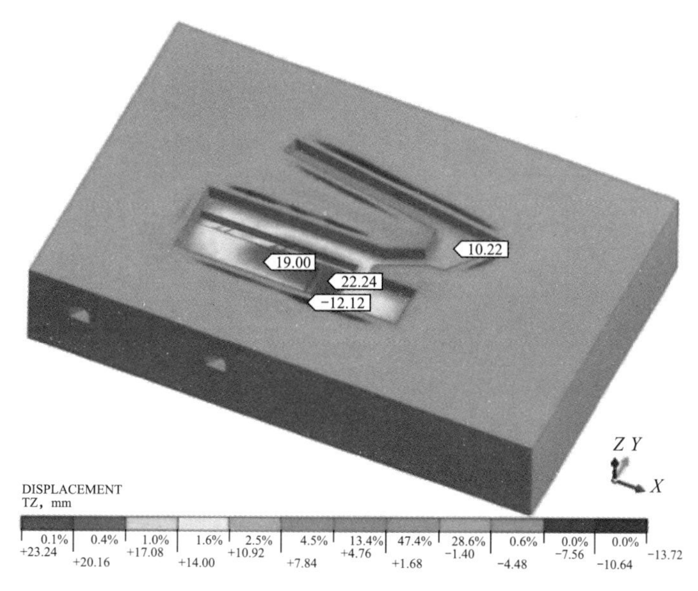

图 5.4-10　基坑竖向变形

基坑开挖过程中，下卧地铁隧道主要发生隆起变形，水平向变形较小。选取隧道拱圈顶部沿轴线方向的若干节点，得到各节点的竖向变形在基坑开挖过程中的发展趋势如图 5.4-11 所示，其中横坐标表示与模型中隧道最南端的距离，横坐标的最小值、最大值表示的位置分别为隧道的南端和北端。

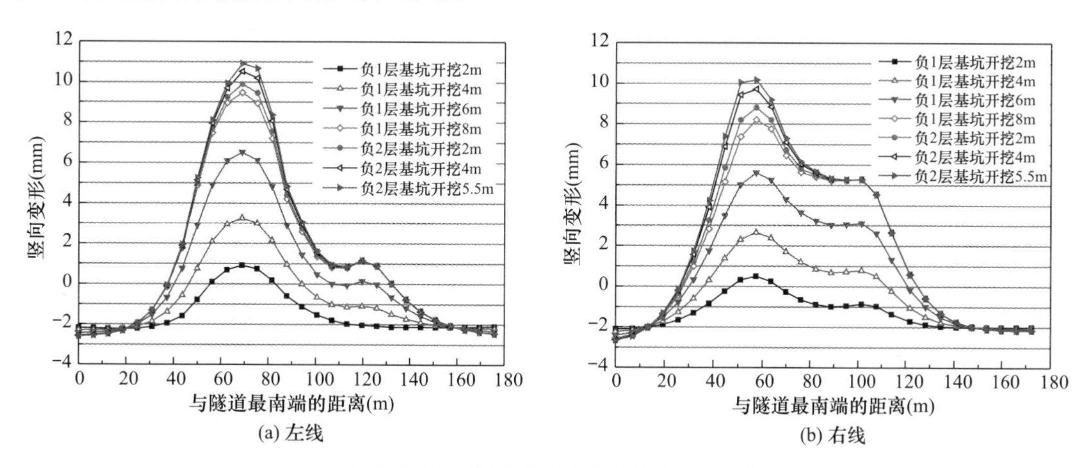

图 5.4-11　各开挖工况下隧道竖向变形

从图 5.4-11 可以看出，开挖范围内的下卧隧道在基坑不分区开挖过程中产生整体抬升，隧道的隆起变形在负 1 层基坑开挖过程中增长迅速，在负 2 层基坑开挖过程中增长放缓。隧道两端的沉降变形是由地面超载引起的。

在初始开挖阶段，沿隧道轴线方向的变形较平缓，但由于异形基坑南部和北部开挖面积差异较大，南部基坑开挖诱发的隧道隆起增长愈发迅速且显著大于北部，故而隧道的变形在后续施工中逐渐集中于基坑南部下方的区段，隧道沿轴线的竖向变形差快速增大，其中左线隧道表现尤为明显。

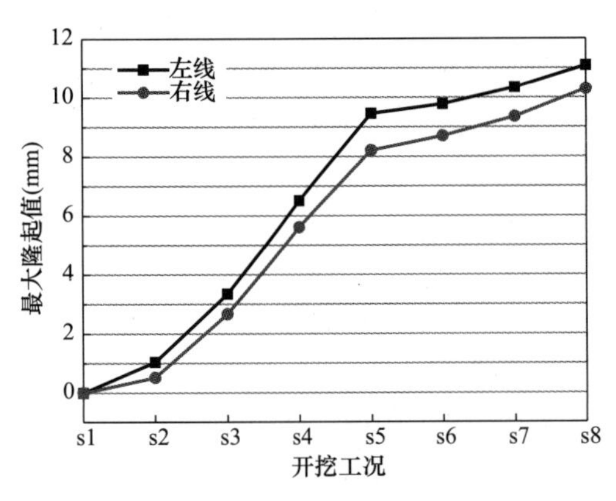

图 5.4-12　开挖过程中隧道最大竖向变形发展趋势

开挖过程中隧道最大竖向变形发展趋势如图 5.4-12 所示。其中横坐标表示开挖工况，s1 为初始状态，s2～s5 为负 1 层基坑分别开挖 2m、4m、6m、8m 时，s6～s8 为负 2 层基坑分别开挖 2m、4m、5.5m 时。

从图 5.4-12 可以看到，左线隧道的最大隆起变形在整个施工过程中均大于右线隧道。由于负 1 层基坑的开挖面积远大于负 2 层基坑，故而隧道的变形也主要发生在负 1 层基坑开挖过程中，当负 1 层基坑开挖完成后，左、右线隧道的隆起已经达到了其最终变形的 85.3%、79.8%。从曲线的增长趋势还可以看出，在 s1～s5 工况、s5～s8 工况，当开挖面积不变时，随着开挖面与隧道之间的距离逐渐减小，隧道的变形增长速度越快。

基坑开挖完成后，隧道的竖向最终变形如图 5.4-13 所示。从图中可以看出，左、右线隧道的最大隆起部位在异形基坑南部开挖区域下方，分别为 11.09mm 和 10.29mm，已超出了城市轨道交通结构安全控制的预警值。由于基坑平面在隧道两侧不对称，开挖时隧

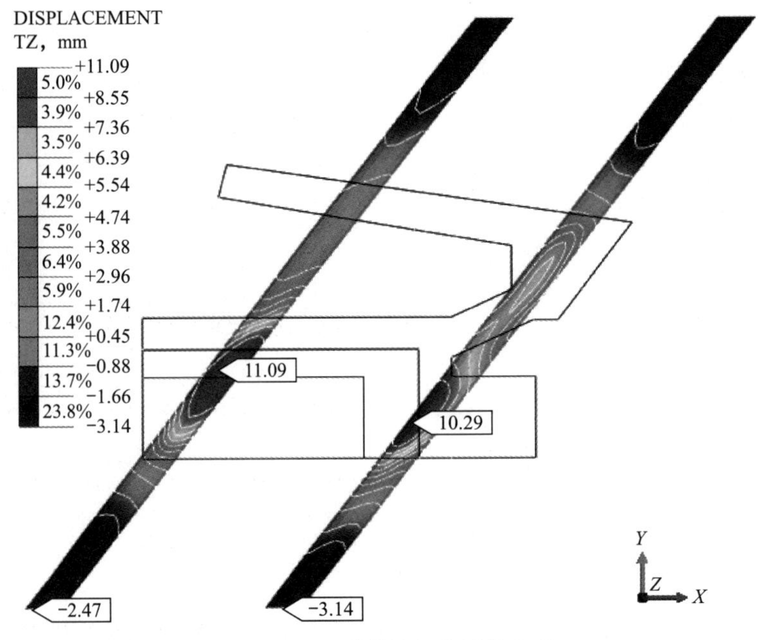

图 5.4-13　隧道的竖向最终变形

道两侧存在较大的卸荷差异，导致隧道在截面上的变形亦不对称。右线隧道的最大隆起点出现在隧道截面的左上侧，而非拱圈顶部。

2）分区开挖计算

基坑的变形具有显著的时空效应，通过对基坑进行分区开挖以控制单次开挖卸荷的范围和路径，可以更好地发挥基坑的时空效应，减小土体扰动，在敏感环境中尤其适用。

根据基坑的平面形状和施工技术要求，拟定了分区跳仓开挖方案，分区开挖施工如图 5.4-14 所示。图中负 1 层基坑共有 9 个分区，开挖深度为 8m，施工时开挖顺序为：①③开挖→②开挖→④⑥开挖→⑤开挖→⑦⑨开挖→⑧开挖，施工过程中需对开挖分区相邻的未开挖分区进行临时支护。图中黑色粗线围成的区域为负 2 层基坑，开挖深度为 5.5m，由于开挖面积较小，待负 1 层基坑开挖到底后直接进行不分区开挖。

按分区施工图进行适当简化后，将基坑模型划分成 9 个网格组，分区基坑模型如图 5.4-15 所示，隧道竖向变形如图 5.4-16 所示。

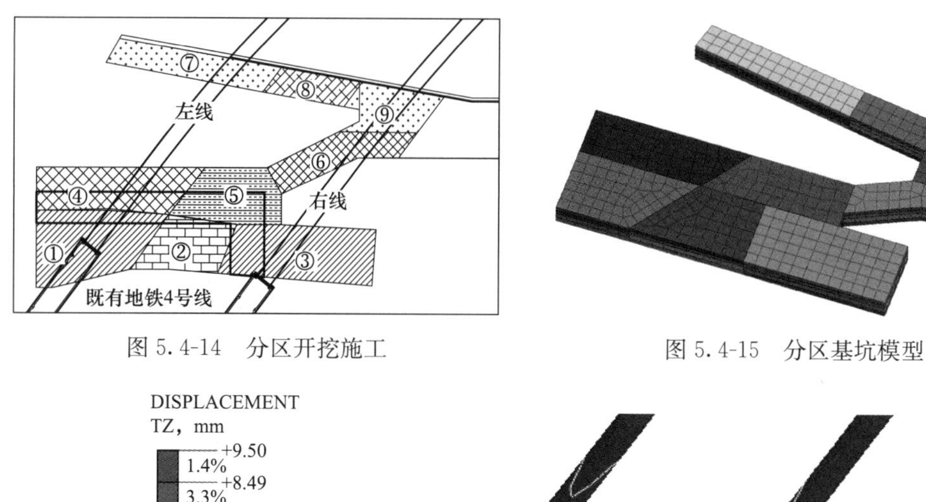

图 5.4-14　分区开挖施工　　　图 5.4-15　分区基坑模型

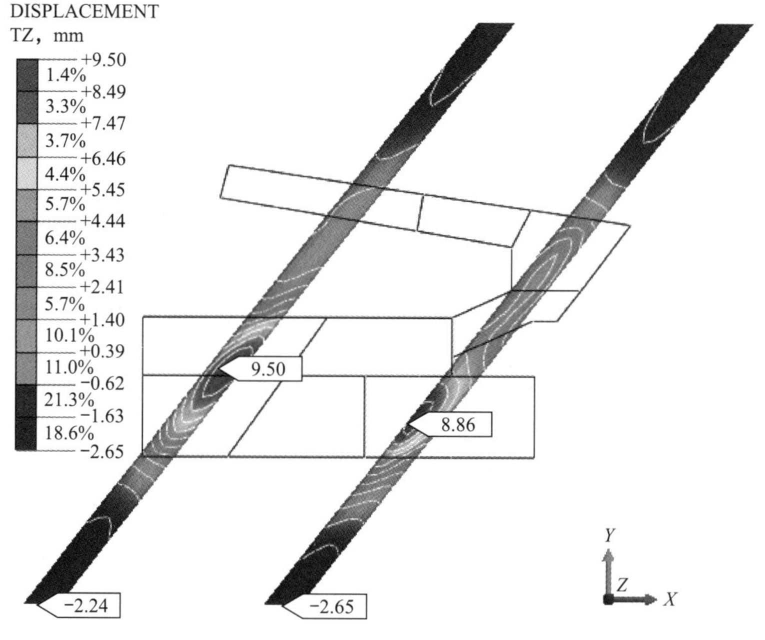

图 5.4-16　隧道竖向变形

从图 5.4-16 可以看出，分区开挖完成后左、右线隧道的最大隆起值为 9.50mm 和

8.86mm，相比整体开挖时分别降低了 1.59mm 和 1.43mm。由此可见，分区开挖对隧道的变形控制是有利的，但其控制效果一般。究其原因，一方面是该基坑的开挖面积和深度并不大，而时空效应则主要是在大面积深基坑中发挥着显著作用；另一方面，要想充分发挥基坑的时空效应，需尽量缩短坑底土体的暴露时间，并及时浇筑底板和施作主体结构，本节未考虑施作主体结构。

相较整体开挖，分区开挖除了使隧道变形减小之外，施工过程中隧道沿其轴向的竖向变形发展趋势也有所不同，各开挖工况下隧道竖向变形如图 5.4-17 所示。

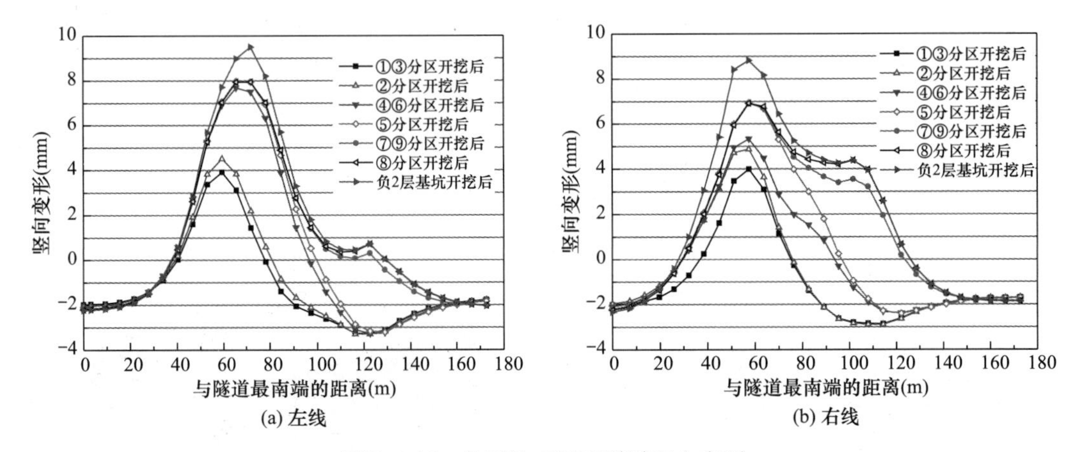

图 5.4-17　各开挖工况下隧道竖向变形

通过对比图 5.4-11 和图 5.4-17 可以看出，隧道的竖向变形呈现强烈的施工相关性。分区开挖时，左线隧道的隆起变形在开挖第①③分区、第④⑥分区和负 2 层基坑时发展迅速；右线隧道在开挖第①③分区、第⑤分区和负 2 层基坑时发展较快。隧道的大部分隆起变形发生在第①～⑥分区开挖过程中，且集中在距离隧道南端 60～80m 之间。相较整体开挖，虽然两者在开挖完成后沿轴线方向的竖向变形分布基本一致，但分区开挖在初期阶段的变形就较为集中，隧道中部沿轴向的差异沉降较大。当第⑦～⑨分区开挖时，距南端 100～120m 的区间隧道产生隆起，其中右线隧道的隆起变形较显著，第⑦～⑨分区的开挖对隧道的最大隆起变形部位基本无影响，但从一定程度上降低了隧道中部的差异沉降。

综上所述，分区开挖可以减小隧道的隆起变形，但在开挖初期隧道沿轴向的隆起变形较整体开挖时更加集中。根据不同卸荷路径下的隧道变形规律，可对分区方案进行调整，应先开挖基坑南北两侧第①～③分区和第⑦～⑨分区，而将位于基坑中部的第④～⑥分区放至最后开挖。

（2）隧道加固控制技术研究

在基坑整体开挖的基础上，拟对隧道周边土体进行搅拌桩加固处理。因基坑位于既有地铁隧道正上方，故对隧道上方条形范围内的土体进行加固是必要措施。将隧道横截面上的底部两端作为起点，以与水平线成 $45+\varphi/2$ 的角度向上延伸至基坑底部，其距离即为合理注浆加固宽度（见 5.2.2 节注浆加固），故本工程中的注浆宽度 l 取为 27m，加固土密度为 22kN/m^3，泊松比为 0.3，弹性模量为 70MPa，黏聚力为 40kPa，摩擦角为 40°。

由于隧道顶部距离负 1 层基坑坑底仅有 6.5m，在扣除隧道顶部的保护区域后其顶部土体的最大加固深度为 5m，故方案 1、方案 2 的隧道顶部土体加固深度 h 分别取 2.5m 和

5m，如图 5.4-18（a）所示，以分析其不同加固深度时隧道的变形控制效果。

鉴于隧道顶部土体的加固深度受限，且局部加固土在负 2 层基坑开挖时即被挖除，遂在隧道顶部土体加固的前提下又提出了在隧道侧方进行土体加固和设置抗拔桩的强化控制措施。根据规范中明挖外部作业的工程影响分区划分，将抗拔桩长度和侧方土体加固范围从坑底向下延伸至基坑开挖的一般影响区外，故侧方土体加固深度为 12m，抗拔桩长度为 18m。方案 3 为隧道顶部及侧方土体加固结合使用的门式加固方案，如图 5.4-18（b）所示；方案 4 为隧道顶部土体加固及两侧设置抗拔桩结合使用的板凳式加固方案，如图 5.4-18（c）所示；方案 5 是前述三种加固方式叠加应用的混合加固方案，如图 5.4-18（d）所示。加固时隧道周边 1m 范围内为保护区域，不进行处理。

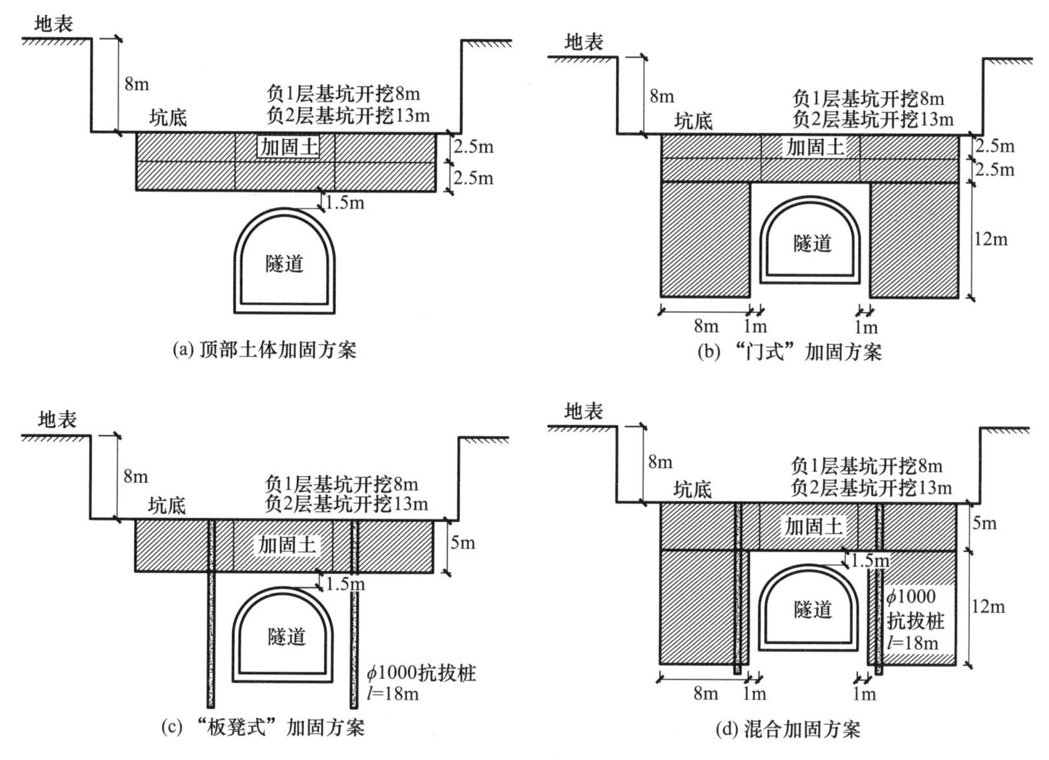

图 5.4-18　隧道加固方案

上述 5 种加固方案对隧道变形的控制效果对比见表 5-4-3。

各控制方案下隧道变形对比　　**表 5-4-3**

方案	隧道名称	最大隆起值（mm）	隧道变形控制效果	
			变形降低值（mm）	变形降低率
未加固	左线	11.09	—	—
	右线	10.29	—	—
方案 1	左线	10.27	0.82	7.39%
	右线	9.62	0.67	6.51%
方案 2	左线	9.33	1.76	15.87%
	右线	8.77	1.52	14.77%

续表

方案	隧道名称	最大隆起值（mm）	隧道变形控制效果	
			变形降低值（mm）	变形降低率
方案 3	左线	7.28	3.81	34.36%
	右线	6.91	3.38	32.85%
方案 4	左线	6.37	4.72	42.56%
	右线	5.75	4.54	44.12%
方案 5	左线	4.87	6.22	56.09%
	右线	4.47	5.82	56.56%

从表 5-4-3 可以看出，进行隧道顶部、侧方土体加固和设置抗拔桩，都能达到抑制隧道变形的效果，其中按方案 2～方案 5 进行加固后均可使隧道最大隆起值小于规范中的预警值。

通过表中未加固方案与方案 1、方案 2 的对比，在隧道顶部进行土体加固的变形控制效果与加固深度成正比，当加固深度达到 5m 时，隧道的最大隆起变形降低约 15%，与分区开挖效果相当。需要注意的是，由于局部加固土在负 2 层基坑开挖过程中被挖除，一定程度上削弱了顶部土体加固对隧道的变形控制效果。

采用了两种及以上加固措施的方案 3、方案 4 和方案 5 分别使隧道最大隆起变形降低了约 33%、43%和 56%，加固效果显著。将之与方案 2 分别进行对比，可依次分析基于隧道顶部土体加固的侧方土体加固、设置抗拔桩以及两者结合使用时的隧道变形控制效果。

方案 3 相较方案 2，隧道最大隆起变形减小了约 18%，这说明对隧道进行侧方土体加固同样可以抑制基坑开挖时下卧隧道的竖向变形。但在隧道侧方加固深度 12m 的情况下，其对隧道的变形控制效果仅与隧道顶部加固 5m 时相当，故针对基坑下卧隧道的竖向变形控制，进行隧道侧方土体加固没有顶部土体加固效果好，隧道侧方土体加固可在顶部加固深度不足的情况下使用。

方案 4 相较方案 2，隧道最大隆起变形减小了约 28%，其加固效果明显优于隧道侧方土体加固。这种板凳式加固方案通过隧道顶部加固土提高了坑底土体的整体性，使之与抗拔桩很好地协同工作，抗拔桩则依靠桩侧摩阻力限制隧道周边土体的竖向变形，总体上对隧道变形的控制效果较好。

方案 5 相较方案 2，隧道最大隆起变形减小了约 41%，变形控制效果显著。方案 5 是在隧道顶部土体加固的基础上进行侧方土体加固和设置抗拔桩的耦合使用，但其相对于方案 2 提升的隧道加固效果，却小于方案 3 和方案 4 加固效果的叠加，这说明加固措施的耦合使用虽然仍能进一步抑制隧道的变形，但其效果低于各单一加固措施控制效果的累加值。

综上所述，在隧道顶部、侧方进行土体加固或设置抗拔桩，均可抑制隧道变形，而对隧道上方土体进行加固处理，应作为明挖基坑下卧既有地铁隧道变形控制的必要选择。当仅进行隧道上方土体加固无法满足隧道控制要求时，可采用门式加固方案或板凳式加固方案，加固效果十分显著，其中设置抗拔桩的隧道变形控制效果明显优于侧方土体加固。三者结合使用的混合加固方案还可进一步抑制隧道的变形，但其效果小于各单一加固措施控制效果的直接累加，建议在单一加固措施无法满足变形控制要求时再考虑进行混合使用。

（3）卸荷与加固联合控制技术研究

上文采用二维、三维力学计算模型数值分析方法，从基坑卸荷路径、隧道加固两方面开展了近接运营地铁 4 号线基坑施工控制技术方案对比研究，综合各技术方案控制效果，并参考设计方提出的隧道加固控制及上跨地铁基坑分区开挖建议，在此，同时考虑隧道侧方基坑Ⅰ、上跨基坑Ⅱ，开展全过程施工力学数值分析。土层及结构材料参数分别见表 5-4-1 和表 5-4-2。

依据施工图纸建立基坑三维力学计算模型，如图 5.4-19 所示，基坑北侧为自强路隧道，自东向西从地面逐渐深入地下，至最西侧到达地下 16m，模型中为保证网格划分质量，将该段斜坡考虑成阶梯形；模型中部开挖深度最大的区域即为内坑，开挖深度 16m，其支护措施为桩撑体系，内支撑由格构柱、冠梁、檩条、连梁组成，如图 5.4-19（c）所示。内坑外侧为开挖深度 16m 的外坑。

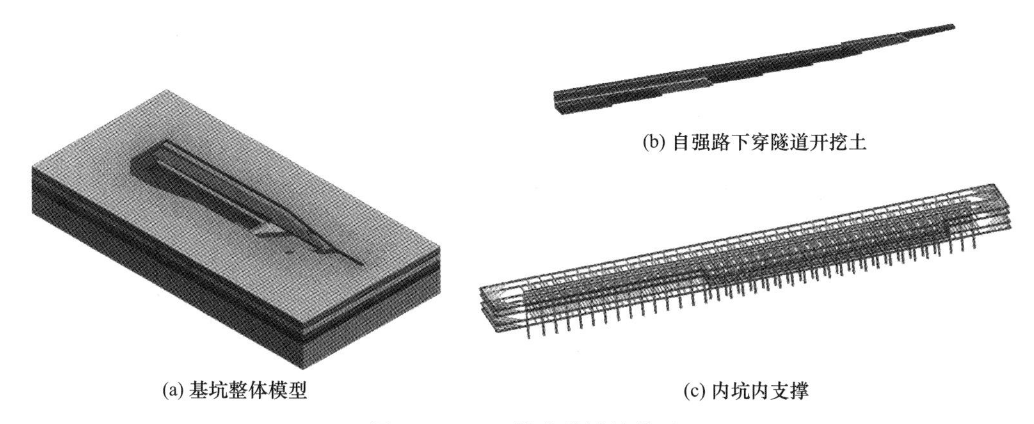

图 5.4-19　三维力学计算模型

考虑到基坑开挖对周边土体的影响范围，模型边界应距基坑边界 3～5 倍基坑开挖深度，该基坑的整体尺寸为 641m×315m×100m。模型底部约束竖向位移，顶部为自由面，四周约束其法向位移。

1）计算模型验证

在模拟分析的同时，现场正在进行外坑施工作业，开挖深度已至－12m。通过布置在支护桩上的监测设备获取了前期开挖过程中测点处的桩身位移数据，选取若干监测点，监测点位布置示意图见图 5.4-20。

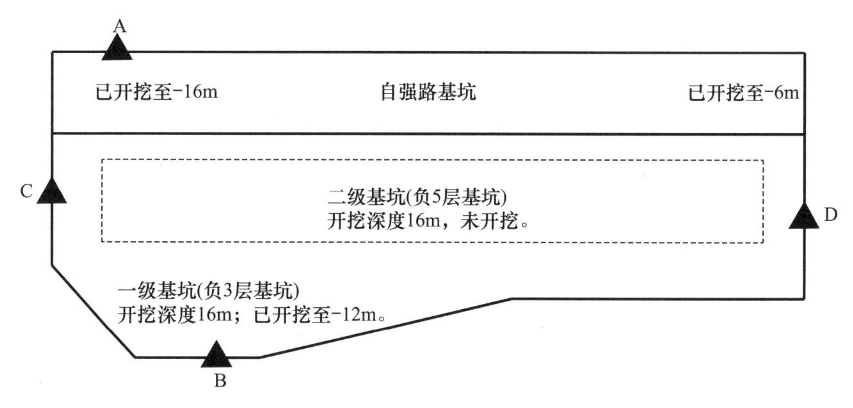

图 5.4-20　监测点位布置示意图

将当前开挖进度下的现场实测位移与同一工况下的模型计算结果进行对比，桩顶位移计算值与实测值对比见图 5.4-21，其中支护桩水平位移以朝向基坑内侧的变形为正。

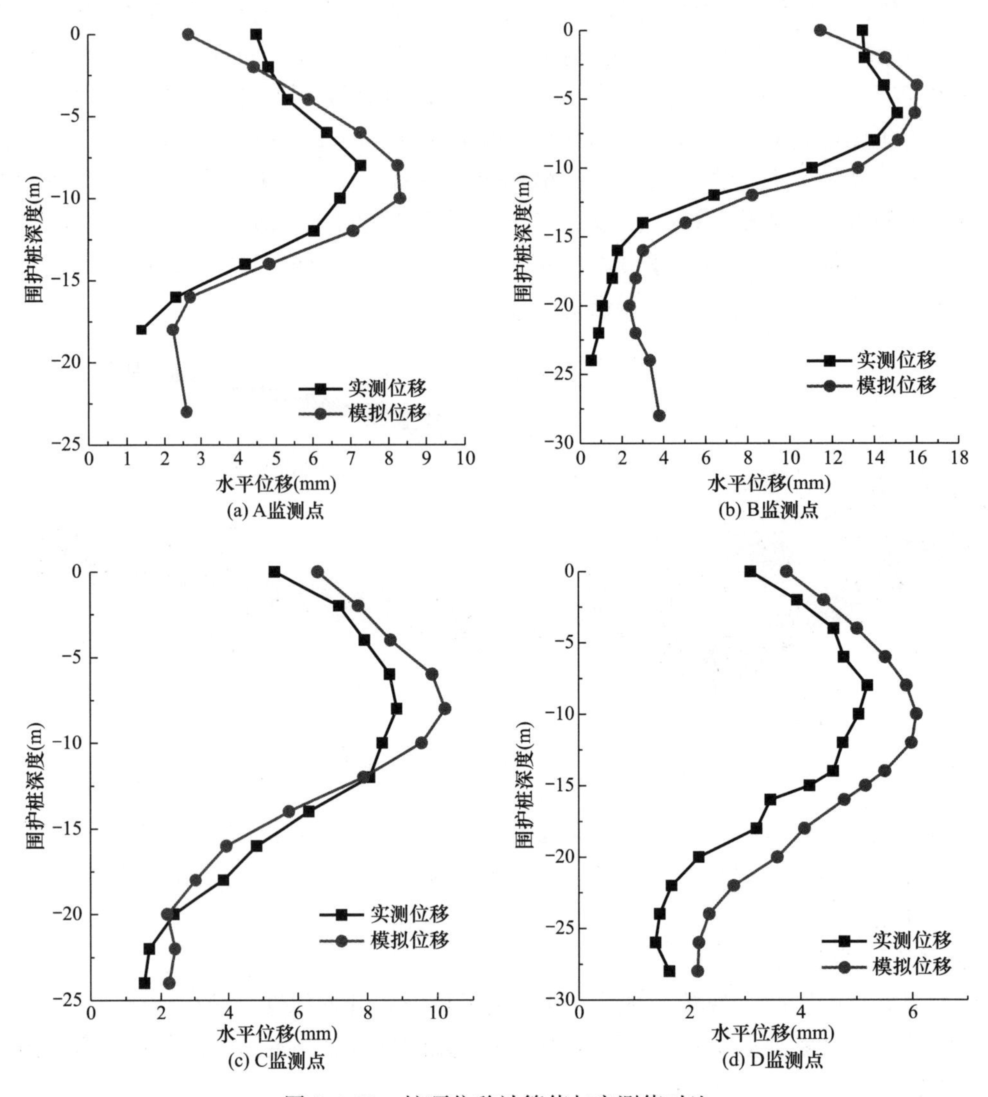

图 5.4-21　桩顶位移计算值与实测值对比

随着基坑土体的开挖，支护桩因背土侧失去土体支撑而朝向基坑内侧发生水平变形。从图 5.4-21 可以看到，模拟结果与现场实测情况吻合较好，且模拟值普遍略大于现场实测值，由此可认为该基坑模型是合理有效的，可用于后续施工的基坑变形预测分析。

2）内坑开挖变形预测

按照施工进度计划，现场将很快进行内坑开挖作业。内坑施工难度较大，且其开挖过程中将引起外坑的进一步变形，本节在现有模型的基础上进行施工预分析，以预测基坑全部开挖完成后的总体变形。基坑全部开挖完成后，基坑竖向位移云图、水平位移云图分别如图 5.4-22、图 5.4-23 所示，X、Y 方向分别表示沿基坑的长边（东西）方向、短边（南北）方向。

从图 5.4-22 可以看出，坑底最大隆起 34.34mm，位于负 5 层基坑底部。此时外坑的最大隆起为 28.76mm，相较其自身开挖时，开挖内坑过程中外坑的坑底隆起略有增长。地表的沉降变形进一步增大，其最大值发生在基坑南边距离支护桩阳角不远的位置，达到了−26.27mm。

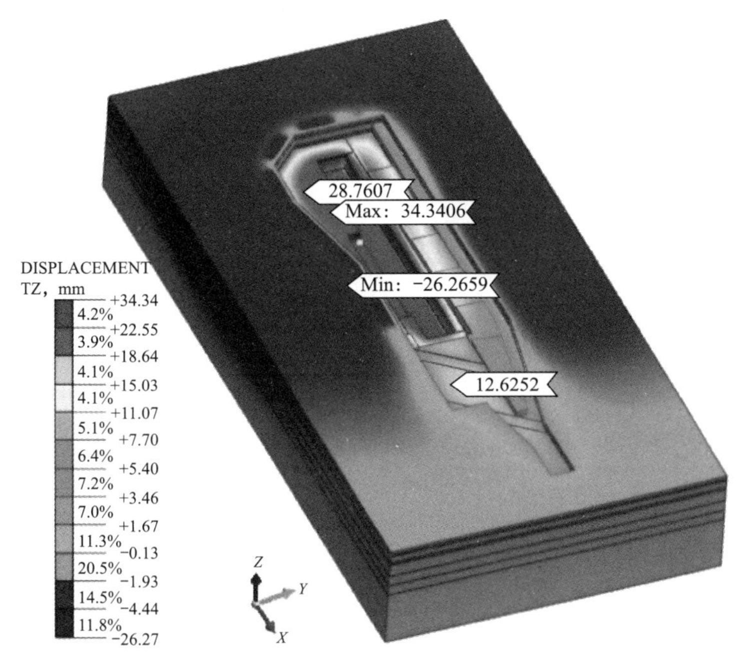

图 5.4-22　基坑竖向位移云图

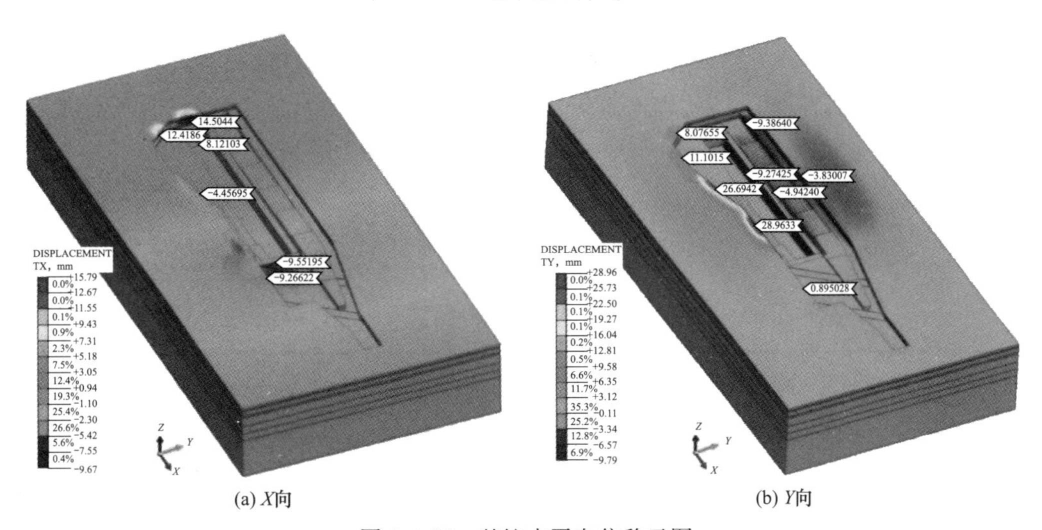

图 5.4-23　基坑水平向位移云图

从图 5.4-23 可以看出，基坑短边的角隅效应明显，侧向约束较大，外坑东、西边中部支护桩的最大水平位移为−5.26mm、14.50mm。支护桩的 Y 向最大水平位移出现在基坑南边中部，其值为 28.96mm，略小于 $0.002H$（H 为外坑深度），主要原因是基坑南边临空高度达 16m，中部的支护桩所受侧向约束较小，且距离内坑较近，因此水平变形也最为显著。对该区域可通过增设预应力锚杆来控制支护桩的水平变形，同时应严格控制地面堆载、加强施工监测以确保安全。基坑北边自东向西临空高度逐渐增大，最大临空高度为8m，因此其支护桩最大水平位移仅为−9.39mm，出现在西侧。

内坑在桩撑体系支护下，水平变形控制较好，各边支护桩朝向坑内的水平位移在10mm以内。支护桩的最大水平位移出现在内坑北边的中部，达到了−9.27mm。

选取外坑和内坑 Y 向水平位移极值点所在位置的支护桩，研究其桩身位移在内坑开挖过程中的变化情况，桩身水平位移随开挖工况的发展趋势如图5.4-24所示，图中正值表示支护桩水平位移朝向基坑内侧。

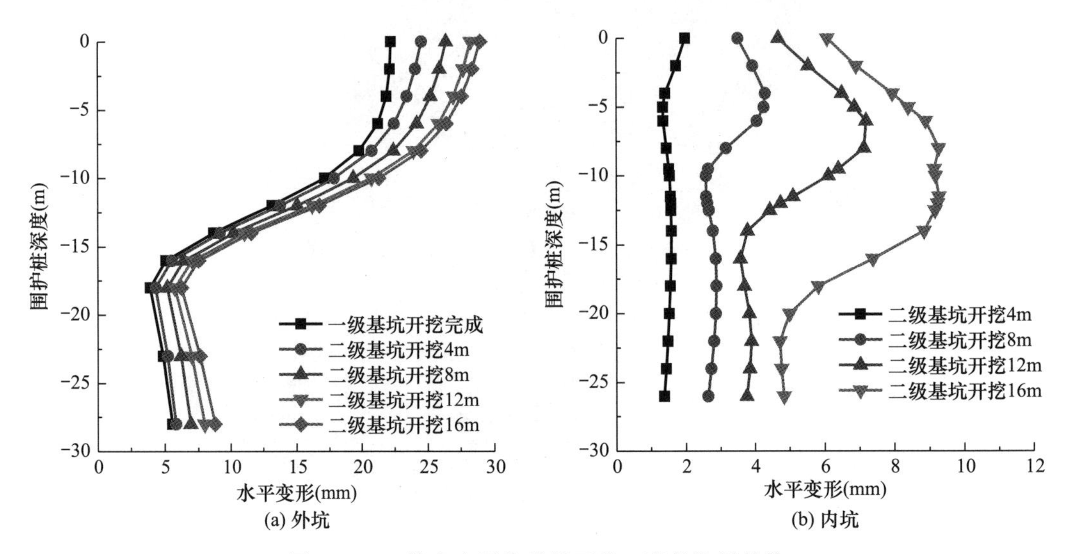

图5.4-24　桩身水平位移随开挖工况的发展趋势

从图5.4-24（a）可以看出，虽然外坑已经开挖完成，但是其支护桩的水平变形仍会随着内坑的开挖而逐渐增大，初期增速较快，后期放缓。因此，在内坑施工过程中需要对外坑支护桩的变形情况进行持续监测。

从图5.4-24（b）可以看出，内坑支护桩随着基坑开挖深度的不断加大，其中部的水平变形增速显著高于两端，最大值点不断下移，最终呈现桩撑支护体系经典的“鼓肚状”变形。

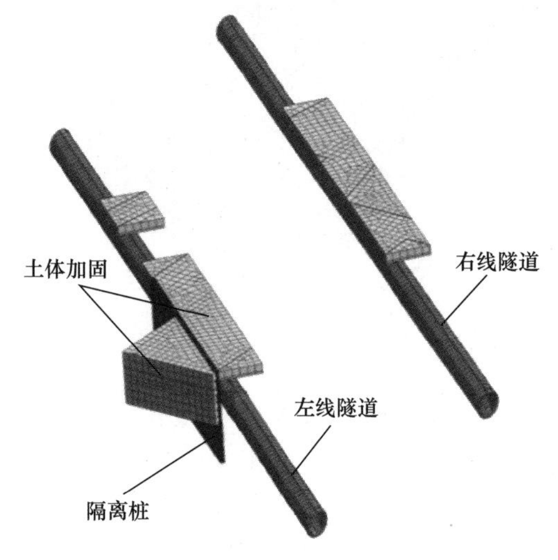

图5.4-25　隧道周边土体加固做法

3）近接地铁隧道变形预测

坑中坑整体位于运营地铁4号线的西侧，其中负1层基坑的部分区域是在地铁管线正上方开挖，该部分开挖深度为8m，距离隧道顶部垂直距离约6m。开挖前对既有地铁管线的上方和邻近基坑的侧方进行了注浆加固，并设置了隔离桩，隧道周边土体加固做法如图5.4-25所示。对基坑开挖影响下的地铁隧道的变形趋势进行分析，判断按既定的隧道加固和基坑开挖方案是否满足相应的规范要求。

基坑施工完成后的地铁隧道水平变形如图 5.4-26 所示，X、Y 方向分别表示沿基坑的长边（东西）方向、短边（南北）方向。可以看出，隧道向基坑偏移，偏移值沿隧道长度方向不均匀发展，最大值靠近隧道模型的中段。左、右线隧道 X 向最大位移值分别为 −6.21mm 和 −4.99mm；隧道 Y 向水平位移较小，左、右线隧道 Y 向最大水平位移分别为 4.11mm 和 2.11mm。从偏于安全的角度考虑，认为 X 向最大位移和 Y 向最大位移集于同一点，则可得到左、右线隧道在该点的最大水平位移（绝对值）满足规范小于<10mm 的预警值要求。

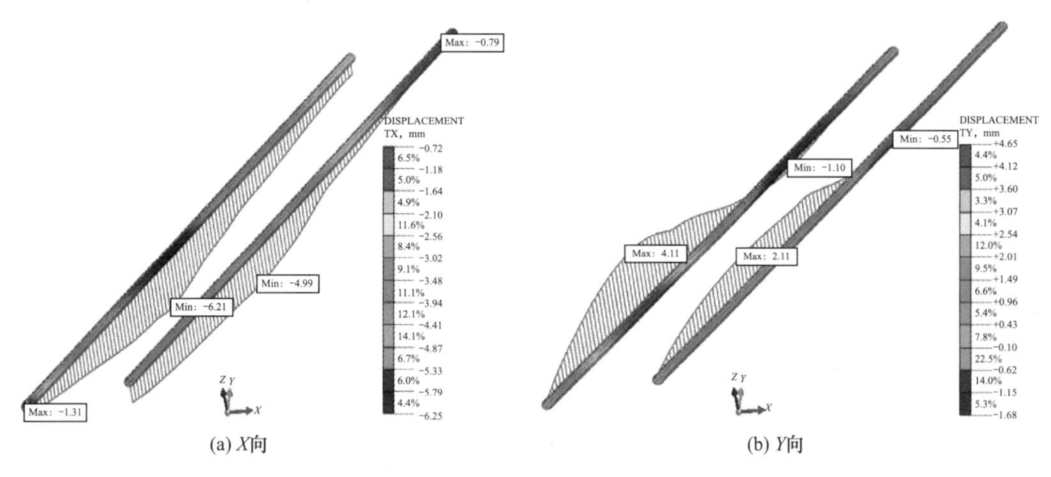

图 5.4-26　基坑施工完成后的隧道水平位移云图

隧道水平位移在基坑开挖过程中的变化如图 5.4-27 所示。隧道水平变形受坑中坑开挖的影响较明显，在侧上方基坑（外坑）开挖时增长最快，在侧下方基坑（内坑）开挖时趋缓；隧道正上方基坑（负 1 层基坑）开挖对其沿 Y 向变形基本无影响，而在 X 方向，由于开挖卸载，负 3 层基坑东侧支护桩的侧土压力减小，支护桩朝向基坑内侧的水平变形及隧道的 X 向水平变形均因此而减小。

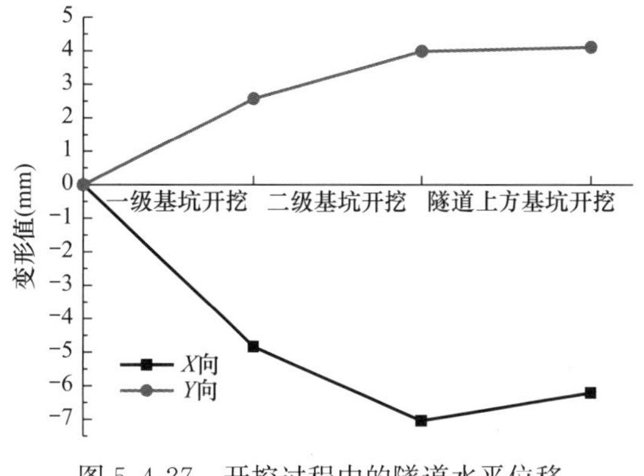

图 5.4-27　开挖过程中的隧道水平位移

基坑施工完成后的地铁隧道竖向变形云图如图 5.4-28 所示，可以看出，左、右线的最大沉降点发生在南端，沉降值分别为 −6.23mm、−4.62mm；最大隆起点在隧道模型的中段，分别为 7.30mm、6.84mm，满足规范<10mm 的预警值要求。

综合前述隧道的竖向、水平变形计算值，认为基坑开挖过程中的隧道变形可满足城市轨道交通结构的变形控制要求，既有隧道加固和基坑开挖方案是可行的。需要注意的是，隧道沿轴向的竖向变形差较大，以变形相对明显的左线隧道为例，其南端沉降最大值点与中段隆起最大值点的变形差达到了 13.53mm，满足规范<1/2500 的控制限值要求。其中，隧道南端的沉降变形是因为深基坑开挖导致的，可以通过加强基坑支护、减小基坑变形进

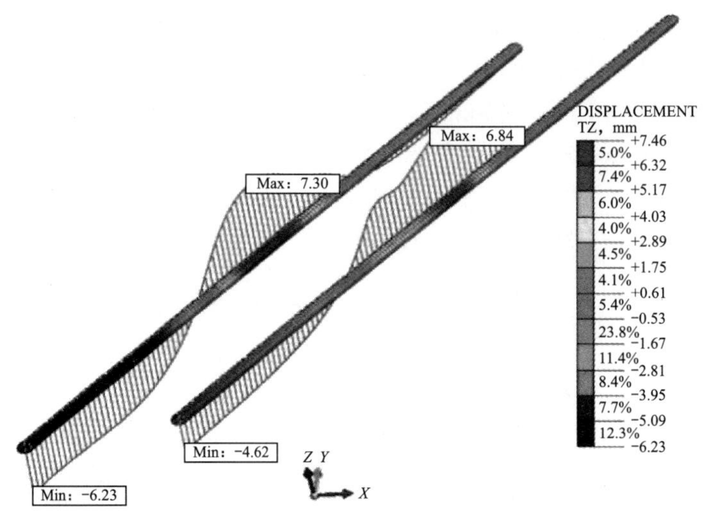

图 5.4-28　基坑施工完成后的地铁隧道竖向变形云图

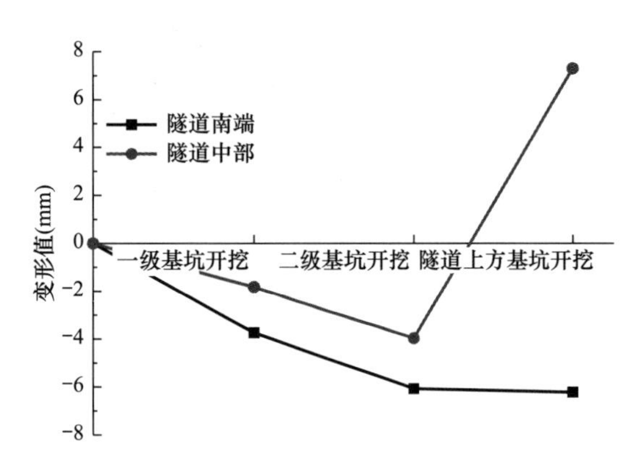

图 5.4-29　开挖过程中的隧道竖向变形

行控制；而隧道中部的隆起变形是开挖卸载导致的，可以在压重或开挖完成后通过及时施作主体结构进行控制。

取左线隧道南端和中段竖向变形最大处的节点进行分析，其竖向变形在基坑开挖过程中的发展趋势如图 5.4-29 所示。

从图 5.4-29 可以看出，当坑中坑开挖时，隧道发生沉降变形，隧道南端的变形略大于中段。至其开挖完成时，左线的南端和中段的最大沉降值分别为－6.07mm、－3.97mm。

在后续负 1 层基坑（隧道正上方）开挖时，由于顶部卸载，其下方的隧道（隧道模型中段）快速隆起变形，在基坑开挖深度仅为 8m 的情况下，其值由－3.97mm 变为 7.30mm，由此可见，隧道上方的基坑开挖作业对其竖向变形影响最显著，故应对负 1 层基坑的施工作业加以重视。隧道南端的竖向变形受负 1 层基坑开挖的影响很小。

鉴于西侧坑中坑和负 1 层基坑开挖对隧道中段竖向变形的影响是相反的，因此可在施工过程中调整开挖工序，使坑中坑和负 1 层基坑交替开挖，即在外坑开挖完成后可先进行隧道正上方的负 1 层基坑开挖作业，而后再进行内坑开挖，此措施有利于控制施工过程中的隧道变形。

5.4.4　基坑施工控制建议

为确保既有地铁正常运营，对本基坑工程施工提出以下控制建议：

（1）考虑相邻深、浅基坑施工对既有地铁隧道变形的相互影响，为缩短基坑施工工期，同时尽早提供本工程后续主体结构施工的操作面，建议深基坑负 4、负 5 层与浅基坑同步施工。

（2）隔离桩＋截水帷幕＋土体搅拌桩加固、抗拔桩＋土体注浆加固措施可在一定程度上减弱隧道竖向隆起，其中隔离桩＋截水帷幕＋土体搅拌桩加固方案可在一定程度上制约左线隧道水平位移的发展；考虑土体注浆加固均匀性、可控性较土体搅拌桩加固略差，建议采用隔离桩＋截水帷幕＋土体搅拌桩加固措施进行近接运营地铁隧道变形控制。

（3）为进一步减弱隧道的竖向隆起变形，对本工程上跨基坑Ⅱ采取分区跳仓开挖方案，应先开挖基坑南北两侧的第①～③分区和第⑦～⑨分区，而将位于基坑中部的第④～⑥分区放至最后开挖，考虑基坑的时空效应，需尽量缩短坑底土体的暴露时间，并及时浇筑底板和施作主体结构。

（4）通过对比5种隧道加固方案对隧道变形的控制效果，首先应对隧道顶部土体进行加固，其加固效果与加固深度成正比；在隧道顶部土体加固的前提下，可采用门式加固方案、结合抗拔桩设置的板凳式加固方案及综合运用三种措施的混合加固方案；在隧道顶部土体加固的基础上增加其他加固措施时，设置抗拔桩的隧道变形控制效果优于侧方土体加固，建议在单一加固措施无法满足变形控制要求时再考虑混合使用。

（5）基于本基坑工程同时位于运营地铁4号线侧方、上方的复杂空间位置关系，在隧道与深基坑之间采用隔离桩＋截水帷幕＋土体搅拌桩加固、隧道上方采用土体搅拌桩加固以及上跨隧道基坑分区开挖等卸荷与加固的综合控制技术，最终可实现沿隧道轴向的竖向、水平变形均满足相关规范的运营隧道变形安全控制要求，确保地铁在基坑施工全过程正常运行。

第6章 超大黄土基坑降水技术研究

6.1 工程背景

西安火车站北广场及周边市政配套工程项目是21世纪以来西安城建史上规模最大、涉及面最广的一项城市综合改造工程，也是西安市重点建设项目。在棚户区改造项目原址上建成北站房和北广场，并通过高架候车室将南北站房连通，形成双广场、双站房、双通道格局，利用北广场地下设施建设公交、出租等客运一体化的综合交通枢纽，同时实现与地铁4号线、7号线无缝接驳，成为西安市重要的地标性工程。

周边市政配套工程是综合旅客集散和交通疏导等方面的关键性辅助工程。其中北广场位于丹凤门以南，新建北站房以北，建强路以东，太华南路以西，南北宽约140m，东西长约840m，建成后北广场效果图如图6.1-1所示。北广场地下共分为三层，负一层主要服务进火车站旅客，设置有小汽车落客区及公交枢纽站；负二层主要服务出火车站旅客，设置有换乘大厅，出租车蓄车区、出租车上客区，社会车辆停车场等；负三层设置为社会车辆停车场。

图6.1-1 建成后北广场效果图

自强东路改造工程西起未央路，东至太华路，新建、改造线路全长约2.3km。采用地道形式下穿火车站北广场，地道除在自强东路设置一对出入口外，同时于建强路设置一对出入口。未央路/自强东路交叉口、建强路/自强东路交叉口均为平面交叉口形式。建强路改造工程南起自强东路，北至二马路，全长约0.6km（含建强路地下道路0.58km）。太华路改造工程南起环城北路以南约0.28km，北至含元路，在既有道路基础上进行渠化、扩容，改造全长约1.3km。工程同步对太华路跨陇海铁路桥进行改造。沿线共涉及三处交叉口：在环城北路交叉口（涉及环城北路改造长度约 520m），东西向直行为地道，太华路与环城北路地面辅道平交；自强东路节点和含元路节点均为平面交叉口。

6.2 降水设计

6.2.1 降水井布置

本项目降水工程由信息产业部电子综合勘察研究院设计。为提高降水效果，减小降落漏斗对周边地下水位的影响，在基坑周边均布置了旋喷桩截水帷幕，帷幕底标高 370m。整个区域降水井分为 9 类，降水工程布置简图如图 6.2-1 所示：其中 A 型井 24 个、B 型井 93 个、C 型井 23 个、D 型井 89 个、E 型井 28 个、F 型井 28 个、G 型井 43 个、H 型井 43 个、I 型井 6 个。J 型井（回灌井）146 个。

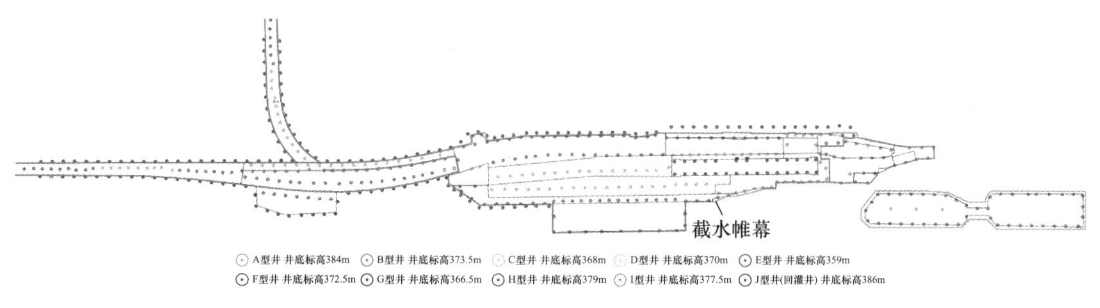

图 6.2-1 降水工程布置简图

6.2.2 降水施工要求

为了保证土方开挖基础施工的正常进行，场地的地下水位应降至基坑底部以下不小于 1m，即基坑中心点的水位降至基坑以下 1m。基坑整体降水较土方开挖时间提前至少 2 周，为保证土方开挖顺利进行，可考虑基坑−3m 以上土方先进行开挖。随着降水持续进行，土方开挖随支护进度分层逐步进行。

东区基坑支护南侧和北侧均采用截水帷幕＋桩锚支护体系，东侧采用截水帷幕＋封闭桩支护体系，西侧和西区基坑分区降水，截水帷幕分隔，降水采用坑内井点降水＋坑外回灌方案。

基坑降水涉及地下一层地下室范围，地下三层～地下五层地下室范围，共四个区域降水。因此降水控制考虑不同开挖区域不同分段降深，各区域降水深度控制（一）见表 6-2-1。

各区域降水深度控制（一） 表 6-2-1

区域名称	基坑深度（m）	现场水位高程（m）	降水水位高程（m）	降深（m）
地下一层	−8.20	约 396.50	≤393.340	≥3.16
地下三层	−16.85	约 396.50	≤384.690	≥11.81
地下四层	−24.22	约 396.50	≤377.320	≥19.18
地下五层	−31.84	约 396.50	≤369.700	≥26.80

续表

区域名称	基坑深度（m）	现场水位高程（m）	降水水位高程（m）	降深（m）
地下穿越隧道部分	－4.340～－16.351	约 396.50	≤385.189	≥11.31
三角地带	－16.85～－23.54	约 396.50	≤378.000	≥18.50
回灌井	起始水位为基准点，在－2.0～1.0m 之间控制			

降水应稳步进行，特别是避免基坑降水引起周围地下水变化，对大明宫丹凤门、东侧西安地铁 4 号线、南侧陇海铁路线及地裂缝等影响。通过对四周回灌井采取回灌措施，防止水位变化幅度过大引起地基变形过大，造成周边建（构）筑物、地下管线等产生过大的不均匀沉降。

西区基坑支护南侧和北侧均采用截水帷幕＋桩锚支护体系，东侧和西侧采用截水帷幕＋放坡方案，降水采用坑内井点降水＋坑外回灌方案。

基坑降水涉及地下一层地下室范围，地下二层和地下三层地下室范围，共三个区域降水。因此降水控制考虑不同开挖区域不同分段降深，各区域降水深度控制（二）见表 6-2-2。

各区域降水深度控制（二）　　表 6-2-2

区域名称	基坑深度（m）	现场水位高程（m）	降水水位高程（m）	降深（m）
地下一层地下室	394.39（－9.15）	约 396.50	≤393.39	≥3.11
地下二层地下室	389.79（－13.75）	约 396.50	≤388.79	≥7.71
地下三层地下室	385.63（－17.91）	约 396.50	≤384.63	≥11.87
地下隧道部分	384.31（－17.91）	约 396.50	≤383.31	≥13.19
回灌井	起始水位为基准点，在－2.0～1.0m 控制			

商业地块 DK3、DK4 基坑支护采用截水帷幕＋桩锚支护体系，降水采用坑内井点降水＋坑外回灌方案。

基坑降水涉及 DK3、DK4、通道基坑范围，共三个区域降水。因此降水控制考虑不同开挖区域不同分段降水深度，各区域降水深度控制（三）见表 6-2-3。

各区域降水深度控制（三）　　表 6-2-3

区域名称	基坑深度（m）	现场水位高程（m）	降水水位高程（m）	降深（m）
DK3	389.840（13.16）	约 395.70	≤388.84	≥6.86
DK4	389.530（13.47～17.97）	约 395.70	≤388.53	≥7.17
通道基坑	393.430（9.07～10.07）	约 395.70	≤392.43	≥3.27
回灌井	起始水位为基准点，在－2.0～1.0m 控制			

降水期间应避免基坑降水引起周围地下水变化对西侧临近西安地铁 4 号线的影响。

自强东路地道，西起自强东路建强路口以西，东至大华南路路口，下穿自强东路、火车站北广场枢纽，在建强路节点设双层地道，北接建强路。地道东西向全长 1710.92m，分为敞开段、暗埋段，全线暗埋段共计 73 段，长度 2141.33m。

基坑不同区段划分三个区块。分区基底埋深及基底标高一览表见表 6-2-4。

基坑降水过程中，应保持平稳、阶段性降水。防止降水速率过快、抽水量过大对周边建（构）筑物、地下管线等产生不均匀沉降影响。

分区基底埋深及基底标高一览表　　表 6-2-4

分区地块	±0.00 标高（m）	开挖深度（m）	基坑底高程（m）
NK0+855～NK1+263 SK0+855～SK1+263	401.50	5.01～17.79	383.71～396.484
NK1+263～NK1+624.06 SK1+263～SK1+415.08 ZQK1+604～ZQK1+877.68	401.50	10.44～20.97	380.530～391.058
ZQK1+340～ZQK1+604	401.50	6.79～12.11	389.384～394.713

6.3 抽水试验

为进一步细化与优化降水方案，在 4 个地块分别进行一组抽水试验，以获取可靠的水文地质参数。同时采集土样在室内测试了渗透系数及给水度。通过原位试验及室内试验综合确定水文地质参数。为降水方案优化提供准确的水文地质参数。

6.3.1 抽水试验孔布置

在场地自强路段、西区、东区以及商业地块区域分别进行一组多孔稳定流抽水试验。根据区域水文地质资料及场地岩土工程勘察报告，深度约 50m 以上为潜水含水层、以下为承压含水层。上部潜水是影响本次基坑开挖的含水层段，因此对抽水主孔初定孔深为 60m、观测孔 50m，抽水试验孔主要参数见表 6-3-1。

抽水试验孔主要参数　　表 6-3-1

分区	抽水孔					观测孔 1		观测孔 2	
	编号（m）	初定孔深（m）	X（m）	Y（m）	H（m）	编号	与主孔距离（m）	编号	与主孔距离（m）
自强路	S1	60.00	11206.30	12948.51	402.04	G1	11.0		
西区	S2	60.00	11208.77	13541.83	401.51	G2	9.5		
东区	S3	60.00	11219.07	13953.42	402.32	G3-1	10.0	G3-2	17.0
商业地块	S4	60.00	11130.73	14175.91	402.63	G4	8.5		

6.3.2 抽水试验孔施工

1. 取芯钻进

先进行取芯钻进以准确编录地层、划分含水层段，再根据含水层分布情况确定主孔扩孔深度及主孔与观测孔封井、下管位置。

钻进取芯口径，抽水主孔：0～40m 为 150mm，40～60m 为 110mm。观测孔：0～50m 为 110mm 一径到底。

在钻进中采用投球采芯和无泵干钻取芯的方法施工，每钻进一回次取芯一次，回次进尺长 1.0～3.0m。主孔孔深 60.02～60.42m，平均岩芯总长 53.7m，平均采取率 89.50%。观测孔孔深 50.0～50.5m，平均岩芯总长 45.1m，平均采取率 90.2%。

2. 地层划分

根据 4 孔取芯鉴别情况，4 孔处地层分布基本类似，表层为第四系全新统人工堆积填土（Q_4^{ml}），上部主要为第四纪晚更新世晚期风积黄土（Q_3^{2eol}）与古土壤（Q_3^{2el}），中部为第四纪晚更新世早期冲积（Q_3^{1al}）粉质黏土夹砂层，下部为第四纪中更新世冲积（Q_2^{al}）粉质黏土夹砂层，地层划分见表 6-3-2。

地层划分 **表 6-3-2**

序号	时代成因	岩性	厚度（m）	底板标高（m）	
①	Q_4^{ml}	杂填土	1.7～2.8、平均 2.2	398.35～402.40	400.19
②	Q_3^{2eol}	黄土	5.5～10.6、平均 8.9	390.15～396.67	393.49
③	Q_3^{2el}	古土壤	2.1～3.5、平均 2.9	391.56～385.69	389.45
④	Q_3^{1al}	粉质黏土	7.50～14.60、平均 12.25	378.56～373.7	376.43
⑤	Q_3^{1al}	粉质黏土	7.0～11.80、平均 9.70	369.59～364.29	366.30
⑥	Q_3^{1al}	粉质黏土（多夹砂层总厚 1.5～4.4m）	3.40～10.70、平均 8.39	362.06-354.79	356.65
⑦	Q_2^{al}	粉质黏土	未揭穿		

3. 含水层划分

区域上属于冲积平原松散岩类孔隙含水岩组，地下水总体由东南向西北径流。依据地层划分，并结合钻进中的速度与响声、简易水文地质观测、泥浆消耗量、漏浆程度等综合划分含水层。

（1）潜水

第四纪晚更新世晚期风积黄土（Q_3^{2eol}）与古土壤（Q_3^{2el}）层裂隙、孔隙孔洞含水层，地下水主要赋存于黄土孔隙、节理裂隙以及微小孔洞之中。主要接受当地的大气降水入渗，为潜水类型。

第四纪晚更新世冲积（Q_3^{al}）粉质黏土夹砂层松散岩类孔隙水，地下水主要赋存于间层分布的砂层孔隙之中，钻探取芯显示粉质黏土层基本饱水，钻进中的简易水文地质观测显示钻探中水位较为稳定。其地下水位与上部黄土及古土壤同为潜水面。

（2）承压水

第四纪中新世冲积（Q_2^{al}）松散岩类孔隙水，地下水主要赋存于粉质黏土层所夹的薄砂层孔隙之中，粉质黏土基本呈坚硬、非饱和状态，形成上部潜水的隔水底板。其补给区主区主要位于关中盆地南部山前地带。同时，根据区域水文地质资料，为承压水类型。

综上所述，②层黄土（Q_3^{2eol}）、③层古土壤（Q_3^{2el}）与④～⑥层粉质黏土构成潜水含水层，水位埋深 4～6m、厚度为 40～43m，以下伏第四纪中更新世冲积（Q_2^{al}）粉质黏土为隔水底板。其下为承压含水层，潜水与承压水之间无明显水利联系。上部潜水含水层为将来影响基坑开挖的层段，为本次降水疏干对象。

6.3.3 扩孔

将各抽水主孔从孔口扩孔至 45～50m 内最下一层砂层底部（Q_3^{al} 底界）以下 2m（深

入隔水底板 Q_2^{al} 粉质黏土层作为沉淀段)，扩孔口径为 600mm，以下未扩孔段采用黏土球封填以防止与下部承压水间产生明显越流。

6.3.4　孔斜测量及孔深校正

1. 测斜

各孔均在孔底处测斜一次，S1 孔斜 0°38′、S2 孔斜 0°42′、S3 孔斜 0°41′、S4 孔斜 0°36′，均满足规范要求的 100m 内孔斜小于 1.5°。

2. 孔深校正

主孔在扩孔完毕时，进行了孔深校正，S1 校正前孔深 48.92m，校正后孔深 48.85m，误差为 0.07m、误差率 0.14%；S2 校正前孔深 47.99m，校正后孔深 48.04m，误差为 −0.05m、误差率 0.10%；S3 校正前孔深 48.30m，校正后孔深 48.32m，误差为 −0.02m、误差率 0.04%；S4 校正前孔深 49.26m，校正后孔深 49.19m，误差为 0.07m、误差率 0.14%。均满足规范规定的不大于 0.20%要求。

6.3.5　成井与洗井

1. 井管安装

下管前首先将孔内黏稠泥浆替换为清浆以保证后期洗井效果。采用卷扬机提吊焊接法下入钢制井壁管与缠丝包网桥式滤水管，S1、S2、S3、S4 抽水孔井管外径 325mm、壁厚 7mm，观测孔井管外径 108mm、壁厚 5mm。底端 2m 为沉淀管，上部 8m 为井壁管以便于拉活塞洗净，中段全部为滤水管。

2. 填砾

采用边冲边填的动水填砾法填入 2～5mm 的反滤料共计 55m³，S1、S2、S3、S4 抽水孔单边填砾厚度 0.138m、满足规范要求的 0.08m，观测孔填砾单边厚度 0.022m。实际填入砾料量大于计算方量，故无架空虚填、符合要求。地下水位埋深 4m 左右，距地表 5m 以上用黏土封孔，防止地下水受到污染，且不影响含水层向孔内进水。

3. 冲孔返浆及洗井

采用高压注水冲洗、拉活塞及振荡式抽水联合方法洗井，各抽水主孔平均洗井时间 45h，其中高压注水冲洗平均 8h，活塞活动段拉动时间平均 24h，深井泵抽洗平均 13h。各孔均进行了 3 轮洗井，每轮洗净完毕后进行试验性抽水，试抽稳定时间不少于 2h，然后再按以上步骤进行第二次洗井及试抽。直至最后两次在水位降深基本相同的情况下涌水量增加不超过 5%且水清砂净方为洗井合格。

6.3.6　抽水试验设备安装

各抽水主孔与观测孔均下入数字显示电子水压探头（图 6.3-1），初次量取静止水位埋深，并读取对应水压后（单位为 m），直接根据抽水过程中的动态水压数据换算为水位埋深和降深，水压量程为 0～100m、测量精度为 0.1%。水泵采用 32m³/h、扬程为 80m 的井用潜水泵，下入深度为井口下 35m、水面下约 30m，以满足大降深抽水试验要求。流量观测采用工程上使用最为广泛的直角三角堰箱，箱体长 1.5m、宽 0.8m、高 0.8m，堰口高度 25cm，最大可满足 43L/s 的流量观测要求，箱体内有两层稳水消能多孔板，保证水流至堰口前平稳，以准确观测。堰口两侧焊接有不锈钢尺，方便读数且左右两侧钢尺读数可进行对比校正。

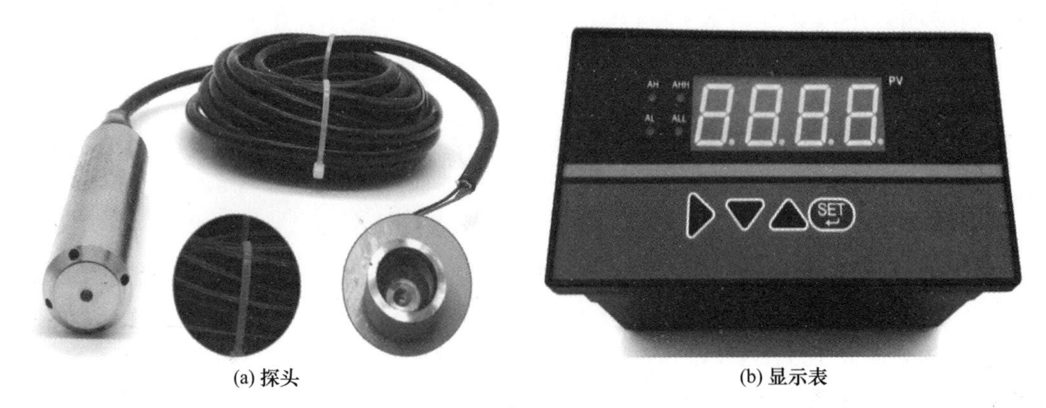

(a) 探头　　(b) 显示表

图 6.3-1　电子水压探头与读数仪表

6.3.7　抽水试验

第四纪晚更新世风积黄土（Q_3^{2eol}）、古土壤（Q_3^{2el}）与第四晚更新世冲积（Q_3^{al}）层构成潜水含水层，底板埋深 46～47m，各抽水孔均为潜水完整井。洗井结束后使用深井潜水泵进行 3 个落程的多孔稳定流抽水试验，采用降深由小到大正向抽水，抽水孔试验主要参数见表 6-3-3。

抽水试验孔主要参数　　表 6-3-3

抽水组孔号		主孔孔静止水位埋深（m）	潜水含水层底板深度（m）	试验段含水层厚度（m）	落程	抽水稳定延续时间（h）	恢复水位观测时间（h）
主孔编号	观测孔编号						
S1	G1	6.00	46.80	40.80	大	20	10
					中	18	8
					小	17	8
S2	G2	3.99	45.90	41.91	大	20	10
					中	18	8
					小	18	8
S3	G3-1、G3-2	4.70	46.30	41.60	大	20	10
					中	19	8
					小	18	8
S4	G4	4.41	47.02	42.61	大	20	10
					中	17	8
					小	16	8

各组抽水试验结果见表 6-3-4。

6.3.8　水文地质计算

分别依据抽水试验数据和恢复水位观测数据对该井进行渗透系数计算。

带一个观测孔的潜水完整井渗透系数计算见式（6.3-1）：

抽水试验结果　　　　**表 6-3-4**

<table>
<tr><th colspan="2">抽水组孔号</th><th colspan="7">小落程</th><th colspan="7">中落程</th><th colspan="7">大落程</th></tr>
<tr><th>主孔编号</th><th>观测孔编号</th><th colspan="6">降深（m）</th><th>涌水量 (m³/d)</th><th colspan="6">降深（m）</th><th>涌水量 (m³/d)</th><th colspan="6">降深（m）</th><th>涌水量 (m³/d)</th></tr>
<tr><td rowspan="2">S1</td><td rowspan="2">G1</td><td colspan="3">S1</td><td colspan="3">G1</td><td rowspan="2">240</td><td colspan="3">S1</td><td colspan="3">G1</td><td rowspan="2">320</td><td colspan="3">S1</td><td colspan="3">G1</td><td rowspan="2">450</td></tr>
<tr><td colspan="3">6.98</td><td colspan="3">1.98</td><td colspan="3">13.56</td><td colspan="3">5.52</td><td colspan="3">20.11</td><td colspan="3">8.02</td></tr>
<tr><td rowspan="2">S2</td><td rowspan="2">G2</td><td colspan="3">S2</td><td colspan="3">G2</td><td rowspan="2">220</td><td colspan="3">S2</td><td colspan="3">G2</td><td rowspan="2">250</td><td colspan="3">S2</td><td colspan="3">G2</td><td rowspan="2">480</td></tr>
<tr><td colspan="3">6.52</td><td colspan="3">1.75</td><td colspan="3">11.24</td><td colspan="3">5.21</td><td colspan="3">19.85</td><td colspan="3">7.95</td></tr>
<tr><td rowspan="2">S3</td><td rowspan="2">G3-1、G3-2</td><td colspan="2">S3</td><td colspan="2">G3-1</td><td colspan="2">G3-2</td><td rowspan="2">300</td><td colspan="2">S3</td><td colspan="2">G3-1</td><td colspan="2">G3-2</td><td rowspan="2">440</td><td colspan="2">S3</td><td colspan="2">G3-1</td><td colspan="2">G3-2</td><td rowspan="2">520</td></tr>
<tr><td colspan="2">8.20</td><td colspan="2">3.2</td><td colspan="2">2.44</td><td colspan="2">14.52</td><td colspan="2">5.55</td><td colspan="2">4.32</td><td colspan="2">22.30</td><td colspan="2">8.25</td><td colspan="2">6.55</td></tr>
<tr><td rowspan="2">S4</td><td rowspan="2">G4</td><td colspan="3">S4</td><td colspan="3">G4</td><td rowspan="2">280</td><td colspan="3">S4</td><td colspan="3">G4</td><td rowspan="2">310</td><td colspan="3">S4</td><td colspan="3">G4</td><td rowspan="2">500</td></tr>
<tr><td colspan="3">7.98</td><td colspan="3">2.1</td><td colspan="3">14.02</td><td colspan="3">6.53</td><td colspan="3">21.23</td><td colspan="3">8.82</td></tr>
</table>

$$k=\frac{0.732Q}{(2H-s-s_1)(s-s_1)}\log\frac{r_1}{r_w} \tag{6.3-1}$$

式中，

k——渗透系数；

Q——涌水量；

H——潜水含水层总厚度；

s——抽水孔水位稳定降深；

s_1——观测孔水位稳定降深；

r_1——观测孔中心到抽水孔中心的距离；

r_w——抽水孔的内半径，0.1555m。

带两个观测孔的潜水完整井渗透系数计算见式：

$$k=\frac{0.732Q}{(2H-s_1-s_2)(s_1-s_2)}\log\frac{r_2}{r_1} \tag{6.3-2}$$

式中，

k——渗透系数；

Q——涌水量；

H——潜水含水层总厚度；

s_1——近抽水孔第一个观测孔水位稳定降深；

s_2——第二个观测孔水位稳定降深；

r_2——第二个观测孔中心到抽水孔中心的距离；

r_1——第一个观测孔中心到抽水孔中心的距离。

恢复水位观测数据，计算渗透系数，计算见式（6.3-3）：

$$k=\frac{3.5{r_w}^2}{(H+2r_w)t}\ln\frac{s_1}{s_2} \tag{6.3-3}$$

式中，

k——渗透系数；

r_w——抽水孔的半径，0.1555m；

H——潜水含水层总厚度；

t——观测 t_1、t_2 时刻的时间间隔；

s_1、s_2——t_1、t_2 时刻的剩余降深值。

根据上述公式计算得到的结果见表 6-3-5，4 组抽水试验孔各降深试验及恢复水位计算结果平均渗透系数为 0.84m/d。

抽水试验计算结果　　表 6-3-5

试验孔号	抽水试验数据计算（m/d）			恢复水位数据计算（m/d）
	小落程	中落程	大落程	
S1	0.89	0.86	0.94	0.68
S2	0.80	0.78	0.91	0.95
S3	0.86	0.82	0.75	0.80
S4	0.81	0.78	0.93	0.89
平均值	0.84	0.81	0.88	0.83

6.4 降水方案调整

由于火车站改建工程规模大、建筑类型多，基坑开挖亦采用分段分期施工。若采用一次整体降水，不但经济成本高，而且大范围降水也易对周边建筑造成不利影响。因此，本次降水方案拟依据基坑开挖与回填时序进行细化，在保证各开挖段施工中地下水位降低至设计值的前提下，尽可能减小降水规模与时长。

6.4.1 基坑降水分区

根据设计方提供的开挖图，基坑主要分为东区、西区、自强路下穿隧道与商业地块 4 个分区。为优化降水井施工与抽水工作，依据施工方的施工计划，进行适当的合并，按照施工顺序划分为 6 个施工段，降水工程分区图见图 6.4-1。各区段施工时间、主要参数及对应降水工程见表 6-4-1。

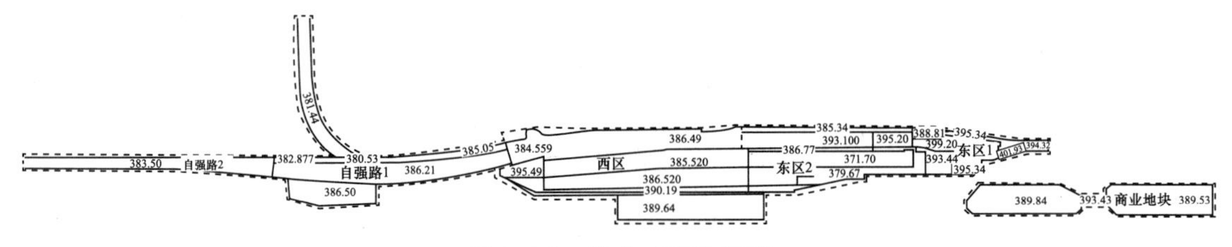

图 6.4-1　降水工程分区图

6.4.2 降水时序

以各区段设计的土方开挖与回填时间计划为依据，分段分时降水，在各开挖段施工前将该区段水位降低至基坑底标高以下，基坑使用完毕后关闭该区段的降水井，既保证各分段的正常施工，又尽可能减少降水规模与时长。

各区开始降水时间为开始开挖前 5 天，停止降水时间为肥槽回填时间。以时间为主轴，划分各区降水井工作状态的时序，各分区抽水时序计划见表 6-4-2。

各分区施工时间、主要参数及对应降水工程 表 6-4-1

<table>
<tr><th rowspan="2">区块名称</th><th rowspan="2">开挖标高（m）</th><th rowspan="2">水位标高</th><th rowspan="2">计划开始
开挖时间</th><th rowspan="2">计划肥槽
回填时间</th><th colspan="4">降水井</th><th colspan="3">回灌井</th></tr>
<tr><th>井型</th><th>编号</th><th>井底标高（m）</th><th>井径（m）</th><th>编号</th><th>井底标高（m）</th><th>井径（m）</th></tr>
<tr><td rowspan="3">东 1</td><td rowspan="3">395.34～401.93</td><td rowspan="7">397.50～398.00</td><td rowspan="3">2020.4.28</td><td rowspan="3">2020.12.30</td><td>A</td><td>50-65、68-75</td><td>384.0</td><td>0.4</td><td rowspan="3">282-285</td><td rowspan="3">386</td><td rowspan="3">0.4</td></tr>
<tr><td>B</td><td>66-67、75-78</td><td>373.5</td><td rowspan="2">0.4</td></tr>
<tr><td>C</td><td>129-133</td><td>368</td></tr>
<tr><td rowspan="4">东 2</td><td rowspan="4">371.70～395.34</td><td rowspan="4">2020.11.5</td><td rowspan="4">2021.5.16</td><td>B</td><td>111-115、218、
256-266</td><td>373.5</td><td>0.4</td><td rowspan="4">285-298</td><td rowspan="4">386</td><td rowspan="4">0.4</td></tr>
<tr><td>C</td><td>116-138</td><td>368</td><td>0.4</td></tr>
<tr><td>D</td><td>155-158、
177-189</td><td>370</td><td>0.4</td></tr>
<tr><td>E</td><td>190-217</td><td>359</td><td>0.4</td></tr>
<tr><td rowspan="3">西区</td><td rowspan="3">384.56～395.46</td><td rowspan="3">396.5～397.50</td><td rowspan="3">2020.2.17</td><td rowspan="3">2021.3.15</td><td>B</td><td>80-112、218-237、
239-256、267-269</td><td>373.5</td><td>0.4</td><td rowspan="3">270-281
299-319</td><td rowspan="3">386</td><td rowspan="3">0.4</td></tr>
<tr><td>D</td><td>139-155、
159-177</td><td>370</td><td>0.4</td></tr>
<tr><td>E</td><td>217</td><td>359</td><td>0.4</td></tr>
<tr><td rowspan="3">自强路 1</td><td rowspan="3">380.53～386.50</td><td rowspan="6">396.00～396.50</td><td rowspan="3">2020.6.9</td><td rowspan="3">2020.12.2</td><td>F</td><td>494-499、509-521</td><td>372.5</td><td>0.4</td><td rowspan="3">270、396-415
319-359</td><td rowspan="3">386</td><td rowspan="3">0.4</td></tr>
<tr><td>G</td><td>416-448</td><td>366.5</td><td rowspan="2">0.4</td></tr>
<tr><td>D</td><td>465-493</td><td>370</td></tr>
<tr><td rowspan="3">自强路 2</td><td rowspan="3">383.50</td><td rowspan="3">2020.11.20</td><td rowspan="3">2021.6.4</td><td>G</td><td>448-455</td><td>366.5</td><td rowspan="3">0.4</td><td rowspan="3">360-395</td><td rowspan="3">386</td><td rowspan="3">0.4</td></tr>
<tr><td>D</td><td>456-464</td><td>370</td></tr>
<tr><td>F</td><td>500-508</td><td>372.5</td></tr>
<tr><td rowspan="2">商业地块</td><td rowspan="2">389.53～393.43</td><td rowspan="2">398.00～398.00</td><td rowspan="2">2020.6.29</td><td rowspan="2">2021.3.5</td><td>H</td><td>1-21、25-27、31-49</td><td>379.0</td><td rowspan="2">0.4</td><td rowspan="2"></td><td rowspan="2"></td><td rowspan="2"></td></tr>
<tr><td>I</td><td>22-24、28-30</td><td>377.5</td></tr>
</table>

各分区抽水时序计划　　表 6-4-2

日期	累计时间（d）	东1		东2		西区		自强路1		自强路2		商业地块	
		状态	单井抽水量（m³/d）	状态	单井抽水量（m³/d）	状态	单井抽水量（m³/d）	状态	单井抽水量（m³/d）	状态	单井抽水量（m³/d）	状态	单井抽水量（m³/d）
2020.2.13	1		0			开始							
2020.4.24	72	开始							0				0
2020.6.4	113				0			开始			0		
2020.6.25	134											开始	
2020.11.1	263		初定150	开始			初定150		初定150				
2020.11.16	278									开始			初定150
2020.12.2	294							停抽					
2020.12.30	322	停抽			初定200								
2021.3.5	387										初定200	停抽	
2021.3.15	397		0			停抽			0				
2021.5.16	459			停抽			0						0
2021.6.4	478				0					停抽			

6.4.3 降水效果预测手段

由于本次设计降水井数量多，且为分区分时段抽水，采用规范公式尚无法计算各开挖分段在目标时刻的水位降深及水位标高。因此，本次根据场地水文地质条件，建立场地水文地质概念模型并编译为数值模型。由于降水及回灌井大部分为非完整井且设置有截水帷幕，在降水过程中地下水三维运动特征明显，地下水运动方程按照潜水三维流。将降水井、回灌井、截水帷幕等输入到模型中，采用数值模拟法进行计算预测，选定合适的抽水量，既能满足基坑开挖要求，又力求抽水量最小。

1. *初始流场*

根据区域水文地质资料，场地潜水总体上由西南向东北渭河方向径流。根据对场地及周边工程勘察钻孔、民井等水点的水位统测数据及收集资料，绘制场地及周边初始流场图（图 6.4-2）。

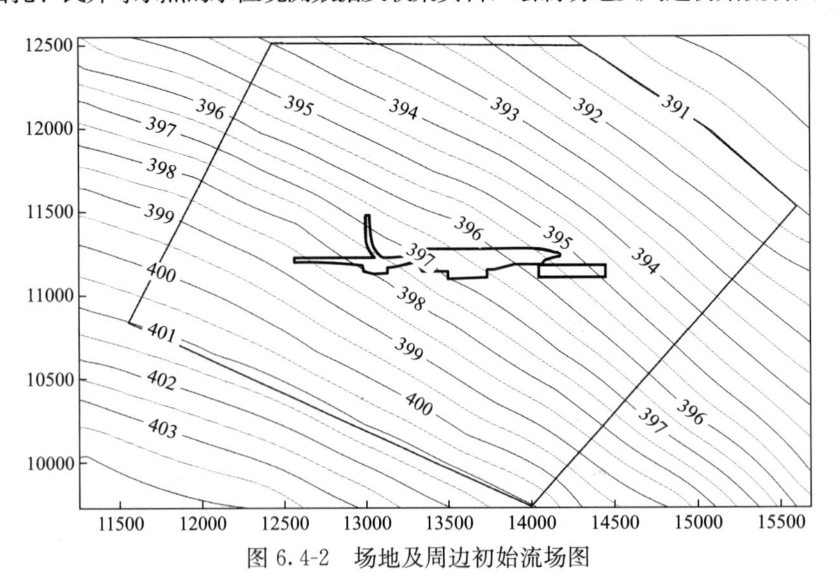

图 6.4-2　场地及周边初始流场图

2. 模型范围及含水层结构

根据收集周边的钻孔分布及初始流场情况，模型范围定义为南北长约 2.8km、东西宽约 4.1km（见图 6.4-7）。根据地层岩性及渗透性，将场地含水层按渗透性分为四层，第一层为②、③层、第二层为④、⑤层、第三为⑥层（图 6.4-3）。

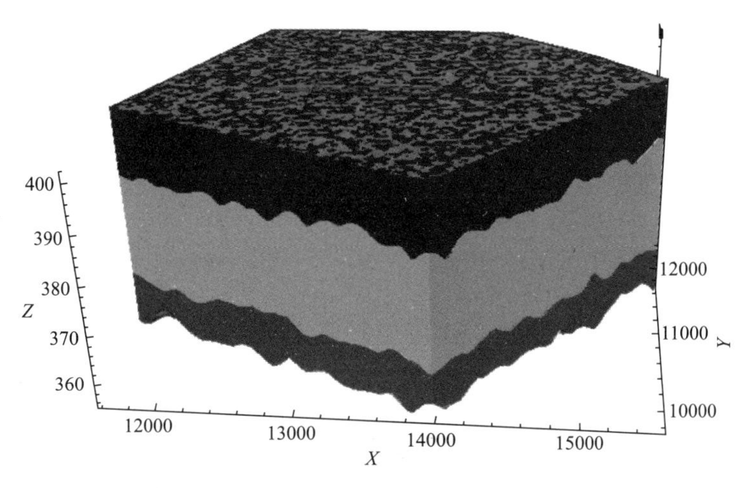

图 6.4-3 水文地质概念模型

抽水试验孔均为完整井，抽水试验中地下水流动特征接近平面二维流，且各地层层底整体水平，抽水试验中地下水流动近似平行于地层，故可利用抽水试验取得的含水层平均渗透系数结合室内试验各含水层渗透系数的相对比例关系，利用水平等效平均渗透系数公式反算各层渗透系数值。经计算第一层渗透系数可取 2.1m/d、第二层渗透系数可取 0.23m/d、第三层渗透系数可取 0.50m/d，给水量按照室内试验结果取值，作为模型水文地质参数初定值。

3. 边界条件

西南边界定义为定水头边界、水头值为 401m，东北边界定义为定水头边界、水头值为 391m，东西两侧定义为第二类边界。模型底部为隔水边界，顶部为潜水面边界。

根据调查，距离场地南侧约 300m 的西安北城墙护城河河底均铺设了防渗层，河水与地下水基本无水利联系，故可不考虑河流边界条件。

4. 截水帷幕

根据设计方案，截水帷幕底标高为 370m，帷幕厚度按照 0.5m 考虑，渗透系数根据取样试验结果取 0.01m/d，截水帷幕结构见图 6.4-4。

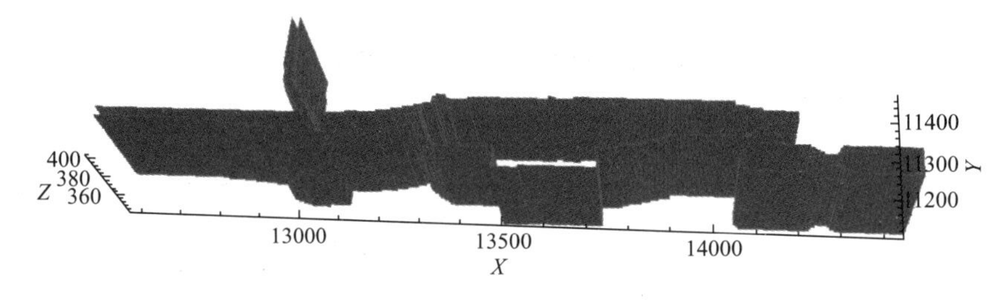

图 6.4-4 截水帷幕结构

5. 降水及回灌井

根据降水工程设计图纸，整个区域降水井分为 9 类：其中 A 型井 24 个、B 型井 93 个、C 型井 23 个、D 型井 89 个、E 型井 28 个、F 型井 28 个、G 型井 43 个、H 型井 43 个、I 型井 6 个。J 型井（回灌井）146 个，降水及回灌井分布见图 6.4-5。

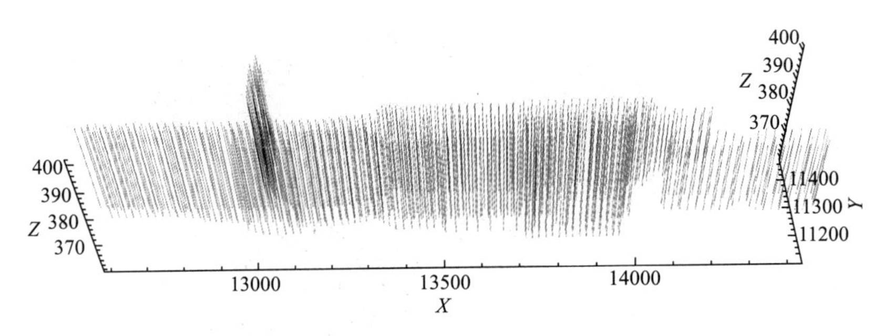

图 6.4-5　降水及回灌井分布

6. 模型校正

模型建立后首先利用前期勘察的地下水动态监测数据及抽水试验观测数据进行校正与参数调整，调整模型直至监测孔运行结果与实测数据接近。调整后各层水文地质参数如表 6-4-3 所示。

模型校正后水文地质参数　　**表 6-4-3**

分层	对应地层	层底标高	渗透系数 k（m/d）	给水度
第一层	②黄土、③古土壤	385.69～391.56	2.23	0.03
第二层	④、⑤粉质黏土	364.29～369.59	0.16	0.02
第三层	⑥粉质黏土夹砂	354.79～362.06	0.43	0.05

6.4.4　抽水量优化

由于本次降水工程降水量多、周期长，大量汲取地下水，不但易造成水资源浪费且易引起土层固结、地面沉降。

降水过程不但在时间上应与基坑开挖与肥槽回填相适应，抽水量也不宜过大，满足开挖要求即可。同时尽可能将降水中抽出的地下水回灌至回灌井内。

通过多种抽水与回灌方式的模拟结果，最终确定了相对合适的抽水即回灌方案。降水及回灌井工作状态时间计划见表 6-4-4。

降水及回灌井工作状态时间计划　　**表 6-4-4**

日期		2020.2.13	2020.4.24	2020.6.4	2020.6.25	2020.11.1	2020.11.16	2020.12.2	2020.12.30	2021.3.5	2021.3.15	2021.5.16	2021.6.4
累计时间（d）		1	72	113	134	263	278	294	322	387	397	459	478
西区	运行井数	327	327	327	327	327	327	327	327	327	327		
	单井水量（m^3/d）	120	120	120	120	120	120	120	120	120	120		

续表

日期		2020.2.13	2020.4.24	2020.6.4	2020.6.25	2020.11.1	2020.11.16	2020.12.2	2020.12.30	2021.3.5	2021.3.15	2021.5.16	2021.6.4
东1	运行井数		35	35	35	35	35	35	35				
	单井水量（m^3/d）		130	130	130	130	130	130	130				
自强路1	运行井数			81	81	81	81	81					
	单井水量（m^3/d）			150	150	150	150	150					
商业	运行井数				49	49	49	49	49	49			
	单井水量（m^3/d）				140	140	140	140	140	140			
东2	运行井数					85	85	85	85	85	85	85	
	单井水量（m^3/d）					220	220	220	220	220	220	220	
自强路2	运行井数						26	26	26	26	26	26	26
	单井水量（m^3/d）						160	160	160	160	160	160	160
回灌井	运行井数	80	90	99	113	113	120	149	149	100	83	83	36
	单井水量（m^3/d）	100	100	100	100	100	100	100	100	100	100	100	100
合计抽水量-回灌量（m^3/d）		31240	34790	46040	51500	70200	73660	70760	58610	58960	53800	14560	560

6.4.5　降水效果预测

西区2020年2月13日开始降水，截至2020年2月17日（累计第5天）计划开挖当天，基坑内水位标高已经降至381～383m（图6.4-6），满足基坑开挖标高384.56～395.46m的要求。

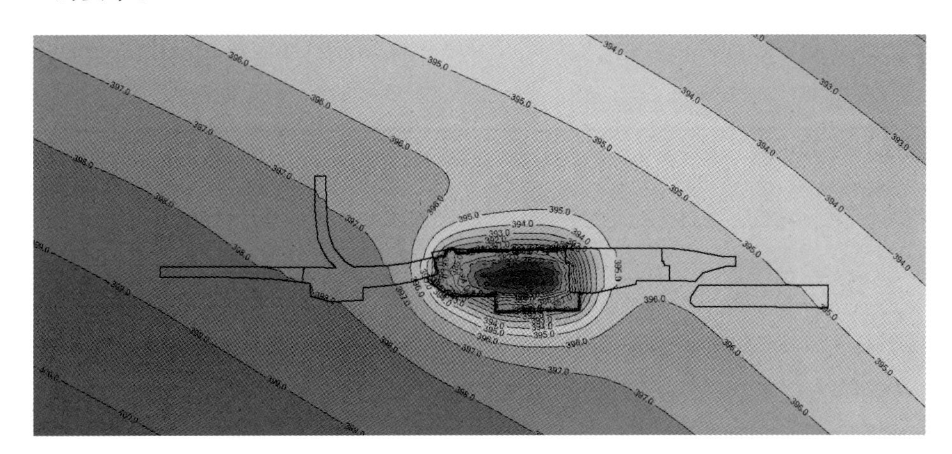

图6.4-6　2020年2月17日（累计第5天）西区开始开挖时流场示意图

东1区2020年4月24日开始降水，到了2020年4月28日（累计第76天）计划开挖当天，基坑内水位标高已经降至 372～374m（图 6.4-7），满足基坑开挖标高 388.81m 要求。

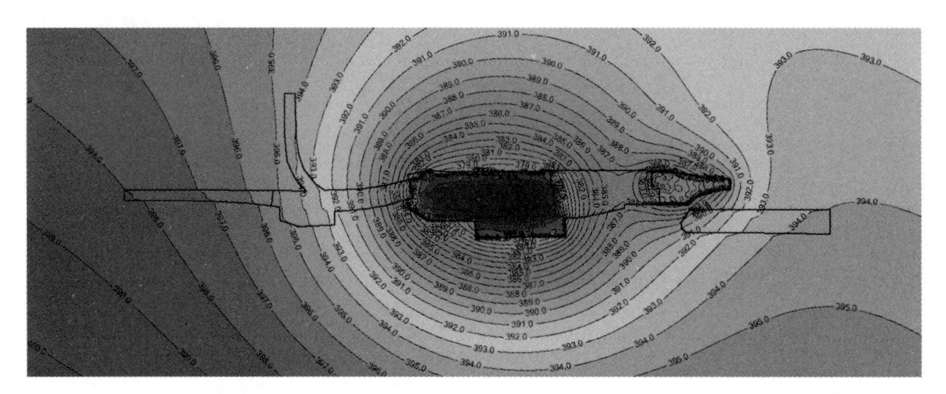

图 6.4-7　2020 年 4 月 28 日（累计第 76 天）东 1 区计划开挖时流场示意图

自强路 1 区 2020 年 6 月 4 日开始降水，到了 2020 年 6 月 9 日（累计第 118 天）计划开挖当天，基坑内水位标高已经降至 372～379m（图 6.4-8），满足基坑开挖标高 380.53～386.50m 要求。

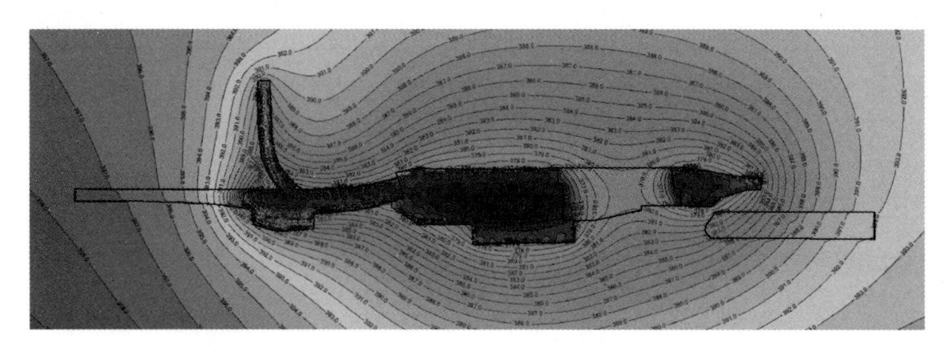

图 6.4-8　2020 年 6 月 9 日（累计第 118 天）自强路 1 区计划开挖时流场示意图

商业地块 2020 年 6 月 25 日开始降水，到了 2020 年 6 月 29 日（累计第 138 天）计划开挖当天，基坑内水位标高已经降至 375～383m（图 6.4-9），满足基坑开挖标高 389.53～393.43m 要求。

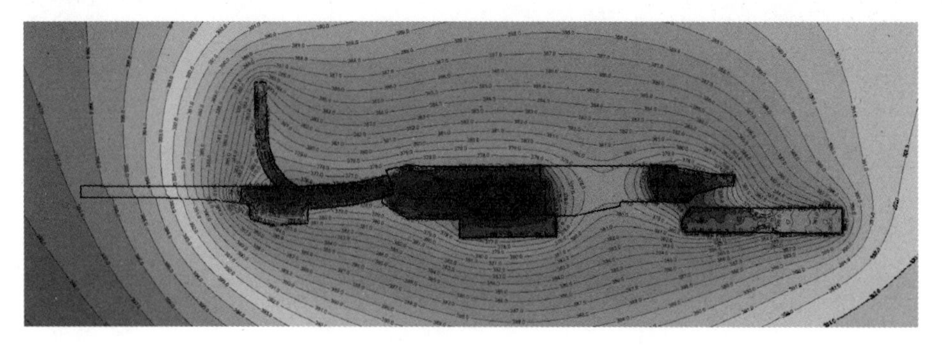

图 6.4-9　2020 年 6 月 29 日（累计第 138 天）商业地块计划开挖时流场示意图

东 2 区 2020 年 11 月 1 日开始降水，到了 2020 年 11 月 5 日（累计第 267 天）计划开挖当天，基坑内水位标高已经降至 369～373m（图 6.4-10），满足基坑开挖标高 371.70～395.34m 要求。

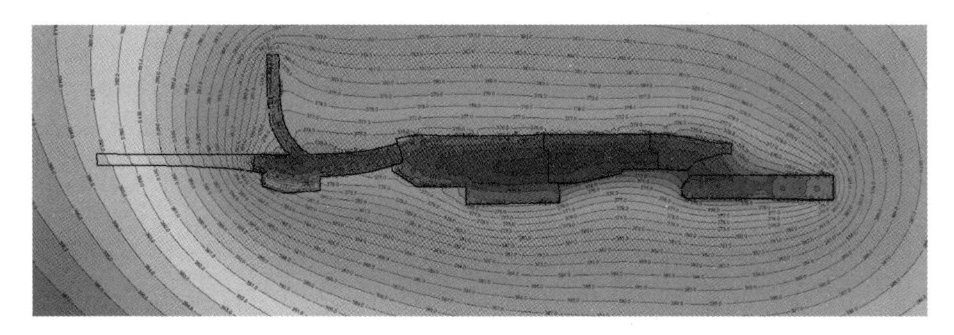

图 6.4-10　2020 年 11 月 5 日（累计第 267 天）东 2 区计划开挖时流场示意图

自强路 2 区 2020 年 11 月 16 日开始降水，到了 2020 年 11 月 20 日（累计第 282 天）计划开挖当天，基坑内水位标高已经降至 372～378m（图 6.4-11），满足基坑开挖标高 383.50m 要求。

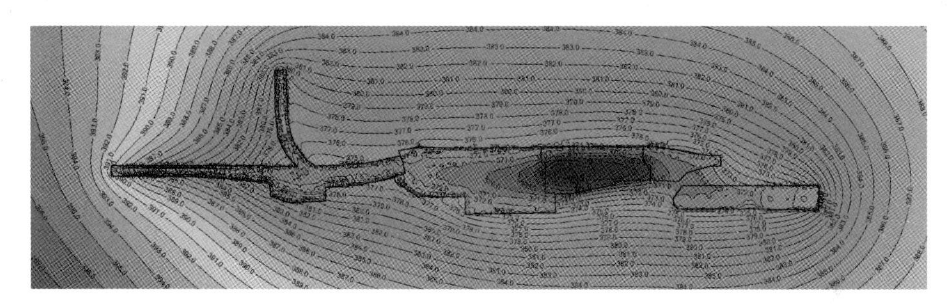

图 6.4-11　2020 年 11 月 20 日（累计第 282 天）自强路 2 区计划开挖时流场示意图

2020 年 12 月 12 日（累计第 304 天）自强路 1 区停抽 10 天后，该段水位已逐步回升（图 6.4-12），其他降水区域地下水位保持在基坑底标高以下。

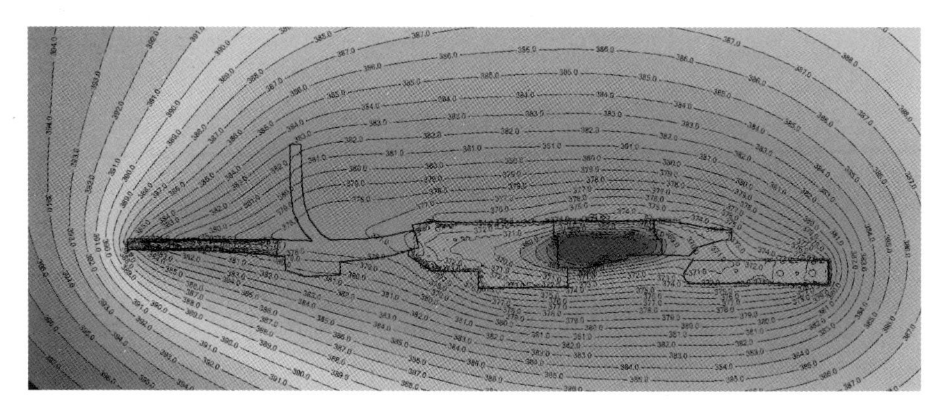

图 6.4-12　2020 年 12 月 12 日（累计第 304 天）自强路 1 区停抽 10 天后流场示意图

2021 年 1 月 9 日（累计第 332 天）东 1 区停抽 10 天后，该区水位已逐步回升（图 6.4-13），自强路 2 区、西区、东 2 区及商业地块地下水位仍保持在基坑底标高以下。

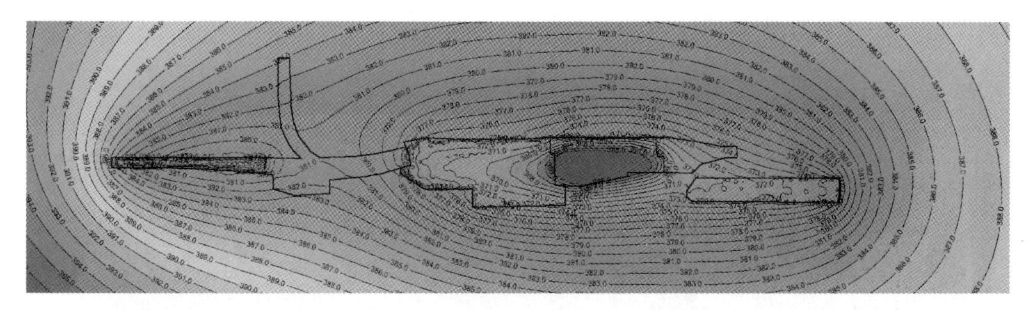

图 6.4-13　2021 年 1 月 9 日（累计第 332 天）东 1 区停抽 10 天后流场示意图

2021 年 3 月 15 日（累计第 397 天）商业区停抽 10 天后，该段水位已逐步回升，自强路 2 区、西区、东 2 区地下水位仍保持在基坑底标高以下（图 6.4-14）。

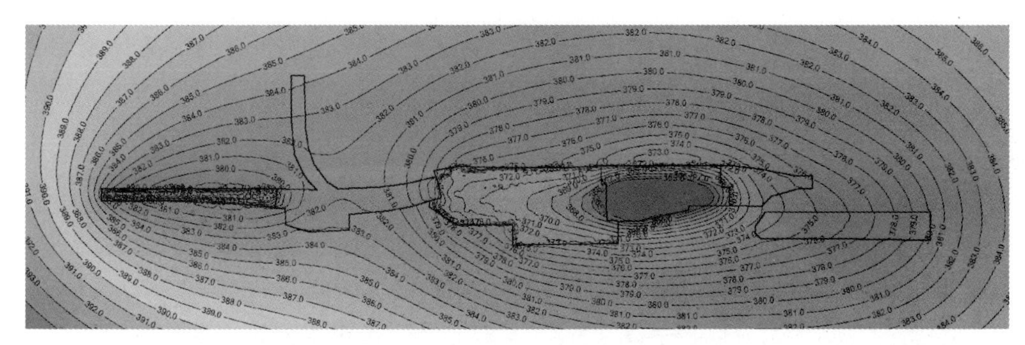

图 6.4-14　2021 年 3 月 15 日（累计第 397 天）商业区停抽 10 天后流场示意图

2021 年 3 月 25 日（累计第 407 天）西区停抽 10 天后，该段水位已逐步回升，自强路 2 区、东 2 区地下水位仍保持在基坑底标高以下（图 6.4-15）。

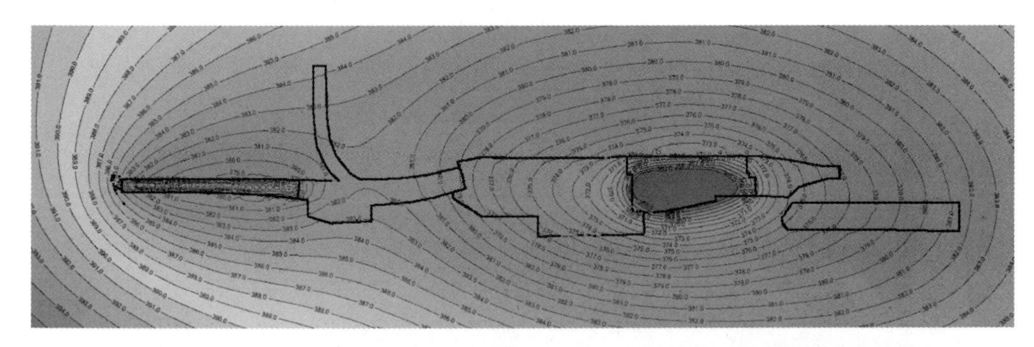

图 6.4-15　2021 年 3 月 25 日（累计第 407 天）西区停抽 10 天后流场示意图

2021 年 5 月 24 日（累计第 469 天）东 2 区停抽 10 天后，该段水位已逐步回升，自强路 2 区域地下水位仍保持在基坑底标高以下（图 6.4-16）。

2021 年 6 月 4 日（累计第 488 天）自强路 2 区停抽 10 天后，该段水位也逐步回升，此时全部降水井均已停止工作，整个场地水位逐步恢复中（图 6.4-17）。

到了累计第 700 天时，场地及周边地下水位进一步回升（图 6.4-18）。

累计 1000 天时，场地及周边水位已恢复至接近初始值（图 6.4-19）。

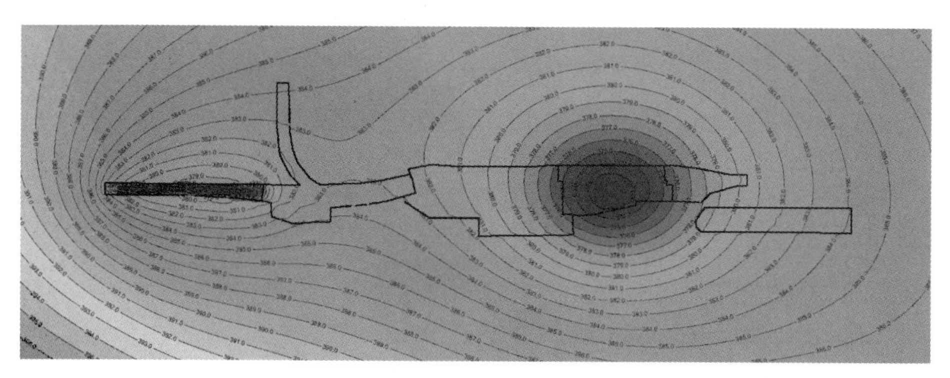

图 6.4-16　2021 年 5 月 24 日（累计第 469 天）东 2 区停抽 10 天后流场示意图

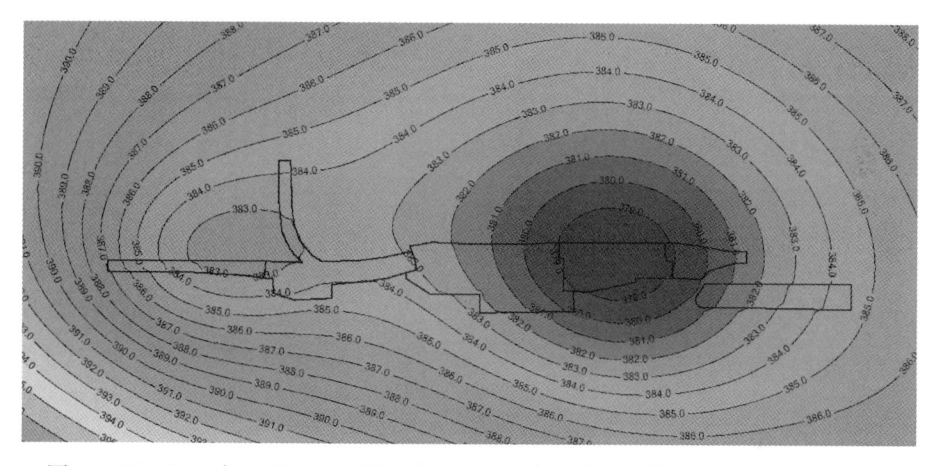

图 6.4-17　2021 年 6 月 4 日（累计第 488 天）自强路 2 区停抽 10 天后流场示意图

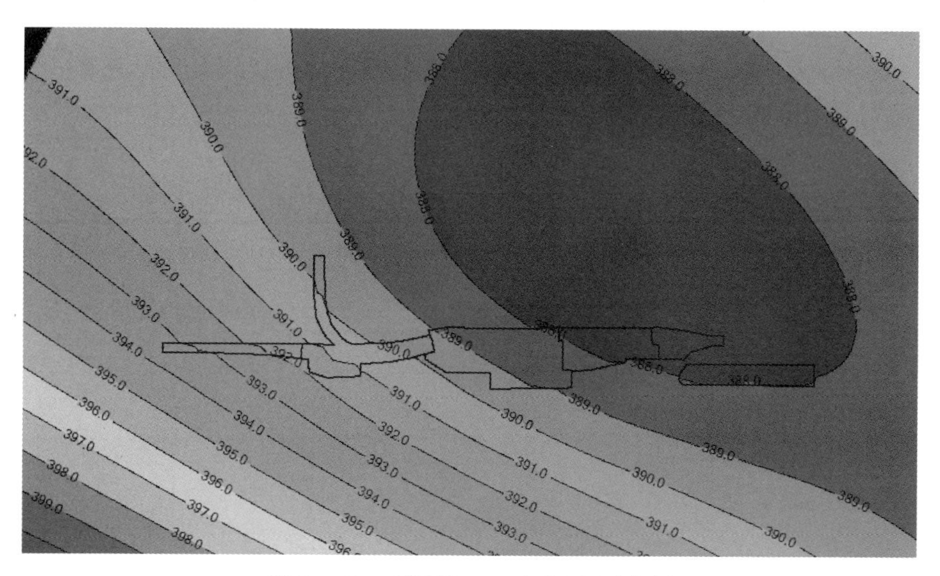

图 6.4-18　累计第 700 天时流场示意图

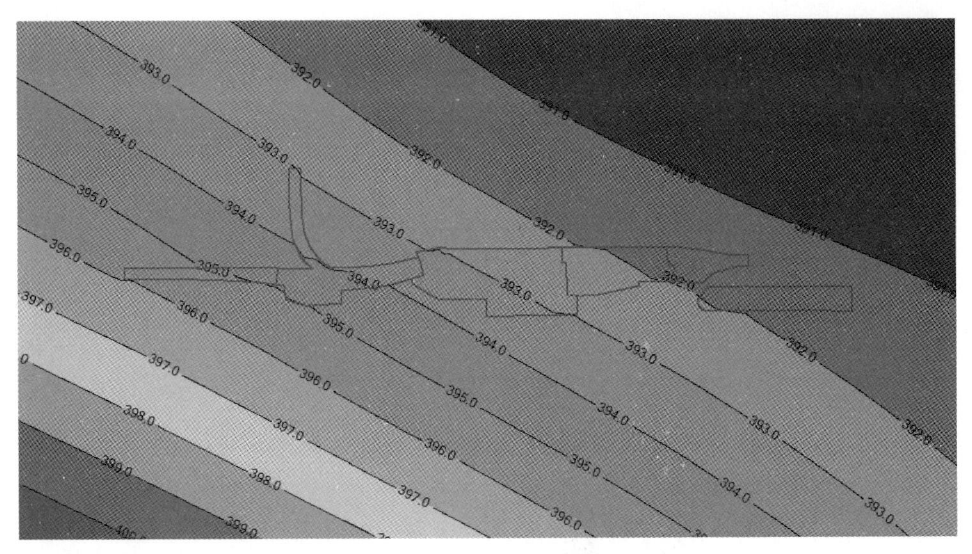

图 6.4-19　累计 1000 天时流场示意图

6.5　降水组织实施

6.5.1　施工总体流程

施工总体流程计划如图 6.5-1 所示。

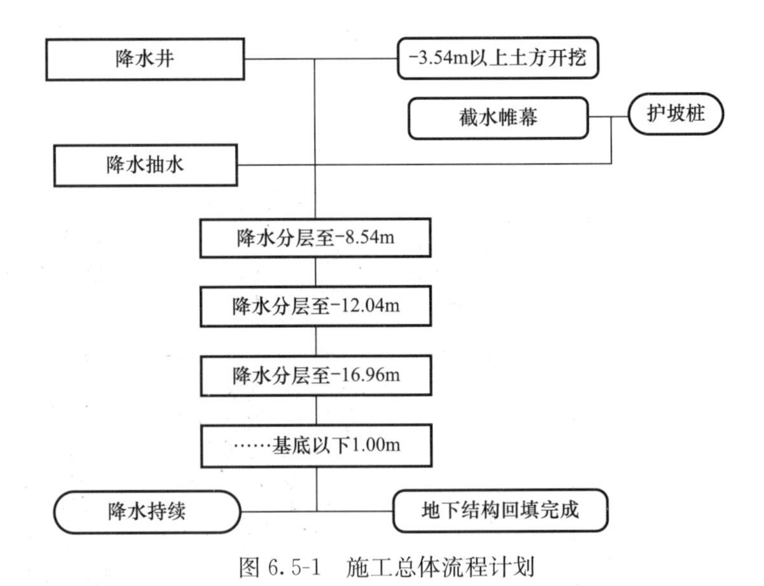

图 6.5-1　施工总体流程计划

6.5.2　施工进度计划

根据本工程施工要求及特点、施工总体计划，降水工程施工自降水井开始施工，基坑开挖至基坑回填，工期为 13 个月。

6.5.3　土方开挖期降水管线处置

为确保基坑正常开挖，基坑分层开挖时须保护好基坑内降水井及其排水管、抽水电缆线。根据土方开挖方案，基坑开挖顺序每层均为从西向东依次退挖，为此建议基坑内汽车行走路线应从北边起第二排和第三排降水井之间设置内部道路，道路宽度约 20m，道路边每边距降水井不小于 2.5m，组成循环道路出土。

在挖掘机开挖土方向东 60m 区域、向西已分层挖掉 15m 区域内（该 75m 区域为正在工作的施工区域，包括土方挖除、土方装运、汽车掉头）降水井关闭水泵，摘除主排水管接口，把排水管、电缆线收至降水井护栏上，并保护好电缆接头，待该区域土方挖除脱离该 75m 区域后再接至主排水管道和三级配电箱，恢复抽水降水。

75m 区域作为正在工作的施工区域，严禁挖掘机械、拉运车辆、装载机械碰撞降水井，安全距离保持 3m 以上。待该区域大面积土方挖除后，在基坑内应采用小型机械或人工清除降水井周围土方。

为保护基坑内降水井及其设备不被损坏，井内不落入杂物和土方，采用小型机械或人工清除降水井周围土方时应逐米慢慢进行，并用人工配合拆除上部出露滤水管，该段滤水管拆除后可重复使用。严禁杂物和土方掉入降水井内。

6.5.4　降水日常维护

1. 降水观测

对降水井和回灌井定时测定地下水位，及时掌握井内地下水的变化，确保降水深度满足工程开挖的需要；邻近基坑的建（构）筑物及地下管线设置沉降观测点、定时观测其变形趋势，并根据设计所设监测预警值及时调整降水量和回灌量（回灌井水位控制在 393.50～396.50m）。

2. 流量的监测

本项目降水系统采用自动化降水，管理人员紧密观察每口井内抽水情况。水泵安装好后，由专业降水管理人员根据井内抽水情况，初步确定水泵型号。若发现流量过大而水位降低缓慢甚至降不下去时，应考虑改用流量较大的离心泵，反之，则改用小泵以避免离心泵发热、损坏。

3. 地下水位观察

可利用周围降水井兼作观察井，开始抽水时，每隔 30～60min 观测一次，以观测整个降水系统的降水功效；降水达到预定的标高前，每 8h 观测一次（每天 3 次）；降到预定标高后，可每天观测 1 次；但若遇到下雨天需加密观测，做好详细的观测记录。

4. 备用电源措施

为确保工程降水作业正常进行，不能中断降水井的抽水用电，需考虑备用电源问题，采取如下措施：

降水期间，应避免停电引起降水系统瘫痪。若供电系统无法保证，应联系好备用发电机能够 2h 内及时到场，当出现临时停电时，可在 1～2h 内恢复供电，保障降水系统正常运转。

根据本工程的降水井数量，经计算需提供 6 台 600kW 柴油发电机作为备用电源。

6.5.5 降水过程中应注意的问题

（1）选用扬程 26m、出水量 15m^3/h 的潜水泵，同时预备一定数量的备用潜水泵。

（2）在基坑降水期间对附近建筑物由第三方进行变形监测，当建筑物变形较大时，应分析原因并立即采取措施。

（3）在降水工作启动之前，应统一测量井内的水位。降水工作启动后，动水位和出水量的测量时间，宜在抽水开始后每 10min 各测量一次水位和水量，当发现有吊泵现象时，应采取必要措施。当水位和水量趋于稳定时可每隔 8h 观测一次，当水位趋于设计水位后可每天测量 1 次。

（4）当降水井中的水位趋于稳定尚不能达到水位下降值，应加大水泵出水量，以达到设计降深值。

（5）当水位达到设计降水水位后，为避免过量降水，及时调整水泵开启数量，待水位稳定。

（6）降水过程中发现水质变浑或来砂量增大时，应立即停止抽水，防止下部地层掏空，影响建筑物基础及附近建筑的工程质量。

（7）根据水位、水量观测记录，查明降水过程中的不正常状况及产生的原因，及时提出调整补充措施，确保达到设计降深。

（8）降水期间应对抽水设备和运行状况定期进行检查，发现问题及时处理，保证抽水设备始终处于正常工作状态。

（9）降水期间不得随意停抽，同时配备预备电源，当发生停电时，应及时更换电源，保证降水正常进行。

（10）降水工作结束后，应对降水井进行回填处理，填土密实度不应小于原土层，以免留下安全隐患。

6.5.6 主要应急预防措施及处置措施

1. 突然停电施工应急措施

施工现场应备有发电机，降水运行中应保证施工用电停电后发电机可以及时使用，保证停电 2h 内能确保降水井的电源得到更换，确保在基坑开挖过程中降水不得长时间中断，否则影响基坑的安全。

2. 电源切换流程

电源切换时，电工、发电机工和降水人员要统一指挥，协调操作，各负其责。切换电源时，各位置工作人员职责如下：

（1）发电机操作工：在发电机所在位置，迅速启动发电机，待正常之后立即通知电工切换电源。

（2）电工：位于双向闸刀位置，接到发电机工的指令后，迅速切换电源。

（3）降水班人员：位于各降水井启动箱和分配箱位置，根据启动箱指示灯状态或电表状态随时合上开关，并启动指定按钮。降水班工作人员必须在断电 20min 内各就各位，确保 2h 内恢复降水运行。

6.6　降水效果及评价

施工过程中实际降水时序与计划降水时序有一定差别，但抽水量、降水井的启停时间原则均按照计划执行。降水过程中分别在各分区布置了1～2处水位监测点。各分区降水效果见图6.6-1～图6.6-8。从图中可以看出：各区水位均在开挖时前1～3天降至基坑开挖标高以下，基坑使用完毕后水位开始恢复。由于降水过程中部分水泵有故障停机，故实际监测水位有所波动，但地下水位均保持在基坑底标高以下。达到了既满足基坑开挖要求，又减小了降水规模与时长的目的。

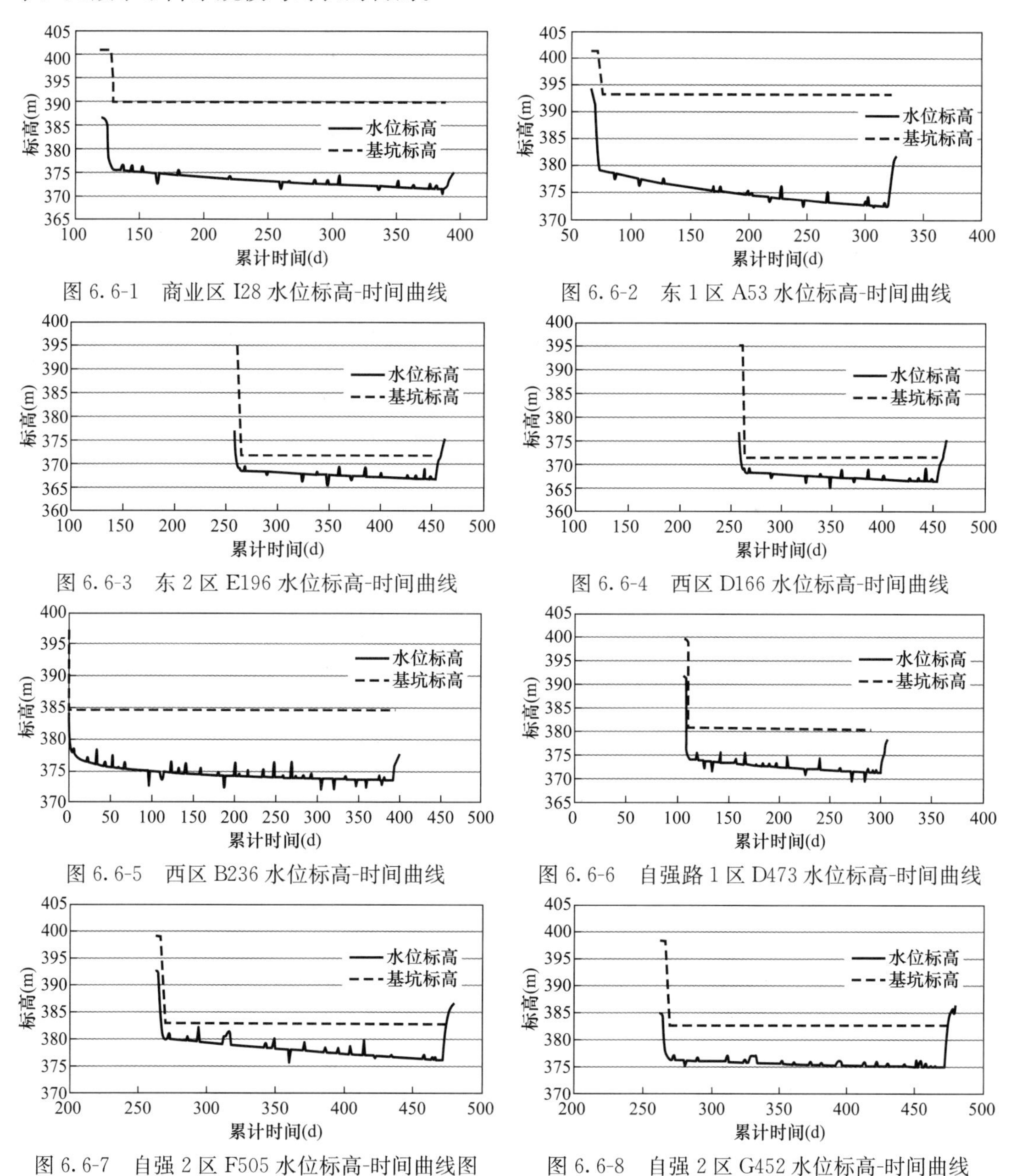

图6.6-1　商业区I28水位标高-时间曲线

图6.6-2　东1区A53水位标高-时间曲线

图6.6-3　东2区E196水位标高-时间曲线

图6.6-4　西区D166水位标高-时间曲线

图6.6-5　西区B236水位标高-时间曲线

图6.6-6　自强路1区D473水位标高-时间曲线

图6.6-7　自强2区F505水位标高-时间曲线图

图6.6-8　自强2区G452水位标高-时间曲线

第7章 超大黄土基坑施工关键技术研究

7.1 多轴搅拌桩截水帷幕施工技术

7.1.1 工程背景

本项目位于西安市新城区丹凤门南侧，处于西安市低洼地段，地下水属于孔隙潜水类型，稳定水位埋深3.00～9.10m，工程周边水系丰富，主要包括南侧的护城河，以及北侧大明宫的太液池。基坑最大开挖深度约32.64m，最大水头高度近30m，为了给开挖基坑提供良好的施工条件，同时尽最大可能减小对周边环境的影响，项目根据不同的施工区块，采用截水帷幕进行分割，进而减缓地下水的渗流，北广场截水帷幕分块示意图如图7.1-1所示。由于工程土方开挖量巨大，工期非常紧张，截水帷幕施工采用多轴搅拌机械进行。

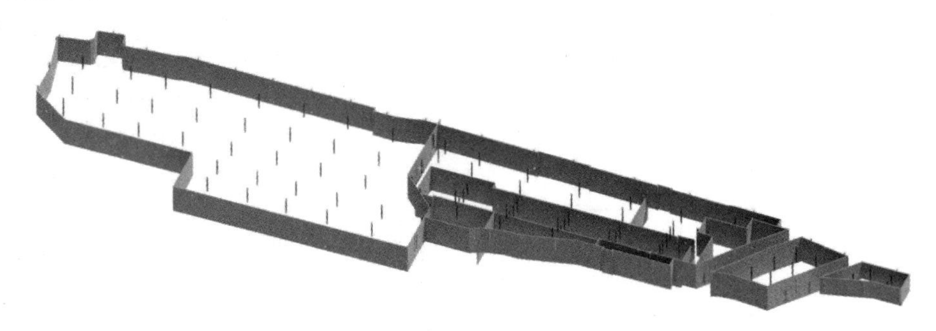

图7.1-1　北广场截水帷幕分块示意图

7.1.2 多轴搅拌桩截水帷幕施工技术

1. 多轴钻孔机简介

第二次世界大战后，美国首先研制出水泥土搅拌桩施工方法即MIP（Mixing In-place Pile）工法。1955年在日本大阪市进行MIP工法试验性施工，试验中发现水泥土搅拌桩成桩速度很快，且噪声小，于是尝试依次连续施工做成一道柱列式地下连续墙。为了解决工法相邻桩搭接不完全、成桩垂直度较难保证、在硬质粉土或塑性指数较高的黏性土中搅拌较困难等问题，1968年根据搅拌钻机原理开发出一种双轴搅拌钻机，同原型相比，水泥土成桩质量有所提高，但仍有缺陷。1971年日本成幸工业公司经过改进开发出多轴搅拌钻机，有效解决了以前钻机的缺陷。同时，搅拌钻机的刚度也得到很大程度的提高，增强了搅拌轴的稳定性，保证成桩的垂直精度。我国多轴钻孔机早期全部从日本进口，如日本三和机材、三和机工，主要以二手机为主，价格昂贵。近几年国产的多轴钻孔机已能够满足国内施工的需要，主要生产企业有上海工程机械公司，其产品系列包括 JB 系列（JB220、JB170、JB180、JB160A、JB160B）和 ZLD 系列（ZLD110/65-3-M_2、ZLD180/85-3-M_2、ZLD220/85-3-M_2-CS、ZLD180/85-3-M_2-CS、ZLD110/65-3-M_2-CS、ZLD330/85-5-M_3-S)；湖南新天和工程设备有限公司其产品系列包括 SMW85 和 SMW65 系列；以及上海金泰工程机械有限公司，其产品包括 SH 系列（SH32、SH32A、SH36C、SH39、SH46、SH46A、SH50、SH55）。

多轴搅拌桩施工涉及的设备主要包括多轴搅拌桩机、水泥罐、挖机、散装水泥自动搅拌系统、压浆泵、吊车等设备，多轴搅拌桩施工主要设备如图 7.1-2 所示。

(a) 五轴搅拌桩机

(b) 其他配套设备

图 7.1-2　多轴搅拌桩施工主要设备

2. 多轴水泥土搅拌桩施工

（1）施工准备

1）场地布置

① 设备进场前，场地必须达到“三通一平”，大型机械行走路线的软弱地面必须加垫料夯实、夯平。

② 清除障碍物的区域，必须及时回填素土并用挖机分层夯实，确保地基承载力，为多轴搅拌桩施工提供条件。

③ 开挖沟槽前，应摸清地下管线等障碍物，并采取有效的措施将施工区域内的地上、地下障碍物清除和处理完毕。

2）材料准备及材料使用计划

① 本工程三轴搅拌桩截水帷幕施工采用 P·O. 42.5R 级普通硅酸盐水泥，水泥分批进场；选择合格的水泥供应商，确保使用设计强度等级的水泥，做好各类材料质量复试工作，杜绝不合格材料进入工地。

② 编制水泥需用量计划和分批进场计划，并按照分批进场计划及时组织进场，按照“施工区域划分及场布图”指定的位置堆放整齐。

3）技术准备

① 施工前召开施工技术人员及设计人员的技术交底会，熟悉设计图纸和有关规范标准，明确施工图纸要求及有关质量检验评定标准，明确工程质量保证措施、施工安全措施及文明施工要求。

② 明确施工方案，熟悉施工顺序，协调各工种各工序之间关系，做到安排合理，精心组织，确保工程质量。

（2）三轴水泥土搅拌桩施工工艺流程

水泥土搅拌桩施工工艺主要流程为：施工准备→桩机就位→制备水泥浆→下沉喷浆→提升喷浆搅拌→二次下沉喷浆→提升喷浆搅拌→成桩。三轴水泥土搅拌桩施工工艺流程示意图如图 7.1-3 所示。

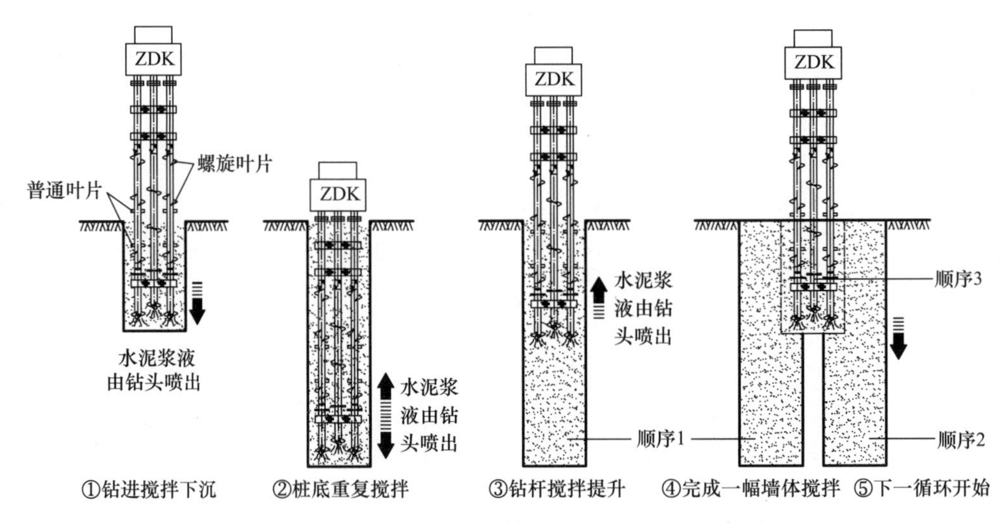

图 7.1-3　三轴水泥土搅拌桩施工工艺流程示意图

（3）三轴水泥土搅拌桩施工工序

1）测量定位及调整垂直度

在施工之前，依据设计图纸要求，进行定位放线，开挖导向沟槽，然后下第一组桩，根据设计图纸坐标进行线绳标注。机械就位后，用水平尺量钻机基座或用全站仪测设钻杆导轨是否处于水平和垂直状态，如不水平或不垂直应立即进行调整，通过驾驶舱的电脑控制钻杆垂直度。要求钻机垂直度偏差控制在 1/250 以内。垂直度复测如图 7.1-4（a）所示。

2）制备水泥浆

水泥用量按设计标准为土体质量的 20％，水灰比为 1.5～2.0。施工中加水可使用定量容器进行用水量控制，在压浆前将水泥打入集料罐，所使用的水泥均需在出厂前过筛，制备的浆液不得存在离析，拌制水泥浆液的水、水泥等均需专人进行记录。制备水泥浆如图 7.1-4（b）所示。

3）预拌下沉喷浆

待水泥搅拌桩机的冷却水循环正常后，启动搅拌桩机的电机，放松搅拌桩机吊索，使搅拌桩机沿导向架搅拌切土下沉，下沉速度可由电机的电流监测表控制。下沉速度≤0.8m/min，工作电流不应大于70A且保持匀速。钻进过程中及时检查钻杆垂直度，发现有偏差及时纠正，保证桩身垂直度。开始喷浆搅拌，喷浆过程中，不断搅拌水泥浆。随时观察设备运行及地层变化情况，钻头下沉至设计深度位置时，停止钻进。

4）提升喷浆

提升钻头喷浆。提升速度不大于1.5m/min，喷浆过程中，不断搅拌水泥浆，防止其离析，并通过电脑自动记录喷浆量，在场管理人员记录提升时间，待三轴搅拌机钻具离地面50cm时，停止喷浆。

5）二次搅拌喷浆

第一次喷浆完成后，继续二次下沉进行补浆喷浆，搅拌至设计位置深度。

6）清洗

若桩机停止施工或施工间歇时间太长时，向水泥浆搅拌桶中加入清水，开启灰浆泵，清洗全部管中残存的水泥浆。直至基本干净。并将黏附在搅拌头的软土清洗干净。

7）移位

桩机移至下一桩位，重复进行上述步骤的施工。

8）施工顺序（咬合方式）

水泥土搅拌成桩一般采用跳槽式双孔全套复搅式连接和单侧挤压式连接。其中阴影部分为重复套钻，保证墙体的连续性和接头的施工质量，水泥土搅拌桩的搭接以及施工设备的垂直度修正是依靠重复套钻来保证，从而达到止水的作用。

跳槽式双孔全套复搅式连接：一般情况下均采用该种方式进行施工，具体施工顺序如图7.1-4（c）所示。

单侧挤压式连接方式：对于围护墙转角处或有施工间断情况下采用此连接，具体施工顺序如图7.1-4（d）所示。

对于围护墙转角处，为保证质量和截水效果，有时也采用如图7.1-4（e）所示连接方式。

(a) 垂直度复测

(b) 制备水泥浆

图7.1-4　三轴水泥土搅拌桩关键施工工序（一）

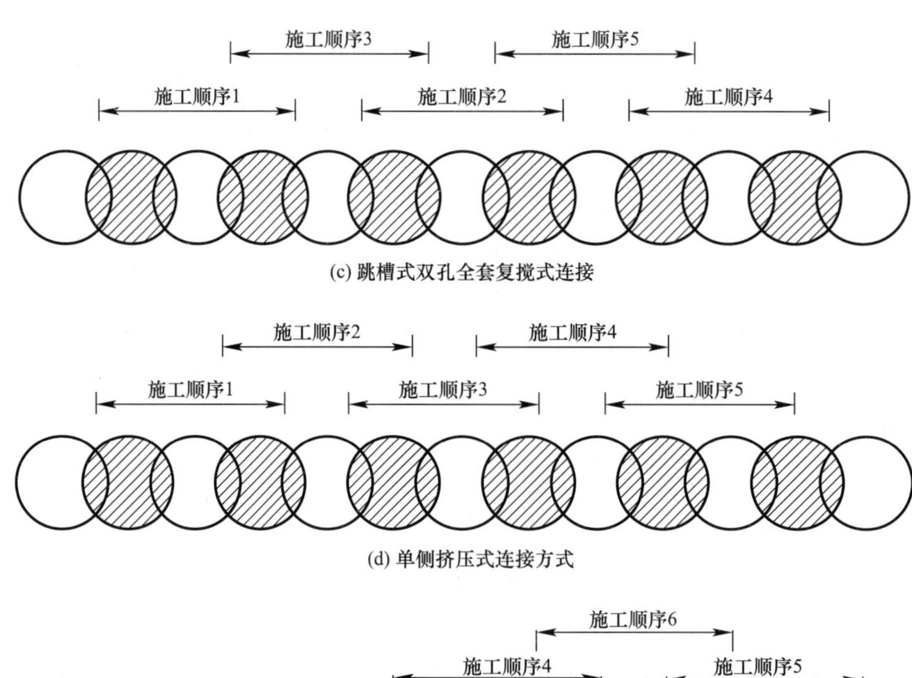

(c) 跳槽式双孔全套复搅式连接

(d) 单侧挤压式连接方式

(e) 围护墙转角处连接

图 7.1-4　三轴水泥土搅拌桩关键施工工序（二）

3. 多轴搅拌桩截水帷幕质量控制要点

（1）标高控制

1）在三轴水泥土搅拌桩机架上从上往下标好刻度。

2）测量原地面高程，根据桩顶标高、桩底标高计算出原地面至桩顶、桩底的距离。

3）根据计算结果及钻杆在机架上的读数来控制搅拌桩的桩顶、桩底标高。

（2）全站仪法垂直度控制

1）用全站仪测量出钻杆顶至原地面在纵、横向的竖向偏差值 X、Y，再读出钻杆顶至原地面的距离 L。

2）钻杆纵、横向的垂直度为 X/L、Y/L，将计算结果与 1/200 进行比较，进而进行垂直度的控制。

（3）水泥浆用量控制

水泥浆用量控制：电脑计量读数与成桩后的电脑小票。

（4）进尺速度控制

“两搅两喷”：下沉速度 0.5～1.0m/min，提升速度 1.0～2.0m/min。

（5）相关试验

1）水灰比

水泥浆液的水灰比用泥浆比重仪检测，试验桩时每幅桩检测三次。

2）试验桩试块

试桩时每幅桩选择 3 个取样点，每个取样点制作 3 件试块。

（6）质量检查控制

做到工艺检查，设备检查，施工操作检查，建立严格验收把关制度。

施工现场专人检查复核桩机垂直度、桩机的移位，钻具的钻进深度及搅拌速度，检查浆液的拌制、控制水灰比。当搅拌机预拌下沉时，遇到较硬的地层，下沉速度太慢可适当调整水灰比，但不应大于 2.0。

由现场技术员负责施工记录，详细记录每根桩的下沉时间、提升时间、注浆量，记录要求详细、真实、准确。

4. 施工效果及缺陷处理

（1）发现管道堵塞，应立即停泵处理。待处理结束后立即把搅拌钻具上提或下沉 0.5m 后方能继续喷浆搅拌施工，等注浆 10～20s 后恢复提升或下沉搅拌施工，以防断桩发生；因故停浆放置时间超过 2h 以上的拌制水泥浆应作废浆处理。

（2）施工冷缝处理

相邻两桩施工间隔时间不得超过 12h，搅拌桩施工尽量连续施工，减少冷缝，若因时间过长无法搭接或搭接不良，应做冷缝处理。

施工过程中一旦出现冷缝，则采取在冷缝处补搅两幅桩方案。在原搅拌桩未达到一定强度前进行补桩，以防止偏钻，保证搭接效果，补桩与原搅拌桩搭接厚度为 0.3m。

施工过程中由常规套钻 1 个孔改为套钻 2 个孔来保证截水帷幕的截水效果。补搅的桩长等于三轴水泥土搅拌桩的桩长。施工过程中严格控制上提和下沉的速度，做到轻压慢速，以提高搭接的质量。

7.2　黄土高水压地区屏蔽法旋喷锚索施工技术

7.2.1　工程背景

本项目位于西安市新城区丹凤门南侧，处于西安市低洼地段，地下水属于孔隙潜水类型，稳定水位埋深 3.00～9.10m，工程周边水系丰富，主要包括南侧的护城河，以及北侧大明宫的太液池。基坑最大开挖深度约 32.64m，最大水头高度近 30m，工程基坑支护形式为钢筋混凝土灌注桩加旋喷锚索，因坑内降水，与坑外形成水头差，且基坑深度大，靠近基坑底部的旋喷锚索施工过程中会遇到坑外的高水压，传统旋喷锚索施工的方法会存在水泥浆液来不及凝固便被高压水流冲走的问题。本工程所采用的屏蔽法施工旋喷锚索的主要原理，在于运用水玻璃等可以使水泥浆液快速凝固的材料，在注浆完成后快速与水泥浆混合使其凝固，并辅以物理封堵以及预留孔洞卸水压的方式，完成高水压旋喷锚索的施工。

7.2.2 屏蔽法旋喷锚索施工技术

1. 主要设备

屏蔽法旋喷锚索施工采用的主要设备有高压旋喷钻机、高压注浆泵、水泥土浆搅拌机、潜水泵、空气压缩机及液压注浆泵等。

2. 工艺流程

施工工艺流程如图 7.2-1 所示。

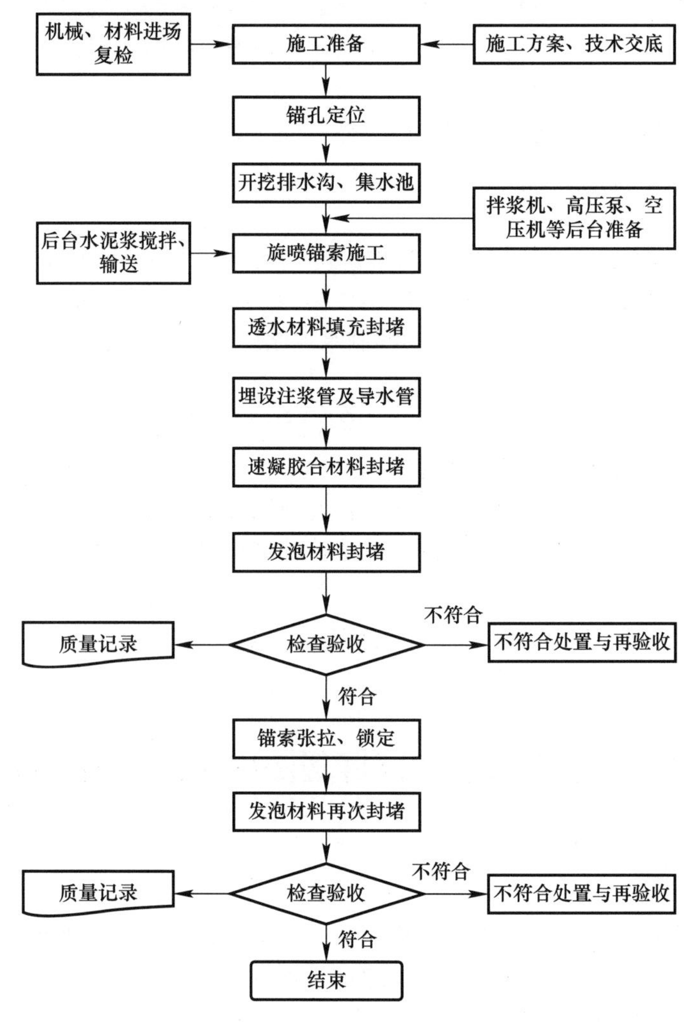

图 7.2-1 施工工艺流程图

3. 施工操作要点

(1) 施工准备

1) 施工方案、技术交底

组织学习图纸、专项施工方案。通过学习图纸，熟悉图纸内容，明确工艺流程，掌握和了解施工关键控制点。对所有管理人员和施工人员进行三级施工技术交底、安全技术交底。

2）机械、材料进场复检

施工现场垃圾应进行清理、管线布设。检查电源、线路，并做好照明准备工作。后台布设，水泥浆池砌筑，搭设水泥存放棚。

对所有机械及配套设施进行清查、摸底、检修、配置、试运转，做到齐全、正常、状态良好、备有易损配件。喷射注浆前检查高压设备和管路系统，设备的压力必须满足施工需要。管路系统的密封圈必须良好。各通道和喷嘴内不得有杂物，并准备适量的常规配件。

（2）锚孔定位

开挖后的基坑壁经过修整，按设计要求的标高和水平间距，用水准仪和钢尺定出孔位，做好标记。

（3）排水沟、集水池开挖

为避免导水对施工场地的二次污染、下层土方饱水量过大影响下层土方开挖及支护面层吸水饱和土体倒塌，在基坑下侧开挖排水沟，排水沟找坡3%，人工夯实处理，每30～50m设置集水池，集水池采用240标砖砌筑，做好集水池防水处理，集水池内设置自动抽水泥浆泵，通过管道排入项目部大型污水沉淀池，沉淀池污水沉淀合格后排入市政污水井内。

（4）旋喷锚索施工

1）旋喷锚索施工为高压旋转回转钻进工艺，钻头选用高压旋转钻头，钻头侧翼设置喷嘴。

2）锚索钻机就位保持稳定，高压旋喷钻头带锚索旋喷注浆钻进，高压旋喷注浆提升。

3）钻杆与水平方向向下成20°～23°夹角，带索钻进，旋喷桩直径400mm，端部扩大头直径不小于500mm。

4）锚孔水平方向孔距误差不应大于20mm，垂直方向孔距误差不应大于20mm。锚索孔深不应小于设计长度且不超过设计长度0.5m。锚孔一次性钻至设计长度，确保锚固段进入预定位置。

5）注浆材料采用P·O.42.5R水泥，泥浆液的水灰比为0.6～0.7，水泥掺量每立方米不小于135kg。高压喷射压力为15～25MPa，喷嘴旋转速度为20～25r/min，移动速度为0～25cm/min。

6）搅浆采用旋流式高速搅浆机，浆液拌和应均匀，严格按照水灰比配置浆液，随拌随用，一次拌和的水泥浆应初凝前用完，并严防石块、泥土、杂物混入。

喷浆钻进及提升过程中保证喷射压力以便泥浆、杂物排出孔外，保持孔内清洁，孔壁无污染物，以确保水泥浆锚固体与土体的粘结强度。

7）孔底扩大头处往复旋喷两次，以保证扩大头处注浆量。

8）旋喷锚索施工必须隔二打一，且相邻锚索施工间隔一天以上。

9）锚孔封堵布置示意图见图7.2-2。

（5）透水材料填充封堵

旋喷锚索喷浆退索成桩完成后，立即采用锚索钻机钻头将柔性透水材料（土工布）推入旋喷锚孔内（柔性透水材料推入截水帷幕1/2厚度处，柔性透水材料长度约20cm，缠绕在钢绞线上）。柔性透水材料的功能在于防止旋喷锚索水泥浆液流失及砂土流失，发挥过滤的作用，柔性透水材料缠绕示意见图 7.2-3。

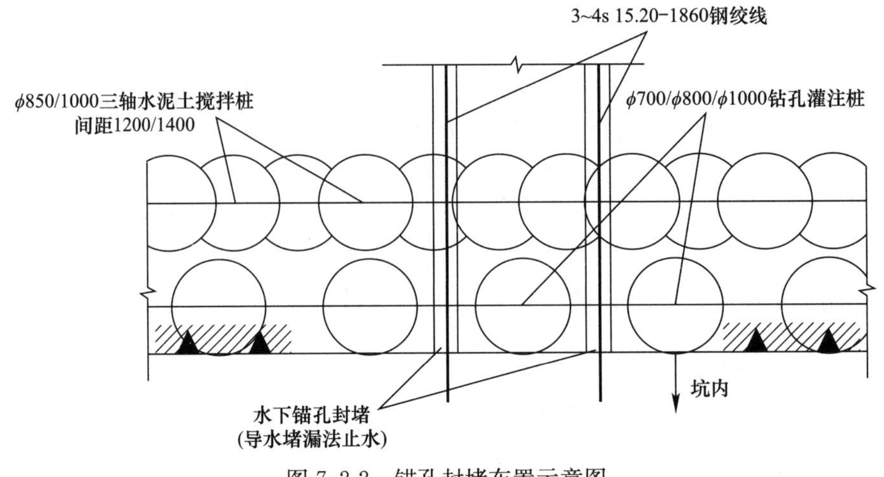

图 7.2-2 锚孔封堵布置示意图

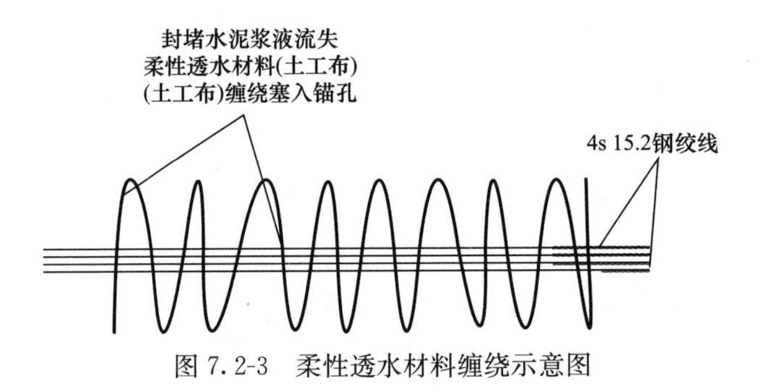

图 7.2-3 柔性透水材料缠绕示意图

（6）埋设导水管及注浆管

1）注浆管制作

注浆管采用 UPVC 耐压管＋网纹 PVC 耐压软管制作；直径为 20mm，网纹 PVC 耐压软管长度 500mm，UPVC 耐压注浆管端头必须伸入截水帷幕$\frac{1}{2}$处，UPVC 耐压注浆管单根长度为 2000mm。注浆管一端端头用防水胶带密封，另一端用铁丝绑扎连接 500mm 长的网纹 PVC 耐压软管，PVC 耐压软管端头防水胶带密封（防止杂物堵塞），注浆管制作示意图见图 7.2-4。

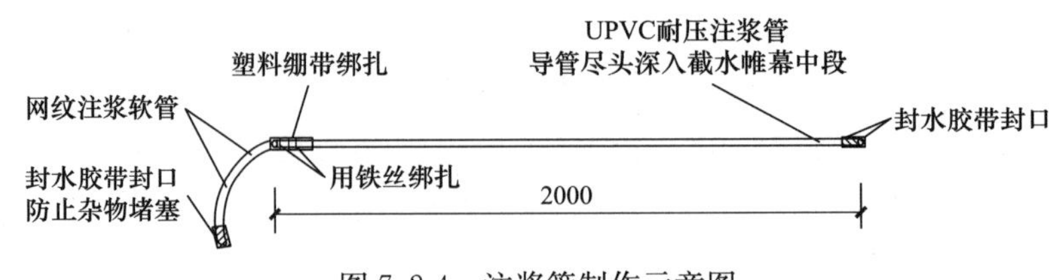

图 7.2-4 注浆管制作示意图

2）导水管埋设

在锚孔截水帷幕与支护桩交接处的位置处埋设导水管（导水管直径具体根据流水大小决定）。导水管采用 UPVC 耐压管，直径为 30～50mm，制作长度为 1400mm（端头深入孔口 1m)。

3) 注浆管埋设

在锚孔截水帷幕二分之一处埋设 2 根注浆管,注浆管一端用防水胶带密封,另一端绑扎 500mm 长网纹 PVC 耐压软管用于第一次和第二次注浆(聚合物发泡止水材料),注浆管封堵端头深入截水帷幕 1/2 处,注浆、导水管埋设示意图见图 7.2-5。

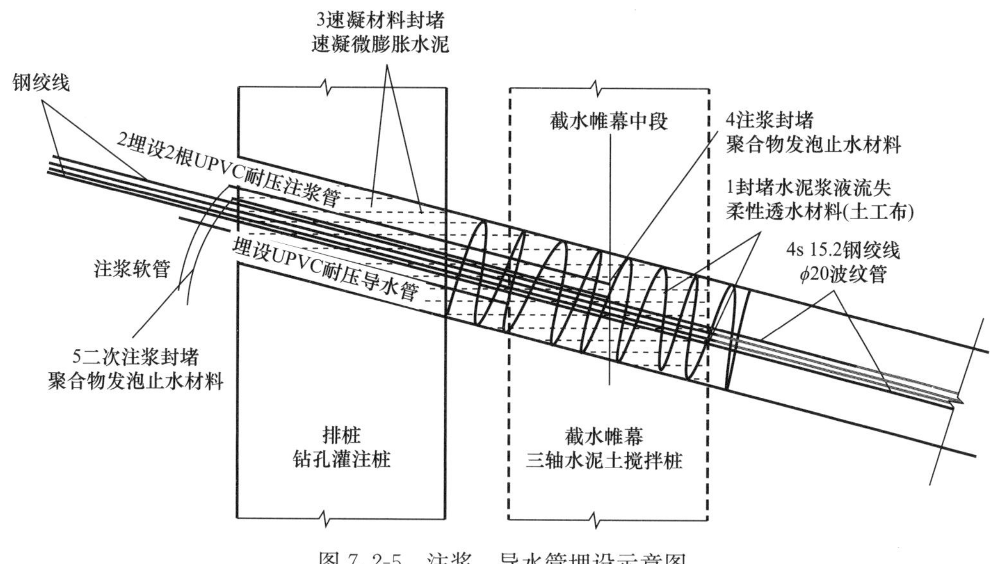

图 7.2-5　注浆、导水管埋设示意图

(7) 速凝胶合材料封堵

将 10kg 速凝堵漏材料放入搅拌桶内,加入 1.5～2.5kg 水,迅速搅拌成湿盐状体。把拌好的堵漏材料放在手上,感到堵漏材料发热且稍微发硬时,捏成比锚孔直径略大一点的锤状团块,将团块迅速塞入锚孔洞中,用锤击或木棒分层分次挤压密实,速凝堵漏材料团块在孔中随即微膨胀凝固,并同基体(孔壁)结成坚固的整体。一般在 5～10min 内可堵住渗漏水。

当孔隙分层分次封堵结束后,由导水管将清水导出,降低水压。在封堵操作完成后,再涂抹一层速凝材料(水化微膨胀速凝胶合材料:水=1∶0.5～0.6 拌和成膏状)。封堵锚孔横截面示意图见图 7.2-6。

(8) 第一次注浆封堵

为了使基坑地下水位以下的旋喷锚索施工完成后形成整体截水帷幕,对“导水堵漏”后有渗水现象的锚孔“注浆封堵”。搅拌聚合物发泡水材料,连接注浆管,注浆量根据实际情况确定。

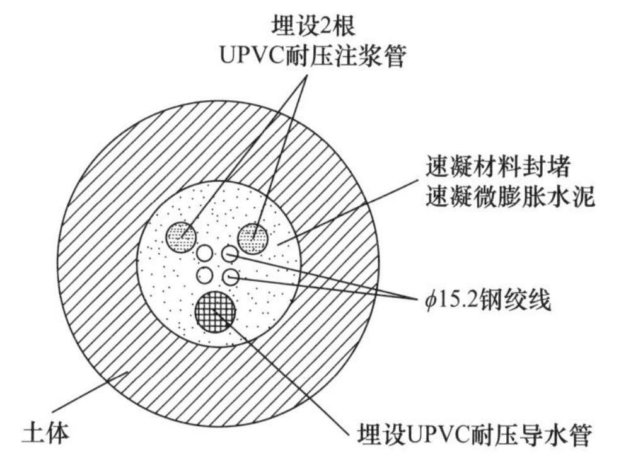

图 7.2-6　封堵锚孔横截面示意图

聚合物发泡止水材料由支护面渗出浆体或者浆液从导水管流出时,完成注浆工作。

(9) 锚索张拉、锁定

预应力锚索张拉应在锚索施工龄期 7d 后进行,锚固段浆体强度达到设计强度等级的

80%时可进行张拉，锚索分级张拉至设计施加预应力值的 1.05 倍后锁定。

（10）第二次注浆封堵

锚索张拉过程中对止水封堵材料造成一定的破坏，必须进行第二次注浆封堵。搅拌聚合物发泡止水材料，连接注浆管，注浆量根据实际情况确定。聚合物发泡止水材料由支护面渗出浆体或者浆液从导水管流出时，完成注浆工作。注浆导水堵漏法剖面图见图 7.2-7。

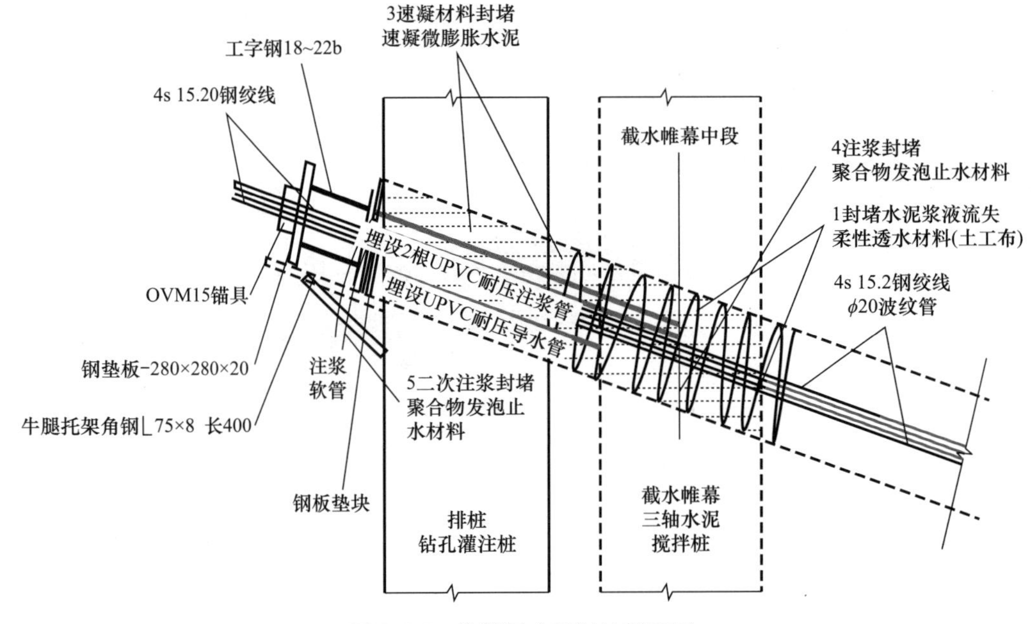

图 7.2-7　注浆导水堵漏法剖面图

7.2.3　锚索施工质量控制要点

（1）采用水化微膨胀速凝胶合材料对旋喷锚孔进行封堵，水化微膨胀速凝胶合材料：水＝1：0.15～0.25（当气温低于 15℃时，采用大于 40℃温水搅拌），搅拌均匀后分层分次对锚孔填塞密实。

（2）采用水化微膨胀速凝胶合材料对旋喷锚孔进行封堵时，必须先采用柔性透水材料缠绕成整体，用锚索钻机钻头推入旋喷锚孔内（推入截水帷幕 1/2 处），孔内插入 UPVC 耐压导水管和 UPVC 耐压注浆管，以减少高水位部位渗水压力。

（3）封水工作完成后注意观察周围土体变化（如：渗水、土体含水量增大、土体与桩交接面裂缝等）。

（4）张拉完成后注意观察支护表面（如：渗水），渗水位置钻孔至截水帷幕中，孔内塞入柔性透水材料，填充水化微膨胀速凝胶合材料埋设 UPVC 耐压注浆管，6h 后压入聚合物发泡止水材料完成封水工作。

（5）速凝封堵材料必须在干燥环境下密封储存，保质期 12 个月，开袋后一次用完。

（6）导水前，应提前开挖排水沟，禁止无排水沟施工。

7.2.4　施工效果及缺陷处理

当出现渗水及土体含水量增大情况时，对土体渗水部位及土体含水量增大部位采用电钻打孔，埋设注浆管至漏水点进行注浆封堵。

当土体与桩交接面出现裂缝的处理方式：清除表土，找出裂缝具体位置，裂缝中间往内300～500mm处埋设注浆管，裂缝底部塞入柔性透水材料（土工布），并埋设排水管，外侧采用水化微膨胀速凝胶合材料固化成整体并注浆加固。

7.3　全套管全回转钻机施工大直径隔离桩技术

7.3.1　工程背景

正在运营的地铁4号线自场地东侧地下12.0～21.0m深度处南北向穿过，本工程地下两层基坑距离4号线盾构段最近7m，局部地下一层区域位于盾构上方，地下一层区域挖深7m，盾构顶埋深12.0～15.0m，基坑底距离盾构顶5.0～8.0m。考虑到基坑开挖对运营地铁4号线的影响，支护设计中采用隔离排桩＋截水帷幕＋土体搅拌桩加固控制措施，即在距左线隧道左侧（L1点）水平向3m位置设置隔离排桩和截水帷幕，同时在隔离排桩与侧方基坑Ⅰ支护桩间区域（简称桩间，下同）采用水泥掺量分别为8%和20%的三轴水泥土搅拌桩加固土体，并在左、右线隧道上方一定范围内采用水泥掺量为8%的三轴水泥土搅拌桩加固土体。支护设计时应充分考虑，以保证支护设计的安全性和施工的顺利进行。规划西安地铁7号线亦将从本场地东西向贯穿经过，根据目前进度安排，本工程先于7号线盾构段施工，拟建7号线盾构段内围护桩应满足《西安城市轨道交通工程监测技术规范》DBJ61/T 98—2015相关要求。

7.3.2　全套管全回转施工工艺

1. 全套管全回转钻机简介

全套管钻孔机是利用套管和抓斗来成孔，20世纪50年代法国贝诺特公司首先用于桩基础施工，在此基础上形成了贝诺特（Benote）工法。与这一工法一同出现的套管钻进设备是搓管钻机。搓管钻机利用两个摆动油缸驱动套管，并以一定角度进行往复摇动，使套管随之摆动，同时套管被夹紧油缸夹紧，在压拔油缸的作用下进行向下钻进或向上起拔。搓管钻机虽然起源于法国，但在日本、德国和意大利得到了发展和完善。从1954年开始，日本从法国引进此类设备，并消化吸收形成了以三菱、加藤等为代表的自行整体式全套管设备制造公司；1966年，日本已基本发展形成整体式全套管设备系列并向东南亚、欧洲出口。这一时期的搓管钻机主要为整体式钻机，即搓管钻机、动力源、吊装塔架与底盘形成一个整体，造成设备比较庞大、笨重，同时由于搓管钻机结构尺寸的制约，摆动角度较小，钻进时灵活性一般，属于全套管设备的早期产品。20世纪80年代中后期，德国和意大利的机械制造公司先后研发出了分体式套管钻机，即将吊装部分独立开来，使套管设备的灵活性明显增强，设备效率也得到较大提高。德国和意大利生产的全套管设备以这种分体式搓管钻机为特色并延续至今，生产此类钻机的代表厂家有德国的Leffer（来法）、Bauer（宝峨）公司，意大利的Casagrande（卡沙特兰地）、Soilmec（土力）公司等。为了满足更大口径的桩孔和竖井成孔作业，20世纪80、90年代，德国、日本的机械制造公司在整体式搓管钻机的基础上，相继研发出全回转式套管钻机。二者的主要区别是后者的套管由液压电机驱动单方向连续回转，与前者相比，增强了作业中套管切削岩土的能力，减小了驱动套管的动力损耗。这种钻机一般单独配备液压动力站，加装履带可自行移动，工作更加灵活，钻孔直径更大，最大施工口径可达4.1m。

国内全套管设备研发和生产较晚，20世纪80、90年代，几乎全部依赖进口，其中多数为整体式搓管钻机。2000年，国土资源部勘探技术研究所成功研发出了国内首台CGJ-1500型搓管钻机和配套冲抓成孔设备，并于2001年通过部级鉴定。之后陆续研制出CGJ1200S、CGJ1500S、CGJ1800S、CGJ2000S型的旋挖搓管机，并大量出口国外，填补了我国旋挖搓管机研制和出口的空白。该型钻机具有造价低廉，使用方便灵活等优点，先后在昆明、杭州、深圳、天津等地的基础工程施工中得到广泛应用。随着我国基础设施建设的需求不断增大，成桩要求的不断提高，对桩的直径要求越来越大，施工效率和精度要求越来越高，搓管钻机因扭矩小、效率低等劣势已不能满足施工要求。在已有研究基础上，国土资源部勘探技术研究所借鉴国外同类钻机的先进技术，结合我国施工企业对钻机的长期使用经验和建议而研发的新一代全回转大口径套管的大型岩土钻掘设备QHZ-2000。该钻机在机械结构、液压系统、电控系统方面进行了创新设计，提高了钻机的自动化程度和可操作性，填补了国内自主开发的空白。

2013年1月8日，国内第一台由徐州盾安重工机械制造有限公司联合浙江大学共同研制的，具有完全自主知识产权的全套管全回转钻机，在江苏省徐州市泉山经济开发区诞生，打破了日本和欧洲在全套管全回转钻机设备领域的长期垄断地位。

全套管全回转钻机作为一款新型、环保、高效的钻进设备，近年来在城市地铁、深基坑围护咬合桩、废桩（地下障碍）的处理、高铁、道桥、城建桩的施工、水库水坝的加固等项目中以及灰岩地区桩基础施工得到了很好的应用。和其他施工方法相比具有明显优势：

（1）可将大直径套管钻入各种复杂地层，超前护壁安全可靠，与冲抓挖掘的抓斗配合施工成孔速度快、效果好，套管可起拔重复利用。

（2）整个施工过程不使用泥浆，为干作业，施工现场整洁无污染，适合大都市对施工环保的要求。

（3）由于全套管护壁不会造成对钻孔周围地基和土体的扰动，设备可贴近建筑物施工。

（4）全回转钻机，施工中无振动、噪声小，施工速度快，施工安全，设备运移方便快捷，施工人员少，特别适合在市区和繁华地段施工。

（5）可直接对抓挖出来的岩土进行观察、取样鉴定，对桩端持力层鉴定判别可靠，保证了桩的质量。

（6）成桩质量高，垂直度偏差小，使用一次性套管成孔，孔壁不会坍落，避免了泥浆污染钢筋的可能性，同时避免了桩身混凝土与土体间形成残存泥浆隔离膜（泥皮）的弊病，增大桩侧摩阻力。再清孔彻底，孔底残渣少，提高了桩的承载力。成孔扩孔率小，与其他成孔方法比较，节约混凝土用量。

（7）适用于除深厚含水砂层以外的几乎所有地层，在淤泥层、砂卵砾石层、溶洞等复杂地层施工时，安全可靠，钻进效率高。

（8）适用于施工大直径灌注桩、供水井和竖井等，根据需要可施工斜孔。

目前国内厂家生产的全套管全回转钻机型号参数如表7-3-1所示。

全套管全回转钻孔机型号参数

表 7-3-1

型号	钻孔直径（mm）	回转扭矩（kN）	回转速度（rpm）	套管下压力（kN）	套管起拔力（kN）	压拔行程（mm）	工作装置重量（ton）	发动机功率（kW）	外形尺寸（mm）
DTR1305L	ϕ600～ϕ1300	1770/1050/590	1.5/2.6/4.5	最大 360+自重 190	2690	500	25	2x90/1480 电动机	4310×2181×3250
DTR1505	ϕ800～ϕ1500	1500/975/600 瞬时 1800	1.6/2.46/4.0	最大 360+自重 210	2444 瞬间 2690	750	31+7	183.9/2000 rpm	4310×2475×3880
DTR2005H	ϕ1000～ϕ2000	2965/1752/990 瞬时 3391	1.0/1.7/2.9	最大 600+自重 260	3760 瞬间 4300	750	45+9	272/1800 rpm	4800×3285×4200
DTR2605H	ϕ1200～ϕ2600	5292/3127/1766 瞬时 6174	0.6/1.0/1.8	最大 830+自重 350	3800 瞬间 4340	750	55+10	441/rpm	5300×3900×4800
DTR3205H	ϕ2000～ϕ3200	9080/5368/3034 瞬时 10593	0.6/1.06/1.8	最大 1100+自重 600	7237 瞬时 8370	750	96	2×272/1800 rpm	5960×4551×5200
JSP170H	ϕ800～ϕ1700	1880/970/549	1.0/1.7/2.9	最大 360+自重 180	2690	500	27	205/1800 rpm	4100×3600×2600
JAR210H	ϕ1000～ϕ2100	3080/1822/1029 瞬时 3525	1.0/1.6/2.6	最大 600+自重 260	3760 瞬时 4300	750	45	272/1800rpm 257/1850rpm	4800×3260～4060×3285
JAR260H	ϕ1200～ϕ2600	5292/3127/1766 瞬时 6174	0.6/1.0/1.8	最大 830+自重 350	4560 瞬时 5160	750	53	403/1800 rpm	5300×3270～4020×3900
JAR200H	ϕ1000～ϕ2000	2950/1750/1020 瞬时 3346	0.85/1.4/2.2	最大 600+自重 220	3760 瞬时 4300	750	38	257/1850 rpm	4600×3150～3900×3000
JAR320H	ϕ2000～ϕ3200	9080/5368/3034 瞬时 10593	0.4/0.8/1.3	最大 1100+自重 500	7237 瞬时 8370	500	75	403/1800rpm 205/1800rpm	5300×3270～4020×3900

2. 全套管全回转钻机施工工序及质量控制

(1) 桩位测放

施工测量前，认真熟悉图纸，了解设计意图及施工要求，对单体图、结构图、总图、桩位图等的标高、轴线和细部尺寸认真核对，要确保所有数据完全正确无误。使用全站仪对给出的控制网点进行复查，并埋设必要的固定点，形成坐标系统。

1) 采用全站仪进行桩位点的测放，坐标采用“建筑定位放线图”所规定的坐标系统。

2) 根据桩位布置图测放出桩位，并标记清楚。

3) 所有测量放线结果均二检一核，确认无误后报请建设及监理单位代表检查验收。

4) 施工过程中，遇标志不易辨认时进行复测，遇标志被破坏时进行复测。

① 设置引桩，根据桩机几何尺寸，及施工现场的实际条件设置引桩，引桩采用极坐标法设置，以便于施工、便于检查为原则。

② 在基坑四周布置水准点，控制桩顶标高，水准仪经常校核，测量时尽量采取等视距观测，每次测量后派专人复核、复查。

(2) 钻进成孔及清孔

1) 钻机就位对准桩位

必须保持平整、稳固，不发生倾斜。钻机下方垫钢板，保证钻机稳定，钢板尺寸根据钻机规格进行确定。

2) 套管就位

将底部配有钨钢刀头壁厚为2cm的套管放入桩机中，在回转驱动套管的同时，下压套管，实现套管快速钻入地层。

3) 垂直度调整

在桩机两侧观测垂直度，利用调整油缸，调整垂直度，直到符合要求。

4) 旋转下压套管并抓取土作业

套管钻入地层的同时，利用吊机沿套管内壁下放冲抓斗实现冲抓取土（也可利用旋挖钻机在套管内旋挖取土），一边在套管内冲抓（或旋挖）取土，一边钻进套管使第一节套管钻进完毕，将第二节套管吊入桩机中，与第一节套管对位连接，并用保鲜膜密封连接部位，确保连接部位不渗漏。继续旋转下压并抓土作业。施工中应在管中保留部分土体，尽量避免抓空，保持管内尽量无水或少水，当管内水较多时，用专用水桶将水排出，以利于抓土作业。循环以上步骤直到管底到达设计标高。当遇到孤石或地下障碍物时，可利用冲锤在套管内冲击破碎，随着套管的持续钻进，套管外的孤石被挤入孔壁，然后利用抓斗将套管内被冲碎的孤石捞出。这样边冲抓边钻进套管，直至将套管钻至设计桩深，最后清理孔底沉渣终孔。

5) 桩底成渣处理

挖孔达到设计标高后，应及时进行孔底处理，必须做到平整、无松渣、污泥及沉淀等软层。对桩不深，无水的桩，可以人工进行清理，对孔深较深的桩，可以采用反复冲刷，清理桩底。嵌入岩层深度要符合设计要求。并及时向驻地监理工程师报检。

(3) 钢筋笼制作与吊放

1) 钢筋笼制作

① 钢筋笼制作必须按照设计图纸进行加工，对钢筋的牌号、规格、数量及间距等不

得任意变更。

② 钢筋笼制作必须在制作台架上成型，保持钢筋笼的平直度，防止局部弯曲和变形。

③ 钢筋笼每隔3m设置4个耳形保护层支架，保证钢筋笼和钻孔的同心度。

④ 钢筋笼主筋连接应采用单面焊接，并满足《钢筋焊接及验收规程》JGJ 18—2012；单面焊缝长度不小于10d，焊缝高度大于0.3d，并不少于4mm；焊缝宽大于0.8d，并不少于10mm；主筋的焊接接头互相错开，35倍钢筋直径区段范围内的接头数不超过钢筋总数的50%；钢筋笼主筋保护层50mm，允许偏差±10mm。

2）钢筋笼吊放

① 成孔质量检查合格后即可安放钢筋笼，搬运过程中应平起平放，防止变形弯曲。

② 钢筋笼用吊车吊装，对准孔位、吊直扶稳、缓慢逐节下放；孔口焊接时，上下主筋位置对正，保持钢筋笼上下轴线一致，若遇阻不可左右旋转强行下入。

③ 钢筋笼吊放到设计位置后，立即加以固定。固定时认真核对钻孔的桩顶标高、坑底标高，确保钢筋笼到位和灌注时不上浮。同时保证钢筋笼中心和桩孔中心一致。

④ 若钢筋笼较长，直径较大。为了避免吊装变形，纵向要采取分段吊装的措施和两点提升的方法。径向要增加固定架，此固定架采用与主筋同直径的钢筋制作，其间距根据现场试吊的具体情况确定。

（4）混凝土灌注

1）下导管

使用ϕ300mm游轮式连接的灌注导管。导管下入长度按管底离孔底0.3m计算，逐根丈量，数据准确可靠。下入孔内的每根导管要认真仔细检查，管壁不小于4mm，分节导管平直，内壁光滑平整，下口呈斜口并加厚。每根管接头处加“O”型密封圈并抹黄油做进一步密封。

2）混凝土的配制

① 本工程使用桩身混凝土强度等级为C30。定购时要求厂家提前做好配合比试验，桩身混凝土采用强度等级不低于42.5MPa的普通硅酸盐水泥，水灰比不大于0.45，水泥用量不小于320kg/m^3，坍落度为18～22cm，添加缓凝剂。

② 水泥必须具有出厂合格证，并进行安定性试验；砂、石级配要合理，不合格的不准使用。

③ 每车混凝土必须进行坍落度的测定。

3）初灌混凝土

① 初灌前，将充气球塞放入导管内，漏斗底用密封板封闭，然后倒入混凝土，待混凝土量满足初灌要求时提密封板，混凝土即压住球胆冲入孔底，完成混凝土初灌。初灌斗宜选用大斗，保证埋管深度。

② 灌注首批混凝土时，导管埋入混凝土内的深度不小于0.8m。

③ 第一斗混凝土灌注后，应派专人测量导管内外混凝土面高度，掌握导管在混凝土内的埋深，正常灌注中，每灌注两斗混凝土后应测量一次导管内外混凝土上升高度，并应随时观测导管内混凝土下降速度。

4）连续灌注混凝土

① 首批混凝土灌注正常后，应连续不间断灌注，严禁中途停工，在灌注过程中，应

经常用测锤探测混凝土面的上升高度，并适时提升，逐节拆卸导管，同时旋转套管，逐节上拔。

② 灌注过程中混凝土运输车出料口不要正对灌浆漏斗口，应徐徐地灌注，防止在导管内形成高压空气囊。

③ 在拔管前要经常反插增加混凝土密实度。

④ 混凝土浇筑上升速度不得小于 2m/h。

⑤ 浇筑桩顶以下 5m 范围内混凝土时，应随浇随反插。

⑥ 要注意导管的密封程度，必要时在浇筑混凝土前要做导管密封水压试验，试验水压不应小于孔内水深的 1.3 倍压力。

⑦ 每根桩不超过 $50m^3$ 混凝土留取一组抗压试块（每组 3 块），超过 $50m^3$ 按每 $50m^3$ 混凝土制作一组试块，并及时编号养护；同一部位、同一配比一次连续浇筑的混凝土每 $500m^3$ 成型不少于一组抗渗试块（每组 6 块）。

⑧ 要注意桩顶混凝土浇筑高度，由于水下混凝土，要考虑有足够的浮浆高度，（桩顶混凝土超灌高度 800mm）。测量混凝土面时要测准，确保桩顶混凝土质量。

⑨ 水下混凝土灌注情况，如灌注桩号，灌注时间，混凝土用量，混凝土面上升高度与灌注量的关系，导管起拔拆除以及灌注过程中发生的各种异常现象等都应有专人负责详细记录。

⑩ 浇筑结束后，空桩部位及时用细砂回填，避免安全隐患。

7.3.3 质量通病预防措施及缺陷处理

全套管全回转灌注桩较常见的质量问题有：孔斜、堵管、断桩、钢筋笼上浮等。

1. 孔斜

(1) 产生原因

在整个钻孔施工中，通常由于前两节套管的垂直度控制不当导致桩孔歪斜，将直接影响后续成桩质量。

(2) 防治措施

只要确保第一节套管垂直，后续再严格按设计要求进行挖掘并连接套管，之后下沉的套管基本上都会自然垂直。在成孔过程中，必须随时进行钢套管的垂直度监测，特别是第一节套管钻进时，监测可采用两台经纬仪或两个锤球双向 15m 开外控制，确保垂直度小于 1/300。

(3) 问题处理

在成孔过程中不可避免地会产生偏差，针对成孔偏差按以下程序进行纠偏：

1）在每节套管成孔完毕后，对地面套管外露部分进行东西、南北两侧倾斜度测量。

2）套管入土深度＜5m 时，起拔套管 100mm，利用钻机自身水平调整设施进行水平调整，务必确保套管的垂直度，并利用铅垂复测。

3）套管入土深度＞5m 时，由于套管打设已到一定深度，地底孔位已形成相应的“轨道”，利用水平调整设施已无法完全纠偏，故起拔套管至入土深度＜5m，然后按套管入土深度＜5m 纠偏方式进行纠偏。

2. 堵管

(1) 产生原因

初灌时堵管，开盘混凝土坍落度过小或拌和不均匀，导致粗骨料相互挤压密实而堵塞导管。灌注过程中堵管，导管漏气，密封不严；浇筑混凝土过程中，突然灌注大量的混凝土使导管内空气不能马上排出，可能导致堵管；混凝土级配不好、和易性差或离析导致堵管；导管清洗不到位，内壁粘结混凝土，使导管孔径太小造成堵管；浇筑过程中埋管过深。

(2) 防治措施

提高混凝土浇筑速度，保证混凝土初灌量；应匀速向导管料斗内灌注；坍落度宜控制在180±20mm之间；加缓凝剂，使混凝土初凝时间大于8h；导管使用后应及时冲洗，保证导管内壁干净光滑，严格控制混凝土质量。

(3) 问题处理

如发生堵管，在导管上部可用钢筋疏通，如发生堵管在导管下部，上下抖动、振击导管；采用二次埋管办法，一是采用砂浆重新埋管3m后，继续进行水下浇筑施工；二是导管底端加底盖阀，插入混凝土面1.0m左右，导管料斗内注满混凝土时，将导管提起约0.5m，底盖阀脱掉，即可继续进行水下浇筑混凝土施工。

3. 埋管

(1) 产生原因

在灌注过程中，导管埋深过大，以及灌注时间过长，且混凝土和易性稍差，导致已灌混凝土流动性降低，从而增大混凝土与导管壁的摩擦，造成埋管。

(2) 防治措施

如不能及时供应混凝土，导管插入混凝土中的深度以5～6m为宜，每隔15min，将导管上下活动几次，幅度以2.0m左右为宜，以免使混凝土产生初凝假象；严格控制混凝土配合比。

(3) 问题处理

导管插入混凝土中拔不起来或被拔断，如果桩径较大，可以采用二次导管插入法处理，否则补桩、接桩。接桩一般用人工挖孔的办法处理，清除桩顶残渣，接钢筋笼浇筑混凝土至设计标高。

4. 断桩

(1) 产生原因

混凝土拌合物发生离析使桩身中断。灌注中，发生堵塞导管又未能处理好；或灌注中发生导管卡挂钢筋笼、埋导管而处理不良时，都会造成桩身中断的严重事故。灌注时间过长，首批混凝土已初凝，而后灌注的混凝土冲破顶层与泥浆相混；或导管进水，未及时作良好处理，均会在两层混凝土中产生部分夹有泥浆渣土的截面。

(2) 防治措施

导管的抗拉强度能承受其自重和盛满混凝土的重量；内径应一致，其误差小于±2mm，内壁须光滑无阻，每次使用后用水冲洗、清理干净。导管在浇灌前进行试拼，做水密性试验。严格控制导管埋管深度与拔管速度，导管不宜埋入混凝土过深，也不可过浅。及时测量混凝土浇灌深度，严防导管拔空。经常检测混凝土拌合物，确保符合要求。

（3）处理措施

1）原位复桩。此种方法效果好、难度大、周期长、费用高，根据工程的重要性、地质条件、缺陷数量等因素选择采用。

2）接桩。对桩进行声测确定好断桩的部位；根据设计提供的地质资料，采用降水、护壁等措施，人工挖至合格后，凿毛再进行混凝土浇筑。

5. 钢筋笼上浮或下沉

（1）产生的原因

混凝土流动性过小，导管在混凝土中埋置深度过大，导管发生挂笼现象；混凝土下沉太快，瞬时反冲力使钢筋笼上浮；桩孔倾斜，钢筋笼随之而变形，增加了混凝土上升力；钢筋笼与孔口固定不变，在自重及受压时将铁丝拉长而下沉；或钢筋笼自重太轻，被混凝土顶起。

（2）防治措施

可采用吊装加套等方法顶住钢筋笼上口；混凝土面接近笼底时要控制好灌注速度，尽可能减少混凝土从导管底口出来后对钢筋笼的冲击力；混凝土接近笼底时控制导管埋深在1.5～2m；每浇灌一斗混凝土，检查一次埋深，勤测深，勤拆管，直到钢筋笼埋牢后恢复正常埋置深度；导管钩挂筋笼时下降转动导管后上提。

7.4 型钢水泥土搅拌墙(SMW工法桩)施工技术

7.4.1 工程背景

本项目中商业地块部分包括DK-3及DK-4，DK-3占地面积为13471m^2，基坑周长约为420m，基坑底面积为8700m^2；DK-4占地面积为13450m^2，周长约为440m，基坑底面积为9300m^2；DK3和DK4通过中间的横通道连通；基坑开挖深度为9.07～17.97m。

1. 地形地貌

本项目场地地形较平坦，局部地段有少许建筑垃圾，东侧拆迁区域内部分地段存在堆土，整体呈西低东高之势，地面标高为400.76～407.50m。地貌单元属黄土梁洼。

2. 地层结构

拟建场地地表一般分布有厚薄不均的全新统人工填土（Q_4^{ml}），其下为上更新统风积（Q_3^{eol}）新黄土及残积（Q_3^{el}）古土壤、冲积（Q_3^{al}）粉质黏土、中细砂层及中更新统冲积（Q_2^{al}）粉质黏土、中砂层。

3. 水文情况

（1）地表水：本项目南侧距离护城河约400m，最高洪水位在397.00m左右，北侧距离大明宫遗址内太液池约1.5km，为人工蓄水，水面高程为398.80m，湖底标高为397.30～398.20m。

（2）地下水：本项目基坑内地下水属孔隙潜水类型，水位埋深为3.20～9.10m，相对应标高为395.02～397.96m，水位年平均变幅2.0～3.0m，勘察单位于勘察期间内地下水水位处于平均水位，本次支护设计地下水水位埋深按－5.0m（水位相对标高395.72m）考虑。

（3）地下水位补给：潜水补给主要由大气降水入渗、灌溉水入渗、邻近护城河侧向径流及管道渗漏等方式补给，潜水排泄方式为蒸发、地下水侧向径流及人工开采，根据场地水文地质条件，结合附近基坑降水经验，降水设计所需各层土的综合渗透系数可取 6.0m/d。

4. 周边环境情况

基坑北侧：基坑北侧西段开挖边线距离在建火车站建改项目地下一层（基坑底标高 395.34m）约为 13.50m，其余段相对较为空旷，加工场地位于基坑 6.0m 以外，荷载不大于 20kPa。

基坑南侧：基坑工程南侧距离待建规划三路 9.50m，距离临时施工便道最近距离约为 15.50m，施工阶段现有规划施工，加工场地位于基坑 6.0m 以外，荷载不大于 20kPa。

基坑西侧：基坑西侧为在建运营地铁四号线暗挖段，其中 DK-3 基坑开挖线距离已运营四号线暗挖段 8.576m，暗挖段顶标高为 389.555～390.082m。

基坑东侧：DK-4 基坑东段下部预留地铁 7 号线盾构区间下穿条件，地铁七号线盾构顶部标高为 377.701～378.701m，基坑东侧开挖线距离太华路约为 30.0m。

5. 基坑支护措施

根据周边的环境条件以及基坑开挖深度，大部分基坑支护方式采用 SMW 工法桩＋旋喷锚索支护，临近地铁运营 4 号线段采用双排钻孔灌注桩支护。

7.4.2 SMW 工法桩施工技术

1. SMW 工法桩施工设备

SMW 工法桩施工和多轴搅拌桩截水帷幕施工采用同样的设备。

2. SMW 工法桩施工工艺流程

SMW 工法桩施工工艺流程如图 7.4-1 所示。

3. SMW 工法桩施工工序及质量控制要点

（1）开挖导沟、设置定位型钢

使用挖掘机在 SMW 桩位上预先开挖沟槽，沟槽宽约 1.2m，深 1.5m，并设置定位型钢。

如果做导墙：施工方法和地下连续墙施工方法一样；如果采用型钢：垂直沟槽方向放置两根 H 形定位型钢，规格为 200mm×200mm，长约 2.5m，再在平行沟槽方向放置两根 H 形定位型钢，规格为 300mm×300mm，长 8～12m。并在导墙或型钢上面做好桩心位置。H 形定位型钢示意图如图 7.4-2 所示。

（2）桩机就位

1）桩机平面位置控制

用卷扬机和人力移动搅拌机到达作业位置，使钻杆中心对准桩位中心。桩机移位由当班机长统一指挥，移动前仔细观察现场情况，保证移位平稳、安全。桩位偏差不得大于 30mm。

2）垂直度控制

在桩架上焊接一半径为 5cm 的铁圈，10m 高处悬挂一铅锤，利用经纬仪校直钻杆垂直度，使铅锤线正好通过铁圈中心。每次施工前适当调节钻杆，使铅锤位于铁圈内，即把钻杆垂直度误差控制在 3‰以内。

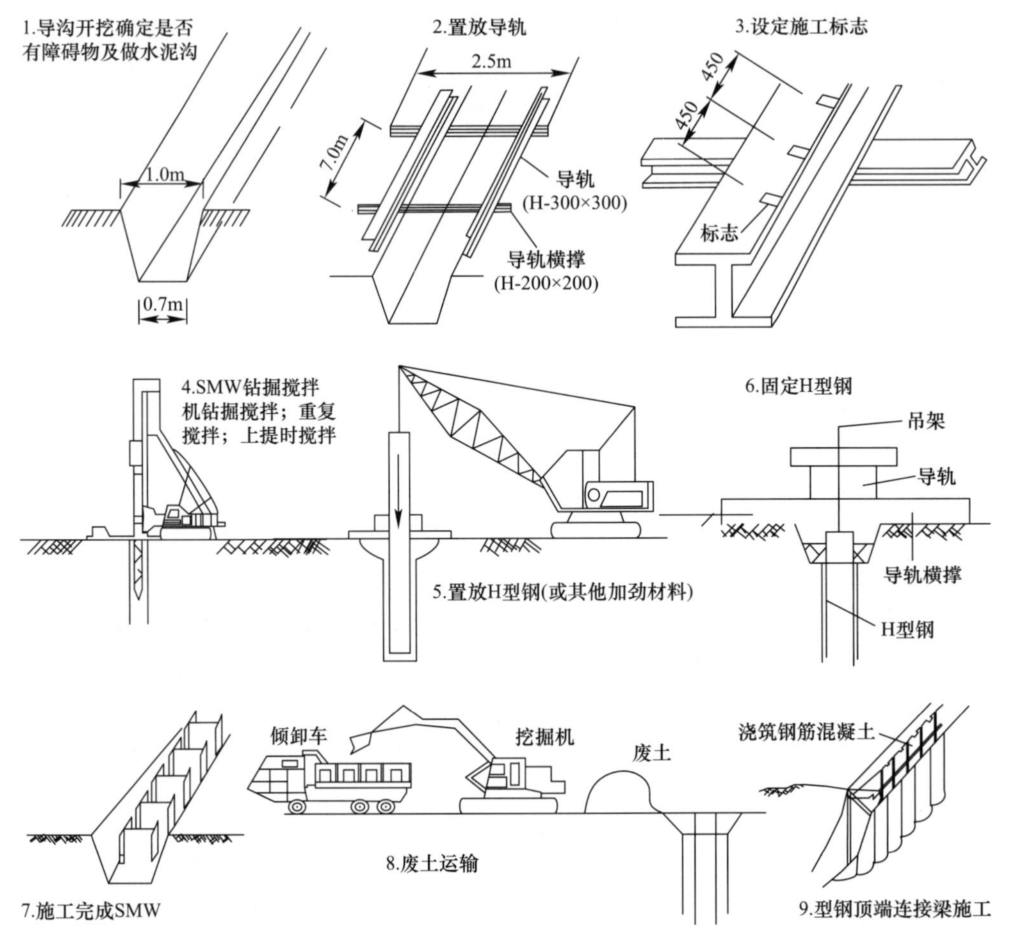

图 7.4-1　SMW 工法桩施工工艺流程

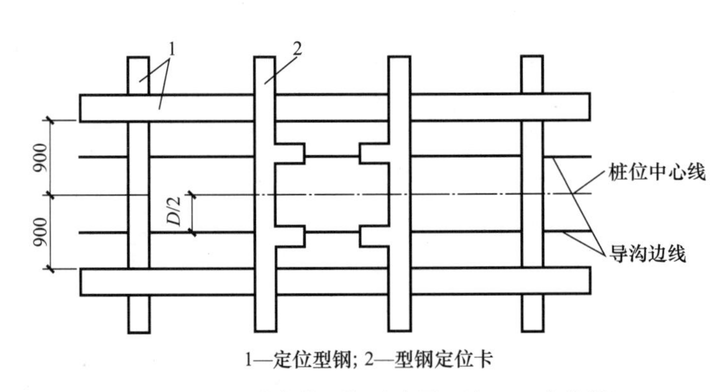

图 7.4-2　H 形定位型钢示意图（注：D 为桩径）

3）桩长控制标记

施工前在钻杆上做好标记，控制搅拌桩桩长不小于设计桩长，当桩长变化时擦去旧标记，做好新标记。

（3）搅拌施工顺序

受到场地条件限制，机械设备无法来回进行及转角部位返回成桩，本工程采用单侧挤压式成桩方式施工，SMW 工法桩单侧跳打式施工顺序示意图如图 7.4-3 所示，其中阴影部分为重复套钻，以保证墙体的连续性和接头的施工质量，水泥土搅拌桩的搭接以及施工设备的垂直度补正依靠重复套钻来保证，以达到止水的作用。

单侧挤压式连接方式：先施工第一单元，第二单元的 A 轴插入第一单元的 C 轴中，边孔重叠施工，以此类推，施工完成水泥土搅拌桩。

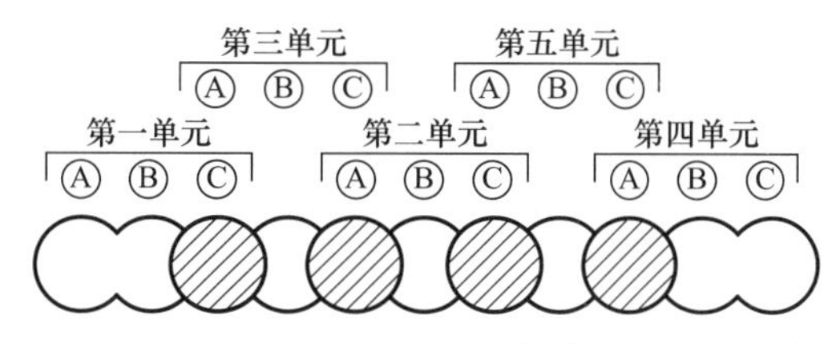

图 7.4-3　SMW 工法桩单侧跳打式施工顺序示意图

(4) 预搅下沉

待钻机钻杆下沉到 SMW 桩的设计桩顶标高时，开动灰浆泵，待纯水泥浆到达搅拌头后，按 1m/min 的速度下沉搅拌头，边注浆（注浆泵出口压力控制在 0.4～0.6MPa）、边搅拌、边下沉，使水泥浆和原地基土充分拌和，通过观测钻杆上桩长标记，待达到桩底设计标高。下沉速度可由电机的电流监测表控制，工作电流不大于 70A。现场施工如图 7.4-4 所示。

图 7.4-4　现场施工

(5) 制备水泥浆

待钻机下沉时，即开始按设计确定的配合比拌制水泥浆，待压浆前将水泥浆倒入集料斗中。所使用的水泥都应过筛，制备好的浆液不得离析，拌制水泥浆液的水、水泥和外加剂用量以及泵送浆液的时间由专人记录。

(6) 喷浆搅拌提升

钻机下沉到设计深度后，稍上提 10cm，再开启灰浆泵，边喷浆、边旋转搅拌钻头，泵送必须连续。同时严格按照设计确定的提升速度提升钻掘搅拌机，喷浆量及搅拌深度必须采用经国家计量部门认证的监测仪器进行自动记录。钻杆在下沉和提升时均需注入水泥浆液。

(7) 重复搅拌下沉和提升至孔口

为使土体和水泥浆充分搅拌均匀，要重复上下搅拌，但要留一部分浆液在第二次上提复搅时灌入，最终完成一幅均匀性较好的水泥土搅拌桩。

(8) 桩机移位

将深层搅拌机移位，重复以上步骤，进行下一幅桩的施工。

(9) 型钢焊接

现场进场钢材长度为 6m、9m、12m，规格为 H700×300×13×24，18.0m 型钢长度按 6m+12m 及 9m+9m 焊接，21m 型钢长度按 9m+12m 焊接，采用坡口等强焊接。

图 7.4-5 减摩剂涂刷

(10) 减摩剂的调制、涂抹及保护

H 型钢的减摩，是 H 型钢插入、顶拔顺利进行的关键工序。减摩剂要严格按试验配合比及操作方法并结合环境温度制备，将减摩剂均匀涂抹到型钢表面，涂 2 遍以上，厚度控制在 3mm 左右，型钢表面不能有油污、老锈或块状锈斑，减摩剂涂刷如图 7.4-5 所示。涂完减摩剂的型钢在吊运过程中应避免变形过大和碰撞受损。若插入桩体前发现上述情况，应及时补涂。在施工过程中特别注意以下几点：

1）清除 H 型钢表面的污垢和铁锈。

2）用电热棒将减摩剂加热至完全熔化，搅拌均匀，方可涂敷于 H 型钢表面，否则减摩剂涂层不均匀容易产生剥落。

3）如遇雨雪天，型钢表面潮湿，应事先用抹布擦去型钢表面的积水，待型钢干燥后方可涂刷减摩剂。

4）型钢表面涂刷完减摩剂后若出现剥落现象应及时重新涂刷。

(11) 插入型钢

在插入型钢前，安装由型钢组合而成的导向轨，其边扣用橡胶皮包贴，以保证型钢能较垂直地插入桩体并减少表面减摩剂的受损。每搅拌 1～2 根桩，便及时将型钢插入，停止搅拌至插桩时间控制在 30min 内，不能超过 1h。现场还要准备锤压机具，以备型钢依靠自重难以插入到位时使用。

型钢水泥土搅拌墙中型钢的间距和平面布置形式应根据计算和设计图纸确定，常用的型钢布置形式有“密插型”“插二跳一型”“插一跳一型”三种，型钢布置形式如图 7.4-6 所示，本项目采用的是插一跳一型。

根据《型钢水泥土搅拌墙技术规程》JGJ/T 199—2010 基坑转角部位（特别是阳角处）由于水、土侧向压力作用受力集中，变形较大，宜插型钢增加墙体刚度，转角处的型

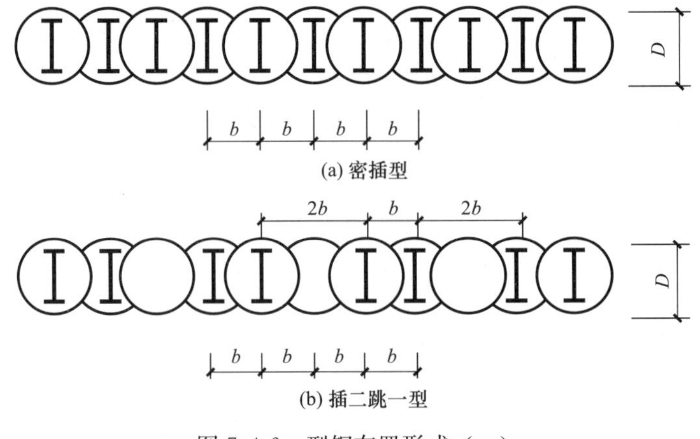

图 7.4-6 型钢布置形式（一）

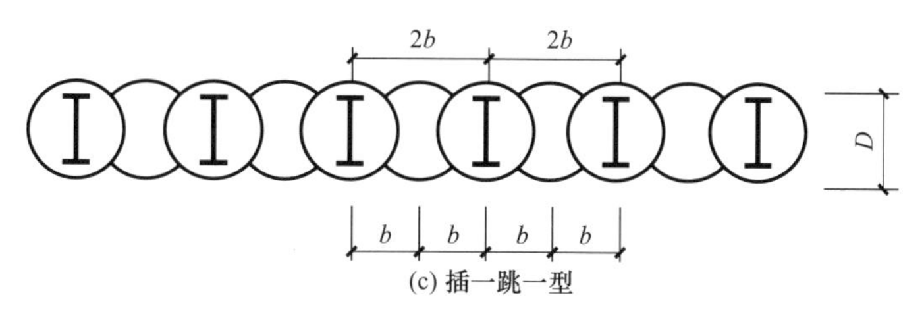

图 7.4-6　型钢布置形式（二）

钢宜按基坑边线角平分线方向插入。型钢水泥土搅拌墙转角位置内插型钢构造如图 7.4-7 所示。

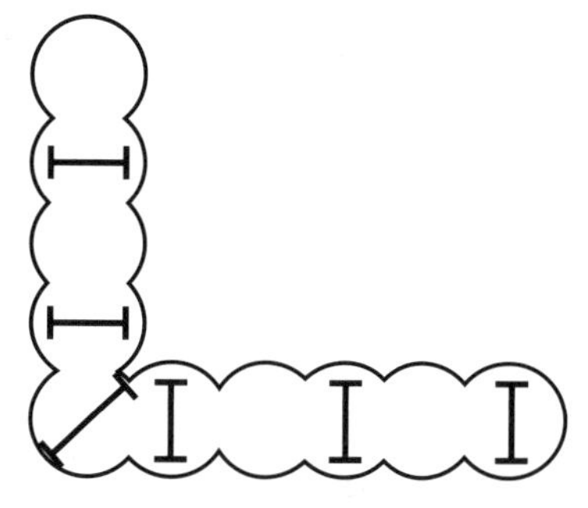

图 7.4-7　型钢水泥土搅拌墙转角位置内插型钢构造

型钢起吊前在型钢顶端 150mm 处开一中心圆孔，孔径约 100mm，装好吊具和固定钩，根据引设的高程控制点及现场定位型钢标高选择合理的吊筋长度及焊接点。

型钢用两台吊车合吊，以保证型钢在起吊过程中不变形。吊车起吊吨位根据计算确定（以 25t 和 16t 为例），吊点位置和数目按正负弯矩相等的原则计算确定，在型钢离地面一定高度后，再由 25t 吊车垂直起吊，16t 的汽车起重机水平送吊，成竖直方向后，用 25t 吊车一次进行起吊垂直就位，型钢定位卡牢固、水平，将 H 型钢底部中心对准桩位中心沿定位卡，自重垂直插入水泥搅拌桩内。在孔口设定向装置，当型钢插到设计标高时，用 $\phi 8$ 吊筋将型钢固定。当 H 型钢不能靠自重完全下插到位时，采取 SMW 钻管头部，静压或采用振动锤进行振压。H 型钢留置长度为高出顶圈梁 500mm，以便型钢回收时拔出。型钢吊装、插入、固定及成型过程如图 7.4-8 所示。

（12）型钢回收

在 SMW 工法桩施工中，型钢的造价通常占总造价的 40%～50%。要保证型钢顺利拔出回收，其施工要点如下：

根据基坑周围的基础形式及其标高，对型钢拔出的区块和顺序进行合理划分。具体做法是：先拔较远处型钢，后拔紧靠基础的型钢；按先短边后长边的顺序对称拔出型钢。

用振动拔桩机夹住型钢顶端进行振动，待其与搅拌桩体脱开后，边振动边向上提拔，直至型钢拔出。

在现场准备液压顶升机具，主要用于场地狭小区域或环境复杂部位。

型钢起拔时加力要垂直，不允许侧向撞击或倾斜拉拔。型钢露出地面部分，不能有串连现象，否则必须用氧气、乙炔把连接部分割除，并用磨光机磨平。

（13）孔内注浆

完成型钢拔除后，在施工现场搭建拌浆施工平台，平台附近搭建水泥库、在对型钢空隙注浆前应进行浆液的搅制，开钻前对拌浆工作人员做好交底工作。

水泥浆液的水灰比为 0.45，现场通过泥浆比重计检测水泥浆比重，以控制水灰比，从而保证每立方注浆水泥土水泥用量到达设计要求。拌浆及注浆量以每次单根注浆的加固土体方量换算，浆液流量以浆液输送能力控制。

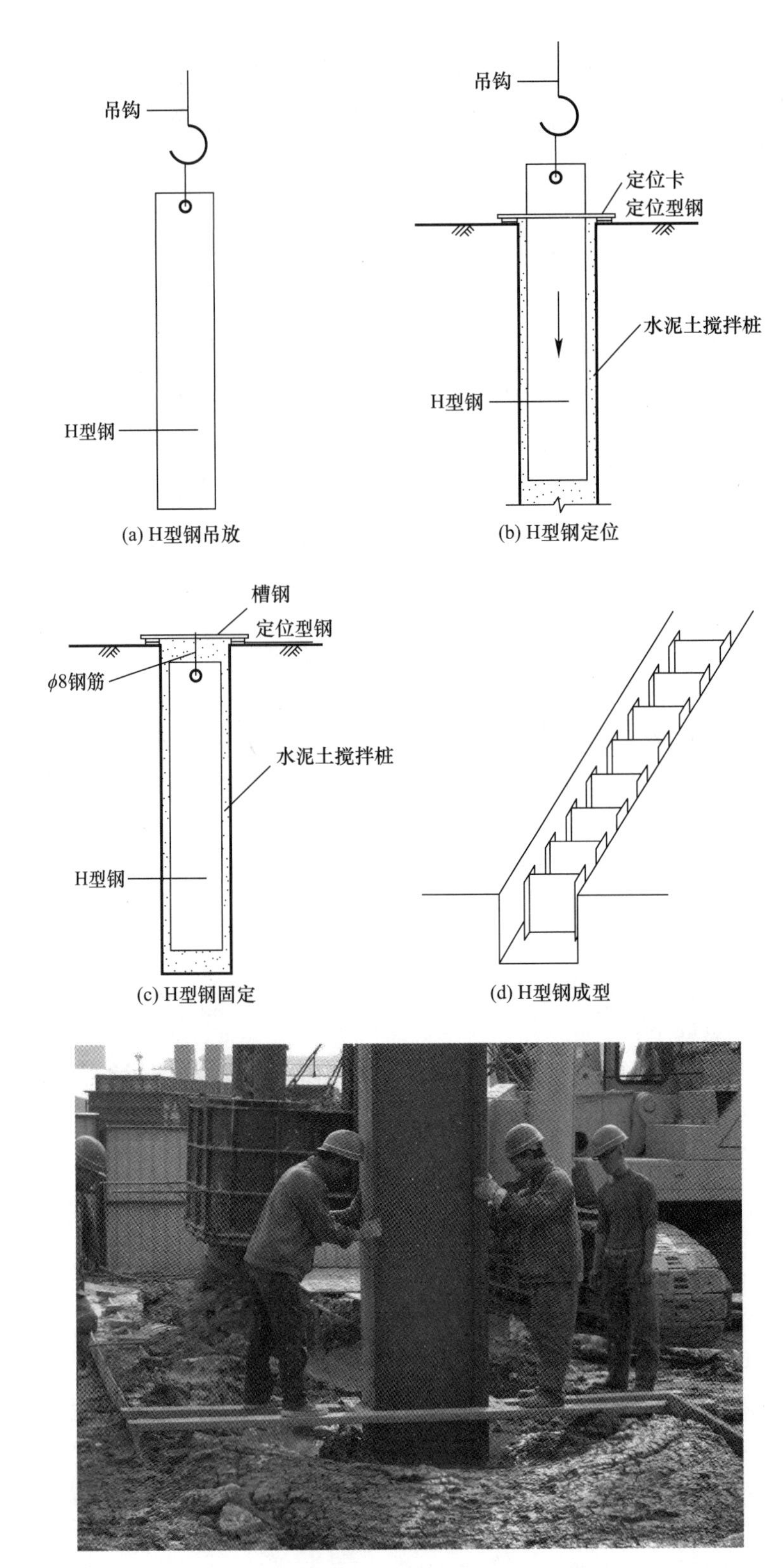

图 7.4-8 型钢吊装、插入、固定及成型过程

7.5 土方开挖关键施工技术

7.5.1 工程概况

西安火车站北广场项目位于丹凤门以南，新建北站房以北，建强路以东，太华南路以西。南北最大宽度约 140m，东西长约 1000m。总建筑面积为 14.09 万 m^2。地下三层，局部五层。基坑开挖形式为坑中坑形式。±0.00 标高为 403.64m，北广场基坑地下一层、地下二层面积约为 7.8 万 m^2，地下三层面积约为 4.97 万 m^2，地下四层面积约为 0.54 万 m^2，地下五层面积约为 0.78 万 m^2，总土方开挖量约为 170.28 万 m^3。

由于基坑太大，为了有效组织施工，将基坑分为西东两部分依次组织施工，其中西区基坑详细情况如表 7-5-1 所示；东区基坑详细情况如表 7-5-2 所示。

西区基坑开挖、支护、止水及降水情况　　表 7-5-1

序号	项目		内容
1	西侧基坑尺寸、面积		基坑坑底长 400m、宽 70～118m，地下一、二层面积为 4.03 万 m^2，地下三层面积约为 3.31 万 m^2
2	西侧基坑开挖深度		8.05m、13.75m、17.02m、18.02m、19.13m
3	西侧挖土方量		64.68 万 m^3
4	地下水位		地下水属孔隙潜水类型，稳定水位埋深为 3.00～9.10m，相应高程为 395.02～398.99m
5	安全等级		一级
6	安全期限		18 个月
7	位移监测		水平位移报警值为 30mm，垂直位移报警值为 25mm
8	西侧基坑止水降水及支护体系设计方案	支护体系	南、北两侧为钢筋混凝土支护桩＋锚索＋桩间挂网喷浆支护体系； 东、西两侧为临时性的 1∶1.5 分级放坡土钉墙支护
		止水、降水	设计采用沿围护排桩外侧设置，北侧 Φ1000@1400、南侧 Φ850@1200 单排三轴水泥土搅拌桩截水帷幕，深度为 29m。基坑内沿基础结构外围及中部适当位置设置 123 口 ϕ600 的管井进行疏干降水，其中基坑内 85 口，基坑外回灌井 38 口，井深分别为 16m、20m、29m、32.5m
		锚拉排桩	西段基坑周围设计采用直径 700mm 间距 1400mm/直径 800mm 间距 1600mm/直径 1000mm 间距 1600mm 的钢筋混凝土支护桩，桩长 9.05～32.8m。桩顶设置 600mm×800mm/600mm×700mm/800mm×800mm/1000mm×800mm/1200mm×800mm 冠梁，顶标高为 399.00～402.00m
		腰梁及预应力锚索	基坑南侧、北侧设置支护排桩的区段对应采用 3 道标准型-15.20-1860-GB@3500 的预应力锚索锚拉，两道 2× [18b 的双拼工字钢腰梁的预应力锚索锚拉体系
		土钉墙	60mm 厚 C20 喷射混凝土面层，ϕ6.5@200 双向钢筋网，加强筋为 ϕ16@300/ϕ14@320/ϕ14@3480

东区基坑开挖、支护、止水及降水情况　　表 7-5-2

序号	项目	内容
1	东区基坑尺寸、面积	基坑坑底长 430m、宽 40～82m，地下三层面积为 16561m^2，地下四层面积为 5380m^2，地下五层面积为 7800m^2

续表

序号	项目		内容
2	东区基坑开挖深度		8.02m、13.50m、17.00m、24.22m、31.84m
3	东区挖土方量		105.6 万 m^3
4	地下水位		地下水属孔隙潜水类型，稳定水位埋深 3.00～9.10m，相应高程 395.02～398.99m
5	安全等级		一级
6	安全期限		18 个月
7	位移监测		水平位移报警值 30mm，垂直位移报警值 25mm
8	东区基坑止水降水及支护体系设计方案	支护体系	南、北两侧为钢筋混凝土支护桩＋锚索＋桩间挂网喷浆支护体系
		止水、降水	设计采用沿围护排桩外侧设置，北侧直径为 1000mm、间距为 1400mm、南侧直径为 850mm、间距为 1200mm 单排三轴水泥土搅拌桩截水帷幕，深度 27.4m。基坑内沿基础结构外围及中部适当位置设置 151 口直径为 600mm 的管井进行疏干降水，其中基坑内 85 口，基坑外回灌井 19 口，井深分别为 13.54m、21.04m、30.04m、33.54m、33.54m
		锚拉排桩	东段基坑周围设计采用直径 700mm 间距 1400mm/直径 800mm 间距 1600mm/直径 1000mm 间距 1600mm/直径 1200mm 间距 1600mm 钢筋混凝土支护桩，桩长 8.45～32.2m。桩顶设置 700mm×600mm/800mm×600mm/800mm×800mm/1000mm×800mm/1200mm×800mm 冠梁，顶标高为 389.80～400.00m
		腰梁及预应力锚索	基坑南侧设置支护排桩的区段对应采用两道［18b 的双拼工字钢腰梁、五道［22b 的双拼工字钢腰梁的预应力锚索锚拉体系

7.5.2 工程地质及水文地质概况

1. 气象条件

根据 2019 年 7 月信息产业部电子综合勘察研究院提供的勘察报告，西安市年降水量为 500～700mm，年平均降水量为 580.6mm，降水多集中在 7、8、9 三个月。2008 年至 2017 年平均降水量为 558.09mm。

2. 地形地貌

场地地形基本平坦，局部地段有少许建筑垃圾，整体呈西低东高之势，地貌单元属黄土梁洼。

3. 地层结构

拟建场地地表一般分布有厚薄不均的全新统人工填土（Q_4^{ml}），其下为上更新统风积（Q_3^{eol}）新黄土及残积（Q_3^{el}）古土壤、冲积（Q_3^{al}）粉质黏土、中细砂层及中更新统冲积（Q_2^{al}）粉质黏土、中砂层。地层结构及相对标高示意图如图 7.5-1 所示。

4. 不良地质作用

根据《西安火车站北广场综合改造项目地裂缝勘察报告》，地裂缝自场地东南角方位通过，未跨越建筑物。

5. 水文地质条件

根据岩土工程勘察报告，拟建场地附近除了护城河外，无其他地表水系；地下水属孔隙潜水类型，稳定水位埋深为 3.00～9.10m，相应标高为 395.02～398.99m。

6. 周边环境情况

本工程基坑北侧中部为大明宫遗址丹凤门及其墙垣，地下室外墙距离丹凤门最近35.50m；从场地内东西向穿过，道路下部及两侧分布有密集的管线，有热力、上下水、电力、电信、天然气等多种管线（在地面下0.5～7.0m）；西安地铁4号线（在运营）自场地东区地下12.0～21.0m深度处南北向穿过；规划西安地铁7号线亦将从本场地东西向贯穿经过，根据目前进度安排，本工程先于地铁7号线盾构段施工；基坑南侧拟建北站房和东配楼，基坑开挖边线和北站房紧贴，同墙共坑，东配楼项目避让地裂缝，距离本工程基坑南侧0m（局部地段基坑连通）。地裂缝自场地东南角方位通过。周边环境情况如图7.5-2所示。

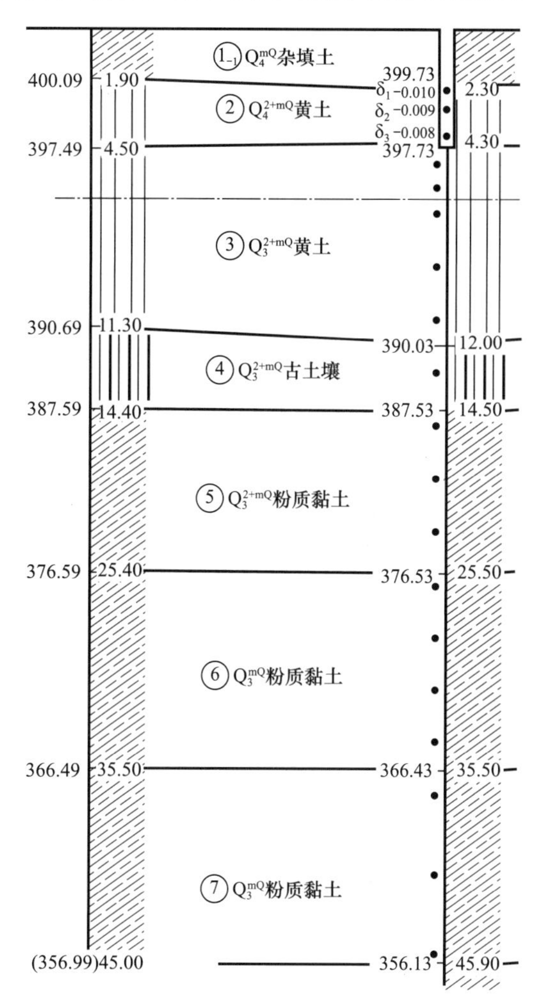

图7.5-1　地层结构及相对标高示意图

7. 周围交通情况

本工程周围交通情况：火车站周边南北贯通的道路仅有未央路和太华路，东西贯通的道路仅有北二环、自强东路和环城北路。自强东路为东西向道路，向东连接太华路，向西连接星火路，交通导流涉及的路口多。区域道路现状图见图7.5-3。

7.5.3　施工工艺(以东区开挖为例)

1. 测量控制

(1) 施工前根据图纸和指定的水准点，设置临时水准点。

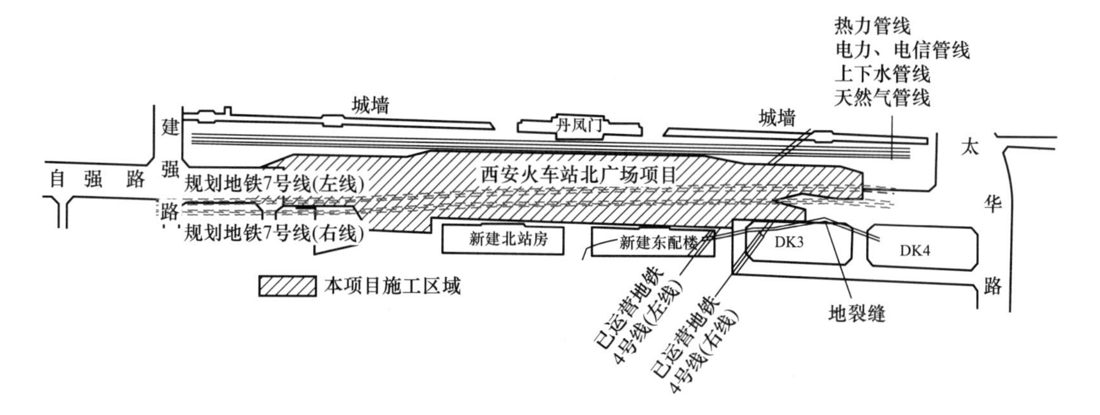

图7.5-2　周边环境情况

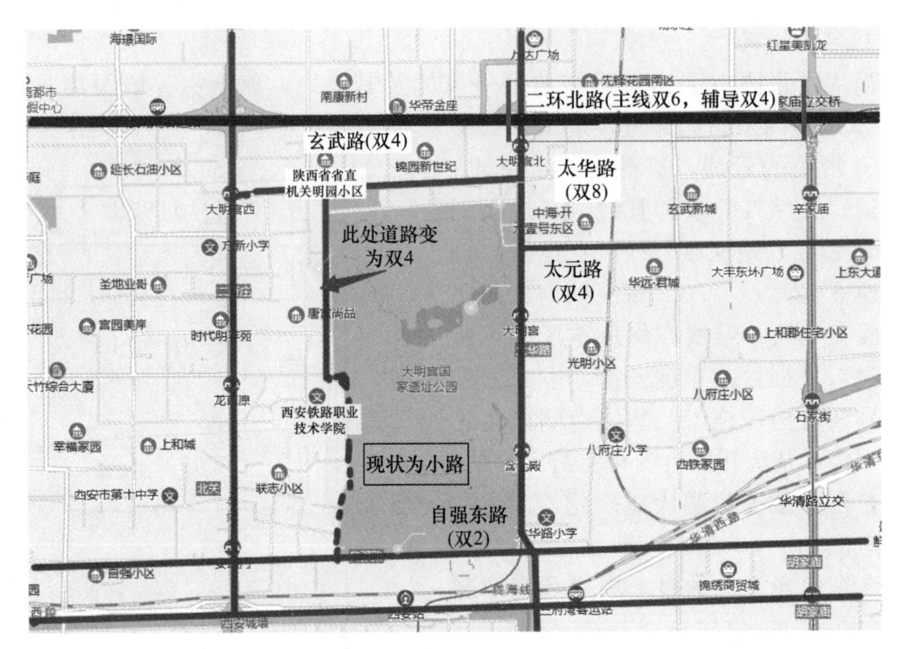

图 7.5-3　区域道路现状图

(2) 每 200m 左右设置一个导线加密控制桩，采用全站仪进行测量，并采用电算严密平差法进行数据处理，测设精度要求达到一级导线测量的要求，并纳入整个项目的施工平面控制网中。

(3) 测量人员要定期进行测量仪器的保养和校核，保证所用测量仪器各项指标符合测量规范要求，制定测量操作规章制度，内业计算要经过测量主管的复核确认，确保测量成果的准确真实。

2. 基坑土方开挖

本工程东区土方量约 105.6 万 m^3，基坑开挖最大深度达 31.840m，且地处西安市中心区，周边施工环境复杂。因此，为确保土方施工顺利开挖制定以下原则：

合理安排土方施工流程，确保基坑安全的原则；精心组织施工，保证机械、设备投入，确保土方施工工期的原则；制定有效保护措施、加强监测，确保既有车场设施安全的原则；加强土方开挖、运输管理，制定现场安全文明施工措施，确保安全文明施工达标的原则。

(1) 施工工艺

基坑定位放线、高程引测→确定开挖及支护方案→基坑第一步土方开挖（穿插进行挂网喷浆、支护桩锚索施工并拆除第一道降水井）→基坑第二步土方开挖（穿插进行挂网喷浆、支护桩锚索施工并拆除第二道降水井）→基坑第三层土方开挖（穿插进行挂网喷浆、支护桩锚索施工并拆除第三道降水井）→基坑第四层土方开挖（穿插进行挂网喷浆、支护桩锚索施工并拆除第四道降水井）→基坑第五层土方开挖（穿插进行挂网喷浆施工，拆除降水井至坑底地坪）→基坑第六层土方开挖（穿插进行挂网喷浆施工，并将降水井拆除至坑底地坪）→桩间土方开挖→地基普探及验槽。

(2) 土方开挖措施

1) 地下一层至地下二层开挖

土方开挖时，先将东区基坑按开挖区域分成五块，第一层开挖时先开挖 1、2、5 三个区段，然后开挖 3、4 区段，同时进行 1、2 区域锚索施工，第二层开挖 1、2、5 三个区段，同时进行第一层 3、4 区域锚索施工，依次分层分区挖至设计标高。在基坑东区设置 3 条临时出土坡道。坡道采用 25mm 钢板铺设成 8m 宽的临时道路，基坑内在车辆通行处满铺钢板，通过临时道路与自强东路连接，土方外运车辆通过自强东路向东西方向出入口进出。地下一层、二层开挖顺序如图 7.5-4 所示。

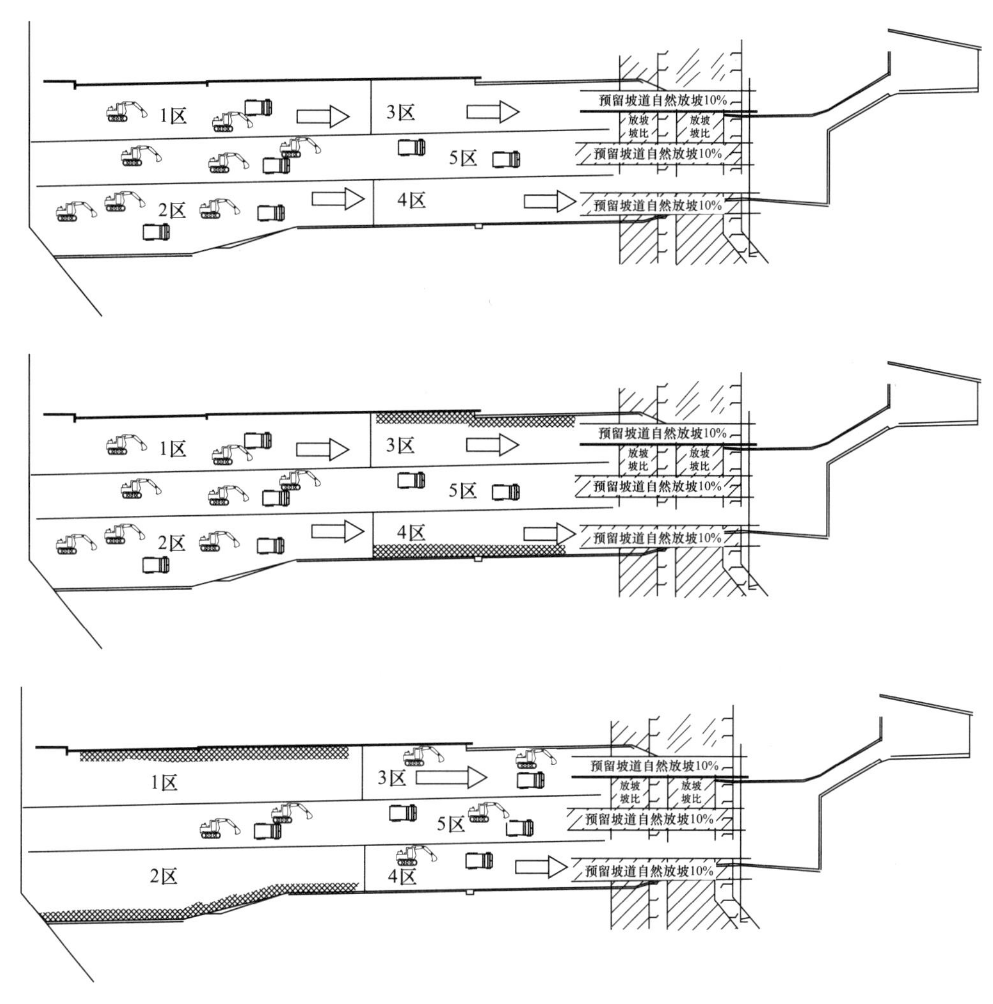

图 7.5-4 地下一层、二层开挖顺序

2）地下三层开挖

地下三层土方采用东西两侧向基坑中心开挖的方法，在基坑南北两侧各设置一个坡道，作为出土道路，北侧与隧道坡道衔接，南侧利用基坑南与东配楼北之间预留土梁修成坡道向东出土。地下三层土方开挖示意图如图 7.5-5 所示。

3）地下四、五层开挖

从东向西沿地下五层区域 10％放坡开挖，地下四层南北侧区域土方随着开挖方向一次性全部开挖。利用东坑西侧坡道作为出土坡道，南侧规划两条出土路线，南侧基坑与东配楼北之间预留土梁修成坡道和北侧隧道坡道沿东区已有道路、南段规划路将土方运输出场。地下四、五层土方开挖示意图如图 7.5-6 所示。

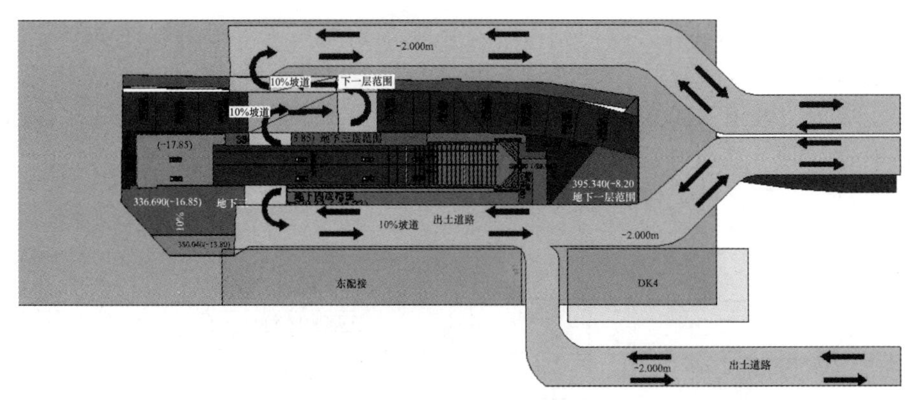

图 7.5-5 地下三层土方开挖示意图

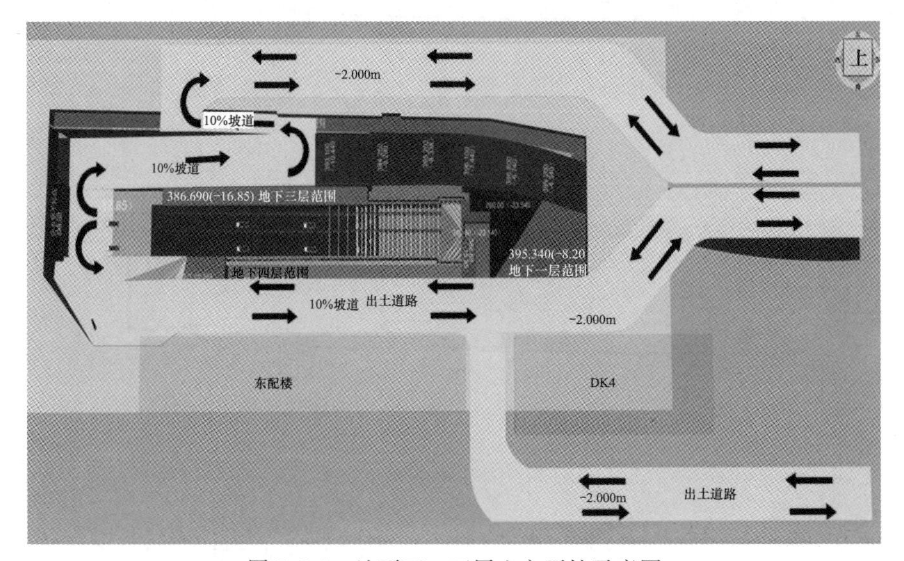

图 7.5-6 地下四、五层土方开挖示意图

4）二号出入口网格下挖土

东区 2 号出入口处因施工场地狭小、施工难度大，又涉及东区负四层混凝土支撑以及 2 号出入口土方施工，经项目部讨论决定采用网格下挖土的方式取土，设计标高以上 500mm 采用抓斗取土方式，500mm 以内采用人工挖土。

5）土方开挖施工要求

在基坑内土方大面积开挖时，必须严格按照确定的开挖路线和开挖深度进行开挖，不得随意变更开挖顺序。同时，基坑大面积开挖时，宜设置多级平台分层开挖，本工程每层开挖厚度不超过 2m，每层土方开挖按放坡系数 1∶4 的放坡比例进行放坡。

6）降水井随土方开挖拆除

降水井周边采用钢管围挡，并悬挂密目网；围挡高 1.2m，在 0.6m 处设置一道横杆，立杆底部与井台固定，所有钢管均喷涂红白颜色@300mm 警戒色，并贴反光警示条；开挖时，沿井台边沿预留土层，在拆除每层降水井时，将降水井及预留土层一起拆除，拆除完成后，围护结构随之下移。

（3）技术保证措施

1）根据土方开挖放线图进行放线撒白灰，经查无误后进行土方开挖，土方开挖应注意开挖顺序。

2）土方开挖按照设计要求自上而下竖向分层、水平分段开挖、不得超挖，土方开挖采用盆式开挖，即采用分层放坡形式，先开挖支护桩内侧 12m 范围以外土层及现有自强东路两侧 3m 以外的土层。土方开挖过程中，应及时插入各层锚索。做到开挖一层，放坡一层，支护一层。严格遵守“分层、分段、限时”原则。

3）土方开挖过程中做好基坑周边的降、排水、疏水和截水工作。

4）挖出土方应随挖随运，每班土方应当班运出，严禁将土方随意堆在基坑四周造成边坡超负荷受力，基坑边 2m 范围内不得堆载，2m 之外荷载应严格控制在设计要求范围内。

5）为防止雨天基坑顶部雨水渗入土层中而影响边坡稳定，将基坑顶部距基坑边内场地进行硬化，开挖后的基坑壁应及时进行边坡支护，如若不能及时施工支护，应在土体上盖防水彩条布，防止雨天雨水对坑壁冲刷，以降低安全隐患。

6）土方开挖机械行走道路应远离基坑，防止对基坑造成影响。

7）土方开挖轴线标高控制

土方开挖前，对原定位桩、引测的轴线、标高进行全面复核。将基坑开挖机械施工范围内所有轴线桩，水准点引出施工区域外，设置在远离建筑物的可靠位置上，并妥善加以保护。基坑开挖深度采用红漆在槽壁上做标识，当挖土接近分阶段开挖的控制标高时，采用人工进行清底。

8）基坑开挖应自上而下分段分层进行，严禁无序大开挖作业。严禁超挖或在上一层未加固完毕就开挖下一层。每层开挖后及时做挂网喷混凝土支护。

9）挖至坑底时，应按设计图纸先预留 950mm，避免扰动基底持力土层的原状结构。

（4）基坑排水施工方法

1）基坑外侧设置排水沟，每隔 30m 设置一个集水井，集水井底应比排水沟底低约 1.0m。用水泵将集水井内的积水排至地面雨、污水系统中。防止现场雨水及地表径流流入基坑内对基坑开挖安全造成影响。

2）基坑外侧挡水围堰

为防止场外生产用水、生活用水、雨水等流入基坑或渗入基坑壁而造成安全隐患，故需在基坑外侧设置挡水墙，按墙设计要求，挡水围堰为 C30 混凝土，高度 700mm。

3. 基坑临边防护

（1）位置：地面施工区域分隔、基坑周边临边防护。

（2）立柱采用 40mm×40mm 方钢，在上下两端 250mm 处各焊接 50mm×50mm×6mm 的钢板，两道连接板采用 10mm 螺栓固定连接。

（3）防护栏外框采用 30mm×30mm 方钢，每片高 1200mm，宽 1800mm，底下 200mm 处加设钢板作为踢脚板，中间采用钢板网，钢丝直径或截面不小于 2mm，网孔边长不大于 20mm。

（4）立柱和踢脚板表面刷红白相间油漆间距为 20cm，钢板网刷红色油漆，并悬挂警示标志，护栏周围悬挂“禁止翻越”“当心坠落”等禁止、警告标志，基坑工具式临边防护见图 7.5-7。

（5）基坑周围明确警示堆放的钢筋线材不得超越基坑边 2m 范围警戒线，基坑边警戒线内严禁堆放一切材料。

图 7.5-7　基坑工具式临边防护

参考文献

[1] 方迎利．城市轨道交通融合型地下空间开发策略研究——以武汉光谷中心城为例 [J]. 城市轨道交通研究，2022，25 (7)：102-106.

[2] 段进，陈晓东，钱艳．城市设计引导下的空间使用与交通一体化设计——南京青奥轴线交通枢纽系统疏散的设计方法与创新 [J]. 城市规划，2014，38 (7)：91-96.

[3] 权利军，黄蜀，刘科．城市大型地下空间综合体的施工管理——以西安幸福林带建设工程为例 [J]. 工程管理学报，2021，35 (2)：147-152.

[4] 王立新，徐硕硕，王俊，等．黄土地层基坑开挖对既有地铁隧道影响分析 [J]. 科学技术与工程，2022，22 (6)：2468-2476.

[5] 于国新，白明洲，许兆义．西安地区饱和软黄土工程地质特征研究 [J]. 工程地质学报，2006，(2)：196-199.

[6] 康佐，亢佳伟，邓国华．欠压密饱和黄土基本物理力学性质研究 [J]. 岩土力学，2023，44 (11)：3117-3127.

[7] 康佐，魏琪．西安饱和软黄土隧道变形控制及其适用性 [J]. 城市轨道交通研究，2023，26 (9)：40-45.

[8] 高虎艳，邓国华．饱和软黄土的力学与工程性质分析 [J]. 水利与建筑工程学报，2012，10 (3)：38-42.

[9] 邵生俊．结构性黄土力学 [M]. 北京：科学出版社，2022.

[10] 刘祖典．黄土力学与工程 [M]. 西安：陕西科技出版社，1997.

[11] 邢义川．黄土力学性质研究的发展和展望 [J]. 水力发电学报，2000，(4)：54-65.

[12] 罗宇生，汪国烈．湿陷性黄土研究与工程 [M]. 北京：中国建筑工业出版社，2001.

[13] 王平，王兰民，王谦，等．饱和原状 Q_3 黄土液化应变发展试验研究 [J]. 岩土工程学报，2013，35 (S1)：328-333.

[14] 汤连生，桑海涛，罗珍贵，等．土体抗拉张力学特性研究进展 [J]. 地球科学进展，2015，30 (3)：297-309.

[15] 党进谦，张伯平，熊永．单轴土工拉伸仪的研制 [J]. 水利水电科技进展，2001，(5)：31-32，70.

[16] 王惠敏，张云，鄢丽芬．黏性土试样高度对抗拉强度的影响 [J]. 水文地质工程地质，2012，39 (1)：68-71.

[17] 殷鹤，黄雪峰，李旭东，等．延安新区回填压实黄土压缩变形与湿陷特性 [J]. 后勤工程学院学报，2016，32 (3)：26-32.

[18] 高志傲，李萍，肖俊杰，等．利用常规直剪试验评价非饱和黄土抗剪强度 [J]. 工程地质学报，2020，28 (2)：344-351.

[19] 党进谦，郝月清，李靖．非饱和黄土抗拉强度的研究 [J]. 河海大学学报（自然科学版），2001，(6)：106-108.

[20] 李荣建，刘军定，郑文，等．基于结构性黄土抗拉和抗剪特性的双线性强度及其应用 [J]. 岩土工程学报，2013，35 (S2)：247-252.

[21] 胡海军，蒋明镜，赵涛，等．制样方法对重塑黄土单轴抗拉强度影响的初探 [J]. 岩土力学，2009，30 (S2)：196-199.

[22] 李春清，梁庆国，吴旭阳，等．重塑黄土抗拉强度试验研究 [J]. 地震工程学报，2014，36 (2)：

233-238，248.

[23] 孙纬宇，梁庆国，欧尔峰，等．陕西延安 Q_2 原状与重塑黄土抗拉强度对比试验研究 [J]. 土木工程学报，2015，48 (S2)：53-58.

[24] 吴旭阳，梁庆国，牛富俊，等．兰州九州重塑黄土的抗拉变形破坏机理 [J]. 冰川冻土，2017，39 (4)：842-849.

[25] 吴旭阳，梁庆国，李春清，等．兰州九州重塑黄土抗拉特性研究 [J]. 地震工程学报，2014，36 (3)：562-568.

[26] 贺智强，樊恒辉，王军强，等．木质素加固黄土的工程性能试验研究 [J]. 岩土力学，2017，38 (3)：731-739.

[27] 房军，梁庆国，贺谱，等．兰州水泥改良黄土拉压强度对比试验研究 [J]. 铁道建筑，2018，58 (10)：81-85.

[28] 尹倩．纤维加筋土的抗拉特性试验研究 [D]. 西北农林科技大学，2019.

[29] 梅源，胡长明，王雪艳，等．西安地区湿陷性黄土地铁车站深基坑开挖引起的地表及基坑支护桩变形特性 [J]. 中国铁道科学，2016，37 (1)：9-16.

[30] 吴意谦，朱彦鹏．兰州市湿陷性黄土地区地铁车站深基坑变形规律监测与数值模拟研究 [J]. 岩土工程学报，2014，36 (S2)：404-411.

[31] 龚晓南．关于基坑工程的几点思考 [J]. 土木工程学报，2005，(9)：99-102，108.

[32] Yong T，Wei B. Observed Behaviors of a Long and Deep Excavation Constructed by Cut-and-Cover Technique in Shanghai Soft Clay [J]. Journal of Geotechnical & Geoenvironmental Engineering，2011，138 (1)：69-88.

[33] Chungsik Y，Lee D. Deep excavation-induced ground surface movement characteristics-A numerical investigation [J]. Computers and Geotechnics，2008，(2)：35.

[34] 李加贵，陈正汉，黄雪峰，等．Q_3 黄土侧向卸荷时的细观结构演化及强度特性 [J]. 岩土力学，2010，31 (4)：1084-1091.

[35] 叶朝良，朱永全，刘尧军，等．原状黄土各向异性及卸载变形特征试验研究 [J]. 中国铁道科学，2014，35 (6)：1-6.

[36] 张玉，邵生俊．平面应变加、卸荷条件下黄土的非线性变形特性的研究 [J]. 岩土工程学报，2015，37 (S1)：185-190.

[37] 张玉，何晖，赵敏，等．平面应变条件下原状黄土侧向卸载变形与强度特性分析 [J]. 岩土力学，2017，38 (5)：1233-1242，1250.

[38] 李宝平，郭兴峰，张玉，等．侧向卸荷条件下黄土的变形特性试验 [J]. 土木工程与管理学报，2018，35 (6)：87-93，100.

[39] Terzaghi K. LARGE RETAINING-WALL TESTS. I. PRESSURE OF DRY SAND [J]. Engineering News Record，1934，112.

[40] Terzaghi K. A FUNDAMENTAL FALLACY IN EARTH PRESSURE COMPUTATIONS [J]. Journal of Boston Society of Civil Engineers，1936，23.

[41] Terzaghi K. Theoretical Soil Mechanics [M]：Theoretical Soil Mechanics，1943.

[42] 杨晓军，龚晓南．基坑开挖中考虑水压力的土压力计算 [J]. 土木工程学报，1997，(4)：58-62.

[43] 李广信．基坑支护结构上水土压力的分算与合算 [J]. 岩土工程学报，2000，(3)：348-352.

[44] 俞建霖，龚晓南．深基坑工程的空间性状分析 [J]. 岩土工程学报，1999，(1)：24-28.

[45] 张有桔，丁文其，董光辉，等．无锡基坑实测水土压力随施工过程变化规律分析 [J]. 岩土工程学报，2012，34 (S1)：677-681.

[46] 李雪．排桩支护基坑位移反分析方法研究 [D]. 成都：西南交通大学，2012.

[47] 张国茂，彭文祥．斜支撑支护基坑与相邻地下室有限土体土压力反演分析 [J]. 煤田地质与勘探，2019，47 (4)：124-130.

[48] Lam S Y，Bolton M D. Energy Conservation as a Principle Underlying Mobilizable Strength Design for Deep Excavations [J]. Journal of Geotechnical & Geoenvironmental Engineering，2011，137 (11)：1062-1074.

[49] 王庚荪，孔令伟，郭爱国，等．含剪切带单元模型及其在边坡渐进破坏分析中的应用 [J]. 岩石力学与工程学报，2005，(21)：54-59.

[50] Clough G W，Tsui Y. Performance of tied-back walls in clay [J]. Journal of the Geotechnical Engineering Division，1975，12 (7)：99-100.

[51] Clough G W，Denby G M. Stabilizing Berm Design for Temporary Walls in Clay [J]. Journal of the Geotechnical Engineering Division，1977，103 (2)：75-90.

[52] James Tanner. Blackburn. Automated sensing and three-dimensional analysis of internally braced excavations [electronic resource] [D]. Northwestern University.，2005.

[53] 宋修广，吴建清，张宏博，等．压力分散型挡土墙土压力分布规律分析 [J]. 科学技术与工程，2014，14 (20)：106-110.

[54] 陈页开．挡土墙上土压力的试验研究与数值分析 [J]. 岩石力学与工程学报，2002，(8)：1275.

[55] 王卫东，王浩然，徐中华．基坑开挖数值分析中土体硬化模型参数的试验研究 [J]. 岩土力学，2012，33 (8)：2283-2290.

[56] 陈文胜，李苗苗，张永杰，等．对库仑土压力理论的若干修正 [J]. 岩土力学，2013，34 (7)：1832-1838，1846.

[57] 赖丰文，刘松玉，杨大禹，等．有限填土挡墙主动土压力的修正解 [J]. 东南大学学报（自然科学版），2022，52 (3)：557-563.

[58] 王长虹，杨天笑，马铖涛，等．束浆挤扩钢管桩竖向抗拔承载力计算方法 [J]. 岩土力学：1-11.

[59] 马杰，赵建，赵延林．抗压桩与抗拔桩受力特性的现场破坏性试验 [J]. 西南交通大学学报，2013，48 (2)：283-289，296.

[60] 余江，刘辉．浅谈珠三角海相软土地基加固中多轴多向搅拌桩新技术的应用 [J]. 铁道建筑技术，2011，(S1)：194-196，203.

[61] 王凯．富水砂层高压旋喷成桩机理及工程应用研究 [D]. 北京：北京交通大学，2022.

[62] 户军杰，赵文辉，王保成，等．黄土地区高压旋喷桩施工挤土效应预测方法研究 [J]. 建筑结构，2023，53 (S1)：2692-2696.

[63] 段军朝，徐朝阳，何凯罡．隔离桩对软弱地层地铁暗挖隧道侧穿电塔的影响分析 [J]. 城市轨道交通研究，2023，26 (1)：65-70.

[64] 邹传仁，付鹏，项锦涛，等．深基坑开挖对邻近地铁车站的变形影响和隔离桩控制效果分析 [J]. 建筑结构，2023，53 (S1)：2809-2814.

[65] 王艳明，张敏，刘东明，等．富水软弱地层综合管廊 SMW 工法桩力学特性与优化设计 [J]. 公路交通科技，2020，37 (11)：71-80.

[66] 彭国东，吴立，吕程伟．某软土地区 SMW 工法桩基坑支护设计探讨 [J]. 建筑结构，2019，49 (S2)：915-919.

[67] 蔡小超，冀小辉．跳仓法在地铁上方下穿隧道中的应用 [J]. 建筑技术，2017，48 (11)：1160-1163.

[68] 张小辉，王勇华，杨丽娜，等．敞开式降水对富含饱和软黄土地层深基坑变形影响分析 [J]. 岩土工程技术，2023，37 (4)：481-485.

[69] 张登飞，陈存礼，杨炯，等．侧限条件下增湿时湿陷性黄土的变形及持水特性 [J]. 岩石力学与工程学报，2016，35 (3)：604-612.

[70] Leonards G A., Narain J. Flexibility of clay and cracking of earth dams [J]. Asce Soil Mechanics and Foundation Division Journal, 1963, 89 (2): 47-98.

[71] Bolton M D., Thusyanthan N I., Madabhushi S P., et al. Crack Initiation in Clay Observed in Beam Bending [J]. Géotechnique, 2007, 57 (7): 581-594.

[72] 李晓军，王贵荣，张鑫磊，等．压实黄土间接拉伸强度测定的试验研究 [J]. 公路，2009，(11): 180-183.

[73] 占思思，孙昊．从“都城”到“国家中心城市”：动态视角下西安都市圈空间演变与应对 [J]. 城市建筑，2022，19 (24): 33-37.

[74] 高阳，马壮林，刘杰．“双碳”目标下国家中心城市绿色交通水平评价方法 [J]. 交通运输研究，2022，8 (3): 30-41.

[75] Tan Y, Wang D L. Characteristics of a Large-Scale Deep Foundation Pit Excavated by the Central-Island Technique in Shanghai Soft Clay. I: Bottom-Up Construction of the Central Cylindrical Shaft [J]. Journal of Geotechnical & Geoenvironmental Engineering, 2013, 139 (11): 1875-1893.

[76] Tan Y, Wang D L. Characteristics of a Large-Scale Deep Foundation Pit Excavated by the Central-Island Technique in Shanghai Soft Clay. Ⅱ: Top-Down Construction of the Peripheral Rectangular Pit [J]. Journal of Geotechnical and Geoenvironmental Engineering, 2013, 139 (11): 1894-1910.

[77] 胡琦，许四法，陈仁朋，等．深基坑开挖土体扰动及其对邻近地铁隧道的影响分析 [J]. 岩土工程学报，2013，35 (S2): 537-541.

[78] 王超，朱勇，张强勇，等．深基坑桩锚支护体系的监测分析与稳定性评价 [J]. 岩石力学与工程学报，2014，33 (S1): 2918-2923.

[79] 王明龙，王景梅．深基坑桩锚支护中桩内力变化规律数值模拟研究 [J]. 地下空间与工程学报，2013，9 (3): 576-584，627.

[80] 陆凯诠．西安火车站北广场配套道路总体方案研究 [J]. 上海建设科技，2020，(3): 21-25.

[81] 蒋小虎，黄跃廷，胡海军，等．基于原位双环、试坑浸水试验和数值模拟反演的 Q3 黄土饱和渗透系数对比研究 [J]. 岩土力学，2022，43 (11): 2941-2951.

[82] 张林，李同录，李纪恒，等．不同吸力和应力路径下 Q3 原状黄土的力学特性 [J]. 地下空间与工程学报，2023，19 (4): 1125-1133.

[83] 杨龙才，郭庆海，周顺华，等．高速铁路桥桩在轴向循环荷载长期作用下的承载和变形特性试验研究 [J]. 岩石力学与工程学报，2005，(13): 2362-2368.

[84] 朱斌，任宇，陈仁朋，等．竖向下压循环荷载作用下单桩承载力及累积沉降特性模型试验研究 [J]. 岩土工程学报，2009，31 (2): 186-193.

[85] Dickin E A, Leung C F. The influence of foundation geometry on the uplift behaviour of piles with enlarged bases [J]. Canadian Geotechnical Journal, 2011, 29 (3): 498-505.

[86] 刘润，苏春阳，李成凤，等．海上风电桩基础打桩过程中桩周土强度弱化模型试验研究 [J]. 太阳能学报，2024，45 (1): 242-250.

[87] 夏峻，白汗章，王佳佳，等．黄土地基微型桩基础上拔及下压承载性能研究 [J]. 应用力学学报，2023，40 (2): 340-349.

[88] 刘义，郭家，韩猛，等．循环荷载下黄土地区桩基础抗拔承载力计算 [J]. 科学技术与工程，2023，23 (33): 14322-14331.

[89] 盛明强，乾增珍，杨文智，等．浸水饱和条件下黄土微型桩抗压和抗拔承载力试验 [J]. 岩土工程学报，2021，43 (12): 2258-2264.

[90] 刘文白，周健．上拔荷载作用下桩的颗粒流数值模拟 [J]. 岩土工程学报，2004，(4): 516-521.

[91] 刘文白，刘兹胜，周健．砂土中等截面桩的上拔机制分析 [J]. 岩土力学，2009，30 (S1): 201-

205，210.
[92] 钱建固，马霄，李伟伟，等．桩侧注浆抗拔桩离心模型试验与原位测试分析［J］．岩土力学，2014，35（5）：1241-1246，1254.
[93] Dash B K，Pise P J. Effect of Compressive Load on Uplift Capacity of Model Piles［J］．Journal of Geotechnical and Geoenvironmental Engineering，2003，129（11）：987-992.
[94] 杨什生．软土地基中抗拔桩的受力与变形性状研究［D］．浙江：浙江大学，2003.
[95] 郭鹏飞，王旭，杨龙才，等．长期竖向循环荷载作用下黄土中单桩沉降特性模型试验研究［J］．岩土工程学报，2015，37（3）：551-558.
[96] 尹强．城镇密集地区的发展及其规划［D］．北京：清华大学，1999.
[97] 邵鹏．城市密集区相邻基坑同步开挖有限土体土压力计算及变形特性研究［D］．杭州：浙江理工大学，2021.
[98] 吴文健．TOD项目碳足迹核算和环境效益分析［D］．杭州：浙江大学，2023.
[99] 曹振，张海博，耿娟，等．城市绕城高速服务区TOD开发交通可达性研究——以曲江服务区为例［J］．西安建筑科技大学学报（自然科学版），2023，（6）：827-833，839.
[100] 朱明勇．徐州轨道交通TOD彭城广场站的产城融合开发与实践［J］．城市轨道交通，2024，（1）：28-29.
[101] 王怡菊．TOD超高层综合体转换空间一体化设计策略研究［D］．杭州：浙江大学，2023.
[102] 房庆．基坑开挖及水泥土加固对近接隧道变形影响研究［D］．杭州：浙江大学，2020.
[103] 王志杰，周飞聪，周平，等．基于强近接大型基坑单侧开挖卸载既有车站变形理论研究［J］．岩石力学与工程学报，2020，39（10）：2131-2147.
[104] 魏纲，赵城丽．基坑开挖引起邻近既有地铁隧道位移计算的研究［J］．现代隧道技术，2018，55（1）：124-132.
[105] 邓旭．深基坑开挖对坑外深层土体及邻近隧道的影响研究［D］．天津：天津大学，2014.
[106] 邱冬炜．穿越工程影响下既有地铁隧道变形监测与分析［D］．北京：北京交通大学，2012.
[107] 刘继强，欧雪峰，张学民，等．基坑群开挖对近接运营地铁隧道隆沉变形的影响研究［J］．现代隧道技术，2014，51（4）：81-87，120.
[108] 张庆闯，戴志仁，时亚昕，等．新建隧道近接穿越既有运营地铁隧道关键技术［J］．铁道工程学报，2020，37（6）：58-63，91.
[109] 黄明峰．深基坑近接施工对既有运营地铁车站稳定性的影响研究［J］．工程技术研究，2021，6（23）：4-6.
[110] 黄海滨．深基坑施工对近接地铁盾构隧道变形的影响及控制研究［D］．广州：华南理工大学，2019.
[111] 郑晓．城市密集区管廊长距近轨施工扰动机理及防控技术研究［D］．北京：中国地质大学（北京），2020.
[112] 刘义，朱武卫，张峰，等．黄土地区不同基坑卸载路径对近接运营地铁隧道位移的影响［J］．施工技术（中英文），2021，50（15）：40-44.
[113] 谭敏．新建隧道长距离平行近接既有地铁施工风险控制研究［J］．建筑技术，2023，54（15）：1857-1859.
[114] 张勇．邻近既有地铁隧道的深基坑施工安全风险评估与控制研究［D］．西安：西安建筑科技大学，2017.
[115] 孔冲，徐岩，陈思文．袖阀管注浆技术在盾构法隧道端头加固中的应用［J］．施工技术，2019，48（S1）：845-847.
[116] 方晓博．黄土劈裂注浆加固机理研究与工程应用［D］．西安：西安建筑科技大学，2018.